高等学校土木工程专业"十四五"系列教材

框架结构毕业设计指南

沈蒲生 邓 鹏 张 超 编著

中国建筑工业出版社

图书在版编目（CIP）数据

框架结构毕业设计指南 / 沈蒲生，邓鹏，张超编著
. — 北京：中国建筑工业出版社，2023.8
高等学校土木工程专业"十四五"系列教材
ISBN 978-7-112-28444-3

Ⅰ. ①框… Ⅱ. ①沈… ②邓… ③张… Ⅲ. ①土木工
程-毕业设计-高等学校-教学参考资料②房屋-框架结
构-结构设计-高等学校-教学参考资料 Ⅳ. ①TU

中国国家版本馆 CIP 数据核字（2023）第 038774 号

　　钢筋混凝土框架结构被广泛地应用在办公楼、教学楼、图书馆、阅览室、商店、旅馆等建筑中，也是土建类高校毕业生毕业设计的主选项目之一。为了帮助教师对钢筋混凝土框架结构毕业设计的指导，编写了这本《框架结构毕业设计指南》。

　　本书的内容包括：钢筋混凝土框架结构的结构布置与计算简图、荷载与地震作用、内力计算与组合、结构性能验算、框架梁柱截面设计、基础设计、计算机辅助结构设计和设计例题。

　　本书配有两个钢筋混凝土框架结构设计例题：一个是多层钢筋混凝土框架结构（3 跨 4 层）设计例题，另一个是高层钢筋混凝土框架结构（3 跨 10 层）设计例题，可以供不同的学校进行选用。本书按《混凝土结构通用规范》GB 55008—2021 等新颁布的规范编写，考虑了抗震设计要求。书中将计算机软件操作视频以及结构施工图等采用二维码形式置于书中相应部位，以方便教学。

　　本书可作为土木工程专业学生进行钢筋混凝土框架结构毕业设计的指导性用书，也可以作为工程技术人员进行钢筋混凝土框架结构设计的参考书。

　　为支持教学，本书作者制作了多媒体教学课件，选用此教材的教师可通过以下方式获取：1.邮箱：jckj@cabp.com.cn；2. 电话：(010) 58337285；3. 建工书院：http://edu.cabplink.com。

责任编辑：赵　莉　吉万旺
责任校对：芦欣甜
校对整理：张惠雯

高等学校土木工程专业"十四五"系列教材
框架结构毕业设计指南
沈蒲生　邓　鹏　张　超　编著

*

中国建筑工业出版社出版、发行（北京海淀三里河路 9 号）
各地新华书店、建筑书店经销
北京鸿文瀚海文化传媒有限公司制版
北京云浩印刷有限责任公司印刷

*

开本：787 毫米×1092 毫米　1/16　印张：20　字数：481 千字
2023 年 12 月第一版　　2023 年 12 月第一次印刷
定价：**70.00** 元（赠教师课件，含数字资源）
ISBN 978-7-112-28444-3
（40928）

前　　言

钢筋混凝土框架结构具有结构布置灵活、可形成大的使用空间、施工简便、经济性好等优点。因此，被广泛地应用在办公楼、教学楼、图书馆、阅览室、商店、旅馆等建筑中，也是土建类高校毕业生毕业设计的主选项目之一。

毕业设计是土木工程专业学生毕业前将大学所学的力学、结构、地基基础、计算机、制图等知识综合性运用的训练。为了帮助教师对钢筋混凝土框架结构毕业设计的指导，我们编写了这本《框架结构毕业设计指南》。

全书共8章，主要内容包括：结构布置与计算简图、荷载与地震作用、内力计算与组合、结构性能验算、框架梁柱截面设计、基础设计、计算机辅助结构设计和设计例题等内容。

本指南的特点是：

1. 按照《工程结构通用规范》GB 55001—2021、《建筑与市政工程抗震通用规范》GB 55002—2021、《混凝土结构通用规范》GB 55008—2021、《建筑与市政地基基础通用规范》GB 55003—2021等新近出版的设计标准编写。

2. 第1章至第5章以简明的方式介绍了钢筋混凝土框架结构设计方法。

3. 第6章简要地介绍了钢筋混凝土框架结构常用基础（独立基础和桩基础）的设计方法。

4. 第7章介绍了计算机辅助结构设计的基本知识，重点介绍了YJK-A软件的使用方法。本章附有多个软件操作视频，以二维码形式印在书上，便于学生更直观地学习软件。

5. 第8章是两个设计例题：一个是多层（3跨4层）钢筋混凝土框架结构设计例题，另一个是高层（3跨10层）框架结构设计例题，供各校选择参考。

6. 考虑到我国规定城市与农村的房屋建筑都要求考虑抗震进行设计，因此，两个设计例题中都包含了抗震设计的内容。

7. 多层框架结构设计例题采用独立基础，垂直荷载作用下的内力采用分层法计算，风荷载和地震作用下的内力采用反弯点法计算；高层框架结构采用桩基础，垂直荷载作用下的内力采用迭代法计算，风荷载和地震作用下的内力采用 D 值法计算。两个例题在垂直荷载和水平荷载作用下采用的计算方法各不相同。

8. 每个例题都附有几张采用YJK-A软件绘制的施工图。考虑到图纸的图幅较大，为了节省纸质书籍的篇幅，将例题的施工图制作成了二维码，放置在本指南的相应部分。

本书由湖南大学沈蒲生（第1~5章）、邓鹏（第7章和第8章）和张超（第6章和第8章）编写，由沈蒲生统稿。中南林业科技大学陈伯望教授对本书进行了主审，提出了许多宝贵的意见，特此致谢。

由于我们的水平所限，书中不足之处在所难免，欢迎各位批评指正。

作　者

2022 年 10 月

目　　录

1 结构布置与计算简图 ………………………………………………… 1
　1.1 框架结构的定义 …………………………………………………… 1
　1.2 框架结构的优缺点 ………………………………………………… 2
　1.3 框架结构房屋适用的最大高度和高宽比 ………………………… 2
　　1.3.1 适用的最大高度 …………………………………………… 2
　　1.3.2 高宽比限值 ………………………………………………… 2
　1.4 框架结构的布置方法 ……………………………………………… 3
　　1.4.1 平面布置 …………………………………………………… 3
　　1.4.2 竖向布置 …………………………………………………… 5
　　1.4.3 变形缝设置 ………………………………………………… 8
　1.5 结构的计算简图 …………………………………………………… 10
　　1.5.1 结构的计算单元 …………………………………………… 10
　　1.5.2 梁的计算跨度与楼层高度 ………………………………… 10
　　1.5.3 楼面荷载分配 ……………………………………………… 11
　1.6 梁、柱截面尺寸的估算 …………………………………………… 12
　　1.6.1 梁的截面尺寸估算 ………………………………………… 12
　　1.6.2 柱的截面尺寸估算 ………………………………………… 13
2 荷载与地震作用 …………………………………………………… 16
　2.1 建筑结构上作用的类型 …………………………………………… 16
　2.2 恒载 ………………………………………………………………… 16
　2.3 楼面与屋面活荷载 ………………………………………………… 17
　　2.3.1 楼面活荷载 ………………………………………………… 17
　　2.3.2 屋面活荷载 ………………………………………………… 20
　2.4 雪荷载 ……………………………………………………………… 21
　　2.4.1 屋面水平投影面上雪荷载标准值计算公式 ……………… 21
　　2.4.2 基本雪压的确定 …………………………………………… 21
　　2.4.3 屋面积雪分布系数 ………………………………………… 22
　2.5 风荷载 ……………………………………………………………… 23
　　2.5.1 风荷载标准值 ……………………………………………… 23
　　2.5.2 基本风压 …………………………………………………… 23
　　2.5.3 风压高度变化系数 ………………………………………… 24
　　2.5.4 风荷载体型系数 …………………………………………… 25
　　2.5.5 顺风向风振和风振系数 …………………………………… 27

　　　2.5.6　地形修正系数 ……………………………………………… 27

　　　2.5.7　风向影响系数 ……………………………………………… 27

　　　2.5.8　其他 ………………………………………………………… 28

　　2.6　地震作用 ………………………………………………………… 28

　　　2.6.1　地震的基本知识 …………………………………………… 28

　　　2.6.2　建筑结构的抗震设防 ……………………………………… 29

　　　2.6.3　水平地震作用计算的底部剪力法 ………………………… 32

　　　2.6.4　竖向地震作用计算 ………………………………………… 40

3　内力计算与组合 ………………………………………………… 42

　　3.1　竖向荷载的最不利布置 ………………………………………… 42

　　3.2　竖向荷载作用下内力的简化计算方法 ………………………… 43

　　　3.2.1　分层法 ……………………………………………………… 43

　　　3.2.2　迭代法 ……………………………………………………… 45

　　　3.2.3　系数法 ……………………………………………………… 46

　　　3.2.4　三种简化计算方法的比较 ………………………………… 47

　　　3.2.5　弯矩调幅 …………………………………………………… 47

　　3.3　风荷载和水平地震作用下内力的简化计算方法 ……………… 47

　　　3.3.1　反弯点法 …………………………………………………… 48

　　　3.3.2　D 值法 ……………………………………………………… 51

　　　3.3.3　门架法 ……………………………………………………… 58

　　　3.3.4　三种简化计算方法的比较 ………………………………… 59

　　3.4　内力组合 ………………………………………………………… 59

　　　3.4.1　控制截面及最不利内力类型 ……………………………… 59

　　　3.4.2　内力组合类型及组合设计值计算公式 …………………… 60

　　　3.4.3　内力组合原则 ……………………………………………… 62

4　结构性能验算 …………………………………………………… 63

　　4.1　正常使用条件下的水平位移验算 ……………………………… 63

　　4.2　结构重力二阶效应验算 ………………………………………… 66

　　　4.2.1　重力二阶效应的概念 ……………………………………… 66

　　　4.2.2　框架结构的重力二阶效应与稳定要求 …………………… 67

　　4.3　剪重比验算 ……………………………………………………… 70

　　4.4　结构抗倾覆验算 ………………………………………………… 71

　　4.5　罕遇地震下的弹塑性变形验算 ………………………………… 73

　　　4.5.1　需进行弹塑性变形验算的建筑 …………………………… 73

　　　4.5.2　层间弹塑性位移计算公式 ………………………………… 73

　　　4.5.3　层间弹塑性位移验算公式 ………………………………… 76

5　框架梁、柱截面设计 …………………………………………… 77

　　5.1　承载力计算 ……………………………………………………… 77

　　　5.1.1　计算公式 …………………………………………………… 77

　　　5.1.2　考虑抗震等级影响的内力设计值 ･･････････････････････････ 77
　　　5.1.3　框架梁、柱的承载力计算 ･････････････････････････････････ 79
　　5.2　构造要求 ･･･ 81
　　　5.2.1　框架梁构造要求 ･･･ 81
　　　5.2.2　框架柱构造要求 ･･･ 83
　　　5.2.3　钢筋的连接与锚固 ･･･････････････････････････････････････ 86
6　基础设计 ･･ 90
　　6.1　地基计算 ･･･ 90
　　　6.1.1　基础埋置深度 ･･･ 90
　　　6.1.2　承载力计算 ･･･ 92
　　　6.1.3　地基变形验算 ･･･ 96
　　　6.1.4　稳定性计算 ･･･ 99
　　6.2　扩展基础设计 ･･･ 100
　　　6.2.1　无筋扩展基础 ･･･ 100
　　　6.2.2　扩展基础 ･･･ 102
　　6.3　桩基础设计 ･･･ 107
　　　6.3.1　桩基的设计内容 ･･･ 107
　　　6.3.2　桩基设置原则 ･･･ 108
　　　6.3.3　桩的选型 ･･･ 108
　　　6.3.4　桩基构造（以灌注桩为例） ･･･････････････････････････････ 109
　　　6.3.5　承台设计 ･･･ 110
　　　6.3.6　桩基承载力 ･･･ 112
7　计算机辅助结构设计 ･･ 119
　　7.1　计算机辅助结构设计软件 ･････････････････････････････････････ 119
　　7.2　结构设计及计算（以 YJK-A 为例） ･･･････････････････････････ 119
　　　7.2.1　轴网绘制 ･･･ 119
　　　7.2.2　构件布置 ･･･ 119
　　　7.2.3　荷载输入 ･･･ 122
　　　7.2.4　楼梯间和电梯间建模 ･････････････････････････････････････ 123
　　　7.2.5　楼层组装 ･･･ 127
　　　7.2.6　上部结构计算 ･･･ 128
　　　7.2.7　设计结果 ･･･ 130
　　　7.2.8　基础设计 ･･･ 131
8　设计例题 ･･ 136
　　8.1　多层框架结构设计例题 ･･･････････････････････････････････････ 136
　　　8.1.1　设计概况 ･･･ 136
　　　8.1.2　结构设计 ･･･ 136
　　　8.1.3　框架计算简图 ･･･ 139
　　　8.1.4　荷载计算 ･･･ 141

8.1.5　竖向荷载作用计算 ‥‥‥‥‥‥‥‥‥‥‥‥‥‥‥‥‥‥‥‥ 143
8.1.6　水平地震作用计算及侧移验算 ‥‥‥‥‥‥‥‥‥‥‥‥ 148
8.1.7　风荷载作用计算及侧移验算 ‥‥‥‥‥‥‥‥‥‥‥‥‥ 156
8.1.8　内力计算 ‥‥‥‥‥‥‥‥‥‥‥‥‥‥‥‥‥‥‥‥‥‥‥‥ 157
8.1.9　内力组合 ‥‥‥‥‥‥‥‥‥‥‥‥‥‥‥‥‥‥‥‥‥‥‥‥ 186
8.1.10　构件截面设计 ‥‥‥‥‥‥‥‥‥‥‥‥‥‥‥‥‥‥‥‥ 187
8.1.11　基础设计 ‥‥‥‥‥‥‥‥‥‥‥‥‥‥‥‥‥‥‥‥‥‥ 217
8.1.12　电算和手算的结果对比分析 ‥‥‥‥‥‥‥‥‥‥‥‥ 218
8.1.13　施工图 ‥‥‥‥‥‥‥‥‥‥‥‥‥‥‥‥‥‥‥‥‥‥‥ 223
8.2　高层框架结构设计例题 ‥‥‥‥‥‥‥‥‥‥‥‥‥‥‥‥‥‥‥ 224
8.2.1　建筑设计 ‥‥‥‥‥‥‥‥‥‥‥‥‥‥‥‥‥‥‥‥‥‥ 224
8.2.2　结构设计 ‥‥‥‥‥‥‥‥‥‥‥‥‥‥‥‥‥‥‥‥‥‥ 225
8.2.3　框架计算简图 ‥‥‥‥‥‥‥‥‥‥‥‥‥‥‥‥‥‥‥‥ 228
8.2.4　荷载计算 ‥‥‥‥‥‥‥‥‥‥‥‥‥‥‥‥‥‥‥‥‥‥ 231
8.2.5　竖向荷载作用计算 ‥‥‥‥‥‥‥‥‥‥‥‥‥‥‥‥‥‥ 234
8.2.6　水平地震作用计算及侧移验算 ‥‥‥‥‥‥‥‥‥‥‥‥ 237
8.2.7　风荷载作用下的位移验算及内力验算 ‥‥‥‥‥‥‥‥ 249
8.2.8　迭代法计算竖向荷载作用下框架结构内力 ‥‥‥‥‥ 249
8.2.9　内力组合 ‥‥‥‥‥‥‥‥‥‥‥‥‥‥‥‥‥‥‥‥‥‥ 276
8.2.10　构件截面设计 ‥‥‥‥‥‥‥‥‥‥‥‥‥‥‥‥‥‥‥ 288
8.2.11　基础设计 ‥‥‥‥‥‥‥‥‥‥‥‥‥‥‥‥‥‥‥‥‥ 296
8.2.12　电算和手算的结果对比分析 ‥‥‥‥‥‥‥‥‥‥‥‥ 298
8.2.13　施工图 ‥‥‥‥‥‥‥‥‥‥‥‥‥‥‥‥‥‥‥‥‥‥ 306
附录：常用设计计算表格 ‥‥‥‥‥‥‥‥‥‥‥‥‥‥‥‥‥‥‥‥‥‥ 307
附表1　混凝土抗压强度和抗拉强度标准值（N/mm²） ‥‥‥‥‥ 307
附表2　混凝土抗压强度和抗拉强度设计值（N/mm²） ‥‥‥‥‥ 307
附表3　混凝土弹性模量（×10⁴N/mm²） ‥‥‥‥‥‥‥‥‥‥‥ 307
附表4　普通钢筋强度标准值（N/mm²） ‥‥‥‥‥‥‥‥‥‥‥‥ 307
附表5　普通钢筋强度设计值（N/mm²） ‥‥‥‥‥‥‥‥‥‥‥‥ 308
附表6　钢筋的弹性模量（×10⁵N/mm²） ‥‥‥‥‥‥‥‥‥‥‥ 308
附表7　钢筋的公称直径、计算截面面积及理论质量 ‥‥‥‥‥ 308
主要参考文献 ‥‥‥‥‥‥‥‥‥‥‥‥‥‥‥‥‥‥‥‥‥‥‥‥‥‥‥‥ 309

1 结构布置与计算简图

1.1 框架结构的定义

框架结构是由梁和柱作为主要受力构件组成的杆件结构体系，承受竖向荷载、水平荷载和地震等作用，主体结构除个别部位外，不应采用铰接。

图 1-1 为某 3 跨 8 层所有节点为刚性节点的框架结构立面图及平面布置图。

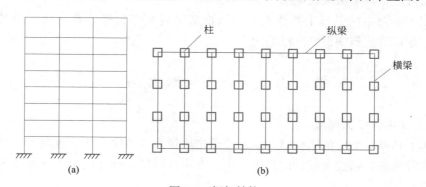

图 1-1 框架结构
(a) 立面图；(b) 平面布置图

框架结构不包括无剪力墙或无井筒的板柱结构，也不包括异形柱框架。

板柱结构是指由无梁楼板和柱组成的结构，这种结构中无梁、无剪力墙或无井筒。板柱结构由于侧向刚度和抗震性能较差，不适宜用于较高的建筑结构中。板柱结构中加入剪力墙或井筒以后，侧向刚度和抗震性能有所改善，但改善的程度仍然有限。因此，采用板柱-剪力墙结构时房屋的最大高度应加以控制。

异形柱是指截面为 T 形、十字形、L 形和 Z 形，其宽度等于墙厚且墙肢较短的柱（图1-2）。由异形柱组成的结构称为异形柱结构。异形柱结构的最大优点是，柱截面宽度等于墙厚，室内墙面平整，便于布置。但是，这种结构的抗震性能较差，设计时应满足现行行业标准《混凝土异形柱结构技术规程》JGJ 149 的要求。异形柱伸出的每一肢都较为单薄，

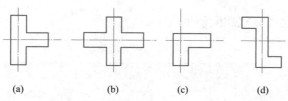

图 1-2 异形柱
(a) T形；(b) 十字形；(c) L形；(d) Z形

受力情况不好，因此，每一肢的高宽比不宜大于 4。

1.2 框架结构的优缺点

框架结构具有以下主要优点：
(1) 布置灵活；
(2) 可形成较大的使用空间；
(3) 施工简便；
(4) 经济合理。
因此在实际工程中得到广泛的应用。但是，框架结构也具有以下主要缺点：
(1) 侧向刚度小，在风荷载和地震作用下侧向位移较大；
(2) 对支座不均匀沉降较敏感。
正是因为框架结构具有上述优点，所以框架结构在办公楼、教学楼、图书馆、阅览室、商店、旅馆等建筑中得到广泛的应用。

1.3 框架结构房屋适用的最大高度和高宽比

1.3.1 适用的最大高度

房屋高度越高，承受的风荷载和水平地震作用越大，结构的侧移也越大。为了不使结构产生过大的侧移，需要对结构的最大适用高度进行控制。钢筋混凝土框架结构房屋的最大适用高度见表 1-1。

钢筋混凝土框架结构的最大适用高度（m）　　　　表 1-1

结构体系	非抗震设计	抗震设防烈度			
		6 度	7 度	8 度	9 度
框架	70	60	50	40	≤24

注：1. 表中框架不包含异形柱框架结构；
　　2. 甲类建筑，6、7、8 度时宜按本地区设防烈度提高一度后符合本表的要求；
　　3. 当房屋高度超过本表数值时，结构设计应有可靠依据，并采取有效的加强措施。

1.3.2 高宽比限值

高宽比对房屋结构的刚度、整体稳定、承载力和经济合理性有重大影响，设计时应对其进行控制。

框架结构房屋适用的高宽比限值见表 1-2。

框架结构的高宽比限值　　　　表 1-2

结构体系	非抗震设计	抗震设防烈度		
		6 度、7 度	8 度	9 度
框架	5	4	3	2

1.4 框架结构的布置方法

1.4.1 平面布置

框架结构有横向承重布置、纵向承重布置和双向承重布置三种常用的结构布置方法（图1-3）。

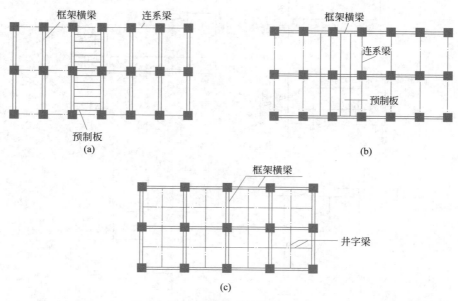

图1-3 框架结构的布置
(a) 横向承重；(b) 纵向承重；(c) 双向承重

横向承重布置是指在房屋的横向布置框架，纵向采用连系梁与框架连接。连系梁与框架的连接可以采用刚性连接，也可以采用铰接。房屋的平面一般横向尺寸较短，纵向尺寸较长，横向刚度比纵向刚度弱。当将框架结构横向布置时，可以在一定程度上改善房屋横向与纵向刚度相差较大的缺点，而且由于连系梁的截面高度一般比框架梁小，窗户尺寸可以设计得大一些，室内的采光通风比较好。因此，非地震区框架结构房屋多采用这种结构布置方案。

纵向承重布置是指在房屋的纵向布置框架，横向采用连系梁与框架连接。连系梁与框架的连接可以采用刚性连接，也可以采用铰接。框架结构纵向承重方案中，楼面荷载由纵向梁传至柱子，横梁高度一般较小，室内净空高度较大，而且便于管道沿纵向穿行。此外，当地基沿纵向不够均匀时，纵向框架可以在一定程度上调整这种不均匀性。纵向承重方案的最大缺点是房屋的横向抗侧刚度小。因此在工程中很少采用这种结构布置形式。

双向承重布置是指在房屋的纵、横两个方向都布置有框架的结构布置方案。这种结构体系又称为双向抗侧力结构体系。它的整体性和双向受力性能都很好。地震区框架结构房屋都应采用这种结构体系。非地震区承受动力荷载和承受较大楼面荷载的框架结构房屋也应该采用这种结构体系。

单跨框架结构的抗侧刚度小，结构的赘余度少，在风荷载和地震作用下，容易发生破坏。高度大于 24m 的建筑不应采用单跨框架结构,高度不大于 24m 的建筑不宜采用单跨框架结构。抗震设计的高层框架结构不应采用单跨框架。

抗震设计时,框架结构不应采用部分由砌体墙承重之混合形式。框架结构中的楼、电梯间及局部出屋顶的电梯机房、楼梯间、水箱间等,应采用框架承重,不应采用砌体墙承重。

建筑平面的长度和突出部分(图 1-4)应满足表 1-3 的要求,凹角处宜采用加强措施。

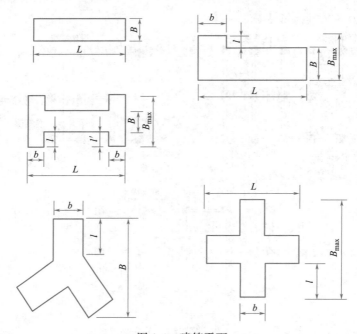

图 1-4 建筑平面

平面尺寸及突出部位尺寸的比值限值 表 1-3

设防烈度	L/B	l/B_{max}	l/b
6 度和 7 度	≤6.0	≤0.35	≤2.0
8 度和 9 度	≤5.0	≤0.30	≤1.5

平面过于狭长的建筑物在地震时由于两端地震波输入有位相差,容易产生不规则震动,造成较大的震害。

平面有较长的外伸时,外伸段容易产生局部振动而引发凹角处破坏。角部重叠和细腰的平面容易产生应力集中,使楼板开裂、破坏。因此,不宜采用角部重叠和细腰的平面(图 1-5),楼面不宜有较大凹入或开大洞(图 1-6)。

结构布置应尽可能地简单、规则、均匀、对称,并具有很好的抗扭刚度,避免出现表 1-4 的平面不规则情况(图 1-7)。

柱与相邻柱的距离根据实际需要和建筑平面图确定,一般为 5~10m。柱的间距大时,可以形成较大的使用空间。但是,柱的间距过大时,梁的截面高度会较高,室内的净空会较小,影响使用;反之,柱的间距很小时,难于形成较大的使用空间,构件的承载能力也不能得到充分发挥。

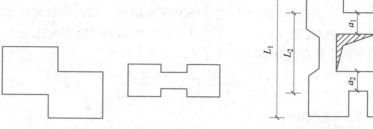

图 1-5 对抗震不利的建筑平面　　　　图 1-6 楼板净宽度要求示意

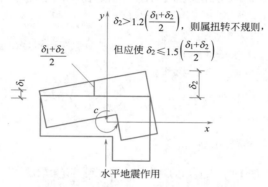

图 1-7 建筑结构平面的扭转不规则示例

平面不规则的类型 表 1-4

不规则的类型	定义
扭转不规则	在具有偶然偏心的规定水平力作用下,楼层两端抗侧力构件弹性水平位移(或层间位移)的最大值与平均值的比值大于 1.2
凹凸不规则	平面凹进的尺寸,大于相应投影方向总尺寸的 30%
楼板局部不连续	楼板的尺寸和平面刚度急剧变化,例如,有效楼板宽度小于该楼层楼板典型宽度的 50%,或开洞面积大于该层楼面面积的 30%,或有较大的楼层错层

1.4.2 竖向布置

1. 竖向体型宜规则、均匀,避免有过大的外挑和内收(图 1-8),结构的刚度宜下大上小,逐渐均匀变化。

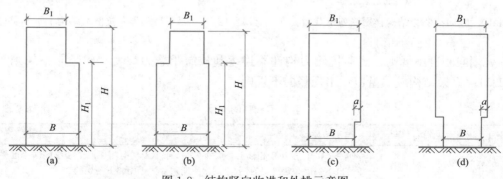

图 1-8 结构竖向收进和外挑示意图

2. 框架结构的层高一般以 3.5～5.0m 较合适。层高太矮时扣除梁高后会很压抑。反之，层高太高时空间得不到充分利用，层的抗侧刚度也很弱。抗震设计时，楼层与其相邻上层的侧向刚度比 γ_1 可按公式（1-1）计算，且本层与相邻上层的刚度比值不宜小于 0.7，与相邻上部三层的刚度平均值的比值不宜小于 0.8（图 1-9）。

$$\gamma_1 = \frac{D_i}{D_{i+1}} = \frac{V_i/\Delta_i}{V_{i+1}/\Delta_{i+1}} = \frac{V_i\Delta_{i+1}}{V_{i+1}\Delta_i} \tag{1-1}$$

式中 γ_1——楼层侧向刚度比；

V_i、V_{i+1}——第 i 层和第 $i+1$ 层的地震剪力标准值（kN）；

Δ_i、Δ_{i+1}——第 i 层和第 $i+1$ 层在地震作用标准值作用下的层间位移（m）。

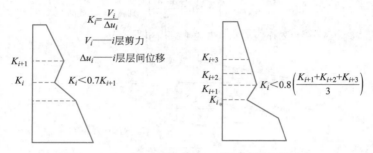

图 1-9 沿竖向的侧向刚度不规则（有柔软层）

3. 楼层层间抗侧力结构的受剪承载力不宜小于其相邻上一层受剪承载力的 80%，不应小于其上一层受剪承载力的 65%（图 1-10）。

4. 抗震设计时，结构竖向抗侧力结构宜上下连续贯通。竖向抗侧力结构上下未贯通时（图 1-11），底层结构容易发生破坏。

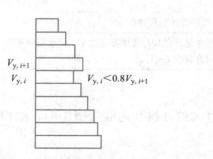 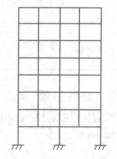

图 1-10 竖向抗侧力结构楼层受剪承载力突变（有薄弱层）   图 1-11 竖向抗侧力结构上下不贯通

5. 侧向刚度不规则、竖向抗侧力构件不连续和楼层承载力突变，属竖向不规则结构（表 1-5）。框架结构应尽量避免出现竖向不规则。

竖向不规则的类型   表 1-5

不规则的类型	定义
侧向刚度不规则	该层的侧向刚度小于相邻上一层的 70%，或小于其上相邻三个楼层侧向刚度平均值的 80%；除顶层外，局部收进的水平向尺寸大于相邻下一层的 25%

不规则的类型	定义
竖向抗侧力构件不连续	竖向抗侧力构件(柱、抗震墙、抗震支撑)的内力由水平转换构件(梁、桁架等)向下传递
楼层承载力突变	抗侧力结构的层间受剪承载力小于相邻上一楼层的80%

6. 框架梁、柱中心线宜重合。当梁柱中心线不能重合时,在计算中应考虑偏心对梁柱节点核心区受力和构造的不利影响,以及梁荷载对柱子的偏心影响。

梁、柱中心线之间的偏心距,9 度抗震设计时不应大于柱截面在该方向宽度的 1/4;非抗震设计和 6~8 度抗震设计时不宜大于柱截面在该方向宽度的 1/4,如偏心距大于该方向柱宽的 1/4 时,可采取增设梁的水平加腋(图 1-12 和图 1-13)等措施。设置水平加腋后,仍须考虑梁柱偏心的不利影响。

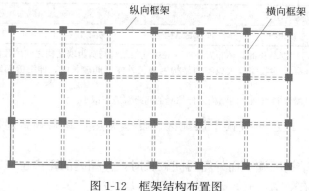

图 1-12　框架结构布置图　　　　图 1-13　水平加腋梁平面图

(1) 梁的水平加腋厚度可取梁截面高度,其水平尺寸宜满足下列要求:

$$b_x/l_x \leqslant 1/2 \tag{1-2}$$

$$b_x/b_b \leqslant 2/3 \tag{1-3}$$

$$b_b + b_x + x \geqslant b_c/2 \tag{1-4}$$

式中　b_x——梁水平加腋宽度(mm);

　　　l_x——梁水平加腋长度(mm);

　　　b_b——梁截面宽度(mm);

　　　b_c——沿偏心方向柱截面宽度(mm);

　　　x——非加腋侧梁边到柱边的距离(mm)。

(2) 梁采用水平加腋时,框架节点有效宽度 b_j 宜符合下列要求:

1) 当 $x=0$ 时,b_j 按下式计算:

$$b_j \leqslant b_b + b_x \tag{1-5}$$

2) 当 $x \neq 0$ 时,b_j 取公式 (1-6) 和公式 (1-7) 二式计算的较大值,且应满足公式 (1-8) 的要求:

$$b_j \leqslant b_b + b_x + x \tag{1-6}$$

$$b_j \leqslant b_b + 2x \tag{1-7}$$

$$b_j \leqslant b_b + 0.5h_c \tag{1-8}$$

式中 h_c——柱截面高度（mm）。

1.4.3 变形缝设置

进行结构平面布置时，除了要考虑梁、柱、墙等结构构件的布置外，还要考虑是否需要设置变形缝。变形缝包括：

（1）温度伸缩缝或简称伸缩缝；

（2）沉降缝；

（3）防震缝。

1. 伸缩缝

伸缩缝是为防止温度变化和混凝土收缩导致房屋开裂而设。

伸缩缝的最大间距见表1-6。

伸缩缝最大间距 表1-6

结构体系	施工方法	最大间距（m）	结构体系	施工方法	最大间距（m）
框架结构	现浇	55	剪力墙结构	现浇	45

注：1. 框架-剪力墙结构的伸缩缝间距可根据结构的具体布置情况取表中框架结构与剪力墙结构之间的数值；

2. 当屋面无保温或隔热措施时，混凝土的收缩较大或室内结构因施工外露时间较长时，伸缩缝间距应适当减小；

3. 位于气候干燥地区、夏季炎热且暴雨频繁地区的结构，伸缩缝的间距宜适当减小。

当屋面无隔热或保温措施时，或位于气候干燥地区、夏季炎热且暴雨频繁地区的结构，可适当减少伸缩缝的距离。

当混凝土的收缩较大或室内结构因施工而外露时间较长时，伸缩缝的距离也应减小。

相反，当有充分依据，采取有效措施时，伸缩缝间距可以放宽。

伸缩缝只设在上部结构，基础可不设伸缩缝。

伸缩缝处宜做双柱，伸缩缝最小宽度为50mm。

伸缩缝与结构平面布置有关。结构平面布置不好时，可能导致房屋开裂。

设置伸缩缝可以避免由于温度变化导致房屋开裂。但是，伸缩缝给施工带来不便，使工期延长，房屋立面效果也受到一定影响。因此，目前的趋势是采取适当的措施，尽可能地不设或少设伸缩缝。

当采用有效的构造措施和施工措施减小温度和混凝土收缩对结构的影响时，可适当放宽伸缩缝的间距。这些措施可包括但不限于下列方面：

（1）顶层、底层、山墙和纵墙端开间等受温度变化影响较大的部位提高配筋率；

（2）顶层加强保温隔热措施，外墙设置外保温层；

（3）每30～40m间距留出施工后浇带，带宽800～1000mm，钢筋采用搭接接头，后浇带混凝土宜在45d后浇筑（图1-14）；

（4）采用收缩小的水泥、减少水泥用量、在混凝土中加入适宜的外加剂；

（5）提高每层楼板的构造配筋率或采用部分预应力结构。

后浇带应贯通建筑物的整个横截面，贯通全部墙、梁和楼板，使后浇带两边的结构都可以自由收缩。后浇带可以选择对结构受力影响较小的部位曲折通过，不要处在一个平面内，以免全部钢筋都在同一平面内搭接。一般情况下，后浇带可设在框架梁和楼板的1/3跨处；设在剪力墙洞口上方连梁的跨中或内外墙连接处（图1-15）。

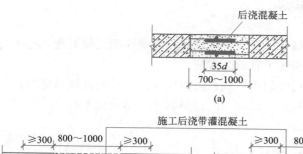

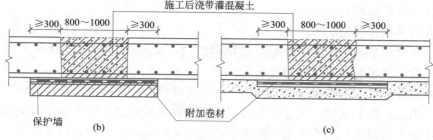

图 1-14 施工后浇带 (单位：mm)
(a) 梁板；(b) 外墙；(c) 底板

由于后浇带混凝土是后浇的，钢筋搭接，其两侧结构长期处于悬臂状态，所以模板的支撑在补浇混凝土前本跨不能全部拆除。当框架主梁跨度较大时，梁的钢筋可以直通而不切断，以免搭接长度过长而造成施工困难，也防止其在悬臂状态下产生不利的内力和变形。

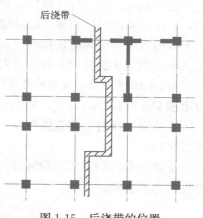

图 1-15 后浇带的位置

2. 沉降缝

房屋建成之后，都会有不同程度的沉降。如果沉降是均匀的，不会引起房屋开裂；反之，如果沉降不均匀且超过一定量值，房屋便有可能开裂。建筑的层数高、体量大时，对不均匀沉降较敏感。特别是当房屋的地基不均匀或房屋不同部位的高差较大时，不均匀沉降的可能性更大。

为了防止地基不均匀或房屋层数和高度相差很大引起房屋开裂而设的缝称为沉降缝。沉降缝不但要将上部结构断开，也要将基础断开。

建筑是否设置沉降缝，应通过沉降量计算确定。

一般场合，当差异沉降小于 5mm 时，其影响较小，可忽略不计；当已知或预知差异沉降量大于 10mm 时，必须计及其影响，并采取相应构造加强措施，如控制下层边柱设计轴压比，下层框架梁边支座配筋要留有余地。

当高层建筑与裙房之间不设置沉降缝时，宜在裙房一侧设置后浇带，后浇带的位置宜设在距主楼边的第二跨内。后浇带混凝土宜根据实测沉降情况确定浇筑时间。

不设沉降缝的措施有：

(1) 采用端承桩基础。

(2) 主楼与裙房用不同形式的基础。

（3）先施工主楼，后施工裙房。

3. 防震缝

地震区为了防止房屋或结构单元在发生地震时相互碰撞而设置的缝，称为防震缝。

按抗震设计的建筑在下列情况下宜设防震缝：

（1）平面长度和外伸长度尺寸超出了规程限值而又没有采取加强措施时；

（2）各部分结构刚度相差很远，采取不同材料和不同结构体系时；

（3）各部分质量相差很大时；

（4）各部分有较大错层时。

此外，各结构单元之间设了伸缩缝或沉降缝时，此伸缩缝或沉降缝可同时兼作防震缝，但其缝宽应满足防震缝宽度的要求。

防震缝应在地面以上沿全高设置，当不作为沉降缝时，基础可不设防震缝。但在防震缝处基础应加强构造和连接，高低层之间不要采用在主楼框架柱设牛腿而将低层屋面或楼面梁搁在牛腿上的做法，也不要用牛腿托梁的办法设防震缝，因为地震时各单元之间，尤其是高低层之间的振动情况是不相同的，连接处容易压碎、拉断。

防震缝两侧结构体系不同时，防震缝宽度应按不利的结构类型确定；防震缝两侧的房屋高度不同时，防震缝宽度应按较低的房屋高度确定；当相邻结构的基础存在较大沉降差时，宜增大防震缝的宽度；防震缝宜沿房屋全高设置；地下室、基础可不设防震缝，但在与上部防震缝对应处应加强构造和连接措施；结构单元之间或主楼与裙房之间如无可靠措施，不应采用牛腿托梁的做法设置防震缝。

框架结构房屋防震缝最小宽度应符合下列规定：高度不超过15m时不应小于100mm；高度超过15m时，6度、7度、8度、9度分别每增加高度5m、4m、3m和2m，宜加宽20mm。

在抗震设计时，建筑物各部分之间的关系应明确：如分开，则彻底分开；如相连，则连接牢固。

主楼与裙房间设置防震缝时，考虑到主楼的刚度可能较小，变形可能较大，防震缝的宽度应适当加大。

1.5 结构的计算简图

1.5.1 结构的计算单元

结构布置完成后，可以确定结构的计算单元。结构是一个整体，共同承担荷载与地震等作用。手算荷载作用下的内力时，可以在纵、横两个方向分别取出框架进行计算。当框架的间距、楼面荷载以及梁柱的截面尺寸相同时，每一个方向可以取出一榀中间的框架进行计算。将框架左半边以及框架右半边的结构与荷载都作用在这榀框架上，如图1-16中阴影部分所示。阴影范围称为该框架的计算单元。未经计算的框架，可按同方向已经计算的框架配置相同的钢筋。

1.5.2 梁的计算跨度与楼层高度

各跨梁的计算跨度为每跨柱形心线至形心线的距离。底层的层高为基础顶面至第2层楼面的距离，中间层的层高为该层楼面至上层楼面的距离，顶层的层高为顶层楼面至屋面的距离（图1-17）。注意：

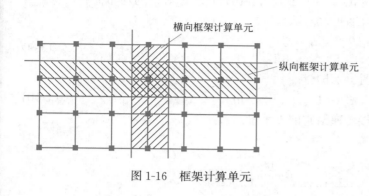

图 1-16 框架计算单元

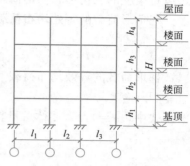

图 1-17 框架计算简图

（1）当上下柱截面发生改变时，取截面小的形心线进行整体分析，计算杆件的内力时要考虑偏心影响。

（2）当框架梁的坡度 $i \leqslant 1/8$ 时，可近似按水平梁计算。

（3）当各跨的跨长相差不大于 10% 时，可近似按等跨梁计算。

（4）当梁端加腋且截面高度之比相差不大于 1.6 时，可按等截面计算。

基顶的高度应根据基础形式及基础埋置深度而定，要尽量采用浅基础。

1.5.3 楼面荷载分配

现浇钢筋混凝土实心楼板的厚度不应小于 80mm，现浇空心楼板的顶板、底板厚度不应小于 50mm。预制钢筋混凝土实心叠合楼板的预制底板及后浇混凝土厚度不应小于 50mm。

进行框架结构竖向荷载作用下的内力计算前，先要将楼面上的竖向荷载分配给支承它的框架梁。

楼面荷载的分配与楼盖的构造有关。当采用装配式或装配整体式楼盖时，板上的荷载通过预制板的两端传递给它的支承结构。采用现浇楼盖时，楼面上的恒荷载和活荷载根据每个区格板两个方向的边长之比，沿单向或双向传递。区格板长边边长与短边边长之比大于 3 时沿单向传递（图 1-18），小于或等于 3 时沿双向传递（图 1-19）。

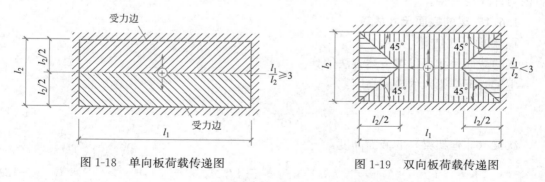

图 1-18 单向板荷载传递图

图 1-19 双向板荷载传递图

当板上的荷载沿双向传递时，可以按双向板楼盖中的荷载分析原则，从每个区格板的四个角点作 45°线将板划成四块，每个分块上的恒荷载和活荷载向与之相邻的支承结构上传递。此时，由板传递给框架梁上的荷载为三角形或梯形。为了简化框架内力计算起见，

11

可以将梁上的三角形和梯形荷载按式（1-9）或式（1-10）换算成等效的均布荷载计算。

三角形荷载的等效均布荷载（图1-20a）：

$$q' = \frac{5}{8}q \tag{1-9}$$

梯形荷载的等效均布荷载（图1-20b）：

$$q' = (1 - 2\alpha^2 + 3\alpha^3)q \tag{1-10}$$

式中，$\alpha = a/l$。墙体重量直接传递给它的支承梁。

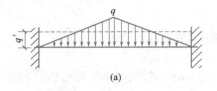

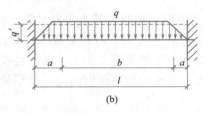

图1-20 三角形荷载和梯形荷载的等效均布荷载

(a) 三角形荷载；(b) 梯形荷载

1.6 梁、柱截面尺寸的估算

结构设计时，先要假定构件的截面尺寸才能确定结构自重、计算结构的刚度以及进行结构内力与变形的计算。结构的截面尺寸是否合适，要等内力组合完成后截面设计时才能最终确定。但是，只要假定的截面尺寸与最终确定的截面尺寸相差不大，一般不必重新进行内力计算与组合。

1.6.1 梁的截面尺寸估算

1. 截面尺寸估算

梁的截面尺寸可以按下述方法估算：

主梁（框架梁）的截面高度：

$$h = \left(\frac{1}{16} \sim \frac{1}{10}\right)l_0 \tag{1-11}$$

次梁（非框架梁）的截面高度：

$$h = \left(\frac{1}{18} \sim \frac{1}{12}\right)l_0 \tag{1-12}$$

梁的截面宽度：

$$b = \left(\frac{1}{4} \sim \frac{1}{2}\right)h \tag{1-13}$$

式中 l_0——梁的计算跨度；

    h——梁的截面高度；

    b——梁的截面宽度。

梁净跨与截面高度之比不宜小于 4。梁的截面宽度不宜小于梁截面高度的 1/4，框架梁的截面宽度不应小于 200mm。

当梁高较小或采用扁梁时，除应验算其承载力和受剪截面要求外，尚应满足刚度和裂缝的有关要求。在计算梁的挠度时，可扣除梁的合理起拱值。

2. 梁的抗弯刚度

当楼板与梁的钢筋互相交织且混凝土又同时浇筑时，楼板相当于梁的翼缘，梁的截面抗弯刚度比矩形梁有所增加，宜考虑梁受压翼缘的有利影响。在装配整体式楼盖中，预制板上的现浇刚性面层对梁的抗弯刚度也有一定的提高。

现浇楼面每一侧翼缘的有效宽度可取至板厚度 6 倍。梁的截面惯性矩也可按表 1-7 近似计算。

梁截面惯性矩   表 1-7

楼板类型	边框架梁	中间框架梁	楼板类型	边框架梁	中间框架梁
现浇楼板	$I=1.5I_0$	$I=2.0I_0$	装配式楼板	$I=I_0$	$I=I_0$
装配整体式楼板	$I=1.2I_0$	$I=1.5I_0$			

表 1-7 中，$I_0=\dfrac{1}{12}bh^3$，b 为矩形梁的截面宽度，h 为截面高度。叠合楼板框架梁可按现浇楼板框架梁取值。

梁的线刚度

$$i=\frac{E_{\mathrm{c}}I}{l_0}\tag{1-14}$$

式中 E_{c}——混凝土的弹性模量。

1.6.2 柱的截面尺寸估算

1. 截面尺寸估算

根据结构的平面布置以及房屋的用途，可以估算柱的轴力。以图 1-21 所示的结构平面布置为例，计算某柱的轴力时，可以假定其与周围相邻柱的中线为分界线，靠近该柱部分的楼面荷载传递给该柱。因此，中间柱承受该楼面的荷载面积为 $6\times6=36\mathrm{m}^2$。对于框架结构，根据大量的实际工程数据统计，其恒载以及楼面活荷载的标准值为 $12\sim14\mathrm{kN/m}^2$。对于活荷载较轻的楼面取下限，对于活荷载较重的楼面取上限。将此楼面荷载的标准值乘以此层的负荷面积，得到该层楼面传递给该柱的轴力标准值。将此层楼面传递的轴力标准值乘以其上屋盖以及楼层的数量，得到该柱的总轴力标准值。柱的轴力求得后，可按短柱计算确定其所需截面面积，考虑轴力偏心的影响，将此面积乘以 $1.1\sim1.2$ 的放大系数，可以求得柱的截面估算尺寸。

框架柱截面尺寸宜符合下列规定：

（1）矩形截面框架柱的边长不应小于 300mm，一、二、三级时不宜小于 400mm；圆柱直径不应小于 350mm，一、二、三级时不宜小于 450mm。

（2）框架柱的剪跨比宜大于 2。

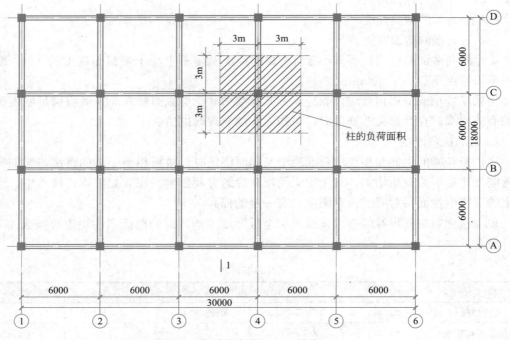

图 1-21　中柱的负荷面积（单位：mm）

（3）框架柱的截面高宽比不宜大于 3。

抗震设计时，钢筋混凝土柱的轴压比不宜超过表 1-8 的规定；对于Ⅳ类场地上较高的高层建筑，其轴压比限值应适当减小。

2. 框架柱的抗弯刚度

框架柱的截面形状一般为矩形、方形、圆形、正多边形，且以矩形和方形居多。当框架柱的截面为矩形或方形时。柱的截面惯性矩为：

$$I = \frac{1}{12}bh^3 \tag{1-15}$$

柱的线刚度为：

$$i = \frac{E_c I}{H_i} \tag{1-16}$$

式中　b——柱截面宽度；

　　　h——柱截面高度；

　　　E_c——混凝土的弹性模量；

　　　H_i——第 i 层柱的高度。

丙类混凝土框架结构房屋的抗震等级和轴压比　　　　　　表 1-8

	设防烈度						
	6 度		7 度		8 度		9 度
框架高度（m）	≤24	25～60	≤24	25～50	≤24	25～40	≤24
抗震等级	四	三	三	二	二	一	一

	设防烈度					
	6度		7度		8度	9度
轴压比限值	0.90	0.85	0.85	0.75	0.75	0.65	0.65
跨度不小于18m框架的抗震等级	三		二		一	一
轴压比限值	0.85		0.75		0.65	0.65

2 荷载与地震作用

2.1 建筑结构上作用的类型

凡是能够使结构产生内力、位移、变形、开裂、破坏,影响其耐久性的因素,统称为结构上的作用。建筑结构在设计工作年限以内可能承受的主要作用有荷载和非荷载因素。荷载可以分为恒载、活荷载和偶然荷载,活荷载又可以分为楼面活荷载、屋面活荷载、雪荷载和风荷载。非荷载因素主要有地震作用、温度作用和混凝土的收缩、徐变等。

建筑结构可能承受的主要作用可采用图 2-1 所示框图表示。

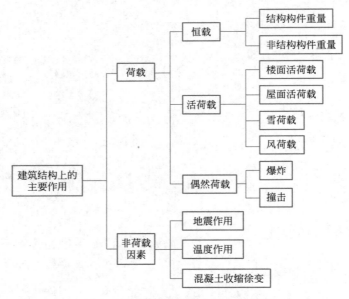

图 2-1 高层建筑结构上的主要作用

本章主要对荷载和地震作用进行讨论。

2.2 恒   载

恒载包括结构构件(梁、板、柱、墙、支撑等)和非结构构件(抹灰、饰面材料、填充墙、吊顶等)的重量。这些重量的大小、方向和作用点不随时间而改变,又称为永久荷载。

恒载标准值等于构件的体积乘以材料的自重标准值。常用材料的自重标准值为：

钢筋混凝土	25kN/m³	铝型材	28kN/m³
水泥砂浆	20kN/m³	杉木	4kN/m³
砂土	17kN/m³	玻璃	25.6kN/m³
钢材	78.5kN/m³	腐殖土	16kN/m³
混合砂浆	17kN/m³	卵石	18kN/m³

其他材料的自重标准值可从现行国家标准《建筑结构荷载规范》GB 50009 中查得。

对于自重变异较大的材料和构件，对结构不利时自重标准值取上限值，对结构有利时取下限值。

位置固定的永久设备自重应采用设备铭牌重量值；当无铭牌重量时，应按实际重量计算。

隔墙自重作为永久作用时，应符合位置固定的要求；位置可灵活布置的轻质隔墙自重应按可变荷载考虑。

土压力应按设计埋深与土的单位体积自重计算确定。土的单位体积自重应根据计算水位分别取不同密度进行计算。

预加应力应考虑时间效应影响，采用有效预应力。

2.3 楼面与屋面活荷载

2.3.1 楼面活荷载

1. 对于民用建筑楼面均布活荷载标准值，可根据调查统计而得。我国现行国家标准《工程结构通用规范》GB 55001 规定的民用建筑楼面均布活荷载标准值及其组合值系数、频遇值系数和准永久值系数如表 2-1 所示。

民用建筑楼面均布活荷载标准值及其组合值系数、频遇值系数和准永久值系数　表 2-1

项次	类别	标准值 (kN/m²)	组合值系数 ψ_c	频遇值系数 ψ_f	准永久值系数 ψ_q
1	(1)住宅、宿舍、旅馆、医院病房、托儿所、幼儿园	2.0	0.7	0.5	0.4
	(2)办公楼、教室、医院门诊室	2.5	0.7	0.6	0.5
2	食堂、餐厅、试验室、阅览室、会议室、一般资料档案室	3.0	0.7	0.6	0.5
3	礼堂、剧场、影院、有固定座位的看台、公共洗衣房	3.5	0.7	0.5	0.3
4	(1)商店、展览厅、车站、港口、机场大厅及其旅客等候室	4.0	0.7	0.6	0.5
	(2)无固定座位的看台	4.0	0.7	0.5	0.3
5	(1)健身房、演出舞台	4.5	0.7	0.6	0.5
	(2)运动场、舞厅	4.5	0.7	0.6	0.3

项次	类别		标准值 (kN/m²)	组合值系数 ψ_c	频遇值系数 ψ_f	准永久值系数 ψ_q
6	(1)书库、档案库、储藏室(书架高度不超过2.5m)		6.0	0.9	0.9	0.8
	(2)密集柜书库(书架高度不超过2.5m)		12.0	0.9	0.9	0.8
7	通风机房、电梯机房		8.0	0.9	0.9	0.8
8	厨房	(1)餐厅	4.0	0.7	0.7	0.7
		(2)其他	2.0	0.7	0.6	0.5
9	浴室、卫生间、盥洗室		2.5	0.7	0.6	0.5
10	走廊、门厅	(1)宿舍、旅馆、医院病房、托儿所、幼儿园、住宅	2.0	0.7	0.5	0.4
		(2)办公楼、餐厅、医院门诊部	3.0	0.7	0.6	0.5
		(3)教学楼及其他可能出现人员密集的情况	3.5	0.7	0.5	0.3
11	楼梯	(1)多层住宅	2.0	0.7	0.5	0.4
		(2)其他	3.5	0.7	0.5	0.3
12	阳台	(1)可能出现人员密集的情况	3.5	0.7	0.6	0.5
		(2)其他	2.5	0.7	0.6	0.5

2. 采用等效均布活荷载方法进行设计时，应保证其产生的荷载效应与最不利堆放情况等效；建筑楼面和屋面堆放物较多或较重的区域。应按实际情况考虑其荷载。

3. 一般使用条件下的民用建筑楼面均布活荷载标准值及其组合值系数，频遇值系数和准永久值系数的取值，不应小于表 2-1 的规定。当使用荷载较大、情况特殊或有专门要求时，应按实际情况采用。

4. 汽车通道及客车停车库的楼面均布活荷载标准值及其组合值系数、频遇值系数和准永久值系数的取值。不应小于表 2-2 的规定。当应用条件不符合本表要求时，应按效应等效原则，将车轮的局部荷载换算为等效均布荷载。

汽车通道及客车停车库的楼面均布活荷载　　　　　　表 2-2

类别		标准值 (kN/m²)	组合值系数 ψ_c	频遇值系数 ψ_f	准永久值系数 ψ_q
单向板楼盖 (板跨 $L \geq 2m$)	定员不超过9人的小型客车	4.0	0.7	0.7	0.6
	满载总重不大于 300kN 的消防车	35.0	0.7	0.5	0.0
双向板楼盖 (3m≤板跨短边 L≤6m)	定员不超过9人的小型客车	5.5－0.5L	0.7	0.7	0.6
	满载总重不大于 300kN 的消防车	50.0－5.0L	0.7	0.5	0.0

类别		标准值 （kN/m²）	组合值 系数 ψ_c	频遇值 系数 ψ_f	准永久值 系数 ψ_q
双向板楼盖 （板跨短边 $L \geqslant 6$m）	定员不超过 9 人的小型客车	2.5	0.7	0.7	0.6
和无梁楼盖 （柱网不小于 6m×6m）	满载总重不大于 300kN 的消防车	20.0	0.7	0.5	0.0

5. 当采用楼面等效均布活荷载方法设计楼面梁时，表 2-1 和表 2-2 中的楼面活荷载标准值的折减系数取值不应小于下列规定值：

（1）表 2-1 中第 1（1）项当楼面梁从属面积不超过 25m²（含）时，不应折减；超过 25m² 时，不应小于 0.9；

（2）表 2-1 中第 1（2）～7 项当楼面梁从属面积不超过 50m²（含）时，不应折减；超过 50m² 时，不应小于 0.9；

（3）表 2-1 中第 8～12 项应采用与所属房屋类别相同的折减系数；

（4）表 2-2 对单向板楼盖的次梁和槽形板的纵肋不应小于 0.8，对单向板楼盖的主梁不应小于 0.6，对双向板楼盖的梁不应小于 0.8。

6. 当采用楼面等效均布活荷载方法设计墙、柱和基础时，折减系数取值应符合下列规定：

（1）表 2-1、中第 1（1）项单层建筑楼面梁的从属面积超过 25m² 时不应小于 0.9，其他情况应按表 2-3 规定采用；

（2）表 2-1 中第 1（2）～7 项应采用与其楼面梁相同的折减系数；

（3）表 2-1 中第 8～12 项应采用与所属房屋类别相同的折减系数；

（4）应根据实际情况决定是否考虑表 2-2 中的消防车荷载；对表 2-2 中的客车，对单向板楼盖不应小于 0.5，对双向板楼盖和无梁楼盖不应小于 0.8。

活荷载按楼层的折减系数　　　　　　　　　　　　　　　　表 2-3

墙、柱、基础计算 截面以上的层数	2～3	4～5	6～8	9～20	＞20
计算截面以上各楼层 活荷载总和的折减系数	0.85	0.70	0.65	0.60	0.55

7. 当考虑覆土影响对消防车活荷载进行折减时，折减系数应根据可靠资料确定。

8. 工业建筑楼面均布活荷载的标准值及其组合值系数、频遇值系数和准永久值系数的取值，不应小于表 2-4 的规定。

工业建筑楼面均布活荷载标准值及其组合值系数、频遇值系数和准永久值系数　　表 2-4

项次	类别	标准值 （kN/m²）	组合值 系数 ψ_c	频遇值 系数 ψ_f	准永久值 系数 ψ_q
1	电子产品加工	4.0	0.8	0.6	0.5

项次	类别	标准值 (kN/m²)	组合值 系数 ψ_c	频遇值 系数 ψ_f	准永久值 系数 ψ_q
2	轻型机械加工	8.0	0.8	0.6	0.5
3	重型机械加工	12.0	0.8	0.6	0.5

2.3.2 屋面活荷载

1. 房屋建筑的屋面，其水平投影面上的屋面均布活荷载的标准值及其组合值系数、频遇值系数和准永久值系数的取值，不应小于表 2-5 的规定。

屋面均布活荷载标准值及其组合值系数、频遇值系数和准永久值系数   表 2-5

项次	类别	标准值 (kN/m²)	组合值 系数 ψ_c	频遇值 系数 ψ_f	准永久值 系数 ψ_q
1	不上人的屋面	0.5	0.7	0.5	0.0
2	上人的屋面	2.0	0.7	0.5	0.4
3	屋顶花园	3.0	0.7	0.6	0.5
4	屋顶运动场地	4.5	0.7	0.6	0.4

2. 不上人的屋面，当施工或维修荷载较大时，应按实际情况采用；当上人屋面兼做其他用途时，应按相应楼面活荷载采用；屋顶花园的活荷载不应包括花圃土石等材料自重。

3. 对于因屋面排水不畅、堵塞等引起的积水荷载，应采取构造措施加以防止；必要时，应按积水的可能深度确定屋面活荷载。

4. 屋面直升机停机坪荷载应按下列规定采用：

（1）屋面直升机停机坪荷载应按局部荷载考虑，或根据局部荷载换算为等效均布荷载考虑。局部荷载标准值应按直升机实际最大起飞重量确定，当没有机型技术资料时，局部荷载标准值及作用面积的取值不应小于表 2-6 的规定。

屋面直升机停机坪局部荷载标准值及作用面积   表 2-6

类型	最大起飞质量(t)	局部荷载标准值(kN)	作用面积
轻型	2	20	0.20m×0.20m
中型	4	40	0.25m×0.25m
重型	6	60	0.30m×0.30m

（2）屋面直升机停机坪的等效均布荷载标准值不应低于 5.0kN/m²。

（3）屋面直升机停机坪荷载的组合值系数应取 0.7，频遇值系数应取 0.6，准永久值系数应取 0。

5. 施工和检修荷载应按下列规定采用：

（1）设计屋面板、檩条、钢筋混凝土挑檐、悬挑雨篷和预制小梁时，施工或检修集中荷载标准值不应小于 1.0kN，并应在最不利位置处进行验算；

（2）对于轻型构件或较宽的构件，应按实际情况验算，或应加垫板、支撑等临时设施；

（3）计算挑檐、悬挑雨篷的承载力时，应沿板宽每隔 1.0m 取一个集中荷载；在验算挑檐、悬挑雨篷的倾覆时，应沿板宽每隔 2.5～3.0m 取一个集中荷载。

6. 地下室顶板施工活荷载标准值不应小于 $5.0kN/m^2$，当有临时堆积荷载以及有重型车辆通过时，施工组织设计中应按实际荷载验算并采取相应措施。

7. 楼梯、看台、阳台和上人屋面等的栏杆活荷载标准值，不应小于下列规定值：

（1）住宅、宿舍、办公楼、旅馆、医院、托儿所、幼儿园，栏杆顶部的水平荷载应取 1.0kN/m；

（2）食堂、剧场、电影院、车站、礼堂、展览馆或体育场，栏杆顶部的水平荷载应取 1.0kN/m，竖向荷载应取 1.2kN/m，水平荷载与竖向荷载应分别考虑；

（3）中小学校的上人屋面、外廊、楼梯、平台、阳台等临空部位必须设防护栏杆，栏杆顶部的水平荷载应取 1.5kN/m，竖向荷载应取 1.2kN/m，水平荷载与竖向荷载应分别考虑。

8. 施工荷载、检修荷载及栏杆荷载的组合值系数应取 0.7，频遇值系数应取 0.5，准永久值系数应取 0。

9. 将动力荷载简化为静力作用施加于楼面和梁时，应将活荷载乘以动力系数，动力系数不应小于 1.1。

现行国家标准《建筑结构荷载规范》GB 50009 规定：不上人的屋面均布荷载，可不与雪荷载和风荷载同时组合。

根据大量实际工程的统计结果，我国混凝土框架结构房屋单位面积上恒载与楼面活荷载的标准值为 $12～14kN/m^2$。根据这一数值，可以很快地估算出框架结构房屋的总重量、框架梁、柱和基础的内力及配筋、混凝土和钢筋的总用量以及工程的造价。

2.4 雪荷载

雪荷载也是一种屋面活荷载，可以有，也可以无。雪荷载与上一节的屋面活荷载性质不相同，所以单列一节。

2.4.1 屋面水平投影面上雪荷载标准值计算公式

屋面水平投影面上的雪荷载标准值，应按下式计算：

$$s_k = \mu_r s_0 \tag{2-1}$$

式中 s_k——雪荷载标准值（kN/m^2）；

μ_r——屋面积雪分布系数；

s_0——基本雪压（kN/m^2）。

2.4.2 基本雪压的确定

雪压是指单位水平面积上的雪重，单位为"kN/m^2"。

基本雪压应根据空旷平坦地形条件下的降雪观测资料，采用适当的概率分布模型，按 50 年重现期进行计算。对雪荷载敏感的结构，应按照 100 年重现期雪压和基本雪压的比值，提高其雪荷载取值。对雪荷载敏感的结构主要是指大跨、轻质屋盖结构。此类结构的雪荷载经常是控制荷载，极端雪荷载作用下容易造成结构整体破坏，后果特别严重。因此，基本雪压要适当提高，采用 100 年重现期的雪压。

确定基本雪压时，应以年最大雪压观测值为分析基础；当没有雪压观测数据时，年最大雪压计算值应表示为地区平均等效积雪密度、年最大雪深观测值和重力加速度的乘积。

屋面积雪分布系数应根据屋面形式确定，并应同时考虑均匀分布和非均匀分布等各种可能的积雪分布情况。屋面积雪的滑落不受阻挡时，积雪分布系数在屋面坡度大于等于 60°时应为 0。

当考虑周边环境对屋面积雪的有利影响而对积雪分布系数进行调整时，调整系数不应低于 0.90。

全国各地重现期为 50 年的基本雪压还可以由现行国家标准《建筑结构荷载规范》GB 50009 图 E.6.1 查得。

雪荷载的组合值系数可取 0.7；频遇值系数可取 0.6；准永久值系数应按雪荷载分区Ⅰ、Ⅱ和Ⅲ区的不同，分别取 0.5、0.2 和 0；雪荷载准永久值系数分区图可参见现行国家标准《建筑结构荷载规范》GB 50009 图 E.6.2。

2.4.3 屋面积雪分布系数

屋面积雪分布系数见表 2-7。

屋面积雪分布系数 　　　　　　　　　　　　　　　　　　　　表 2-7

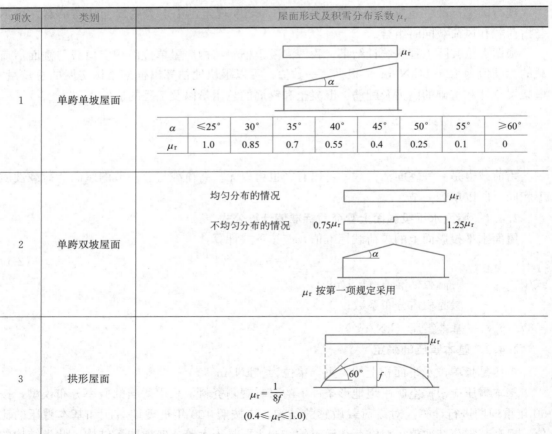

项次	类别	屋面形式及积雪分布系数 μ_r
4	高低屋面	

注：第 2 项单跨双坡屋面仅当 $20° \leqslant \alpha \leqslant 30°$ 时，可采用不均匀分布情况。

2.5 风荷载

2.5.1 风荷载标准值

垂直于建筑物表面上的风荷载标准值，应在基本风压、风压高度变化系数、风荷载体型系数、地形修正系数和风向影响系数的乘积基础上，考虑风荷载脉动的增大效应加以确定。

垂直于建筑物表面上的风荷载标准值，可按下述公式计算：

$$w_k = \beta_z \gamma_d \eta \mu_s \mu_z w_0 \tag{2-2}$$

式中　w_k——风荷载标准值（kN/m^2）；

　　　w_0——基本风压（kN/m^2）；

　　　μ_z——风压高度变化系数；

　　　μ_s——风荷载体型系数；

　　　γ_d——风向影响系数；

　　　η——地形修正系数；

　　　β_z——高度 z 处的风振系数。

2.5.2 基本风压

风作用在建筑物上，一方面使建筑物受到一个基本上比较稳定的风压力；另一方面又使建筑物产生风力振动（风振）。由于这种双重作用，建筑物既受到静力的作用，又受到动力的作用。

作用在建筑物上的风压力与风速有关，可表示为：

$$w_0 = \frac{1}{2} \rho v_0^2 \tag{2-3}$$

式中　w_0——用于建筑物表面的风压（N/m^2）；

　　　ρ——空气的密度，取 $\rho = 1.25 kg/m^3$；

　　　v_0——平均风速（m/s）。

我国现行国家标准《建筑结构荷载规范》GB 50009 给出了各城市、各地区的设计基本风压 w_0。这个基本风压值是根据各地气象台站多年的气象观测资料，取当地 50 年一遇、10m 高度上的 10min 平均风压值来确定的。一般建筑设计所用的基本风压 w_0 应按现行国家标准《建筑结构荷载规范》GB 50009 中 50 年一遇的风压值取用；对于特别重要的高层建筑和对风荷载敏感的高层建筑，承载力设计时应按基本风压的 1.1 倍采用，对于正常使用极限状态（如位移计算），可采用 50 年重现期的风压值（基本风压）。基本风压的取值不得低于 $0.30 kN/m^2$。

对风荷载是否敏感，主要与建筑的自振特性有关，目前还没有实用的划分标准。一般情况下，房屋高度大于 60m 的高层建筑可按基本风压的 1.1 倍采用；对于房屋高度不超过 60m 的高层建筑，其基本风压是否提高，可由设计人员根据实际情况确定。

全国 10 年、50 年和 100 年一遇的风压标准值可由现行国家标准《建筑结构荷载规范》GB 50009 附表 E.5 中查得。50 年一遇的风压标准值还可以由现行国家标准《建筑结构荷载规范》GB 50009 图 E.6.3 查得。

2.5.3 风压高度变化系数

风压高度变化系数应根据建设地点的地面粗糙度确定。地面粗糙度应以结构上风向一定距离范围内的地面植被特征和房屋高度、密集程度等因素确定，需考虑的最远距离不应小于建筑高度的 20 倍且不应小于 2000m。标准地面粗糙度条件应为周边无遮挡的空旷平坦地形，其 10m 高处的风压高度变化系数应取 1.0。

离地面越高，空气流动受地面摩擦力的影响越小，风速越大，风压也越大。

由于现行国家标准《建筑结构荷载规范》GB 50009 中的基本风压是按 10m 高度给出的，所以不同高度上的风压应将 w_0 乘以高度系数 μ_z 得出。风压高度系数 μ_z 取决于粗糙度指数。现行国家标准《建筑结构荷载规范》GB 50009 将地面粗糙度等级分为 A、B、C、D 四类：

——A 类指近海海面、海岛、海岸、湖岸及沙漠地区；

——B 类指田野、乡村、丛林、丘陵以及房屋比较稀疏的乡镇；

——C 类指有密集建筑群的城市市区；

——D 类指有密集建筑群且房屋较高的城市市区。

高度变化系数 μ_z 如表 2-8 所示。

风压高度变化系数 μ_z 表 2-8

离地面或海平面高度(m)	地面粗糙度类别			
	A	B	C	D
5	1.09	1.00	0.65	0.51
10	1.28	1.00	0.65	0.51
15	1.42	1.13	0.65	0.51
20	1.52	1.23	0.74	0.51
30	1.67	1.39	0.88	0.51
40	1.79	1.52	1.00	0.60
50	1.89	1.62	1.10	0.69
60	1.97	1.71	1.20	0.77
70	2.05	1.79	1.28	0.84
80	2.12	1.87	1.36	0.91

离地面或海平面高度(m)	地面粗糙度类别			
	A	B	C	D
90	2.18	1.93	1.43	0.98
100	2.23	2.00	1.50	1.04
150	2.46	2.25	1.79	1.33
200	2.64	2.46	2.03	1.58
250	2.78	2.63	2.24	1.81
300	2.91	2.77	2.43	2.02
350	2.91	2.91	2.60	2.22
400	2.91	2.91	2.76	2.40
450	2.91	2.91	2.91	2.58
500	2.91	2.91	2.91	2.74
≥550	2.91	2.91	2.91	2.91

2.5.4 风荷载体型系数

风力在建筑物表面上分布是很不均匀的，一般取决于其平面形状、立面体型和房屋高宽比。通常，在迎风面上产生风压力，侧风面和背风面产生风吸力（图 2-2）。用体型系数 μ_s 来表示不同体型建筑物表面风力的大小。体型系数通常由建筑物的风压现场实测或由建筑物模型的风洞试验求得。

建筑物表面各处的体型系数 μ_s 是不同的。在进行主体结构的内力与位移计算时，对迎风面和背风面取一个平均的体型系数。当验算围护构件本身的承载力和刚度时，则按最大的体型系数来考虑。特别是对外墙板、玻璃幕墙、女儿墙、广告牌、挑檐和遮阳板等局部构件进行抗风设计时，要考虑承受最大风压的可能性。

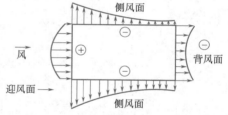

图 2-2　风压在建筑物平面上的分布

除了上述风力分布的空间特性外，风力还随时间不断变化，因而脉动变化的风力会使建筑物产生风力振动（风振）。将建筑物受到的最大风力与平均风力之比称为风振系数 β_z。风振系数反映了风荷载的动力作用，它取决于建筑物的高宽比、基本自振周期及地面粗糙度类别。

为了便于高层建筑结构设计计算起见，现行行业标准《高层建筑混凝土结构技术规程》JGJ 3 给出了风荷载体型系数的计算公式或系数值。

1. 风荷载体型系数的一般规定

风荷载体型系数与高层建筑的体型、平面尺寸等有关，可按下列规定采用：

（1）圆形平面建筑取 0.8。

（2）正多边形及截角三角形平面建筑，按式（2-4）计算：

$$\mu_s = 0.8 + 1.2/\sqrt{n} \qquad\qquad (2-4)$$

式中　n——多边形的边数。

（3）高宽比 H/B 不大于 4 的矩形、方形、十字形平面建筑取 1.3。

（4）下列建筑的风荷载体型系数为 1.4：

1）V 形、Y 形、弧形、双十字形、井字形平面建筑；

2）L 形和槽形平面建筑；

3）高宽比 $H/B_{\max}$ 大于 4，长宽比 $L/B_{\max}$ 不大于 1.5 的矩形、鼓形平面建筑。

（5）迎风面积可取垂直于风向的最大投影面积；

（6）在需要更细致进行风荷载计算的情况下，风荷载体型系数可按第 2 点中（1）～（4）规定查取，或由风洞试验确定。

复杂体型的建筑在进行内力与位移计算时，正反两个方向风荷载的绝对值可按两个方向中的较大值采用。

2. 各种体型的风荷载体型系数

风荷载体型系数应根据建筑物平面形状按下列规定取用：

（1）矩形平面（图 2-3 和表 2-9）

矩形平面体型系数

表 2-9

μ_{s1}	μ_{s2}	μ_{s3}	μ_{s4}
0.80	$-\left(0.48+0.03\dfrac{H}{L}\right)$	-0.60	-0.60

注：H 为房屋高度。

（2）L 形平面（图 2-4 和表 2-10）

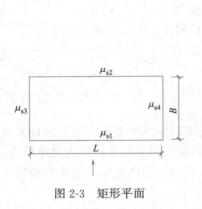

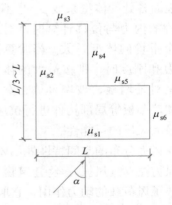

图 2-3　矩形平面　　　　　　图 2-4　L 形平面

L 形平面体型系数

表 2-10

α ＼ μ_s	μ_{s1}	μ_{s2}	μ_{s3}	μ_{s4}	μ_{s5}	μ_{s6}
0°	0.80	-0.70	-0.60	-0.50	-0.50	-0.60
45°	0.50	0.50	-0.80	-0.70	-0.70	-0.80
225°	-0.60	-0.60	0.30	0.90	0.90	0.30

（3）槽形平面（图2-5）

（4）正多边形平面、圆形平面（图2-6）

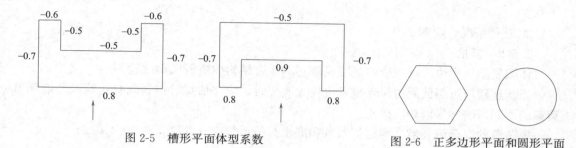

图2-5　槽形平面体型系数　　　　　　　　图2-6　正多边形平面和圆形平面

1）$\mu_s = 0.8 + \dfrac{1.2}{\sqrt{n}}$（$n$ 为边数）；

2）当圆形建筑表面较粗糙时，$\mu_s = 0.8$。

2.5.5　顺风向风振和风振系数

建筑结构当高度大于30m、高宽比大于1.5时，应考虑风压脉动对结构产生顺风向风振的影响，并可仅考虑结构第一振型的影响，结构的顺风向风荷载可按公式（2-2）计算。z高度处的风振系数可按公式（2-5）计算：

$$\beta_z = 1 + 2gI_{10}B_z\sqrt{1+R^2} \tag{2-5}$$

式中　g——峰值因子，可取2.5；

I_{10}——10m 高度名义湍流强度，对应 A、B、C 和 D 类地面粗糙度，可分别取0.12、0.14、0.23 和 0.39；

R——脉动风荷载的共振分量因子；

B_z——脉动风荷载的背景分量因子。

当采用风荷载放大系数的方法考虑风荷载脉动的增大效应时，风荷载放大系数应按下列规定采用：

（1）主要受力结构的风荷载放大系数应根据地形特征、脉动风特性、结构周期、阻尼比等因素确定，其值不应小于1.2；

（2）围护结构的风荷载放大系数应根据地形特征、脉动风特性和流场特征等因素确定，且不应小于 $1 + \dfrac{0.7}{\sqrt{\mu_z}}$，其中 μ_z 为风压高度变化系数。

2.5.6　地形修正系数

地形修正系数应按下列规定采用：

1. 对于山峰和山坡等地形，应根据山坡全高、坡度和建筑物计算位置离建筑物地面的高度确定地形修正系数，其值不应小于1.0；

2. 对于山间盆地、谷地等闭塞地形，地形修正系数不应小于0.75；

3. 对于与风向一致的谷口、山口，地形修正系数不应小于1.20；

4. 其他情况，应取1.0。

2.5.7　风向影响系数

风向影响系数应按下列规定采用：

1. 当有 15 年以上符合观测要求且可靠的风气象资料时，应按照极值理论的统计方法计算不同风向的风向影响系数。所有风向影响系数的最大值不应小于 1.0，最小值不应小于 0.8。

2. 其他情况，应取 1.0。

2.5.8　其他

体型复杂、周边干扰效应明显或风敏感的重要结构应进行风洞试验。

当新建建筑可能使周边风环境发生较大改变时，应评估其对相邻既有建筑风环境和风荷载的不利影响并采取相应措施。

风荷载的组合值系数、频遇值系数和准永久值系数应分别取 0.6、0.4 和 0。

2.6　地震作用

2.6.1　地震的基本知识

1. 地震、震源、震中和震中距

地球在不停地运动过程中，深部岩石的应变超过容许值时，岩层将发生断裂、错动和碰撞，从而引发地面振动，称之为地震或构造地震。除此之外，火山喷发和地面塌陷也将引起地面振动，但其影响较小，因此，通常所说的地震是指构造地震。强烈的构造地震影响面广，破坏性大，发生的频率高，约占破坏性地震总量的 90% 以上。

地震像刮风和下雨一样，是一种自然现象。地球上每年都有许许多多次地震发生，只不过它们之中绝大部分是人们难于感觉得到而已。

地壳深处岩层发生断裂、错动和碰撞的地方称为震源。震源深度小于 60km 的称为浅源地震；震源深度为 60~300km 的称为中源地震；震源深度大于 300km 的称为深源地震。浅源地震造成的地面破坏比中源地震和深源地震大。我国发生的地震绝大多数属浅源地震。

震源正上方的地面为震中。地面上某点至震中的距离称为震中距。一般地说，震中距愈远，所遭受的地震破坏愈小。

2. 地震波、震级和地震烈度

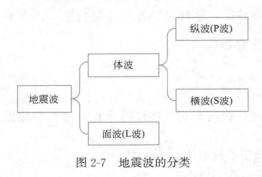

图 2-7　地震波的分类

（1）地震波

地震以波的形式向四周传播，这种波称为地震波。

地震波按其在地壳传播的位置不同，可按图 2-7 分类。

体波在地球内部传播，面波沿地球表面传播。体波又分为纵波和横波。纵波是由震源向四周传播的压缩波，横波是由震源向四周传播的剪切波。

纵波的周期短，振幅小，波速快。横波的周期长，振幅大，波速慢。面波是体波经地层界面多次反射、折射形成的次生波，其波速慢，振幅大，振动方向复杂，对建筑物的影响较大。

（2）震级

衡量地震释放能量大小的等级，称为震级，用符号 M 表示。

1935 年，里克特首先提出震级的确定方法，称为里氏震级。里氏震级的定义是：用周期为 0.8s、阻尼系数为 0.8 和放大倍数为 2800 的标准地震仪，在距震中为 100km 处记录的以微米（μm，$1\mu m = 1 \times 10^{-3} mm$）为单位的最大水平地面位移（振幅）$A$ 的常用对数值，即：

$$M = \lg A \tag{2-6}$$

$M < 2$ 的地震称为微震或无感地震；$M = 2 \sim 4$ 的地震称为有感地震；$M > 5$ 的地震称为破坏性地震；$M > 7$ 的地震称为强震或大地震；$M > 8$ 的地震称为特大地震。

（3）地震烈度

地震烈度是指地震时在一定地点震动的强烈程度。中国地震烈度表将地震烈度分为 12 度，并且将宏观标志、定量的物理标志与地面运动参数联系在一起。详细情况可查阅《中国地震烈度表》GB/T 17742—2020。

《中国地震烈度区划图》给出了全国各地地震基本烈度取值。许多大城市还有自己的地震烈度区划图。基本烈度是指该地区在今后 50 年期限内，在一般场地条件下可能遭遇超越概率为 10% 的地震烈度。它是该地区进行抗震设计的基本依据。

2.6.2　建筑结构的抗震设防

1. 建筑抗震设防分类

我国现行国家标准《建筑工程抗震设防分类标准》GB 50223 规定，建筑工程应分为以下四个抗震设防类别：

（1）特殊设防类：指使用上有特殊设施，涉及国家公共安全的重大建筑工程和地震时可能发生严重次生灾害等特别重大灾害后果，需要进行特殊设防的建筑。简称甲类。

（2）重点设防类：指地震时使用功能不能中断或需尽快恢复的生命线相关建筑，以及地震时可能导致大量人员伤亡等重大灾害后果，需要提高设防标准的建筑。简称乙类。

（3）标准设防类：指大量的除（1）、（2）、（4）款以外按标准要求进行设防的建筑。简称丙类。

（4）适度设防类：指使用上人员稀少且震损不致产生次生灾害，允许在一定条件下适度降低要求的建筑。简称丁类。

甲类建筑指有特殊要求的建筑，如遇地震破坏会导致严重后果的建筑。例如：三级医院中承担特别重要医疗任务的门诊、医技、住院大楼，国家和区域的电力调度中心，国际出入口局，国际无线电台，国家卫星通信地球站，国际海缆登陆站大楼，国家级、省级高度大于 250m 的混凝土电视调频广播发射塔和高度大于 300m 的钢电视调频广播发射塔，国家级卫星地球站上行站大楼等，应划为特殊设防类（甲类）建筑。这类建筑应根据具体情况，按国家规定的审批权限审批后确定。甲类建筑应采取专门的设计方法，例如：对建筑物的不同使用要求规定专门的设防标准；采用地震危险性分析提出专门的地震动参数；采取规范以外的特殊抗震方案、抗震措施和抗震验算方法等。

乙类建筑属于重要建筑物，指在抗震救灾时需要的建筑物。例如：

（1）二、三级医院的门诊、医技、住院用房，具有外科手术室或急诊科的乡镇卫生院的医疗用房，县级及以上急救中心的指挥、通信、运输系统的重要建筑，县级以上的独立采供血机构的建筑，抗震设防类别应划为重点设防类。

（2）20万人口以上的城镇和县及县级市防灾应急指挥中心的主要建筑，抗震设防类别不应低于重点设防类。

（3）省、自治区、直辖市的电力调度中心，抗震设防类别宜划为重点设防类。

（4）省中心及省中心以上通信枢纽楼、长途传输一级干线枢纽站、国内卫星通信地球站、本地网通枢纽楼及通信生产楼、应急通信用房，抗震设防类别应划为重点设防类。

（5）文化娱乐建筑中，大型的电影院、剧场、礼堂、图书馆的视听室和报告厅、文化馆的观演厅和展览厅、娱乐中心建筑，抗震设防类别应划为重点设防类。

（6）教育建筑中，幼儿园、小学、中学的教学用房以及学生宿舍和食堂，抗震设防类别应不低于重点设防类。

（7）高层建筑中，当结构单元内经常使用人数超过8000人时，抗震设防类别宜划为重点设防类。

更多的按重点设防类抗震设防的建筑，可查阅现行国家标准《建筑工程抗震设防分类标准》GB 50223。

一般民用建筑属丙类建筑，其抗震计算和构造措施一般按设防烈度考虑。

2. 建筑的设防标准

各抗震设防类别建筑的抗震设防标准，应符合下列要求：

（1）标准设防类，应按本地区抗震设防烈度确定其抗震措施和地震作用，达到在遭遇高于当地抗震设防烈度的预估罕遇地震影响时不致倒塌或发生危及生命安全的严重破坏的抗震设防目标。

（2）重点设防类，应按高于本地区抗震设防烈度一度的要求加强其抗震措施；但抗震设防烈度为9度时应按比9度更高的要求采取抗震措施；地基基础的抗震措施，应符合有关规定。同时，应按本地区抗震设防烈度确定其地震作用。

（3）特殊设防类，应按高于本地区抗震设防烈度提高一度的要求加强其抗震措施；但抗震设防烈度为9度时应按比9度更高的要求采取抗震措施。同时，应按批准的地震安全性评价的结果且高于本地区抗震设防烈度的要求确定其地震作用。

（4）适度设防类，允许比本地区抗震设防烈度的要求适当降低其抗震措施，但抗震设防烈度为6度时不应降低。一般情况下，仍应按本地区抗震设防烈度确定其地震作用。

（5）当工程场地为Ⅰ类时，对特殊设防类和重点设防类工程，允许按本地区设防烈度的要求采取抗震构造措施；对标准设防类工程，抗震构造措施允许按本地区设防烈度降低一度、但不得低于6度的要求采用。

对于划为重点设防类而规模很小的工业建筑，当改用抗震性能较好的材料且符合抗震设计规范对结构体系的要求时，允许按标准设防类设防。

我国地震活动的频度高、震源浅、强度大、分布广，地震灾害严重。1976年7月28日发生的唐山大地震和2008年发生的四川汶川大地震等，给我国造成了巨大的人员伤亡和经济损失，同时也给我们留下了极其深刻的教训和启示。地震引起的建（构）筑物倒塌破坏是导致人员伤亡和经济损失的主要原因，只有科学合理地确定抗震设防要求，严格按照抗震设防要求和抗震设计规范进行设计和施工，才能保证建（构）筑物具备相应的抗御地震的能力。中国地震局组织编制的《中国地震动参数区划图》GB 18306—2015是国家强制性标准，是进行结构抗震设计的重要依据之一。

地震区划图是依据当地可能的地震危险程度对国土进行区域划分，这种划分综合考虑了地震环境、工程重要程度和可接受的地震风险水平、经济承受能力及所要达到的安全目标等因素，是一般建设工程的抗震设防要求和编制社会经济发展、国土利用规划、防灾减灾规划及环境保护规划等相关规划的依据。过去，由于受到经济条件等因素的限制，我国国土划分为抗震设防区和非抗震设防区。随着我国社会和经济的快速发展，广大人民群众的地震安全需求不断提高，国家对防震减灾工作提出了更新、更高的要求。《中国地震动参数区划图》GB 18306—2015 取消了不设防地区，即全国城镇房屋等建筑工程的设计都要考虑抗震设计进行设计，并且从 2016 年 6 月 1 日起已经开始实施。

除此之外，中国地震局对于特殊设防类（甲类）的房屋建筑工程，还要求对工程所在场地进行地震安全性评价，提出该场地的抗震设计计算参数，供建筑工程的抗震设计采用。

3. 建筑的抗震设防目标

我国现行国家标准《建筑抗震设计规范》GB 50011 对建筑结构采用"三水准、二阶段"方法作为抗震设防目标，其要求是："小震不坏，中震可修，大震不倒"。三水准的内容是：

第一水准：建筑在其使用期间。对遭遇频率较高、强度较低的地震（多遇地震）时，建筑不损坏或不需要修理可继续使用。结构应处于弹性状态，可以假定服从线性弹性理论，用弹性反应谱进行地震作用计算，按承载力要求进行截面设计，并控制结构弹性变形符合要求。

第二水准：建筑物在遭遇相当于本地区设防烈度的设防地震影响时，允许结构达到或超过屈服极限（钢筋混凝土结构会产生裂缝），产生弹塑性变形，依靠结构的塑性耗能能力，使结构稳定地保存下来，经过一般性修复还可使用。此时，结构抗震设计应按变形要求进行。

第三水准：在预先估计到的罕遇地震作用下，结构进入弹塑性大变形状态，部分产生破坏，但应防止结构倒塌，以避免危及生命安全。这一阶段应考虑防倒塌的设计。

根据地震危险性分析。一般认为，我国烈度的概率密度函数符合极值Ⅲ型分布（图2-8）。基本烈度为在设计基准期内超越概率为 10% 的地震烈度。众值烈度（小震烈度）是发生频度最大的地震烈度，即烈度概率密度分布曲线上的峰值所对应的烈度。大震烈度为在设计基准期内超越概率为 2%～3% 的地震烈度。小震烈度比基本烈度约低 1.55 度，大震烈度比基本烈度约高 1 度（图 2-8）。

从三个水准的地震出现的频度来看，第一水准，即多遇地震，约 50 年一遇；第二水准，即基本烈度设防地震，约 475 年一遇；第三水准，即罕遇地震，约为 2000 年一遇的强烈地震。

二阶段抗震设计是对三水准抗震设计思想的具体实施。通过二阶段设计中第一阶段对构

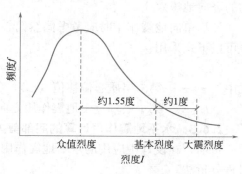

图 2-8　三个水准下的烈度

件截面承载力验算和第二阶段对弹塑性变形验算，并与概念设计和构造措施相结合，从而实现"小震不坏、中震可修、大震不倒"的抗震要求。

（1）第一阶段设计

建筑结构首先应满足第一、二水准的抗震要求。为此，首先应按多遇地震（即第一水准，比设防烈度约低1.55度）的地震动参数计算地震作用，进行结构分析和地震内力计算，考虑各种分项系数、荷载组合值系数进行荷载与地震作用产生内力的组合，进行截面配筋计算和结构弹性位移控制，并相应地采取构造措施保证结构的延性，使之具有与第二水准（设防烈度）相应的变形能力，从而实现"小震不坏"和"中震可修"。这一阶段设计对所有抗震设计的建筑结构都必须进行。

（2）第二阶段设计

对地震时抗震能力较低、容易倒塌的建筑结构（如纯框架结构）以及抗震要求较高的建筑结构（如甲类建筑），要进行易损部位（薄弱层）的塑性变形验算，并采取措施提高薄弱层的承载力或增加变形能力，使薄羽层的塑性水平变位不超过允许的变位。这一阶段设计主要是对甲类建筑和特别不规则的结构。

4. 地震作用计算原则

各抗震设防类别的建筑地震作用的计算，应符合下列规定：

（1）甲类建筑：应按批准的地震安全性评价的结果且高于本地区抗震设防烈度计算；

（2）乙、丙类建筑：应按本地区抗震设防烈度计算。

建筑结构应按下列原则考虑地震作用：

（1）一般情况下，应至少在结构两个主轴方向分别考虑水平地震作用计算；有斜交抗侧力构件的结构，当相交角度大于15°时，应分别计算各抗侧力构件方向的水平地震作用；

（2）质量与刚度分布明显不对称的结构，应计算双向水平地震作用下的扭转影响；其他情况，应计算单向水平地震作用下的扭转影响；

（3）建筑中的大跨度、长悬臂结构，7度（$0.15g$）、8度抗震设计时应计入竖向地震作用；

（4）9度抗震设计时应计算竖向地震作用。

大跨度指跨度大于24m的楼盖结构、跨度大于8m的转换结构、悬挑长度大于2m的悬挑结构。对高层建筑，由于竖向地震作用效应放大比较明显，因此抗震设防烈度为7度（$0.15g$）时也考虑竖向地震作用计算。大跨度、长悬臂结构应验算其自身及其支承部位结构的竖向地震效应。

计算单向地震作用时应考虑偶然偏心的影响。每层质心沿垂直于地震作用方向的偏移值可按下式采用：

$$e_i = \pm 0.05 L_i \tag{2-7}$$

式中　e_i——第i层质心偏移值（m），各楼层质心偏移方向相同；

L_i——第i层垂直于地震作用方向的建筑物总长度（m）。

2.6.3　水平地震作用计算的底部剪力法

目前，在设计中应用的水平地震作用计算方法有：底部剪力法、振型分解反应谱法和时程分析法。

采用底部剪力法计算水平地震作用时，将每一楼层及其上下半层的重力荷载代表值集中作用在该层楼面处，各楼层相当于一个质点，在计算方向仅考虑一个自由度（图 2-12）。底部剪力法最为简单，根据建筑物的总重力荷载可计算出结构底部的总剪力，然后按一定的规律分配到各楼层，得到各楼层的水平地震作用，然后按静力方法计算结构内力。

振型分解法首先计算结构的自振振型，选取前若干个振型分别计算各振型的水平地震作用，再计算各振型水平地震作用下的结构内力，最后将各振型的内力进行组合，得到地震作用下的结构内力。

时程分析法又称直接动力法，将建筑结构作为一个多质点的振动体系，输入已知的地震波，用结构动力学的方法，分析地震全过程中每一时刻结构的振动状况，从而了解地震过程中结构的反应（加速度、速度、位移和内力）。

建筑结构应根据不同情况，分别采用相应的地震作用计算方法：

（1）高度不超过 40m，以剪切变形为主且质量与刚度沿高度分布比较均匀的建筑结构，可采用底部剪力法。

框架、框架-剪力墙结构是比较典型的以剪切变形为主的结构。由于底部剪力法比较简单，可以手算，是一种近似计算方法，也是方案设计和初步设计阶段进行方案估算的方法，在设计中广泛应用。

（2）除上述情况外，建筑结构宜采用振型分解反应谱法。对质量和刚度不对称、不均匀的结构以及高度超过 100m 的高层建筑结构，应采用考虑扭转耦联振动影响的振型分解反应谱法。

振型分解反应谱法是建筑结构地震作用分析的基本方法。几乎所有建筑结构设计程序都采用了这一方法。

（3）7～9 度抗震设防的建筑，下列情况应采用弹性时程分析法进行多遇地震下的补充计算：

——甲类高层建筑结构；

——表 2-11 所列属于乙、丙类的高层建筑结构；

采用时程分析法的高层建筑结构　　　　　　　　　　表 2-11

设防烈度、场地类别	建筑高度范围	设防烈度、场地类别	建筑高度范围
8 度Ⅰ、Ⅱ类场地和 7 度	>100m	9 度	>60m
8 度Ⅲ、Ⅳ类场地	>80m		

——竖向不规则的高层建筑结构；

——复杂高层建筑结构；

——质量沿竖向分布特别不均匀的高层建筑结构。

不同的结构采用不同的分析方法在各国抗震规范中均有体现，振型分解反应谱法和底部剪力法仍是基本方法。对建筑结构主要采用振型分解反应谱法（包括不考虑扭转耦联和考虑扭转耦联两种方式），底部剪力法的应用范围较小。弹性时程分析法作为补充计算方法，在建筑结构分析中已得到比较普遍的应用。

本章只介绍底部剪力法。

按照反应谱理论，地震作用的大小与重力荷载代表值的大小呈正比：

$$F_E = mS_a = \frac{G}{g}S_a = \frac{S_a}{g}G = \alpha G \tag{2-8}$$

式中 G——重力荷载代表值；

α——地震影响系数，即单质点体系在地震时最大反应加速度，以"g"为单位；

F_E——地震作用。

采用底部剪力法计算建筑结构的水平地震作用时，各楼层在计算方向可仅考虑一个自由度（图 2-9），并应符合下列规定：

1. 结构总水平地震作用标准值应按下列公式计算：

$$F_{EK} = \alpha_1 G_{eq} \tag{2-9}$$

$$G_{eq} = 0.85 G_E \tag{2-10}$$

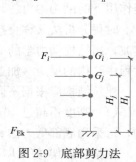

图 2-9 底部剪力法
计算示意图

式中 F_{Ek}——结构总水平地震作用标准值；

α_1——相应于结构基本自振周期 T_1 的水平地震影响系数，结构基本自振周期 T_1 可按式（2-15）近似计算，并应考虑非承重墙体的影响予以折减；

G_{eq}——计算地震作用时，结构等效总重力荷载代表值；

G_E——计算地震作用时，结构总重力荷载代表值，应取各质点重力荷载代表值之和。

1）重力荷载代表值

计算地震作用时，重力荷载代表值应取恒荷载标准值和可变荷载组合值之和。可变荷载的组合值系数应按表 2-12 采用：

组合值系数 　　　　　　　　　　　　　　　　　　　　　　表 2-12

可变荷载种类	组合值系数	可变荷载种类		组合值系数
雪荷载	0.5	按等效均布荷载计算的楼面活荷载	藏书库、档案库	0.8
屋面积灰荷载	0.5		其他民用建筑	0.5
屋面活荷载	不计入	吊车悬吊物重力	硬钩吊车	0.3
按实际情况计算的楼面活荷载	1.0		软钩吊车	不计入

注：硬钩吊车的吊重较大时，组合值系数应按实际情况采用。

2）地震影响系数

地震影响系数取决于场地类别、建筑物的自振周期和阻尼比等诸多因素，反映这些因素与 α 的关系曲线称为反应谱曲线（图 2-10）。

弹性反应谱理论仍是现阶段抗震设计的最基本理论，现行国家标准《建筑抗震设计规范》GB 50011 的设计反应谱以地震影响系数曲线的形式给出，曲线制定时考虑了以下因素：

（1）设计反应谱周期延至 6s。根据地震学研究和强震观测资料统计分析，在周期 6s 范围内，有可能给出比较可靠的数据，也基本满足了国内绝大多数建筑和长周期结构的抗震设计需要。对于周期大于 6s 的结构，抗震设计反应谱应进行专门研究。

（2）理论上，设计反应谱存在两个下降段，即：速度控制段和位移控制段，在加速度反应谱中，前者衰减指数为 1，后者衰减指数为 2。设计反应谱是用来预估建筑结构在其

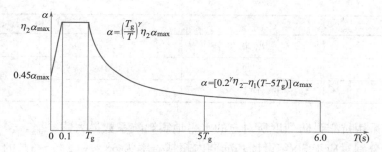

图 2-10　地震影响系数曲线

α—地震影响系数；$\alpha_{\max}$—地震影响系数最大值；T—结构自振周期；T_g—特征
周期；γ—衰减指数；η_1—直线下降段下降斜率调整系数；η_2—阻尼调整系数

设计基准期内可能经受的地震作用，通常根据大量实际地震记录的反应谱进行统计，并结合工程经验判断以及对原抗震规范的延续性加以规定。

建筑结构地震影响系数曲线（图 2-13）的阻尼调整和形状参数应符合下列要求：

① 除有专门规定外，建筑结构的阻尼比应取 0.05，地震影响系数曲线的阻尼调整系数应按 1.0 采用，形状参数应符合下列规定：

a. 直线上升段，周期小于 0.1s 的区段。

b. 水平段，自 0.1s 至特征周期 T_g 的区段，应取最大值 $\alpha_{\max}$。

c. 曲线下降段，自特征周期至 5 倍特征周期区段，衰减指数应取 0.9。

d. 直线下降段，自 5 倍特征周期至 6s 区段，下降斜率调整系数 η_1 应取 0.02。

② 当建筑结构的阻尼比按有关规定不等于 0.05 时，地震影响系数曲线的阻尼调整系数 η_2 和形状参数应符合下列规定：

a. 曲线下降段的衰减指数应按下式确定：

$$\gamma = 0.9 + \frac{0.05 - \zeta}{0.3 + 6\zeta} \tag{2-11}$$

式中　γ——曲线下降段的衰减指数；

　　　ζ——阻尼比。

b. 直线下降段的下降斜率调整系数应按下式确定：

$$\eta_1 = 0.02 + (0.05 - \zeta)/(4 + 32\zeta) \tag{2-12}$$

式中　η_1——直线下降段的下降斜率调整系数，小于 0 时取 0。

c. 阻尼调整系数应按下式确定：

$$\eta_2 = 1 + \frac{0.05 - \zeta}{0.08 + 1.6\zeta} \tag{2-13}$$

式中　η_2——阻尼调整系数，当小于 0.55 时，应取 0.55。

对应于不同阻尼比计算地震影响系数的调整系数见表 2-13。

不同阻尼比的影响　　　　　　　　　　　　　　　　表 2-13

阻尼比 ζ	η_2	γ	η_1
0.01	1.42	1.01	0.0293
0.02	1.27	0.97	0.0265

阻尼比 ζ	η_2	γ	η_1
0.05	1.00	0.90	0.0200
0.10	0.79	0.84	0.0131
0.20	0.63	0.80	0.006

现阶段仍采用抗震设防烈度所对应的水平地震影响系数最大值 α_{max}，多遇地震烈度和罕遇地震烈度分别对应于 50 年设计基准期内超越概率为 63％和 2％～3％的地震烈度，也就是通常所说的小震烈度和大震烈度。为了与新的地震动参数区划图接口，水平地震影响系数最大值 α_{max} 除沿用《建筑抗震设计规范》GBJ 11—89 中 6、7、8、9 度所对应的设计基本加速度值外，对于 7～8 度、8～9 度之间各增加一档，用括号内的数字表示，分别对应于设计基本地震加速度为 0.15g 和 0.30g 的地区，如表 2-14。

水平地震影响系数最大值 表 2-14

地震影响	6 度	7 度		8 度		9 度
	0.05g	0.10g	0.15g	0.20g	0.30g	0.40g
多遇地震	0.04	0.08	0.12	0.16	0.24	0.32
设防地震	0.12	0.23	0.34	0.45	0.68	0.90
罕遇地震	0.28	0.50	0.72	0.90	1.20	1.40

3）场地类别与特征周期

建筑的场地类别，根据土层等效剪切波速和场地覆盖层厚度按表 2-15 划分为四类。当有可靠的剪切波速和覆盖层厚度且其值处于表 2-15 所列场地类别的分界线附近时，应允许按插值方法确定地震作用计算所用的设计特征周期。

各类建筑场地的覆盖层厚度（m） 表 2-15

岩石的剪切波速或土的等效剪切波速(m/s)	场地类别				
	I_0	I_1	II	III	IV
$v_s > 800$	0				
$800 \geqslant v_s > 500$		0			
$500 \geqslant v_s > 250$		<5	≥5		
$250 \geqslant v_s > 150$		<3	3～50	>50	
$v_s \leqslant 150$		<3	3～15	15～80	>80

$v_s > 800\mathrm{m/s}$ 的土为岩石，$800\mathrm{m/s} \geqslant v_s > 500\mathrm{m/s}$ 的土为坚硬土或软质岩石，$500\mathrm{m/s} \geqslant v_s > 250\mathrm{m/s}$ 的土为中硬土，$250\mathrm{m/s} \geqslant v_s > 150\mathrm{m/s}$ 的土为中软土，$v_s \leqslant 150\mathrm{m/s}$ 的土为弱土。

设计特征周期是指抗震设计用的地震影响系数曲线中，反映地震等级、震中距和场地类别等因素的下降段起始点对应的周期值（图 2-13）。

为了与我国地震动参数区划图接轨，根据设计地震分组和不同场地类别确定反应谱特征周期 T_g，即特征周期不仅与场地类别有关，而且还与设计地震分组有关，同时反映了震级大小、震中距和场地条件的影响，如表 2-16。设计地震分组中的第一组、第二组、第三组分别反映了近、中、远震的不同影响。

特征周期值 T_g (s) 　　　　　　　　　　　　　　　　　　　　　　　　表 2-16

设计地震分组 ＼ 场地类别	I_0	I_1	II	III	IV
第一组	0.20	0.25	0.35	0.45	0.65
第二组	0.25	0.30	0.40	0.55	0.75
第三组	0.30	0.35	0.45	0.65	0.90

我国各主要城镇的抗震设防烈度、设计基本地震加速度和设计地震分组见现行国家标准《建筑抗震设计规范》GB 50011 附录 A。

4）结构的自振周期

按振型分解法计算多质点体系的地震作用时，需要确定体系的基频和高频以及相应的主振型。从理论上讲，它们可通过解频率方程得到。但是，当体系的质点数多于三个时，手算就会感到困难。因此，在工程计算中，常采用近似法。

近似法有瑞利法、折算质量法、顶点位移法、矩阵迭代法等多种方法。

现行行业标准《高层建筑混凝土结构技术规程》JGJ 3 对比较规则的结构，推荐了结构基本自振周期 T_1 的计算公式：

① 求风振系数 β_z 时

框架结构：

$$T_1 = (0.08 \sim 0.1)\, n \tag{2-14}$$

式中 　n——结构层数。

② 求水平地震影响系数和顶部附加地震作用系数时

对于质量和刚度沿高度分布比较均匀的框架结构、框架-剪力墙结构和剪力墙结构，其基本自振周期可按下式计算：

$$T_1 = 1.7 \psi_T \sqrt{u_T} \tag{2-15}$$

式中 　T_1——结构基本自振周期（s）；

u_T——假想的结构顶点水平位移（m），即假想把集中在各楼层处的重力荷载代表值 G_i 作为该楼层水平荷载计算的结构顶点弹性水平位移；

ψ_T——考虑非承重墙刚度对结构自振周期影响的折减系数。

结构基本自振周期也可采用根据实测资料并考虑地震作用影响的经验公式确定。

大量工程实测周期表明：实际建筑物自振周期短于计算的周期。尤其是实心砖填充墙的框架结构，由于实心砖填充墙的刚度大于框架柱的刚度，其影响更为显著，实测周期约为计算周期的 0.5～0.6 倍。在剪力墙结构中，由于填充墙数量少，实测周期与计算周期比较接近。因此，现行行业标准《高层建筑混凝土结构技术规程》JGJ 3 规定，当非承重墙体为填充砖墙时，框架结构的计算自振周期折减系数 ψ_T 可取 0.6～0.7。

2. 质点 i 的水平地震作用标准值可按式（2-16）计算：

$$F_i = \frac{G_i H_i}{\sum\limits_{j=1}^{n} G_j H_j} F_{Ek}(1-\delta_n)$$

$$(i=1,2,\cdots\cdots,n) \tag{2-16}$$

式中 F_i——质点 i 的水平地震作用标准值；

　G_i、G_j——集中于质点 i、j 的重力荷载代表值；

　H_i、H_j——质点 i、j 的计算高度；

　δ_n——顶部附加地震作用系数，可按表 2-17 采用。

顶部附加地震作用系数 δ_n 表 2-17

$T_g(s)$	$T_1 > 1.4 T_g$	$T_1 \leqslant 1.4 T_g$
$\leqslant 0.35$	$0.08 T_1 + 0.07$	不考虑 取 0.0
$0.35 \sim 0.55$	$0.08 T_1 + 0.01$	
> 0.55	$0.08 T_1 - 0.02$	

注：T_g 为场地特征周期；T_1 为结构基本自振周期。

3. 主体结构顶层附加水平地震作用标准值可按式（2-17）计算：

$$\Delta F_n = \delta_n F_{Ek} \tag{2-17}$$

式中 ΔF_n——主体结构顶层附加水平地震作用标准值。

塔楼放在屋面上，受到的是经过主体建筑放大后的地震加速度，因而受到强化的激励，水平地震作用远远大于在地面时的作用。所以，屋面上塔楼产生显著的鞭梢效应。地震中屋面上塔楼震害严重表明了这一点。

突出屋面小塔楼指一般突出屋面的楼电梯间、水箱间、高度小、体积不大，通常 1～2 层。这时，可将小塔楼作为一个质点计算它的地震作用，这时顶部集中作用的水平地震作用 $F_n = \delta_n F_{Ek}$，作用在大屋面、主体结构的顶层。小塔楼的实际地震作用可按下式计算：

$$F_n = \beta_n F_{n0} \tag{2-18}$$

小塔楼地震作用放大系数 β_n 按表 2-18 取值。表中 K_n、K 分别为小塔楼和主体结构的层刚度；G_n、G 分别为小塔楼和主体结构重力荷载设计值。K_n、K 可由层剪力除以层间位移求得。

放大后的小塔楼地震作用 F_n 用于设计小塔楼自身及小塔楼直接连接的主体结构构件。

小塔楼地震作用放大系数 β_n 表 2-18

$T_1(s)$	K_n/K $\diagdown$ G_n/G	0.001	0.010	0.050	0.100
0.25	0.01	2.0	1.6	1.5	1.5
	0.05	1.9	1.8	1.6	1.6
	0.10	1.9	1.8	1.6	1.5

$T_1(s)$	K_n/K / G_n/G	0.001	0.010	0.050	0.100
0.50	0.01	2.6	1.9	1.7	1.7
	0.05	2.1	2.4	1.8	1.8
	0.10	2.2	2.4	2.0	1.8
0.75	0.01	3.6	2.3	2.2	2.2
	0.05	2.7	3.4	2.5	2.3
	0.10	2.2	3.3	2.5	2.3
1.00	0.01	4.8	2.9	2.7	2.7
	0.05	3.6	4.3	2.9	2.7
	0.10	2.4	4.1	3.2	3.0
1.50	0.01	6.6	3.9	3.5	3.5
	0.05	3.7	5.8	3.8	3.6
	0.10	2.4	5.6	4.2	3.7

现行国家标准《建筑抗震设计规范》GB 50011 中，对平面规则的结构，采用增大边榀结构地震内力的简化方法考虑偶然偏心的影响。对于高层建筑而言，增大边榀结构内力的简化方法不尽合适。因此，规程规定直接取各层质量偶然偏心为 $0.05L_i$（L_i 为垂直于地震作用方向的建筑物总长度）来计算水平地震作用。实际计算时，可将每层质心沿主轴的同一方向（正向或负向）偏移。

采用底部剪力法计算地震作用时，也应考虑偶然偏心的不利影响。

（4）水平地震作用换算

由式（2-16）和式（2-17）计算得到的各楼层处的水平地震作用 F_i 和顶部附加水平地震作用 ΔF_n（图 2-9），按照底部总弯矩和底部总剪力相等的原则，等效地折算成倒三角形荷载 q_0 和顶点集中荷载 F（图 2-11），q_0 和 F 按下式计算：

$$q_0 H^2/3 + FH = \Delta F_n \times H + \sum F_i H_i \quad (2-19)$$

$$q_0 H/2 + F = \sum F_i + \Delta F_n \quad (2-20)$$

式中　q_0——倒三角形荷载的最大荷载集度。

将式（2-20）每一项乘以 H 后得：

$$\frac{q_0 H^2}{2} + FH = H \sum F_i + \Delta F_n \cdot H \quad (2-21)$$

将式（2-21）减式（2-19）得：

$$\left(\frac{1}{2} - \frac{1}{3}\right) q_0 H^2 = H \sum F_i - \sum F_i H_i$$

$$q_0 = \frac{6}{H^2} \sum F_i (H - H_i) \quad (2-22)$$

以式（2-22）代入式（2-20）得：

$$\frac{H}{2} \cdot \frac{6}{H^2} \sum F_i (H - H_i) + F = \sum F_i + \Delta F_n$$

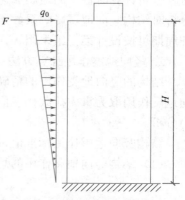

图 2-11　水平地震作用换算图

$$F = \sum F_i + \Delta F_n - \frac{3}{H} \sum F_i (H - H_i) \qquad (2\text{-}23)$$

也可以按底部总弯矩相等的原则将主体结构上全部地震作用折算成倒三角形荷载，此时：

$$q_0 = \frac{3}{H^2} \sum F_i H_i \qquad (2\text{-}24)$$

当建筑物有突出屋面的小塔楼（楼梯间、电梯间或其他体形较主体结构小很多的突出物）时，由于结构的刚度突变，受到地震影响时会产生所谓"鞭梢效应"。因此，按底部剪力法进行抗震计算时，突出屋面的小塔楼的地震作用效应，宜乘以增大系数3，以此增大的地震作用效应设计突出屋面的这些结构及主体结构中直接与其相连的构件，此地震作用效应增大部分不往下传递。

2.6.4　竖向地震作用计算

1. 需要考虑竖向地震作用的结构与构件

按现行行业标准《高层建筑混凝土结构技术规程》JGJ 3 的规定，不是所有的高层建筑都需要考虑整向地震作用。虽然几乎所有的地震过程中都或多或少的伴随着竖向地震作用，但其对结构的影响程度却主要取决于地震烈度、建筑场地以及建筑物自身的受力特性。现行行业标准《高层建筑混凝土结构技术规程》JGJ 3 规定，下列情况应考虑竖向地震作用计算或影响：

（1）9 度抗震设防的高层建筑；

（2）7 度（0.15g）和 8 度抗震设防的大跨度或长悬臂结构；

（3）7 度（0.15g）和 8 度抗震设防的带转换层结构的转换构件；

（4）7 度（0.15g）和 8 度抗震设防的连体结构的连接体。

跨度大于 24m 的楼盖结构、跨度大于 12m 的转换结构和连体结构和悬挑长度大于 5m 的悬挑结构，结构竖向地震作用标准值宜采用动力时程分析方法或反应谱方法进行计算。时程分析计算时输入的地震加速度最大值可按规定的水平输入最大值的 65% 采用，反应谱分析时结构竖向地震影响系数最大值可按水平地震影响系数最大值的 65% 采用，但设计特征周期可按设计第一组采用。

2. 竖向地震作用计算方法

结构的竖向地震作用的精确计算比较繁杂，为简化计算，将竖向地震作用取为重力荷载代表值的百分比，直接加在结构上进行内力分析。

结构竖向地震作用标准值可按下列规定计算（图 2-12）：

（1）结构竖向地震作用的总标准值可按下列公式计算：

$$F_{Evk} = \alpha_{vmax} G_{eq} \qquad (2\text{-}25)$$
$$G_{eq} = 0.75 G_E \qquad (2\text{-}26)$$
$$\alpha_{vmax} = 0.65 \alpha_{max} \qquad (2\text{-}27)$$

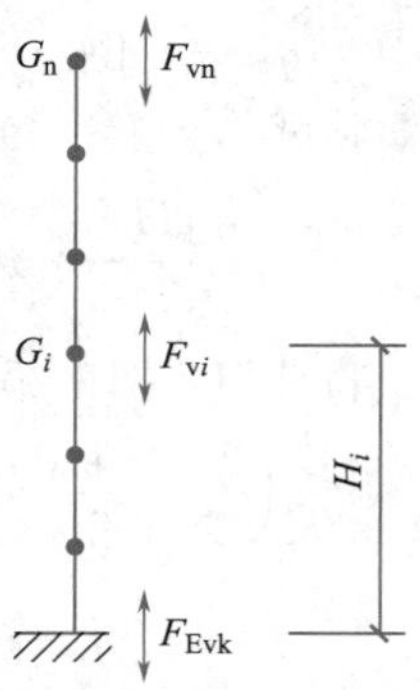

（2）结构质点 i 的竖向地震作用标准值可按式（2-28）计算：

图 2-12　结构竖向地震
作用计算示意图

$$F_{vi} = \frac{G_i H_i}{\sum_{j=1}^{n} G_j H_j} F_{Evk} \qquad (2\text{-}28)$$

以上各式中　　F_{Evk}——结构总竖向地震作用标准值；

　　　　　　　α_{vmax}——结构竖向地震影响系数的最大值；

　　　　　　　G_{eq}——结构等效总重力荷载代表值；

　　　　　　　G_E——计算竖向地震作用时，结构总重力荷载代表值，应取各质点重力荷载代表值之和；

　　　　　　　F_{vi}——质点 i 的竖向地震作用标准值；

　　　　　G_i、G_j——分别为集中于质点 i、j 的重力荷载代表值；

　　　　　H_i、H_j——分别为质点 i、j 的计算高度。

（3）楼层各构件的竖向地震作用效应可按各构件承受的重力荷载代表值比例分配，9度抗震设计时宜乘以增大系数 1.5。

高层建筑中，大跨度结构、悬挑结构、转换结构、连体结构的连接体的竖向地震作用标准值，不宜小于结构或构件承受的重力荷载代表值与表 2-19 所规定的竖向地震作用系数的乘积。

竖向地震作用系数 表 2-19

设防烈度	7 度	8 度		9 度
设计基本地震加速度	0.15g	0.20g	0.30g	0.40g
竖向地震作用系数	0.08	0.10	0.15	0.20

注：g 为重力加速度。

3　内力计算与组合

3.1　竖向荷载的最不利布置

作用在框架结构上的竖向荷载有恒载与活荷载。恒载的大小和位置是不变的，因而不存在最不利布置问题，可以将所有恒载满布在框架上一次计算。活荷载的大小和位置是变化的，由于它的作用位置不同，框架结构构件不同截面或同一截面不同类型的内力将发生改变，因此，要对其进行最不利布置，以求得控制截面上的最大内力。现行行业标准《高层建筑混凝土结构技术规程》JGJ 3 允许当楼面活荷载不大于 $4kN/m^2$ 时，可不考虑楼面活荷载不利布置引起的梁弯矩的增大，但应适当增大楼面梁的计算弯矩。

活荷载通常有以下几种最不利布置方法：

（1）逐跨布置法

即将楼面和屋面活荷载逐跨单独地作用在各跨上，分别算出其内力，然后再针对各控制截面去组合其可能出现的最大内力。此法繁琐，不适合手算。

（2）最不利荷载布置法

为求某一指定截面的最不利内力，可以根据影响线方法，直接确定产生此最不利内力的活荷载布置。以图 3-1（a）的四层四跨框架为例，欲求某跨梁 AB 的跨中 C 截面最大正弯矩 M_c 的活荷载最不利布置，可先作 M_c 的影响线，即解除 M_c 相应的约束（将 C 点改为铰），代之以正向约束力，使结构沿约束力的正向产生单位虚位移 $\theta_c = 1$，由此可得到整个结构的虚位移图，如图 3-1（b）所示。根据虚位移原理，为求梁 AB 跨中最大正弯矩，则须在图 3-1（b）中，将凡产生正向虚位移的跨间均布置活荷载。亦即除该跨必须布置活荷载外，其他各跨应相间布置，同时在竖向亦相间布置，形成棋盘形间隔布置，如图 3-1（c）所示。可以看出，当 AB 跨达到跨中弯矩最大时的活荷载最不利布置，也正好使其他布置活荷载的跨中弯矩达到最大值。因此，只要进行两次棋盘形活荷载布置，便可求得整个框架中所有梁的跨中最大正弯矩。

梁端取最大负弯矩或柱端最大弯矩的活荷载最不利布置，亦可用影响线方法得到。但对于各跨各层梁柱线刚度均不一致的多层多跨框架结构，要准确地作出其影响线是十分困难的。

柱最大轴向力的活荷载最不利布置，是在该柱以上的各层中，与该柱相邻的梁跨内都布满活荷载。

此法用手算方法进行计算也很困难。

（3）分层布置法或分跨布置法

为了简化计算，可近似地将活荷载一层做一次布置，有多少层便布置多少次；或一跨做一次布置，有多少跨便布置多少次，分别进行计算，然后进行最不利内力组合。

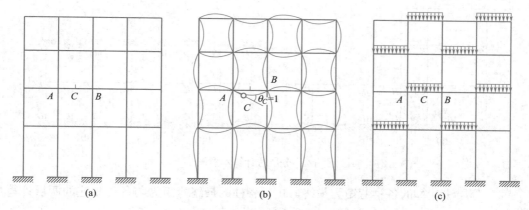

(a)   (b)   (c)

图 3-1　最不利荷载的布置

（4）满布荷载法

当活荷载设计值与恒载设计值的比值不大于 1 时，可不考虑活荷载的最不利布置，而把活荷载同时作用于所有的框架上，这样求得的内力在支座处与按最不利荷载位置法求得的内力极为相近，可直接进行内力组合。但求得的梁的跨中弯矩却比最不利荷载位置法的计算结果要小，因此对跨中弯矩应乘以 1.1～1.2 的系数予以增大。

3.2　竖向荷载作用下内力的简化计算方法

框架结构是高次超静定结构，目前已有许多计算机程序供内力计算、性能验算和截面设计。例如，PKPM 系列软件（TAT，SATWE）、TBSA 系列软件（TBSA，TBWE，TBSAP）、广厦系列软件（SS，SSW）、CSI 系列软件（ETABS，SAP2000）和 MIDAS 系列软件等。尽管如此，作为初学者，应该学习和掌握一些简单的手算方法。手算是一种基本功。通过手算，不但可以了解结构的受力特点，还可以对电算结果的正确与否有一个基本的判别力。除此之外，手算方法在初步设计中作为快速估算结构的内力和变形的方法也十分有用。因此，本书主要介绍结构计算的手算方法。本节介绍框架结构在竖向荷载作用下内力计算的分层法、迭代法和系数法三种常用方法。

3.2.1　分层法

1. 基本假定

（1）在竖向荷载作用下，框架侧移小，可忽略不计。

（2）每层梁上的荷载对其他各层梁的影响很小，可以忽略不计。因此，每层梁上的荷载只在该层梁及与该层梁相连的柱上分配和传递。

根据上述假定，图 3-2（a）所示的三层框架可简化成三个只带一层横梁的框架分别计算，然后将内力叠加。单元之间内力不相互传递。

2. 注意事项

（1）采用分层法计算时，假定上、下柱的远端为固定时与实际情况有出入。因此，除底层外，其余各层柱的线刚度应乘以 0.9 的修正系数，且其传递系数由 $\frac{1}{2}$ 改为 $\frac{1}{3}$（图 3-3）。

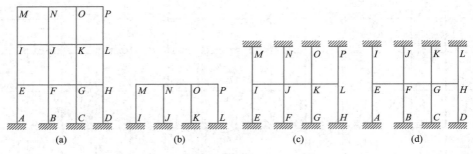

图 3-2　分层法计算示意图

（2）分层法计算的各梁弯矩为最终弯矩，各柱的最终弯矩为与各柱相连的两层计算弯矩叠加。

若节点弯矩不平衡，可将节点不平衡弯矩再进行一次分配。

（3）在内力与位移计算中，所有构件均可采用弹性刚度。

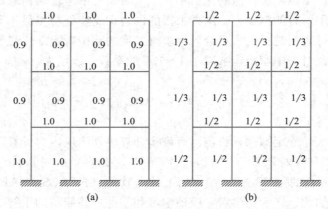

图 3-3　框架各杆的线刚度修正系数与传递系数

（a）线刚度修正；（b）传递系数修正

（4）当楼面活荷载大于 $4kN/m^2$ 时，需考虑活荷载的最不利布置（图 3-4）。

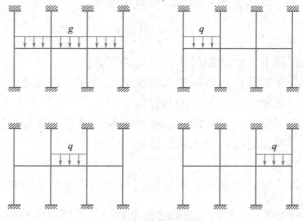

图 3-4　框架结构活荷载布置

3.2.2　迭代法

1. 单根杆件的角变位移方程式（图 3-5）

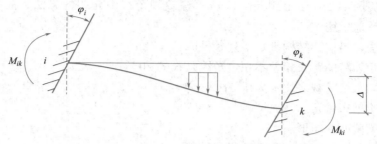

图 3-5　单跨固支梁变形情况

$$M_{ik} = \overline{M}_{ik} + 2M'_{ik} + M'_{ki} + M''_{ik} \tag{3-1}$$

式中　M_{ik}——等截面直杆 ik 的 i 端最终杆端弯矩；

　　　$\overline{M}_{ik}$——由于荷载引起的 i 端固端弯矩；

　　　M'_{ik}——近端角变弯矩，$M'_{ik} = 2k_{ik}\varphi_i$；

　　　M'_{ki}——远端角变弯矩，$M'_{ki} = 2k_{ki}\varphi_k$；

　　　M''_{ik}——ik 杆两端发生相对位移 Δ 时在 i 端引起的杆端位移。

2. 框架节点 i 平衡关系（图 3-6）

$$\sum_i M_{ik} = 0 \tag{3-2}$$

令

$$\sum_i^i \overline{M}_{ik} = \overline{M}_i \tag{3-3}$$

由上式可得：

$$\overline{M}_i + 2\sum_i M'_{ik} + \sum_i M'_{ki} + \sum_i M''_{ik} = 0 \tag{3-4}$$

或

$$\sum_i M'_{ik} = -\frac{1}{2}\left(\overline{M}_i + \sum_i M'_{ki} + \sum_i M''_{ik}\right) \tag{3-5}$$

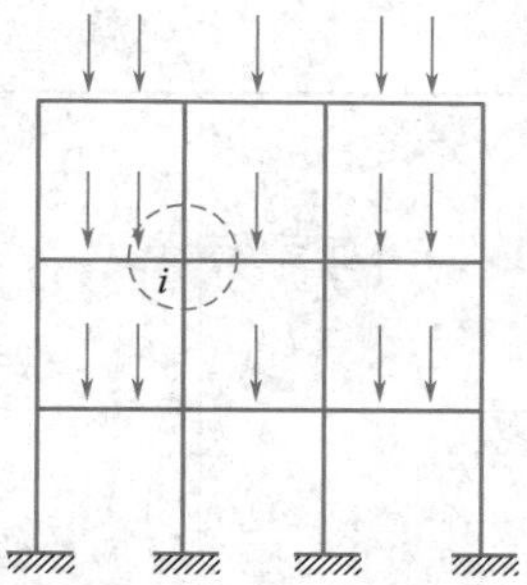

图 3-6　框架结构

将 $\sum_i M'_{ki}$ 按各杆的相对刚度分配给节点 i 的每一杆件，则有：

$$M'_{ik} = \mu_{ik}\left[\overline{M}_i + \sum_i (M'_{ki} + M'_{ik})\right] \tag{3-6}$$

当不考虑杆端相对位移时，得：

$$M'_{ik} = \mu_{ik}\left(\overline{M}_i + \sum_i M'_{ki}\right) \tag{3-7}$$

式中　μ_{ik}——分配系数。

$$\mu_{ik} = -\frac{k_{ik}}{2\sum_i k_{ik}} \tag{3-8}$$

3. 计算步骤

（1）求各杆固端和各节点不平衡弯矩；

（2）求节点处每一杆件的分配系数；

（3）按公式迭代，先从不平衡力矩较大节点开始，到前后两轮弯矩相差很小为止；

（4）将固端弯矩、二倍近端角变弯矩以及远端角变弯矩相加，得杆件最终杆端弯矩。

3.2.3 系数法

系数法是美国 Uniform Building Code（建筑规范）中介绍的方法，简称为 UBC 法，在国际上被广泛地采用。

按照系数法，当框架结构满足下列条件时：

（1）两个相邻跨的跨长相差不超过短跨跨长的 20%；

（2）活载与永久荷载之比不大于 3；

（3）荷载均匀布置；

（4）框架梁截面为矩形。

框架结构的内力可以按以下方法近似计算。

1. 框架梁内力

（1）弯矩

按系数法，框架梁的内力可以按式（3-9）计算：

$$M = \alpha w_u l_n^2 \tag{3-9}$$

式中　α——弯矩系数，查表 3-1；

　　　w_u——框架梁上永久荷载与活荷载设计值之和；

　　　l_n——净跨跨长，求支座弯矩时用相邻两跨净跨跨长的平均值。

弯矩系数 α 表　　　　　　　　　　　　　　　表 3-1

正弯矩	端部无约束时：	$\dfrac{1}{11}$　　　　　$\dfrac{1}{16}$
	端部有约束时：	$\dfrac{1}{14}$　　　　　$\dfrac{1}{16}$
负弯矩	内支座 两跨时：	$-\dfrac{1}{9}\ -\dfrac{1}{9}$
	两跨以上时：	$-\dfrac{1}{10}\ -\dfrac{1}{11}\quad -\dfrac{1}{11}\ -\dfrac{1}{11}$
	内支座（跨数在 3 跨和 3 跨以上，跨长不大于 3.048m 或柱刚度与梁刚度之比大于 8 的梁）：	$-\dfrac{1}{12}\ -\dfrac{1}{12}\quad -\dfrac{1}{12}\ -\dfrac{1}{12}$
	外支座 梁支承时：	$-\dfrac{1}{24}$
	柱支承时：	$-\dfrac{1}{16}$

（2）剪力

按系数法，框架梁的剪力可按式（3-10）计算：

$$V = \beta w_u l_n \tag{3-10}$$

式中　β——剪力系数，按图 3-7 查用。

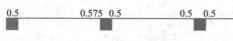

图 3-7　框架梁剪力系数 β 图

2. 框架柱内力

（1）轴力

按系数法，框架柱的轴力可以按楼面单位面积上恒荷载与活荷载设计值之和乘以该柱的负荷面积计算，此时，可近似地将楼面板沿柱轴线之间的中线划分，且活荷载值可以按第 2 章规定折减。

（2）弯矩

框架柱在竖向荷载作用下的弯矩，可以按节点处框架梁的端弯矩最大差值平均分配给上柱和下柱的柱端。当横梁不在立柱形心线上时，要考虑由于偏心引起的不平衡弯矩，并将这个弯矩也平均分配给上、下柱柱端。系数法的优点是计算简便，而且不必事先假定梁和柱的截面尺寸就可以求得杆件的内力。

3.2.4 三种简化计算方法的比较

由上面的讨论可见，三种计算方法各有其特点：

分层法将一个竖向荷载作用下高层框架结构的内力进行分析，在分析时将框架分解为 n 个只带一根横梁的框架，从而简化了计算工作。特别是当各层横梁和柱的长度和截面尺寸相同、各层层高相等、荷载大小一样的情况下，只需对顶层框架、中间层框架和底层框架各进行一次计算，便可求得整个框架的内力。

迭代法理论上较严谨，但计算工作量较大。

系数法计算最简单，且不需事先假定梁、柱的截面尺寸就可以求得杆件的内力，但计算精度比分层法和迭代法要差一些。

3.2.5 弯矩调幅

在竖向荷载作用下，可考虑框架梁端塑性变形内力重分布对梁端负弯矩乘以调幅系数进行调幅，并应符合下列规定：

（1）装配整体式框架梁端负弯矩调幅系数可取为 0.7～0.8；现浇框架梁端负弯矩调幅系数可取为 0.8～0.9；

（2）框架梁端负弯矩调幅后，梁跨中弯矩应按平衡条件相应增大；

（3）应先对竖向荷载作用下框架梁的弯矩进行调幅，再与水平作用产生的框架梁弯矩进行组合；

（4）截面设计时，框架梁跨中截面正弯矩设计值不应小于竖向荷载作用下按简支梁计算的跨中弯矩设计值的 50%。

3.3 风荷载和水平地震作用下内力的简化计算方法

作用在框架房屋墙面上的风荷载将传递给框架，由框架承受。对于高度小于 30m 的框架房屋而言，风在墙面上产生的荷载可按均布荷载考虑，其值可取框架房屋顶点处的风荷载值。为了简化计算起见，可将均布荷载换算成框架节点处的集中荷载。换算的方法是将计算单元每层高度中线为分界线，每层分界线以上的风荷载集中作用在该分界线的上部节点，每层分界线以下的风荷载集中作用在这分界线的下部节点。而且将背风面的吸力放在迎风面的压力的同一侧考虑（图 3-8）。

如同第 2 章中所述，采用底部剪力法计算水平地震作用时，将每一楼层及其上下半层的重力荷载代表值集中作用在该层楼面处，各楼层相当于一个质点，在计算方向仅考虑一个自由度（图 2-12），先按公式（2-9）求得结构总水平地震作用标准值，然后再按公式（2-16）将结构总水平地震作用标准值分配给各质点。各质点的水平地震作用标准值求得以后，将其作用在原框架结构上（图 3-9），按静力方法计算结构内力。

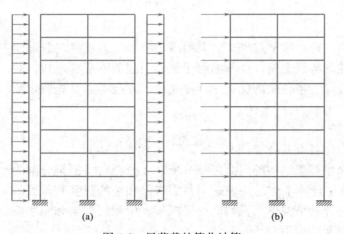 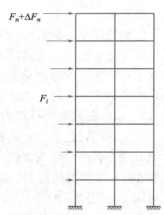

图 3-8　风荷载的简化计算　　　　　　　　　图 3-9　按底部剪力法计算框架

（a）风荷载的实际分布；（b）风荷载的计算简图　　　　　　内力的计算简图

　　由此可见，风荷载和水平地震作用的计算都可简化为节点在水平集中荷载下的内力计算。下面介绍几种框架结构在节点水平集中荷载作用下的简化计算方法。

3.3.1　反弯点法

1. 反弯点的位置

反弯点法假定除底层外各层上、下柱两端转角相同，反弯点的位置固定不变，底层柱反弯点距下端为 2/3 层高，距上端为 1/3 层高，其余各层柱的反弯点在柱的中点，如图 3-10（b）所示。

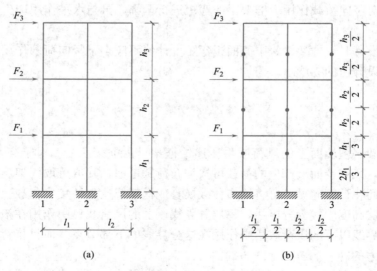

图 3-10　反弯点位置图

2. 反弯点处的剪力计算

皮弯点处弯矩为零，剪力不为零。反弯点处的剪力可按下述方法计算。

（1）顶层

沿顶层各柱反弯点处取脱离体（图 3-11）可得：

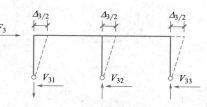

图 3-11　顶层脱离体图

$$\sum X = 0 \qquad V_{31} + V_{32} + V_{33} = F_3$$
$$V_{31} = D_{31}\Delta_3 \qquad V_{32} = D_{32}\Delta_3 \qquad V_{33} = D_{33}\Delta_3 \tag{3-11}$$

$$\Delta_3 = \frac{F_3}{D_{31} + D_{32} + D_{33}} = \frac{F_3}{\sum\limits_{j=1}^{3} D_{3j}} \tag{3-12}$$

因此各柱的剪力为：

$$\left.\begin{array}{c} V_{31} = D_{31}\Delta_3 = \dfrac{D_{31}}{\sum\limits_{j=1}^{3} D_{3j}} F_3 \\[4mm] V_{32} = D_{32}\Delta_3 = \dfrac{D_{32}}{\sum\limits_{j=1}^{3} D_{3j}} F_3 \\[4mm] V_{33} = D_{33}\Delta_3 = \dfrac{D_{33}}{\sum\limits_{j=1}^{3} D_{3j}} F_3 \end{array}\right\} \tag{3-13}$$

式中　D —— 柱的抗侧刚度；

$\dfrac{D_{3i}}{\sum\limits_{j=1}^{3} D_{3j}}$ —— 柱的剪力分配系数。

柱抗侧刚度为使柱顶产生单位位移所需的水平力（图 3-12），按下式计算：

$$D = \frac{\dfrac{6EI}{h^2} + \dfrac{6EI}{h^2}}{h} = \frac{12EI}{h^3} \tag{3-14}$$

（2）第二层

沿第二层各柱的反弯点处取脱离体（图 3-13）可得：

$$V_{2i} = \frac{D_{2i}}{\sum\limits_{j=1}^{3} D_{2j}}(F_3 + F_2) \tag{3-15}$$

（3）第一层

沿底层各柱的反弯点处取脱离体（图 3-14）可得：

$$V_{1i} = \frac{D_{1i}}{\sum\limits_{j=1}^{3} D_{1j}}(F_3 + F_2 + F_1) \tag{3-16}$$

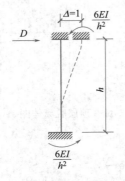

图 3-12 柱抗侧刚度

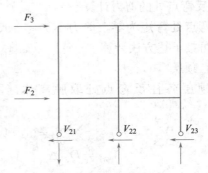

图 3-13 第二层脱离体图

3. 框架弯矩

框架各杆的弯矩可按下述方法求得：

（1）先求各柱弯矩。将反弯点处剪力乘反弯点到柱顶或柱底距离，可以得到柱顶和柱底弯矩。

（2）再由节点弯矩平衡求各梁端弯矩。求法如下：

1）边节点

顶部边节点（图 3-15a）

$$M_b = M_c \tag{3-17}$$

一般边节点（图 3-15b）

$$M_b = M_{c1} + M_{c2} \tag{3-18}$$

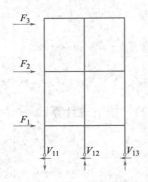

图 3-14 第一层脱离体图

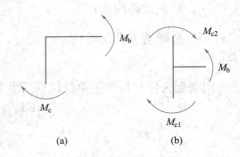

图 3-15 边节点脱离体图

2）中节点

中间节点（图 3-16）处的梁端弯矩可将该节点处柱端不平衡弯矩按梁的相对线刚度进行分配，故：

$$
\left.
\begin{aligned}
M_{b1} &= \frac{i_{b1}}{i_{b1} + i_{b2}}(M_{c1} + M_{c2}) \\
M_{b2} &= \frac{i_{b2}}{i_{b1} + i_{b2}}(M_{c1} + M_{c2})
\end{aligned}
\right\} \tag{3-19}
$$

框架在图 3-10（a）水平荷载作用下最终弯矩图的一般形式如图 3-17 所示。

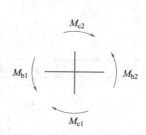

图 3-16 中间节点脱离体图

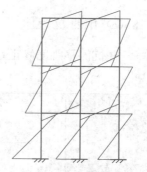

图 3-17 框架最终弯矩图

由上可见，按反弯点法计算框架内力的步骤为：

1）确定各柱反弯点位置；

2）分层取脱离体计算各反弯点处剪力；

3）先求柱端弯矩，再由节点平衡求梁端弯矩，当为中间节点时，按梁的相对线刚度分配节点处柱端不平衡弯矩。

4. 反弯点法的适用范围

反弯点法适用于梁的线刚度与柱的线刚度之比不小于 3 的框架结构水平荷载内力与变形计算。反弯点法常用于初步设计中估算梁和柱在水平荷载作用下的弯矩值与变形值。

3.3.2 D 值法

D 值法又称为改进的反弯点法，是对柱的抗侧刚度和柱的反弯点位置进行修正后计算框架内力的一种方法。适用于 $i_b/i_c<3$ 的情况，框架结构特别是考虑抗震要求有强柱弱梁的框架用 D 值法分析更合适。

1. 柱的抗侧刚度

柱的抗侧刚度取决于柱两端的支承情况及两端被嵌固的程度。图 3-18 为三种支承情况下的柱的抗侧刚度值。

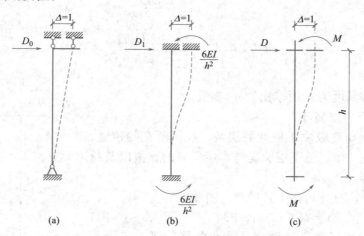

图 3-18 柱在不同支承条件下的抗侧刚度

（a）$D_0=0$；（b）$D_1=\dfrac{12EI}{h^3}$；（c）$0<D<D_1$

图 3-18（c）中的 D 为 $\qquad D=\alpha_c D_1=\alpha_c\dfrac{12EI}{h^3}$ $\qquad$ (3-20)

式中 α_c——柱抗侧移刚度修正系数，按表 3-2 的公式计算。

柱抗侧移刚度修正系数表 $\qquad$ 表 3-2

柱的部位及固定情况	一般层	底层，下面固支	底层，下端铰支
	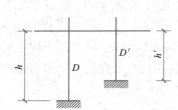 $\bar{i}=\dfrac{i_1+i_2+i_3+i_4}{2i_c}$	$\bar{i}=\dfrac{i_1+i_2}{i_c}$	$\bar{i}=\dfrac{i_1+i_2}{i_c}$
α_c	$\alpha_c=\dfrac{\bar{i}}{2+\bar{i}}$	$\alpha_c=\dfrac{0.5+\bar{i}}{2+\bar{i}}$	$\alpha_c=\dfrac{0.5\bar{i}}{1+2\bar{i}}$

当底层柱不等高（图 3-19）或为复式框架（图 3-20）时，D' 应分别按式（3-21）和式（3-22）计算。

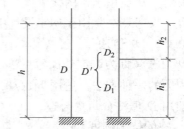

图 3-19 底层柱不等高图 $\qquad$ 图 3-20 底层为复式框架图

$$D'=\alpha_c'\frac{12EI}{(h')^3} \qquad (3-21)$$

$$D'=\frac{1}{\dfrac{1}{D_1}+\dfrac{1}{D_2}}=\frac{D_1 D_2}{D_1+D_2} \qquad (3-22)$$

式中 α_c'——按高度为 h' 时求出的 α_c 参数。

2. 修正的反弯点高度

柱的反弯点高度取决于框架的层数、柱子所在的位置、上下层梁的刚度比值、上下层层高与本层层高的比值以及荷载的作用形式等。

柱的反弯点高度比可按下式计算（图 3-21）：

$$\nu=\nu_0+\nu_1+\nu_2+\nu_3 \qquad (3-23)$$

式中 ν_0——标准反弯点高度比，是在各层等高、各跨相等、各层梁和柱线刚度都不改变的情况下求得的反弯点高度比；

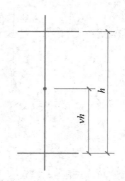

图 3-21 修正的反弯点高度图

ν_1——因上、下层梁刚度比变化的修正值；

ν_2——因上层层高变化的修正值；

ν_3——因下层层高变化的修正值。

ν_0、ν_1、ν_2、ν_3 的取值见表 3-3～表 3-6。

均布水平荷载下各层柱标准反弯点高度比 ν_0 表 3-3

n	j \\ i	0.1	0.2	0.3	0.4	0.5	0.6	0.7	0.8	0.9	1.0	2.0	3.0	4.0	5.0
1	1	0.80	0.75	0.70	0.65	0.65	0.60	0.60	0.60	0.60	0.55	0.55	0.55	0.55	0.55
2	2	0.45	0.40	0.35	0.35	0.35	0.35	0.40	0.40	0.40	0.40	0.45	0.45	0.45	0.45
	1	0.95	0.80	0.75	0.70	0.65	0.65	0.65	0.60	0.60	0.60	0.55	0.55	0.55	0.50
3	3	0.15	0.20	0.20	0.25	0.30	0.30	0.30	0.35	0.35	0.35	0.40	0.45	0.45	0.45
	2	0.55	0.50	0.45	0.45	0.45	0.45	0.45	0.45	0.45	0.45	0.45	0.50	0.50	0.50
	1	1.00	0.85	0.80	0.75	0.70	0.70	0.65	0.65	0.65	0.60	0.55	0.55	0.55	0.55
4	4	−0.05	0.05	0.15	0.20	0.25	0.30	0.30	0.35	0.35	0.35	0.40	0.45	0.45	0.45
	3	0.25	0.30	0.30	0.35	0.35	0.40	0.40	0.40	0.40	0.45	0.45	0.50	0.50	0.50
	2	0.65	0.55	0.50	0.50	0.45	0.45	0.45	0.45	0.45	0.45	0.50	0.50	0.50	0.50
	1	1.10	0.90	0.80	0.75	0.70	0.70	0.55	0.65	0.55	0.60	0.55	0.55	0.55	0.55
5	5	−0.20	0.00	0.15	0.20	0.25	0.30	0.30	0.30	0.35	0.35	0.40	0.45	0.45	0.45
	4	0.10	0.20	0.25	0.30	0.35	0.35	0.40	0.40	0.40	0.45	0.45	0.50	0.50	0.50
	3	0.40	0.40	0.40	0.40	0.40	0.45	0.45	0.45	0.45	0.45	0.50	0.50	0.50	0.50
	2	0.65	0.55	0.50	0.50	0.50	0.50	0.50	0.50	0.50	0.50	0.50	0.50	0.50	0.50
	1	1.20	0.95	0.80	0.75	0.75	0.70	0.70	0.65	0.65	0.65	0.55	0.55	0.55	0.55
6	6	−0.30	0.00	0.10	0.20	0.25	0.25	0.30	0.30	0.35	0.35	0.40	0.45	0.45	0.45
	5	0.00	0.20	0.25	0.30	0.35	0.35	0.40	0.40	0.40	0.40	0.45	0.45	0.50	0.50
	4	0.20	0.30	0.35	0.35	0.40	0.40	0.40	0.45	0.45	0.45	0.45	0.50	0.50	0.50
	3	0.40	0.40	0.40	0.45	0.45	0.45	0.45	0.45	0.45	0.45	0.50	0.50	0.50	0.50
	2	0.70	0.60	0.55	0.50	0.50	0.50	0.50	0.50	0.50	0.50	0.50	0.50	0.50	0.50
	1	1.20	0.95	0.85	0.80	0.75	0.70	0.70	0.65	0.65	0.65	0.55	0.55	0.55	0.55
7	7	−0.35	−0.05	0.10	0.20	0.20	0.25	0.30	0.30	0.35	0.35	0.40	0.45	0.45	0.45
	6	−0.10	0.15	0.25	0.30	0.35	0.35	0.35	0.40	0.40	0.40	0.45	0.45	0.50	0.50
	5	0.10	0.25	0.30	0.35	0.40	0.40	0.40	0.45	0.45	0.45	0.50	0.50	0.50	0.50
	4	0.30	0.35	0.40	0.40	0.40	0.45	0.45	0.45	0.45	0.45	0.50	0.50	0.50	0.50
	3	0.50	0.45	0.45	0.45	0.45	0.45	0.45	0.45	0.45	0.45	0.50	0.50	0.50	0.50
	2	0.75	0.60	0.55	0.50	0.50	0.50	0.50	0.50	0.50	0.50	0.50	0.50	0.50	0.50
	1	1.20	0.95	0.85	0.80	0.75	0.70	0.70	0.65	0.65	0.65	0.55	0.55	0.55	0.55
8	8	−0.35	−0.15	0.10	0.10	0.25	0.25	0.30	0.30	0.35	0.35	0.40	0.45	0.45	0.45
	7	−0.10	0.15	0.25	0.30	0.35	0.35	0.40	0.40	0.40	0.40	0.45	0.50	0.50	0.50
	6	0.05	0.25	0.30	0.35	0.40	0.40	0.45	0.45	0.45	0.45	0.45	0.50	0.50	0.50

n	j \ $\bar{i}$	0.1	0.2	0.3	0.4	0.5	0.6	0.7	0.8	0.9	1.0	2.0	3.0	4.0	5.0
8	5	0.20	0.30	0.35	0.40	0.40	0.45	0.45	0.45	0.45	0.45	0.50	0.50	0.50	0.50
	4	0.35	0.40	0.40	0.45	0.45	0.45	0.45	0.45	0.45	0.45	0.50	0.50	0.50	0.50
	3	0.50	0.45	0.45	0.45	0.45	0.45	0.45	0.45	0.50	0.50	0.50	0.50	0.50	0.50
	2	0.75	0.60	0.55	0.55	0.50	0.50	0.50	0.50	0.50	0.50	0.50	0.50	0.50	0.50
	1	1.20	1.00	0.85	0.80	0.75	0.70	0.70	0.65	0.65	0.65	0.55	0.55	0.55	0.55
9	9	−0.40	−0.05	0.10	0.20	0.25	0.25	0.30	0.30	0.35	0.35	0.45	0.45	0.45	0.45
	8	−0.15	0.15	0.25	0.30	0.35	0.35	0.35	0.40	0.40	0.40	0.45	0.50	0.50	0.50
	7	0.05	0.25	0.30	0.35	0.40	0.40	0.40	0.45	0.45	0.45	0.45	0.50	0.50	0.50
	6	0.15	0.30	0.35	0.40	0.40	0.45	0.45	0.45	0.45	0.45	0.50	0.50	0.50	0.50
	5	0.25	0.35	0.40	0.40	0.45	0.45	0.45	0.45	0.45	0.45	0.50	0.50	0.50	0.50
	4	0.40	0.40	0.45	0.45	0.45	0.45	0.45	0.45	0.45	0.45	0.50	0.50	0.50	0.50
	3	0.55	0.45	0.45	0.45	0.45	0.45	0.45	0.45	0.50	0.50	0.50	0.50	0.50	0.50
	2	0.80	0.65	0.55	0.55	0.50	0.50	0.50	0.50	0.50	0.50	0.50	0.50	0.50	0.50
	1	1.20	1.00	0.85	0.80	0.75	0.70	0.70	0.65	0.65	0.65	0.55	0.55	0.55	0.55
10	10	−0.40	−0.05	0.10	0.20	0.25	0.30	0.30	0.30	0.30	0.35	0.40	0.45	0.45	0.45
	9	−0.15	0.15	0.25	0.30	0.35	0.35	0.40	0.40	0.40	0.40	0.45	0.45	0.50	0.50
	8	0.00	0.25	0.30	0.35	0.40	0.40	0.40	0.45	0.45	0.45	0.50	0.50	0.50	0.50
	7	0.10	0.30	0.35	0.40	0.40	0.40	0.45	0.45	0.45	0.45	0.50	0.50	0.50	0.50
	6	0.20	0.35	0.40	0.40	0.45	0.45	0.45	0.45	0.45	0.45	0.50	0.50	0.50	0.50
	5	0.30	0.40	0.40	0.45	0.45	0.45	0.45	0.45	0.45	0.45	0.50	0.50	0.50	0.50
	4	0.40	0.40	0.45	0.45	0.45	0.45	0.45	0.45	0.45	0.50	0.50	0.50	0.50	0.50
	3	0.55	0.50	0.45	0.45	0.45	0.50	0.50	0.50	0.50	0.50	0.50	0.50	0.50	0.50
	2	0.80	0.65	0.55	0.55	0.55	0.50	0.50	0.50	0.50	0.50	0.50	0.50	0.50	0.50
	1	1.30	1.00	0.85	0.80	0.75	0.70	0.70	0.65	0.65	0.65	0.60	0.55	0.55	0.55
11	11	−0.40	−0.05	0.10	0.20	0.25	0.30	0.30	0.30	0.35	0.35	0.40	0.45	0.45	0.45
	10	−0.15	0.15	0.25	0.30	0.35	0.35	0.40	0.40	0.40	0.40	0.45	0.45	0.50	0.50
	9	0.00	0.25	0.30	0.35	0.40	0.40	0.40	0.45	0.45	0.45	0.45	0.50	0.50	0.50
	8	0.10	0.30	0.35	0.45	0.40	0.45	0.45	0.45	0.45	0.45	0.50	0.50	0.50	0.50
	7	0.20	0.35	0.40	0.45	0.45	0.45	0.45	0.45	0.45	0.45	0.50	0.50	0.50	0.50
	6	0.25	0.35	0.40	0.45	0.45	0.45	0.45	0.45	0.45	0.45	0.50	0.50	0.50	0.50
	5	0.35	0.40	0.40	0.45	0.45	0.45	0.45	0.45	0.45	0.50	0.50	0.50	0.50	0.50
	4	0.40	0.45	0.45	0.45	0.45	0.45	0.45	0.50	0.50	0.50	0.50	0.50	0.50	0.50
	3	0.55	0.50	0.50	0.50	0.50	0.50	0.50	0.50	0.50	0.50	0.50	0.50	0.50	0.50
	2	0.80	0.65	0.60	0.55	0.55	0.50	0.50	0.50	0.50	0.50	0.50	0.50	0.50	0.50
	1	1.30	1.00	0.85	0.80	0.75	0.70	0.70	0.65	0.65	0.65	0.60	0.55	0.55	0.55

n	j \ $\bar{i}$	0.1	0.2	0.3	0.4	0.5	0.6	0.7	0.8	0.9	1.0	2.0	3.0	4.0	5.0
12以上	自上1	−0.40	−0.05	0.10	0.20	0.25	0.30	0.30	0.30	0.35	0.35	0.40	0.45	0.45	0.45
	2	−0.15	0.15	0.25	0.30	0.35	0.35	0.40	0.40	0.40	0.40	0.45	0.45	0.50	0.50
	3	0.00	0.25	0.30	0.35	0.40	0.40	0.40	0.45	0.45	0.45	0.50	0.50	0.50	0.50
	4	0.10	0.30	0.35	0.40	0.40	0.45	0.45	0.45	0.45	0.45	0.50	0.50	0.50	0.50
	5	0.20	0.35	0.40	0.40	0.45	0.45	0.45	0.45	0.45	0.45	0.50	0.50	0.50	0.50
	6	0.25	0.35	0.40	0.45	0.45	0.45	0.45	0.45	0.45	0.45	0.50	0.50	0.50	0.50
	7	0.30	0.40	0.40	0.45	0.45	0.45	0.45	0.45	0.50	0.50	0.50	0.50	0.50	0.50
	8	0.35	0.40	0.45	0.45	0.45	0.45	0.45	0.50	0.50	0.50	0.50	0.50	0.50	0.50
	中间	0.40	0.40	0.45	0.45	0.45	0.45	0.50	0.50	0.50	0.50	0.50	0.50	0.50	0.50
	4	0.45	0.45	0.45	0.45	0.50	0.50	0.50	0.50	0.50	0.50	0.50	0.50	0.50	0.50
	3	0.60	0.50	0.50	0.50	0.50	0.50	0.50	0.50	0.50	0.50	0.50	0.50	0.50	0.50
	2	0.80	0.65	0.60	0.55	0.55	0.50	0.50	0.50	0.50	0.50	0.50	0.50	0.50	0.50
	自下1	1.30	1.00	0.85	0.80	0.75	0.70	0.70	0.65	0.65	0.55	0.55	0.55	0.55	0.55

倒三角形荷载下各层柱标准反弯点高度比 ν_0 表3-4

n	j \ $\bar{i}$	0.1	0.2	0.3	0.4	0.5	0.6	0.7	0.8	0.9	1.0	2.0	3.0	4.0	5.0
1	1	0.80	0.75	0.70	0.65	0.65	0.60	0.60	0.60	0.60	0.55	0.55	0.55	0.55	0.55
2	2	0.50	0.45	0.40	0.40	0.40	0.40	0.40	0.40	0.40	0.45	0.45	0.45	0.45	0.50
	1	1.00	0.85	0.75	0.70	0.70	0.65	0.65	0.65	0.60	0.60	0.55	0.55	0.55	0.55
3	3	0.25	0.25	0.25	0.30	0.30	0.35	0.35	0.35	0.40	0.40	0.45	0.45	0.45	0.50
	2	0.60	0.50	0.50	0.50	0.50	0.45	0.45	0.45	0.45	0.45	0.50	0.50	0.55	0.50
	1	1.15	0.90	0.80	0.75	0.75	0.70	0.70	0.65	0.65	0.65	0.60	0.55	0.55	0.55
4	4	0.10	0.15	0.20	0.25	0.30	0.30	0.35	0.35	0.35	0.40	0.45	0.45	0.45	0.45
	3	0.35	0.35	0.35	0.40	0.40	0.40	0.40	0.45	0.45	0.45	0.45	0.50	0.50	0.50
	2	0.70	0.60	0.55	0.50	0.50	0.50	0.50	0.50	0.50	0.50	0.50	0.50	0.50	0.50
	1	1.20	0.95	0.85	0.80	0.75	0.70	0.70	0.70	0.65	0.65	0.55	0.55	0.55	0.50
5	5	−0.05	0.10	0.20	0.25	0.30	0.30	0.35	0.35	0.35	0.40	0.45	0.45	0.45	0.45
	4	0.20	0.25	0.35	0.35	0.40	0.40	0.40	0.40	0.40	0.45	0.45	0.50	0.50	0.50
	3	0.45	0.40	0.45	0.45	0.45	0.45	0.45	0.45	0.45	0.45	0.50	0.50	0.50	0.50
	2	0.75	0.60	0.55	0.55	0.50	0.50	0.50	0.50	0.50	0.50	0.50	0.50	0.50	0.50
	1	1.30	1.00	0.85	0.80	0.75	0.70	0.70	0.65	0.65	0.65	0.65	0.55	0.55	0.55
6	6	−0.15	0.05	0.15	0.20	0.25	0.30	0.30	0.35	0.35	0.35	0.40	0.45	0.45	0.45
	5	0.10	0.25	0.30	0.35	0.35	0.40	0.40	0.40	0.45	0.45	0.45	0.50	0.50	0.50
	4	0.30	0.35	0.40	0.40	0.45	0.45	0.45	0.45	0.45	0.45	0.50	0.50	0.50	0.50
	3	0.50	0.45	0.45	0.45	0.45	0.45	0.45	0.45	0.45	0.45	0.50	0.50	0.50	0.50

n	j \ $\bar{i}$	0.1	0.2	0.3	0.4	0.5	0.6	0.7	0.8	0.9	1.0	2.0	3.0	4.0	5.0
6	2	0.80	0.65	0.55	0.55	0.55	0.55	0.50	0.50	0.50	0.50	0.50	0.50	0.50	0.50
	1	1.30	1.00	0.85	0.80	0.75	0.70	0.70	0.65	0.65	0.65	0.60	0.55	0.55	0.55
7	7	−0.20	0.05	0.15	0.20	0.25	0.30	0.30	0.35	0.35	0.35	0.45	0.45	0.45	0.45
	6	0.05	0.20	0.30	0.35	0.35	0.40	0.40	0.40	0.40	0.45	0.45	0.50	0.50	0.50
	5	0.20	0.30	0.35	0.40	0.40	0.45	0.45	0.45	0.45	0.45	0.50	0.50	0.50	0.50
	4	0.35	0.40	0.40	0.45	0.45	0.45	0.45	0.45	0.45	0.45	0.50	0.50	0.50	0.50
	3	0.55	0.50	0.50	0.50	0.50	0.50	0.50	0.50	0.50	0.50	0.50	0.50	0.50	0.50
	2	0.80	0.65	0.60	0.55	0.55	0.55	0.50	0.50	0.50	0.50	0.50	0.50	0.50	0.50
	1	1.30	1.00	0.90	0.80	0.75	0.70	0.70	0.70	0.65	0.65	0.60	0.55	0.55	0.55
8	8	−0.20	0.05	0.15	0.20	0.25	0.30	0.30	0.35	0.35	0.35	0.45	0.45	0.45	0.45
	7	0.00	0.20	0.30	0.35	0.35	0.40	0.40	0.40	0.40	0.45	0.45	0.50	0.50	0.50
	6	0.15	0.30	0.35	0.40	0.40	0.45	0.45	0.45	0.45	0.45	0.50	0.50	0.50	0.50
	5	0.30	0.45	0.40	0.45	0.45	0.45	0.45	0.45	0.45	0.45	0.50	0.50	0.50	0.50
	4	0.40	0.45	0.45	0.45	0.45	0.45	0.45	0.50	0.50	0.50	0.50	0.50	0.50	0.50
	3	0.60	0.50	0.50	0.50	0.50	0.50	0.50	0.50	0.50	0.50	0.50	0.50	0.50	0.50
	2	0.85	0.65	0.60	0.55	0.50	0.55	0.50	0.50	0.50	0.50	0.50	0.50	0.50	0.50
	1	1.30	1.00	0.90	0.80	75.00	0.70	0.70	0.70	0.65	0.65	0.60	0.55	0.55	0.55
9	9	−0.25	0.00	0.15	0.20	0.25	0.30	0.30	0.35	0.35	0.40	0.45	0.45	0.45	0.45
	8	0.00	0.20	0.30	0.35	0.35	0.40	0.40	0.40	0.40	0.45	0.45	0.50	0.50	0.50
	7	0.15	0.30	0.35	0.40	0.40	0.45	0.45	0.45	0.45	0.45	0.50	0.50	0.50	0.50
	6	0.25	0.35	0.40	0.40	0.45	0.45	0.45	0.45	0.45	0.50	0.50	0.50	0.50	0.50
	5	0.35	0.40	0.45	0.45	0.45	0.45	0.45	0.45	0.50	0.50	0.50	0.50	0.50	0.50
	4	0.45	0.45	0.45	0.45	0.45	0.50	0.50	0.50	0.50	0.50	0.50	0.50	0.50	0.50
	3	0.65	0.50	0.50	0.50	0.50	0.50	0.50	0.50	0.50	0.50	0.50	0.50	0.50	0.50
	2	0.80	0.65	0.65	0.55	0.55	0.55	0.55	0.50	0.50	0.50	0.50	0.50	0.50	0.50
	1	1.35	1.00	1.00	0.80	0.75	0.75	0.70	0.70	0.65	0.65	0.60	0.55	0.55	0.55
10	10	−0.25	0.00	0.15	0.20	0.25	0.30	0.30	0.35	0.35	0.40	0.45	0.45	0.45	0.45
	9	−0.05	0.20	0.30	0.35	0.35	0.40	0.40	0.40	0.40	0.45	0.45	0.50	0.50	0.50
	8	0.10	0.30	0.35	0.40	0.40	0.40	0.45	0.45	0.45	0.45	0.50	0.50	0.50	0.50
	7	0.20	0.35	0.40	0.40	0.45	0.45	0.45	0.45	0.45	0.50	0.50	0.50	0.50	0.50
	6	0.30	0.40	0.40	0.45	0.45	0.45	0.45	0.45	0.45	0.50	0.50	0.50	0.50	0.50
	5	0.40	0.45	0.45	0.45	0.45	0.45	0.45	0.50	0.50	0.50	0.50	0.50	0.50	0.50
	4	0.50	0.45	0.45	0.45	0.50	0.50	0.50	0.50	0.50	0.50	0.50	0.50	0.50	0.50
	3	0.60	0.55	0.50	0.50	0.50	0.50	0.50	0.50	0.50	0.50	0.50	0.50	0.50	0.50
	2	0.85	0.65	0.60	0.55	0.55	0.55	0.55	0.50	0.50	0.50	0.50	0.50	0.50	0.50
	1	1.35	1.00	0.90	0.80	0.75	0.75	0.70	0.70	0.65	0.65	0.60	0.55	0.55	0.55

n	$\overline{i}$ / j	0.1	0.2	0.3	0.4	0.5	0.6	0.7	0.8	0.9	1.0	2.0	3.0	4.0	5.0
11	11	−0.25	0.00	0.15	0.20	0.25	0.30	0.30	0.30	0.35	0.35	0.45	0.45	0.45	0.45
	10	−0.05	0.20	0.25	0.30	0.35	0.40	0.40	0.40	0.45	0.45	0.50	0.50	0.50	0.50
	9	0.10	0.30	0.35	0.40	0.40	0.40	0.45	0.45	0.45	0.45	0.50	0.50	0.50	0.50
	8	0.20	0.35	0.40	0.40	0.45	0.45	0.45	0.45	0.45	0.45	0.50	0.50	0.50	0.50
	7	0.25	0.40	0.40	0.45	0.45	0.45	0.45	0.45	0.45	0.50	0.50	0.50	0.50	0.50
	6	0.35	0.40	0.45	0.45	0.45	0.45	0.45	0.50	0.50	0.50	0.50	0.50	0.50	0.50
	5	0.40	0.45	0.45	0.45	0.45	0.50	0.50	0.50	0.50	0.50	0.50	0.50	0.50	0.50
	4	0.50	0.50	0.50	0.50	0.50	0.50	0.50	0.50	0.50	0.50	0.50	0.50	0.50	0.50
	3	0.65	0.55	0.50	0.50	0.50	0.50	0.50	0.50	0.50	0.50	0.50	0.50	0.50	0.50
	2	0.85	0.65	0.60	0.55	0.55	0.55	0.55	0.55	0.50	0.50	0.50	0.50	0.50	0.50
	1	1.35	1.50	0.90	0.80	0.75	0.75	0.70	0.70	0.65	0.65	0.60	0.55	0.55	0.55
12 以上	自上1	−0.30	0.00	0.15	0.20	0.25	0.30	0.30	0.30	0.35	0.35	0.40	0.45	0.45	0.45
	2	−0.10	0.20	0.25	0.30	0.35	0.40	0.40	0.40	0.40	0.40	0.45	0.45	0.45	0.50
	3	0.05	0.25	0.35	0.40	0.40	0.40	0.45	0.45	0.45	0.45	0.45	0.50	0.50	0.50
	4	0.15	0.30	0.40	0.40	0.45	0.45	0.45	0.45	0.45	0.45	0.50	0.50	0.50	0.50
	5	0.25	0.30	0.40	0.45	0.45	0.45	0.45	0.45	0.45	0.50	0.50	0.50	0.50	0.50
	6	0.30	0.40	0.40	0.45	0.45	0.45	0.50	0.50	0.50	0.50	0.50	0.50	0.50	0.50
	7	0.35	0.40	0.40	0.45	0.45	0.45	0.50	0.50	0.50	0.50	0.50	0.50	0.50	0.50
	8	0.35	0.45	0.45	0.45	0.45	0.50	0.50	0.50	0.50	0.50	0.50	0.50	0.50	0.50
	中间	0.45	0.45	0.45	0.45	0.50	0.50	0.50	0.50	0.50	0.50	0.50	0.50	0.50	0.50
	4	0.55	0.50	0.50	0.50	0.50	0.50	0.50	0.50	0.50	0.50	0.50	0.50	0.50	0.50
	3	0.65	0.55	0.50	0.50	0.50	0.50	0.50	0.50	0.50	0.50	0.50	0.50	0.50	0.50
	2	0.70	0.70	0.60	0.55	0.55	0.55	0.55	0.50	0.50	0.50	0.50	0.50	0.50	0.50
	自下1	1.35	1.05	0.70	0.80	0.75	0.70	0.70	0.70	0.65	0.65	0.60	0.55	0.55	0.55

上下梁相对刚度变化时修正值 ν_1 　　　　　　表 3-5

$\overline{i}$ / α_1	0.1	0.2	0.3	0.4	0.5	0.6	0.7	0.8	0.9	1.0	2.0	3.0	4.0	5.0
0.4	0.55	0.40	0.30	0.25	0.20	0.20	0.20	0.15	0.15	0.15	0.05	0.05	0.05	0.05
0.5	0.45	0.30	0.20	0.20	0.15	0.15	0.15	0.10	0.10	0.10	0.05	0.05	0.05	0.05
0.6	0.30	0.20	0.15	0.15	0.10	0.10	0.10	0.10	0.05	0.05	0.05	0.05	0.00	0.00
0.7	0.20	0.15	0.10	0.10	0.10	0.05	0.05	0.05	0.05	0.05	0.05	0.05	0.00	0.00
0.8	0.15	0.10	0.05	0.05	0.05	0.05	0.05	0.05	0.05	0.00	0.00	0.00	0.00	0.00
0.9	0.05	0.05	0.05	0.05	0.00	0.00	0.00	0.00	0.00	0.00	0.00	0.00	0.00	0.00

注：当 $i_1+i_2<i_3+i_4$ 时，令 $\alpha_1=(i_1+i_2)/(i_3+i_4)$，当 $i_3+i_4<i_1+i_2$ 时，令 $\alpha_1=(i_3+i_4)/(i_1+i_2)$。
并在查得的 γ_1 值前增加负号。对于底层柱不考虑 α_1 值，所以不作此项修正。

表 3-6

上下层柱高度变化时的修正值 ν_2 和 ν_3

α_2	α_3	0.1	0.2	0.3	0.4	0.5	0.6	0.7	0.8	0.9	1.0	2.0	3.0	4.0	5.0
2.0		0.25	0.15	0.15	0.10	0.10	0.10	0.10	0.10	0.05	0.05	0.05	0.05	0.0	0.0
1.8		0.20	0.15	0.10	0.10	0.10	0.05	0.05	0.05	0.05	0.05	0.05	0.0	0.0	0.0
1.6	0.4	0.15	0.10	0.10	0.05	0.05	0.05	0.05	0.05	0.05	0.05	0.0	0.0	0.0	0.0
1.4	0.6	0.10	0.05	0.05	0.05	0.05	0.05	0.05	0.05	0.0	0.0	0.0	0.0	0.0	0.0
1.2	0.8	0.05	0.05	0.05	0.0	0.0	0.0	0.0	0.0	0.0	0.0	0.0	0.0	0.0	0.0
1.0	1.0	0.0	0.0	0.0	0.0	0.0	0.0	0.0	0.0	0.0	0.0	0.0	0.0	0.0	0.0
0.8	1.2	−0.05	−0.05	−0.05	0.0	0.0	0.0	0.0	0.0	0.0	0.0	0.0	0.0	0.0	0.0
0.6	1.4	−0.10	−0.05	−0.05	−0.05	−0.05	−0.05	−0.05	−0.05	−0.05	0.0	0.0	0.0	0.0	0.0
0.4	1.6	−0.15	−0.05	−0.05	−0.05	−0.05	−0.05	−0.05	−0.05	−0.05	−0.05	0.0	0.0	0.0	0.0
	1.8	−0.20	−0.15	−0.05	−0.05	−0.05	−0.05	−0.05	−0.05	−0.05	−0.05	0.0	0.0	0.0	0.0
	2.0	−0.25	−0.15	−0.15	−0.10	−0.10	−0.10	−0.10	−0.10	−0.05	−0.05	−0.05	−0.05	0.0	0.0

注：$\alpha_2 = h_上/h$，ν_2 按 α_2 查表求得，上层较高时为正值，但对于最上层，不考虑 ν_2 修正值。

$\alpha_3 = h_下/h$，ν_3 按 α_3 查表求得，对于最下层，不考虑 ν_3 修正值。

3. D 值法的问题

D 值法虽然考虑了节点转角，但又假定同层各节点转角相等，推导 D 值及反弯点高度时，还作了另外一些假设，因此，D 值法也是一种近似方法。

3.3.3　门架法

门架法是国际上通用的计算框架在水平荷载作用下内力的近似方法。这种方法类似于反弯点法，先要假定反弯点的位置，但是比反弯点法简单，它在不需要预先已知梁和柱截面尺寸的情况下便可以计算出框架的内力。这种方法适合于 25 层以内、高宽比不大于 4 的框架结构计算，特别适合于中等柔度的框架结构和高层框架结构计算。

1. 基本假定

(1) 梁、柱的反弯点位于它们的中点处；

(2) 柱中点处的水平剪力按各柱支承框架梁的长度与框架总宽度之比进行分配。

2. 计算步骤

用门架法计算框架结构在水平荷载作用下内力的步骤如下：

(1) 画出框架的单线条图，并在各层柱的中点处标出该层由水平荷载产生的总剪力。

(2) 求顶层各柱剪力。沿顶层各柱反弯点处取脱离体，将顶部上半层取出，将顶层的总剪力按柱支承框架梁的长度与框架总宽度之比分配给顶层各柱，并将各柱的剪力值标注在图上。

(3) 计算顶层各柱弯矩。柱端弯矩等于柱中点处剪力乘上该层层高的一半。

(4) 计算顶层梁端弯矩。从左至右依次沿反弯点处对每一个节点取脱离体，由节点处弯矩平衡条件可求梁端弯矩。

(5) 求框架梁剪力。横梁各反弯点处的剪力等于梁端弯矩除以该段梁的长度，梁端剪力可对梁取脱离体由静力平衡条件计算。

（6）求其他各层梁、柱的内力。从顶上第二层至下面各层。依次将每一层取出，重复上述（2）～（5）的步骤，可将每一层梁、柱的内力求得。

3.3.4 三种简化计算方法的比较

反弯点法计算较简单，但要求横梁的线刚度与柱的线刚度之比不小于 3 时才适用。实际工程中，横梁线刚度与柱线刚度之比不小于 3 的情况较少，特别是抗震设计中要求强柱弱梁，这种情况更是少见，因此，这种方法的适用范围较小。

D 值法的适用范围较宽，但计算上稍麻烦一些。

门架法的最大优点是不需要事先假定梁和柱的截面尺寸，但计算的准确度不如上面两种方法。

3.4 内力组合

如同第 2 章所述，恒载是始终作用在结构上的荷载，是大小、方向、作用点不发生改变的荷载。但是，楼面和屋面活荷载、雪荷载、风荷载以及地震作用等可以作用在结构上，也可以不作用在结构上；可以作用在结构的这一部分，也可以作用在结构的另一部分。它们的不确定性将使截面的内力发生很大的变化。因此，设计某个截面时，先要找出这些荷载与作用如何布置才能使这个截面的内力达到最大值，然后按照规范规定的方式进行内力组合，以保证结构安全。

3.4.1 控制截面及最不利内力类型

1. 框架横梁

框架横梁的控制截面是支座截面和跨中截面。在支座截面处。一般产生最大负弯矩和最大剪力（在水平荷载作用下还有正弯矩产生，故还要注意组合可能出现的正弯矩）；跨中截面则是最大正弯矩作用处（也要注意组合可能出现的负弯矩）。

由于内力分析的结果是轴线位置处的内力，而梁支座截面的最不利位置应是柱边缘处，因此在求该处的最不利内力时，应根据梁轴线处的弯矩和剪力算出柱边截面的弯矩和剪力（图 3-22），即：

$$M' = M - b\frac{V}{2} \tag{3-24}$$

$$V' = V - \Delta V \tag{3-25}$$

式中　M'、V'——柱边外梁截面的弯矩和剪力；

　　　　M、V——柱轴线外梁截面的弯矩和剪力；

　　　　b——柱宽度；

　　　　ΔV——在长度 $b/2$ 范围内的剪力改变值。

2. 框架柱

对于框架柱，由弯矩图可知，弯矩最大值在柱的两端，剪力和轴力通常在一层内无变化或变化很小，因此柱的控制截面是柱的上、下端。

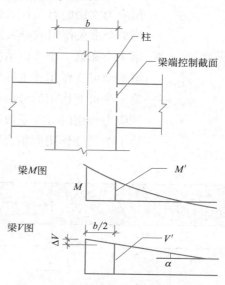

图 3-22　梁端控制截面的弯矩和剪力

随着 M 和 N 的比值不同，柱的破坏形态将发生变化。无论是大偏心受压或小偏心受压破坏时，M 愈大对柱越不利；而在小偏心受压破坏时，N 愈大对柱越不利；在大偏心受压时，N 越小对柱越不利。此外，柱的正负弯矩绝对值也不相同，因此最不利内力有多种情况。但一般的框架柱都采用对称配筋，因此，只须选择绝对值最大的弯矩来考虑即可，从而柱的最不利内力可归结为如下四种类型：

(1) $|M|_{\max}$ 及相应的 N、V；

(2) $N_{\max}$ 及相应的 M、V；

(3) $N_{\min}$ 及相应的 M、V；

(4) $|M|$ 比较大（但不是最大），而 N 比较小或比较大（也不是绝对最小或最大）。

这是因为：偏心受压柱的截面承载力不仅取决于 N 和 M 的大小，还与偏心距 $e_0 = M/N$ 的大小有关。但在多层框架的一般情况下，只考虑前三种最不利内力即可满足工程要求。

3.4.2 内力组合类型及组合设计值计算公式

结构作用应根据结构设计要求进行组合。结构作用的组合分为基本组合、偶然组合、地震组合、标准组合、频遇组合和准永久组合。本章只介绍基本组合和地震组合。

1. 基本组合

对于持久设计状况和短暂设计状况，应取荷载的基本组合进行设计。内力的组合设计值应按公式（3-26）计算：

$$S = \sum_{i \geqslant 1} \gamma_{Gi} G_{ik} + \gamma_P P + \gamma_{Q1} \gamma_{L1} Q_{1k} + \sum_{j > 1} \gamma_{Qj} \psi_{cj} \gamma_{Lj} Q_{jk} \tag{3-26}$$

式中　G_{ik}——第 i 个永久作用的标准值；

Q_{1k}——第 1 个可变作用（主导可变作用）的标准值；

Q_{jk}——第 j 个可变作用的标准值；

P——预应力作用的有关代表值；

γ_{Gi}——第 i 个永久作用的分项系数，按表 3-7 采用；

γ_{L1}、γ_{Lj}——第 1 个和第 j 个考虑结构设计工作年限的荷载调整系数，按表 3-8 采用；

γ_{Q1}——第 1 个可变作用（主导可变作用）的分项系数，按表 3-7 采用；

γ_{Qj}——第 j 个可变作用的分项系数，按表 3-7 采用；

γ_P——预应力作用的分项系数，按表 3-7 采用；

ψ_{cj}——第 j 个可变作用的组合值系数，按第 2 章的规定采用。

建筑结构的作用分项系数

表 3-7

适用情况 作用分项系数	当作用效应对承载力不利时	当作用效应对承载力有利时
γ_G	1.3	$\leqslant 1.0$
γ_P	1.3	1.0
γ_Q	1.5	0

注：标准值大于 $4 \mathrm{kN/m^2}$ 的工业房屋楼面活荷载，当对结构不利时，γ_Q 不应小于 1.4；当对结构有利时，γ_Q 应取为 0。

建筑结构考虑结构设计工作年限的荷载调整系数 γ_{L} 表 3-8

结构的设计工作年限(年)	γ_{L}
5	0.9
50	1.0
100	1.1

注：对设计工作年限为 25 年的结构构件，γ_{L} 应按各种材料结构设计规范的规定采用。

2. 地震组合

结构构件抗震验算的组合内力设计值应采用地震作用效应和其他作用效应的基本组合值，并应符合下式规定：

$$S = \gamma_{\mathrm{G}} S_{\mathrm{GE}} + \gamma_{\mathrm{Eh}} S_{\mathrm{Ehk}} + \gamma_{\mathrm{Ev}} S_{\mathrm{Evk}} + \sum \gamma_{\mathrm{D}i} S_{\mathrm{D}ik} + \sum \psi_i \gamma_i S_{ik} \qquad (3-27)$$

式中 S——结构构件地震组合内力设计值，包括组合的弯矩、轴向力和剪力设计值等；

γ_{G}——重力荷载分项系数，按表 3-9 采用；

γ_{Eh}、γ_{Ev}——分别为水平、竖向地震作用分项系数，其取值不应低于表 3-10 的规定；

$\gamma_{\mathrm{D}i}$——不包括在重力荷载内的第 i 个永久荷载的分项系数，应按表 3-9 采用；

γ_i——不包括在重力荷载内的第 i 个可变荷载的分项系数，不应小于 1.5；

S_{GE}——重力荷载代表值的效应，有吊车时，尚应包括悬吊物重力标准值的效应；

S_{Ehk}——水平地震作用标准值的效应；

S_{Evk}——竖向地震作用标准值的效应；

$S_{\mathrm{D}ik}$——不包括在重力荷载内的第 i 个永久荷载标准值的效应；

S_{ik}——不包括在重力荷载内的第 i 个可变荷载标准值的效应；

ψ_i——不包括在重力荷载内的第 i 个可变荷载的组合值系数，应按表 3-9 采用。

各荷载分项系数及组合系数   表 3-9

荷载类别、分项系数、组合系数			对承载力不利	对承载力有利	适用对象
永久荷载	重力荷载	γ_{G}	≥1.3	≤1.0	所有工程
	预应力	γ_{Dy}			
	土压力	γ_{Ds}	≥1.3	≤1.0	市政工程、地下结构
	水压力	γ_{Dw}			
可变荷载	风荷载	ψ_{w}	0.0		一般的建筑结构
			0.2		风荷载起控制作用的建筑结构

地震作用分项系数   表 3-10

地震作用	γ_{Eh}	γ_{Ev}
仅计算水平地震作用	1.4	0.0
仅计算竖向地震作用	0.0	1.4
同时计算水平与竖向地震作用(水平地震为主)	1.4	0.5
同时计算水平与竖向地震作用(竖向地震为主)	0.5	1.4

3.4.3 内力组合原则

(1) 在结构的工作期限内，恒荷载始终作用在结构上。因此，每一种组合都要考虑恒荷载参加组合。

(2) 楼面活荷载和屋面活荷载是同一种性质的荷载，只是作用位置有不同，可以将它们作为一种荷载看待。

(3) 风有时从左侧吹来（简称为左向风），有时从右侧吹来（简称为右向风）。但是，在同一时间内，只能考虑一个方向的风。而且可将背风面的吸力与迎风面的压力放在同一侧计算。

(4) 地震可从房屋的左侧来，也可以从房屋的右侧来。但是，在同一时间内，只能考虑一个方向的地震。

(5) 屋面活荷载不参与地震组合。

(6) 对于一般房屋，风荷载不参与地震组合。

(7) 当只有恒载、楼面和屋面的活荷载以及风荷载两种活荷载存在时，按公式（3-27）组合。要考虑组合值系数。楼面活荷载和屋面活荷载的组合值系数可从第 2 章的相关表格中查得。风荷载的组合值系数为 0.6。

(8) 当只有恒载、楼面和屋面活荷载以及地震作用时，按公式（3-27）组合。各荷载分项系数和组合系数见表 3-9、地震作用分项系数见表 3-10。

在每一个控制截面进行内力组合时，需要通过试算和比较才能确定是楼面和屋面活荷载产生的内力起控制作用，还是风荷载或地震作用产生的内力起控制作用。

对于一般房屋，当不考虑屋面活荷载、风荷载、预应力、土压力、竖向地震等参与组合时，公式（3-27）可写成：

$$S = \gamma_G S_{GE} + \gamma_{Eh} S_{Ehk} = 1.3 S_{GE} + 1.4 S_{Ehk} \tag{3-28}$$

按照我国现行国家标准《建筑结构可靠性设计统一标准》GB 50068 的原则规定，地震发生时，恒荷载与其他重力荷载可能的组合结果总称为"抗震设计的重力荷载代表值 G_E"。建筑的重力荷载代表值应取结构和构配件自重标准值与各可变荷载组合值之和。各可变荷载的组合值系数见表 2-13。因此，在计算重力荷载代表值的效应 S_{GE} 时，只需将楼面与屋面的各种活荷载乘以表 2-13 的相应组合值系数后，与恒载标准值叠加在一起一次计算便可以。

梁和柱的内力组合可分别列表计算。

4 结构性能验算

结构各控制截面的最不利内力设计值求得以后，可以进行截面设计，计算各控制截面所需的受力钢筋，并且按照构造要求对整个结构进行配筋。但是，在进行截面设计之前，通常先对结构的性能进行验算。根据结构自身的情况及使用要求的不同，结构可能有很多性能需要验算。本章只介绍正常使用条件下的水平位移验算、结构整体稳定性验算、剪重比验算、结构抗倾覆验算和罕遇地震下的弹塑性变形验算。

4.1 正常使用条件下的水平位移验算

框架结构的弹性变形验算是指对其在正常使用条件下的侧移进行验算。框架结构的侧移主要是由风荷载和水平地震作用所引起。

框架结构的侧移由梁柱杆件弯曲变形和柱的轴向变形产生的。在层数不多的框架中，柱轴向变形引起的侧移很小，可以忽略不计。在近似计算中，一般只需计算由杆件弯曲引起的变形。框架的变形情况如图 4-1 所示，是一种剪切型变形。

框架层间侧移可以按下列公式计算：

$$\Delta u_j = \frac{V_{pj}}{\sum D_{ij}} \tag{4-1}$$

式中　V_{pj}——第 j 层的总剪力；

$\sum D_{ij}$——第 j 层所有柱的抗侧刚度之和。

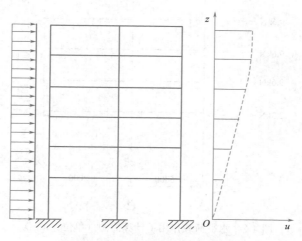

图 4-1　框架在水平荷载下变形图

每一层的层间侧移值求出以后，就可以计算各层楼板标高处的侧移值和框架的顶点侧移值，各层楼板标高处的侧移值是该层及其以下各层层间侧移之和。顶点侧移是所有各层层间侧移之和。

j 层侧移

$$u_j = \sum_{j=1}^{j} \Delta u_j \left.\right\}$$

顶点侧移

$$u = \sum_{j=1}^{n} \Delta u_j \left.\right\} \tag{4-2}$$

框架结构在正常使用条件下的变形验算要求各层的层间侧移值与该层的层高之比 $\Delta u/h$ 不宜超过 1/550 的限值。

【例 4-1】某 12 层框架，底层层高 5.0m，其余各层层高 3.2m，采用 C40 混凝土，横梁的截面尺寸为 250mm×600mm，中柱的截面尺寸为 700mm×700mm，边柱的截面尺寸为 600mm×600mm，承受图 4-2 所示水平集中荷载，求层间最大位移与层高之比，并验算其是否满足规范要求。

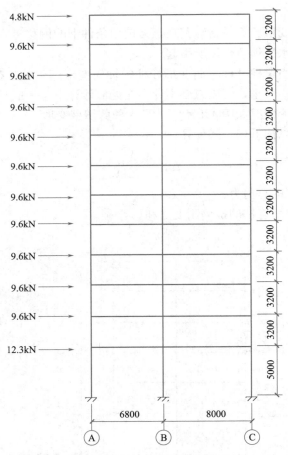

图 4-2 水平荷载作用下计算简图（单位：mm）

【解】计算柱的抗侧刚度。

底层边柱：

$$D_{底边柱} = \frac{12EI}{h^3} = \frac{12 \times 3.25 \times 10^7 \times \frac{1}{12} \times 0.6 \times 0.6^3}{5^3}$$

$$= 3.37 \times 10^4 \, \text{kN/m}$$

底层中柱：

$$D_{底中柱} = \frac{12EI}{h^3} = \frac{12 \times 3.25 \times 10^7 \times \frac{1}{12} \times 0.7 \times 0.7^3}{5^3}$$

$$= 6.24 \times 10^4 \, \text{kN/m}$$

其余各层边柱：

$$D_{余边柱} = \frac{12EI}{h^3} = \frac{12 \times 3.25 \times 10^7 \times \frac{1}{12} \times 0.6 \times 0.6^3}{3.2^3}$$

$$= 12.8 \times 10^4 \, \text{kN/m}$$

其余各层中柱：

$$D_{余中柱} = \frac{12EI}{h^3} = \frac{12 \times 3.25 \times 10^7 \times \frac{1}{12} \times 0.7 \times 0.7^3}{3.2^3}$$

$$= 23.8 \times 10^4 \, \text{kN/m}$$

采用 D 值法列表计算，计算结果见表 4-1。

层间最大位移与层高之比验算   表 4-1

层号	层高 (mm)	各楼面和屋面 水平集中荷载 (kN)	各楼层剪力 V_{pj} (kN)	各楼层柱抗 侧刚度 $\sum D_{ij}$ (kN/m)	各楼层相对 水平位移 Δu_j (mm)	各楼层相对位 移与层高之比
12	3200	4.8	4.8	78516	0.06	1/53333
11	3200	9.6	14.4	78516	0.18	1/17778
10	3200	9.6	24.0	78516	0.31	1/10326
9	3200	9.6	33.6	78516	0.43	1/7442
8	3200	9.6	43.2	78516	0.55	1/5818
7	3200	9.6	52.8	78516	0.67	1/4776
6	3200	9.6	62.4	78516	0.79	1/4051
5	3200	9.6	72.0	78516	0.92	1/3478
4	3200	9.6	81.6	78516	1.04	1/3077
3	3200	9.6	91.2	78516	1.16	1/2759
2	3200	9.6	100.8	78516	1.28	1/2500
1	5000	12.3	113.1	54460	2.08	1/2404

由表 4-1 可见，层间最大位移与层高之比出现在第 1 层，比值为 1/2404，小于规范规定的 1/550，满足要求。

4.2 结构重力二阶效应验算

4.2.1 重力二阶效应的概念

重力二阶效应一般包括两部分：一是由于构件自身挠曲引起的附加重力效应，即 $P\text{-}\delta$ 效应，二阶内力与构件挠曲形态有关，一般中段大，端部为零；二是结构在水平风荷载或水平地震作用下产生侧移变位后，重力荷载由于该侧移而引起的附加效应，即重力 $P\text{-}\Delta$ 效应。分析表明，对一般建筑结构而言，由于构件的长细比不大，其挠曲二阶效应的影响相对很小，一般可以忽略不计。但由于结构侧移和重力荷载引起的 $P\text{-}\Delta$ 效应相对较为明显，可使结构的位移和内力增加，当位移较大时甚至导致结构失稳（图4-3）。因此，结构的稳定设计主要是控制、验算结构在风或地震作用下，重力荷载产生的 $P\text{-}\Delta$ 效应对结构性能降低的影响以及由此可能引起的结构失稳。

图4-3　结构失稳

建筑结构只要有水平侧移，便会引起重力荷载作用下的侧移二阶效应（$P\text{-}\Delta$ 效应），其大小与结构侧移和重力荷载自身大小直接相关，而结构侧移又与结构侧向刚度和水平作用大小密切相关。控制结构有足够的侧向刚度，宏观上有两个容易判断的指标：一是结构侧移应满足规程的位移限制条件，二是结构的楼层剪力与该层及其以上各层重力荷载代表值的比值（即楼层剪重比）应满足最小值规定。一般情况下，满足了这些规定，即可基本保证结构的整体稳定性，且重力二阶效应的影响较小。对抗震设计的结构，楼层剪重比必须满足公式（4-24）的规定；对于非抗震设计的结构，虽然现行国家标准《工程结构通用规范》GB 55001 规定基本风压的取值不得小于 $0.3\mathrm{kN/m^2}$，可保证水平风荷载产生的楼层剪力不至于过小，但对楼层剪重比没有最小值规定。因此，对非抗震设计的建筑结构，当水平荷载较小时，虽然侧移满足楼层位移限制条件，但侧向刚度可能依然偏小，可能不满足结构整体稳定要求或重力二阶效应不能忽略。

重力 $P\text{-}\Delta$ 效应的考虑方法很多，第一类是按简化的弹性有限元方法近似考虑，该方法之一是根据楼层重力和楼层在水平力作用下产生的层间位移，计算出考虑 $P\text{-}\Delta$ 效应的等效荷载向量，结构构件刚度不折减，利用结构分析的有限元方法求解其影响；该方法之二是对结构的线弹性刚度进行折减，如现行国家标准《混凝土结构设计规范》GB 50010 规定可将梁、柱、剪力墙的弹性抗弯刚度分别乘以折减系数 0.4、0.6、0.45，然后根据折减后的刚度按考虑二阶效应的弹性分析方法直接计算结构的内力，截面设计时不再考虑受压构件的偏心距增大系数 η。但是，弹塑性阶段结构刚度的衰减是十分复杂的，而且，结构刚度改变后，按照目前抗震规范规定的反应谱方法计算的地震力会随之减小；与弹性分析相比，构件之间的内力会产生不同的分配关系；另外，结构位移控制条件也不明确，因为弹性位移和弹塑性位移的控制条件相差很大。第二类方法是对不考虑重力 $P\text{-}\Delta$ 效应的构件内力乘以增大系数。该方法之一是现行国家标准《混凝土结构设计规范》GB 50010 规定的偏心受压构件的偏心距增大系数法，即采用标准偏心受压柱（即两端铰接的等偏心距压杆）求得的偏心距增大系数与柱计算长度相结合来近似估计重力二阶效应（弯矩）的影响，综合考虑了构件挠曲二阶效应和侧移二阶效应的影响，但对破坏形态接近弹性失稳的细长柱的误差较大。该方法之二是楼层内力和位移增大系数法，即将不考虑二阶效应的初始内力和位移乘以考虑二阶效应影响的增大系数后，作为考虑二阶效应的内力和位移，该方法对线弹性或弹塑性计算同样适用，现行行业标准《高层建筑混凝土结构技术规程》JGJ 3 采用了这种方法。

4.2.2 框架结构的重力二阶效应与稳定要求

1. 框架结构的临界荷载

在水平力作用下，剪力墙结构的变形形态一般为弯曲型或弯剪型，框架-剪力墙结构和筒体结构的变形形态一般为弯剪型，框架结构的变形形态一般为剪切型。

忽略杆件的弯曲变形时，图 4-4（a）中的杆件代表第 i 层框架的所有柱在水平荷载下的受力和位移情况，图 4-4（b）为第 i 层框架各柱在水平荷载以及第 i 层和第 i 层以上各层传来的重力荷载共同作用下的内力和位移情况，图 4-4（c）为图 4-4（b）的柱用等效水平力 V^* 替代的情况。

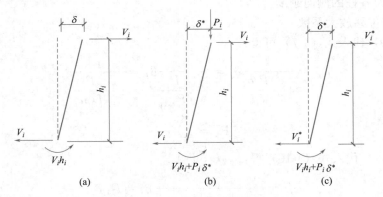

图 4-4　框架柱二阶效应图

柱的侧向刚度为：

$$D_i = \frac{V_i}{\delta_i} \tag{4-3}$$

由此可得：

$$\delta_i = \frac{V_i}{D_i} \tag{4-4}$$

式中　V_i——第 i 层各柱的剪力；

　　　D_i——第 i 层各柱的侧向刚度；

　　　δ_i——第 i 层由水平荷载产生的一阶侧移。

由图 4-4（c）的静力平衡条件可以求得：

$$V_i^* = V_i + \Delta V_i + V_i = \frac{P_i \delta_i^*}{h_i} \tag{4-5}$$

式中　ΔV_i——第 i 层各柱考虑重力二阶效应后的剪力增量；

　　　δ_i^*——第 i 层考虑重力二阶效应后的侧移。

$$\delta_i^* = \frac{V_i^*}{D_i} = \frac{V_i + \frac{P_i\delta_i^*}{h_i}}{\frac{V_i}{\delta_i}} = \delta_i + \frac{P_i\delta_i}{V_ih_i}\delta_i^* \tag{4-6}$$

由式（4-6）可得：

$$\delta_i^* = \frac{1}{1 - \frac{P_i\delta_i}{V_ih_i}}\delta_i \tag{4-7}$$

如果框架失稳，则 δ_i^* 应趋于无穷大，即式（4-7）中分母应趋于零，由此得：

$$\frac{P_{i,\mathrm{cr}}\delta_i}{V_ih_i} = 1 \tag{4-8}$$

则

$$P_{i,\mathrm{cr}} = \frac{V_ih_i}{\delta_i} = D_ih_i \tag{4-9}$$

由式（4-9）可见，第 i 层的临界荷载等于该层柱的侧向刚度与该层层高的乘积，D_ih_i 可称为第 i 层框架各柱的侧向刚度。

2. 内力与位移放大系数

将式（4-9）代入式（4-7）可得：

$$\delta_i^* = \frac{1}{1 - \frac{P_i\delta_i}{V_ih_i}}\delta_i = \frac{1}{1 - \frac{P_i}{P_{i,\mathrm{cr}}}}\delta_i = \frac{1}{1 - \frac{P_i}{D_ih_i}}\delta_i \tag{4-10}$$

$$P_i = \sum_{j=i}^{n} G_j \tag{4-11}$$

将式（4-11）代入式（4-10）得：

$$\delta_i^* = \frac{1}{1 - \sum_{j=i}^{n} G_j/(D_ih_i)}\delta_i = F_{1i}\delta_i \tag{4-12}$$

$$F_{1i} = \frac{1}{1 - \sum_{j=i}^{n} G_j/(D_ih_i)} \quad (j = 1, 2, \cdots\cdots, n) \tag{4-13}$$

式中　F_{1i}——框架结构考虑重力二阶效应的位移放大系数。

弯矩和剪力可以仿照位移相似的方法乘放大系数。但是在位移计算时不考虑结构刚度的折减，以便与现行行业标准《高层建筑混凝土结构技术规程》JGJ 3 的弹性位移限制条件一致；而在内力增大系数计算时，结构构件的弹性刚度考虑 0.5 倍的折减系数，结构内力增量控制在 20% 以内。则

$$M^* = F_{2i}M \tag{4-14}$$

$$V^* = F_{2i}V \tag{4-15}$$

$$F_{2i} = \frac{1}{1 - 2\sum_{j=i}^{n} G_j/(D_ih_i)} \quad (j = 1, 2, \cdots\cdots, n) \tag{4-16}$$

式中　F_{2i}——框架结构考虑重力二阶效应的内力放大系数。

因此，框架结构重力二阶效应，可采用弹性方法进行计算，也可采用对未考虑重力二阶效应的计算结果乘以增大系数的方法近似考虑。

重力二阶效应以侧移二阶效应（$P\text{-}\Delta$）效应为主，构件挠曲二阶效应（$P\text{-}\delta$）的影响比较小，一般可以忽略。

3. 稳定要求

为便于分析讨论，将式（4-12）写成如下形式：

$$\delta_i^* = \frac{1}{1 - \sum_{j=i}^{n} G_j \big/ (D_i h_i)} \delta_i = \frac{1}{1 - 1 \big/ \left[(D_i h_i) \big/ \sum_{j=i}^{n} G_j \right]} \delta_i \qquad (4\text{-}17)$$

由式（4-17）可知，结构的侧向刚度与重力荷载设计值之比（简称为刚重比），$D_i h_i \big/ \sum_{j=i}^{n} G_j$ 是影响重力二阶效应的主要参数。现将 $(\delta_i^* - \delta_i)/\delta_i$ 与 $D_i h_i \big/ \sum_{j=i}^{n} G_j$ 的关系用图 4-5 表示。图中，左侧平行于纵轴的直线为双曲线的渐近线，其方程为：

$$(D_i h_i) \big/ \sum_{j=i}^{n} G_j = 1 \qquad (4\text{-}18)$$

即结构临界荷重的近似表达式。当 $(D_i h_i) \big/ \sum_{j=i}^{n} G_j$ 趋近于 1 时，δ^* 趋向于无穷大。

由图 4-5 可明显看出，$P\text{-}\Delta$ 效应随着结构刚重比的降低呈双曲线关系增加。如果控制结构的刚重比，则可以控制结构不失去稳定。我国现行行业标准《高层建筑混凝土结构技术规程》JGJ 3 对框架结构以刚重比等于 10 作为结构稳定的下限条件，即要求：

$$D_i \geqslant 10 \sum_{j=i}^{n} G_j / h_i \quad (j = 1, 2, \cdots\cdots, n) \qquad (4\text{-}19)$$

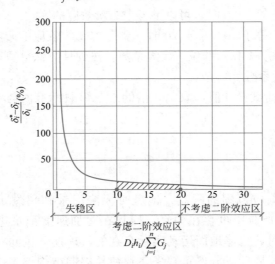

图 4-5　剪切型结构二阶效应图

建筑结构的稳定设计主要是控制在风荷载或水平地震作用下，重力荷载产生的二阶效应（重力 $P\text{-}\Delta$ 效应）不致过大，以致引起结构的失稳倒塌。如果结构的刚重比满足式（4-19）的规定，则重力 $P\text{-}\Delta$ 效应可控制在 20% 之内，结构的稳定具有适宜的安全储备。

若结构的刚重比进一步减小，则重力 P-Δ 效应将会呈非线性关系急剧增长，直至引起结构的整体失稳。在水平力作用下，建筑结构的稳定应满足本条的规定，不应再放松要求。如不满足上述规定，应调整并增大结构的侧向刚度。

当结构的设计水平力较小，如计算的楼层剪重比过小（如小于 0.02），结构刚度虽能满足水平位移限值要求，但有可能不满足稳定要求。

4. 可不考虑重力二阶效应的条件

由图 4-5 可见，框架结构当刚重比不小于 20，即

$$D_i \geqslant 20 \sum_{j=i}^{n} G_j / h_i \quad (j=1, 2, \cdots\cdots, n) \tag{4-20}$$

这时，重力二阶效应的影响已经很小，可以忽略不计。

公式（4-19）和公式（4-20）可以分别写为：

$$\frac{D_i h_i}{\sum\limits_{j=i}^{n} G_j} \geqslant 10 \tag{4-21}$$

和

$$\frac{D_i h_i}{\sum\limits_{j=i}^{n} G_j} \geqslant 20 \tag{4-22}$$

公式（4-21）和公式（4-22）左边的分子代表第 i 层的刚度，分母代表第 j 层的重量，因此，结构整体稳定性验算又称为刚重比验算。

对于框架结构而言，刚重比应符合以下要求：

（1）当刚重比小于 10 时，结构失去稳定。

（2）当刚重比大于等于 20 时，可以不考虑二阶效应的影响。

（3）当刚重比大于等于 10，小于 20 时，要考虑二阶效应的影响，按弹性方法计算求得的位移需要乘以公式（4-13）的位移放大系数，按弹性方法计算求得的内力需要乘以公式（4-16）的内力放大系数。

G_j 为第 j 层重力荷载设计值，取 1.3 倍的永久荷载标准值与 1.5 倍的楼面可变荷载标准值的组合值。

4.3　剪重比验算

由于强震仪频率响应范围的限制，地震时无法记录到超过 10s 以上的地面运动成分，在超过 5s 以上的成分中也存在失真，而且在对加速度记录进行修正以及采用数字滤波将噪声滤去的同时，也将地面运动实际存在的长周期分量滤去了。基于这些记录所构建的设计反应谱，长周期成分严重缺失，致使长周期结构抗震设计时，计算的地震作用偏小。

出于对结构抗震安全性的考虑，我国现行国家标准《建筑与市政工程抗震通用规范》GB 55002 对楼层水平地震剪力的最小值做出了规定，对不同烈度地震作用下的楼层最小剪力系数（剪重比）做出了限制。

多遇地震下，各类建筑工程结构的水平地震剪力标准值应符合下列规定：

1. 建筑结构抗震验算时，各楼层水平地震剪力标准值应符合下式规定：

$$V_{\mathrm{E}ki} \geqslant \lambda \sum_{j=i}^{n} G_j \tag{4-23}$$

式中　$V_{\mathrm{E}ki}$——第 i 层水平地震剪力标准值；

　　　λ——最小地震剪力系数，应按本节第 2 点的规定取值，对竖向不规则结构的薄弱层，尚应乘以 1.15 的增大系数；

　　　G_j——第 j 层的重力荷载代表值。

2. 多遇地震下，建筑工程结构的最小地震剪力系数取值应符合下列规定：

（1）对扭转不规则或基本周期小于 3.5s 的结构，最小地震剪力系数不应小于表 4-2 的基准值；

（2）对基本周期大于 5.0s 的结构，最小地震剪力系数不应小于表 4-2 的基准值的 0.75 倍；

（3）对基本周期介于 3.5s 和 5s 之间的结构，最小地震剪力系数不应小于表 4-2 的基准值的 $(9.5-T_1)/6$ 倍（T_1 为结构计算方向的基本周期）。

最小地震剪力系数基准值 λ_0　　　　　　　　　　　　　表 4-2

设防烈度	6 度	7 度	7 度(0.15g)	8 度	8 度(0.30g)	9 度
λ_0	0.008	0.016	0.024	0.032	0.048	0.064

公式（4-23）可以写成：

$$\frac{V_{\mathrm{E}ki}}{\sum\limits_{j=i}^{n} G_j} \geqslant \lambda \tag{4-24}$$

式中　$V_{\mathrm{E}ki}$——第 i 层水平地震剪力标准值；

$\sum\limits_{j=i}^{n} G_j$——第 i 层的重力荷载代表值。

公式（4-24）不等式左边为剪力与重量之比。因此，这一验算可称为剪重比验算。

4.4　结构抗倾覆验算

为了防止建筑在风荷载和地震作用下发生倾覆（图 4-6），建筑的基础除了要满足埋置深度以外，对于高宽比大于 4 的高层建筑，还要求其基础底面不宜出现零应力区，即应按图 4-7（a）、（b）分布，不应按图 4-7（c）分布；高宽比不大于 4 的高层建筑，基础底面与地基之间零应力区面积不应超过基础底面面积的 15%。

基础底面零应力区比例与抗倾覆安全度的近似关系如表 4-3 所示。

表中，M_{R} 为抗倾覆力矩标准值，M_{OV} 为倾覆力矩标准值。当抗倾覆验算不满足时，可采用加大基础埋置深度、扩大基础底面面积或底板上加设锚杆等措施（图 4-8）。

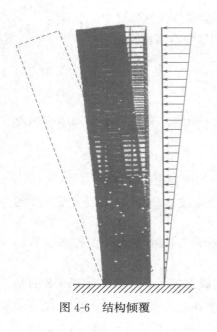

图 4-6　结构倾覆

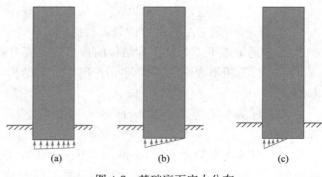

图 4-7　基础底面应力公布

（a）梯形分布；（b）三角形分布；（c）带零应力区分布

基础底面零应力区与结构整体倾覆 　　　　　　　　　　　　　　　　　　　表 4-3

M_R/M_{OV}	3.0	2.3	1.5	1.3	1.0
$(B-X)/B$ 零应力区比例	0 （全截面受压）	15%	50%	65.4%	100%
抗倾覆安全度	适于 $H/B>4$ 的建筑 （JGJ 3—2010 的规定）	适于 $H/B \leqslant 4$ 的建筑 （JGJ 3—2010 的规定）	JZ 102—79 规定值	JGJ 3—91 规定值	基址点 临界平衡

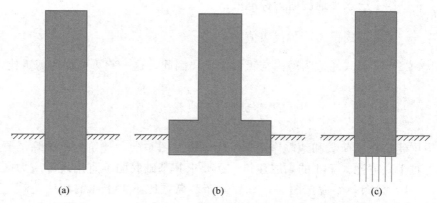

图 4-8　结构防止倾覆措施

（a）加大基础埋置深度；（b）做刚性较大底盘；（c）增设锚杆

因此，为了防止结构发生倾覆，必须满足以下要求：

1. 当房屋的高宽比 $\dfrac{H}{B}>4$ 时：

$$\frac{M_R}{M_{OV}} \geqslant 3.0 \qquad\qquad (4\text{-}25)$$

2. 当房屋的高宽比 $\dfrac{H}{B} \leqslant 4$ 时：

$$\frac{M_R}{M_{OV}} \geqslant 2.3 \qquad\qquad (4\text{-}26)$$

4.5 罕遇地震下的弹塑性变形验算

4.5.1 需进行弹塑性变形验算的建筑

按照现行国家标准《建筑抗震设计规范》GB 50011 的规定，弹塑性变形验算是第二阶段抗震设计的内容，以实现"大震不倒"的设防目标。但是，确切地找出结构的薄弱层（部位）以及薄弱层（部位）的弹塑性变形，目前还有许多困难。研究和震害表明，即便是规则的结构（体型简单、刚度和承载力分布均匀），也是某些部位率先屈服并发展塑性变形，而非各部位同时进入屈服；对于体形复杂、刚度和承载力分布不均匀的不规则结构，弹塑性反应过程更为复杂。因此，要求对每一栋建筑都进行弹塑性分析是不现实的，也没有必要。现行行业标准《高层建筑混凝土结构技术规程》JGJ 3 仅对有特殊要求的建筑、地震时易倒塌的结构以及有明显薄弱层的不规则结构做了两阶段设计要求，即除了第一阶段的弹性承载力设计外，还要进行薄弱部位的弹塑性层间变形验算，并采取相应的抗震构造措施，以实现第三水准的抗震设防要求。

1. 应进行弹塑性变形验算的建筑结构有：

（1）7～9 度时楼层屈服强度系数小于 0.5 的框架结构；

（2）甲类建筑和 9 度抗震设防的乙类建筑结构；

（3）采用隔震和消能减震设计的建筑结构；

（4）房屋高度大于 150m 的结构。

这里所说的楼层屈服强度系数，是指按构件实际配筋和材料强度标准值计算的楼层受剪承载力与按罕遇地震作用标准值计算的楼层弹性地震剪力的比值。罕遇地震作用计算时的水平地震影响系数最大值应按表 4-4 采用。

罕遇地震水平地震影响系数最大值 α_{max} 表 4-4

设防烈度	6 度	7 度	8 度	9 度
α_{max}	0.28	0.50(0.72)	0.90(1.20)	1.40

注：7、8 度时括号内数值分别用于设计基本地震加速度为 $0.15g$ 和 $0.30g$ 的地区。

2. 宜进行弹塑性变形验算的建筑结构有：

（1）表 2-12 所列高度范围且竖向不规则的高层建筑结构；

（2）7 度Ⅲ、Ⅳ类场地和 8 度抗震设防的乙类建筑结构；

（3）板柱-剪力墙结构。

4.5.2 层间弹塑性位移计算公式

目前，考总结构弹塑性变形的计算方法大致有三种：按假想的完全弹性体计算；按规定的地震作用下的弹性变形乘以某一增大系数计算；按静力弹塑性或动力弹塑性时程分析程序计算。第一种方法的随意性较大，应用较少；第二种方法有一定的研究基础，对刚度比较规则的结构有一定实用性，应用较多；第三种方法理论上较精确，但计算中涉及许多不易确定的相关技术问题，使用上也相当复杂，计算结果不容易分析和判断，目前实际应用也不多。塑性内力重分布法、塑性极限分析方法等也可作为结构弹塑性变形阶段的分析方法，但更偏重于局部结构构件的弹塑性分析，前者常用于框架梁的弯矩调幅设计，后者常用于楼板（尤其是双向板）的塑性极限设计。对于整体结构的弹塑性分析应用不多。

1. 简化计算法

研究表明，建筑结构存在塑性变形集中现象，对楼层屈服强度系数 ξ_y 分布均匀的结构多发生在底层，对屈服强度系数 ξ_y 分布不均匀的结构多发生在 ξ_y 相对较小的楼层（部位）。剪切型的框架结构薄弱层弹塑性变形与结构弹性变形有比较稳定的相似关系。因此，对于多层剪切型框架结构，其弹塑性变形可近似采用罕遇地震下的弹性变形乘以弹塑性变形增大系数 η_p 进行估算。弹塑性变形增大系数 η_p，对于屈服强度系数 ξ_y 分布均匀的结构，可按层数和楼层屈服强度系数 ξ_y 的差异以表格形式给出（表4-5）；对于屈服强度系数 ξ_y 分布不均匀的结构，在结构侧向刚度沿高度变化比较平缓时，可近似用均匀结构的弹塑性变形增大系数 η_p 适当放大后取值。

结构的弹塑性位移增大系数 η_p 表 4-5

ξ_y	0.5	0.4	0.3
η_p	1.8	2.0	2.2

因此，对于不超过12层且层的侧向刚度比较均匀（无突变）的框架结构，可采用下列简化方法计算其弹塑性位移：

$$\Delta u_p = \eta_p \Delta u_e \tag{4-27}$$

或

$$\Delta u_p = \mu \Delta u_y = \frac{\eta_p}{\xi_y} \Delta u_y \tag{4-28}$$

式中 Δu_p——层间弹塑性位移；

      Δu_y——层间屈服位移；

        μ——楼层延性系数；

      Δu_e——罕遇地震作用下按弹性分析的层间位移。计算时，水平地震影响系数最大值应按表4-4采用；

      η_p——弹塑性位移增大系数，当薄弱层（部位）的屈服强度系数不小于相邻层（部位）该系数平均值的0.8时，可按表4-5采用；当不大于该平均值的0.5时，可按表内相应数值的1.5倍采用；其他情况可采用内插法取值；

      ξ_y——楼层屈服强度系数。

楼层屈服强度系数，是指按构件实际配筋和材料强度标准值计算的楼层受剪承载力与按罕遇地震作用标准值计算的楼层弹性地震剪力的比值。计算楼层弹性地震剪力时，罕遇地震作用的水平地震影响系数最大值应按表4-4采用。楼层实际受剪承载力计算比较复杂，由于地震作用和结构地震反应的复杂性，合理、准确地确定结构的破坏机制是相当困难的，不同的屈服模型，计算结果会有所差异。计算构件的实际承载力时，应取构件截面的实际配筋和材料强度标准值。对钢筋混凝土梁、柱的正截面实际受弯承载力可按下列公式计算：

$$M_{bua} = f_{yk} A_{sb}^a (h_{b0} - a_s') \tag{4-29}$$

$$M_{cua} = f_{yk} A_{sc}^a (h_{c0} - a_s') + 0.5 N_G h_c (1 - \frac{N_G}{f_{ck} b_c h_c}) \tag{4-30}$$

式中　　M_{bua}——梁正截面受弯承载力；

　　　　M_{cua}——柱正截面受弯承载力；

　　　　f_{yk}——钢筋强度标准值；

　　　　f_{ck}——混凝土强度标准值；

A_{sb}^a、A_{sc}^a——分别为梁、柱纵向钢筋实际配筋面积；

　　　　N_G——重力荷载代表值产生的轴向压力值（分项系数取 1.0）。

结构薄弱层（部位）的位置可按下列情况确定：

（1）楼层屈服强度系数沿高度分布均匀的结构，可取底层；

（2）楼层屈服强度系数沿高度分布不均匀的结构，可取该系数最小的楼层（部位）及相对较小的楼层，一般不超过 2～3 处。

2. 弹塑性分析方法

理论上，结构弹塑性分析可以应用于任何材料的结构体系的受力过程各个阶段的分析。结构弹塑性分析的基本原理是以结构构件、材料的实际力学性能为依据，导出相应的弹塑性本构关系，建立变形协调方程和力学平衡方程后，求解结构在各个阶段的变形和受力的变化，必要时还可考虑结构或构件几何非线性的影响。随着结构有限元分析理论和计算机技术的日益进步，结构弹塑性分析已开始逐渐应用于建筑结构的分析和设计，尤其是对于体形复杂的不规则结构。

目前，一般可采用的方法有静力弹塑性分析方法（如 push-over 方法）和弹塑性动力时程分析方法。但是，准确地确定结构各阶段的外作用力模式和本构关系是比较困难的；另外，弹塑性分析软件也不够成熟和完善，计算工作量大，计算结果的整理、分析、判断和使用都比较复杂。因此，使弹塑性分析在建筑结构分析、设计中的应用受到较大限制。基于这种现实，规程仅规定了对有限的结构进行弹塑性变形验算。

采用弹塑性动力时程分析方法进行薄弱层验算时，宜符合以下要求：

（1）应按建筑场地类别和设计地震分组选取实际地震记录和人工模拟的加速度时程曲线，其中实际地震记录的数量不应少于总数量的 2/3，多组时程曲线的平均地震影响系数曲线应与振型分解反应谱法所采用的地震影响系数曲线在统计意义上相符；弹性时程分析时，每条时程曲线计算所得结构底部剪力不应小于振型分解反应谱法计算结果的 65%，多条时程的曲线计算所得结构底部的力不应小于振型分解反应谱法计算结果的 80%。

（2）地震波的持续时间不宜小于建筑结构基本自振周期的 5 倍和 15s，地震波的时间间距可取 0.01s 或 0.02s。

（3）输入地震波的最大加速度，可按表 4-6 采用。

弹塑性动力时程分析时输入地震加速度的最大值 A_{max} 表 4-6

抗震设防烈度	6 度	7 度	8 度	9 度
A_{max}(cm/s²)	125	220(310)	400(510)	620

注：7、8 度时括号内数值分别对应于设计基本加速度为 0.15g 和 0.30g 的地区。

因为结构的弹塑性位移比弹性位移更大，所以对于在弹性分析时需要考虑重力二阶效应的结构，在计算弹塑性变形时也应考虑重力二阶效应的不利影响。当需要考虑重力二阶效应而结构计算时未考虑的，作为近似考虑，可将计算的弹塑性变形乘以增大系数 1.2。

4.5.3 层间弹塑性位移验算公式

结构薄弱层（部位）层间弹塑性位移应符合式（4-31）的要求：

$$\Delta u_p \leqslant [\theta_p]h \tag{4-31}$$

式中　　Δu_p——层间弹塑性位移；

　　$[\theta_p]$——层间弹塑性位移角限值，可按表 4-7 采用；对框架结构，当轴压比小于0.40 时，可提高 10%；当柱子全高的箍筋构造采用比框架柱箍筋最小含箍特征值大 30% 时，可提高 20%，但累计不超过 25%；

　　h——层高。

层间弹塑性位移角限值   表 4-7

结构体系	$[\theta_p]$
框架结构	1/50

5 框架梁、柱截面设计

5.1 承载力计算

5.1.1 计算公式

混凝土结构构件承载力的计算公式为：

对于持久设计状况、短暂设计状况

$$\gamma_0 S \leqslant R \tag{5-1}$$

对于地震设计状况

$$S \leqslant R/\gamma_{RE} \tag{5-2}$$

式中　γ_0——结构重要性系数，对安全等级为一级的结构构件不应小于 1.1，对安全等级为二级的结构构件不应小于 1.0；

　　　S——作用组合的效应设计值；

　　　γ_{RE}——构件承载力抗震调整系数，见表 5-1。

承载力抗震调整系数　　　　　　　　　　表 5-1

构件类型	梁	轴压比小于0.15 的柱	轴压比不小于0.15 的柱	剪力墙		各类构件	节点
受力状态	受弯	偏压	偏压	偏压	局部承压	受剪、偏拉	受剪
γ_{RE}	0.75	0.75	0.80	0.85	1.0	0.85	0.85

对于持久设计状况和短暂设计状况（即非地震设计状况），框架梁的正截面承载力计算、框架梁的斜截面承载力计算以及框架柱的承载力计算，可分别参考主要参考文献［9］的第 4 章、第 5 章和第 7 章。本书主要讨论地震设计状况时的承载力计算。

5.1.2　考虑抗震等级影响的内力设计值

内力设计值计算公式（3-27）没有考虑抗震等级的影响。框架梁和框架柱考虑抗震等级影响以及"强柱弱梁""强剪弱弯"的设计原则后，应将按公式（3-27）计算的内力设计值按下面的方法进行调整。

1. 框架梁

在地震作用下，框架结构设计应力求做到使框架呈现梁铰型延性机构。为了减少梁端塑性铰区发生脆性剪切破坏的可能性，对框架梁提出了梁端的斜截面受剪承载力应高于正截面受弯承载力的要求，即"强剪弱弯"的设计概念。

抗震设计时，框架梁端部截面组合的剪力设计值，抗震等级为一、二、三级时应按下列公式计算；抗震等级为四级时可直接取考虑地震作用组合的剪力计算值。

（1）抗震等级为一级框架结构及 9 度时的框架：

$$V = 1.1(M_{bua}^l + M_{bua}^r)/l_n + V_{Gb} \tag{5-3}$$

（2）其他情况：

$$V = \eta_{vb}(M_b^l + M_b^r)/l_n + V_{Gb} \tag{5-4}$$

式中　M_b^l、M_b^r——分别为梁左、右端逆时针或顺时针方向截面组合的弯矩设计值。当抗震等级为一级且梁两端弯矩均为负弯矩时，绝对值较小一端的弯矩应取零；

M_{bua}^l、M_{bua}^r——分别为梁左、右端逆时针或顺时针方向实配的正截面抗震受弯承载力所对应的弯矩值，可根据实配钢筋面积（计入受压钢筋，包括有效翼缘宽度范围内的楼板钢筋）和材料强度标准值并考虑承载力抗震调整系数计算；

l_n——梁的净跨；

V_{Gb}——梁在重力荷载代表值（9 度时还应包括竖向地震作用标准值）作用下，按简支梁分析的梁端截面剪力设计值；

η_{vb}——梁剪力增大系数，一、二、三级分别取 1.3、1.2 和 1.1。

当楼板与梁整体现浇时，板内配筋对梁的受弯承载力有相当大的影响。因此，应计入梁有效翼缘宽度范围内楼板钢筋的要求。梁的有效翼缘宽度一般可取梁两侧各 6 倍板厚的范围。

2. 框架柱

（1）框架柱的延性通常比框架梁的延性小，一旦框架柱形成了塑性铰，会产生较大的层间位移，并影响结构承受垂直荷载的能力。因此，在框架柱的设计中，有目的地增大柱端弯矩设计值，体现"强柱弱梁"的设计概念。

抗震设计时，除顶层、柱轴压比小于 0.15 者及框支梁柱节点外，框架的梁、柱节点处考虑地震作用组合的柱端弯炬设计值应符合下列要求：

① 抗震等级为一级框架结构及 9 度时的框架：

$$\sum M_c = 1.2\sum M_{bua} \tag{5-5}$$

② 其他情况：

$$\sum M_c = \eta_c \sum M_b \tag{5-6}$$

式中　$\sum M_c$——节点上、下柱端截面顺时针或逆时针方向组合弯矩设计值之和；上、下柱端的弯矩设计值，可按弹性分析的弯矩比例进行分配；

$\sum M_b$——节点左、右梁端截面逆时针或顺时针方向组合弯矩设计值之和；当抗震等级为一级且节点左、右梁端均为负弯矩时，绝对值较小的弯矩应取零；

$\sum M_{bua}$——节点左、右梁端逆时针或顺时针方向实配的正截面抗震受弯承载力所对应的弯矩值之和，可根据实际配筋面积（计入受压钢筋和梁有效翼缘宽度范围内的楼板钢筋）和材料强度标准值并考虑承载力抗震调整系数计算；

η_c——柱端弯矩增大系数；对框架结构，抗震等级为二、三级分别取 1.5 和 1.3；对其他结构中的框架，抗震等级为一、二、三、四级分别取 1.4、1.2、1.1 和 1.1。

梁的有效翼缘宽度一般可取梁两侧各 6 倍板厚的范围。

（2）研究表明，框架结构的底层柱下端，在强震下不能避免出现塑性铰。为了提高抗震安全度，将框架结构底层柱下端弯矩设计值乘以增大系数，以增加底层柱下端的实际受弯承载力，推迟塑性铰的出现。抗震设计时，抗震等级为一、二、三级框架结构的底层柱底截面的弯矩设计值，应分别采用考虑地震作用组合的弯矩值与增大系数1.7、1.5、1.3的乘积。底层框架柱纵向钢筋应按上、下端的不利情况配置。

增大系数只适用于框架结构，对于其他类型结构中的框架，不作此要求。

（3）框架柱、框支柱设计时应满足"强剪弱弯"的要求。在设计中，需要有目的地增大柱的剪力设计值。抗震设计的框架柱、框支柱端部截面的剪力设计值，抗震等级为一、二、三、四级时应按下列公式计算：

① 抗震等级为一级框架结构和9度时的框架：

$$V = 1.2(M_{cua}^t + M_{cua}^b)/H_n \tag{5-7}$$

② 其他情况：

$$V = \eta_{vc}(M_c^t + M_c^b)/H_n \tag{5-8}$$

式中　M_c^t、M_c^b——分别为柱上、下端顺时针或逆时针方向截面组合的弯矩设计值，应符合上述（1）、（2）两条的规定；

M_{cua}^t、M_{cua}^b——分别为柱上、下端顺时针或逆时针方向实配的正截面抗震受弯承载力所对应的弯矩值，可根据实配钢筋面积、材料强度标准值和重力荷载代表值产生的轴向压力设计值并考虑承载力抗震调整系数计算；

H_n——柱的净高；

η_{vc}——柱端剪力增大系数。对框架结构，抗震等级为二、三级分别取1.3、1.2；对其他结构类型的框架，抗震等级为一、二级分别取1.4和1.2，三、四级均取1.1。

（4）角柱承受双向地震作用，扭转效应对内力的影响较大，且受力复杂，在设计中应予以适当加强。抗震设计时，框架角柱应按双向偏心受力构件进行正截面承载力设计。抗震等级为一、二、三、四级框架角柱经按上述（1）、（2）、（3）三条调整后的弯矩、剪力设计值应乘以不小于1.1的增大系数。

5.1.3　框架梁、柱的承载力计算

1. 框架梁、柱受剪截面应符合的要求

框架梁、柱，其受剪截面应符合下列要求：

（1）持久、短暂设计状况

$$V \leqslant 0.25\beta_c f_c bh_0 \tag{5-9}$$

（2）地震设计状况

跨高比大于2.5的梁及剪跨比大于2的柱：

$$V \leqslant \frac{1}{\gamma_{RE}}(0.2\beta_c f_c bh_0) \tag{5-10}$$

跨高比不大于2.5的梁及剪跨比不大于2的柱：

$$V \leqslant \frac{1}{\gamma_{RE}}(0.15\beta_c f_c bh_0) \tag{5-11}$$

框架柱的剪跨比可按下式计算：

$$\lambda = M^c / (V^c h_0) \tag{5-12}$$

式中 V——梁、柱计算截面的剪力设计值；

λ——框架柱的剪跨比；反弯点位于柱高中部的框架柱，可取柱净高与计算方向 2 倍柱截面有效高度之比值；

M^c——柱端截面未经上一小节调整的组合弯矩计算值，可取柱上、下端的较大值；

V^c——柱端截面与组合弯矩计算值对应的组合剪力计算值；

β_c——混凝土强度影响系数；当混凝土强度等级不大于 C50 时取 1.0；当混凝土强度等级为 C80 时取 0.8；当混凝土强度等级在 C50 和 C80 之间时可按线性内插取用；

b——矩形截面的宽度，T 形截面、工形截面的腹板宽度；

h_0——梁、柱截面计算方向有效高度。

2. 节点核心区的抗震验算

抗震设计时，抗震等级为一、二、三级框架的节点核心区应进行抗震验算；四级框架节点可不进行抗震验算。各抗震等级的框架节点均应符合构造措施的要求。

3. 矩形截面偏心受压构件斜截面受剪承载力计算

矩形截面偏心受压框架柱，其斜截面受剪承载力应按下列公式计算：

（1）持久、短暂设计状况

$$V \leqslant \frac{1.75}{\lambda + 1} f_t b h_0 + f_{yv} \frac{A_{sv}}{s} h_0 + 0.07N \tag{5-13}$$

（2）地震设计状况

$$V \leqslant \frac{1}{\gamma_{RE}} \left(\frac{1.05}{\lambda + 1} f_t b h_0 + f_{yv} \frac{A_{sv}}{s} h_0 + 0.056N \right) \tag{5-14}$$

式中 λ——框架柱的剪跨比；当 $\lambda < 1$ 时，取 $\lambda = 1$；当 $\lambda > 3$ 时，取 $\lambda = 3$；

N——考虑风荷载或地震作用组合的框架柱轴向压力设计值，当 N 大于 $0.3 f_c A_c$ 时，取 $0.3 f_c A_c$。

4. 矩形截面框架柱出现拉力时斜截面受剪承载力计算

当矩形截面框架柱出现拉力时，其斜截面受剪承载力应按下列公式计算：

（1）持久、短暂设计状况

$$V \leqslant \frac{1.75}{\lambda + 1} f_t b h_0 + f_{yv} \frac{A_{sv}}{s} h_0 - 0.2N \tag{5-15}$$

（2）地震设计状况

$$V \leqslant \frac{1}{\gamma_{RE}} \left(\frac{1.05}{\lambda + 1} f_t b h_0 + f_{yv} \frac{A_{sv}}{s} h_0 - 0.2N \right) \tag{5-16}$$

式中 N——与剪力设计值 V 对应的轴向拉力设计值，取绝对值；

λ——框架柱的剪跨比。

当公式（5-15）右端的计算值或公式（5-16）右端括号内的计算值小于 $f_{yv} \dfrac{A_{sv}}{s} h_0$ 时，

应取等于 $f_{yv} \dfrac{A_{sv}}{s} h_0$，且 $f_{yv} \dfrac{A_{sv}}{s} h_0$ 值不应小于 $0.36 f_t b h_0$。

5. 其他

本章未作规定的框架梁、柱和框支梁、柱截面的其他承载力验算，包括截面受弯承载力、受扭承载力、剪扭承载力、受压（受拉）承载力、偏心受拉（受压）承载力、拉（压）弯剪扭承载力、局部受压承载力、双向受剪承载力等的验算，应按照现行国家标准《混凝土结构设计规范》GB 50010 的有关规定执行。

5.2 构造要求

5.2.1 框架梁构造要求

1. 框架结构的主梁截面高度可按计算跨度的 $1/18\sim1/10$ 确定；梁净跨与截面高度之比不宜小于 4。梁的截面宽度不宜小于梁截面高度的 $1/4$，也不应小于 200mm。

当梁高较小或采用扁梁时，除应验算其承载力和受剪截面要求外，尚应满足刚度和裂缝的有关要求。在计算梁的挠度时，可扣除梁的合理起拱值；对现浇梁板结构，宜考虑梁受压翼缘的有利影响。

2. 框架梁设计应符合下列要求：

(1) 抗震设计时，计入受压钢筋作用的梁端截面混凝土受压区高度与有效高度之比值，抗震等级为一级时不应大于 0.25，二、三级时不应大于 0.35。

(2) 纵向受拉钢筋的最小配筋百分率 ρ_{min}（%），非抗震设计时，不应小于 0.2 和 $45f_t/f_y$ 二者的较大值；抗震设计时，不应小于表 5-2 规定的数值。

梁纵向受拉钢筋最小配筋百分率 ρ_{min}（%）　　　　　　　　表 5-2

抗震等级	位置	
	支座（取较大值）	跨中（取较大值）
一级	0.40 和 $80f_t/f_y$	0.30 和 $65f_t/f_y$
二级	0.30 和 $65f_t/f_y$	0.25 和 $55f_t/f_y$
三、四级	0.25 和 $55f_t/f_y$	0.20 和 $45f_t/f_y$

(3) 抗震设计时，梁端截面的底面和顶面纵向钢筋截面面积的比值，除按计算确定外，抗震等级为一级时不应小于 0.5，二、三级时不应小于 0.3。

(4) 抗震设计时，梁端箍筋的加密区长度、箍筋最大间距和最小直径应符合表 5-3 的要求；当梁端纵向钢筋配筋率大于 2% 时，表中箍筋最小直径应增大 2mm。

梁端箍筋加密区的长度、箍筋最大间距和最小直径　　　　　　表 5-3

抗震等级	加密区长度（取较大值）(mm)	箍筋最大间距（取最小值）(mm)	箍筋最小直径(mm)
一	$2.0h_b$,500	$h_b/4,6d,100$	10
二	$1.5h_b$,500	$h_b/4,8d,100$	8
三	$1.5h_b$,500	$h_b/4,8d,150$	8
四	$1.5h_b$,500	$h_b/4,8d,150$	6

注：1. d 为纵向钢筋直径，h_b 为梁截面高度；
　　2. 一、二级抗震等级框架梁，当箍筋直径大于 12mm、肢数不少于 4 肢且肢距不大于 150mm 时，箍筋加密区最大间距应允许适当放松，但不应大于 150mm。

3. 梁的纵向钢筋配置，尚应符合下列规定：

（1）抗震设计时，梁端纵向受拉钢筋的配筋率不宜大于 2.5%，不应大于 2.75%；当梁端受拉钢筋的配筋率大于 2.5% 时，受压钢筋的配筋率不应小于受拉钢筋的一半。

（2）沿梁全长顶面和底面应至少各配置两根纵向配筋，一、二级抗震设计时钢筋直径不应小于 14mm，且分别不应小于梁两端顶面和底面纵向配筋中较大截面面积的 1/4；三、四级抗震设计和非抗震设计时钢筋直径不应小于 12mm。

（3）一、二、三级抗震等级的框架梁内贯通中柱的每根纵向钢筋的直径，对矩形截面柱，不宜大于柱在该方向截面尺寸的 1/20；对圆形截面柱，不宜大于纵向钢筋所在位置柱截面弦长的 1/20。

4. 非抗震设计时，框架梁箍筋配筋构造应符合下列规定：

（1）应沿梁全长设置箍筋，第一个箍筋应设置在距支座边缘 50mm 处。

（2）截面高度大于 800mm 的梁，其箍筋直径不宜小于 8mm；其余截面高度的梁不应小于 6mm。在受力钢筋搭接长度范围内，箍筋直径不应小于搭接钢筋最大直径的 1/4。

（3）箍筋间距不应大于表 5-4 的规定；在纵向受拉钢筋的搭接长度范围内，箍筋间距尚不应大于搭接钢筋较小直径的 5 倍，且不应大于 100mm；在纵向受压钢筋的搭接长度范围内，箍筋间距尚不应大于搭接钢筋较小直径的 10 倍，且不应大于 200mm。

（4）承受弯矩和剪力的梁，当梁的剪力设计值大于 $0.7f_t bh_0$ 时，其箍筋的面积配筋率应符合下式规定：

$$\rho_{sv} \geqslant 0.24 f_t / f_{yv} \tag{5-17}$$

（5）承受弯矩、剪力和扭矩的梁，其箍筋面积配筋率和受扭纵向钢筋的面积配筋率应分别符合公式（5-18）和式（5-19）的规定：

$$\rho_{sv} \geqslant 0.28 f_t / f_{yv} \tag{5-18}$$

$$\rho_{tl} \geqslant 0.6 \sqrt{\frac{T}{Vb}} f_t / f_y \tag{5-19}$$

当 $T/(Vb)$ 大于 2.0 时，取 2.0。

式中　T、V——分别为扭矩、剪力设计值；

　　　ρ_{tl}、b——分别为受扭纵向钢筋的面积配筋率、梁宽。

非抗震设计梁箍筋最大间距（mm）　　　　　　　表 5-4

h_b(mm) ＼ V	$V>0.7f_t bh_0$	$V \leqslant 0.7f_t bh_0$
$h_b \leqslant 300$	150	200
$300 < h_b \leqslant 500$	200	300
$500 < h_b \leqslant 800$	250	350
$h_b > 800$	300	400

（6）当梁中配有计算需要的纵向受压钢筋时，其箍筋配置尚应符合下列规定：

① 箍筋直径不应小于纵向受压钢筋最大直径的 1/4；

② 箍筋应做成封闭式；

③ 箍筋间距不应大于 15d 且不应大于 400mm；当一层内的受压钢筋多于 5 根且直径大于 18mm 时，箍筋间距不应大于 10d（d 为纵向受压钢筋的最小直径）；

④ 当梁截面宽度大于 400mm 且一层内的纵向受压钢筋多于 3 根时，或当梁截面宽度不大于 400mm 但一层内的纵向受压钢筋多于 4 根时，应设置复合箍筋。

5. 抗震设计时，框架梁的箍筋尚应符合下列构造要求：

（1）沿梁全长箍筋的面积配筋率应符合下列规定：

抗震等级为一级时　　　　　　　　$\rho_{sv} \geqslant 0.30 f_t / f_{yv}$　　　　　　　　（5-20）

抗震等级为二级时　　　　　　　　$\rho_{sv} \geqslant 0.28 f_t / f_{yv}$　　　　　　　　（5-21）

抗震等级为三、四级时　　　　　　$\rho_{sv} \geqslant 0.26 f_t / f_{yv}$　　　　　　　　（5-22）

式中　ρ_{sv}——框架梁沿梁全长箍筋的面积配筋率。

（2）在箍筋加密区范围内的箍筋肢距：抗震等级为一级时不宜大于 200mm 和 20 倍箍筋直径的较大值，二、三级不宜大于 250mm 和 20 倍箍筋直径的较大值，四级不宜大于 300mm。

（3）箍筋应有 135°弯钩，弯钩端头直段长度不应小于 10 倍的箍筋直径和 75mm 的较大值。

（4）在纵向钢筋搭接长度范围内的箍筋间距，钢筋受拉时不应大于搭接钢筋较小直径的 5 倍，且不应大于 100mm；钢筋受压时不应大于搭接钢筋较小直径的 10 倍，且不应大于 200mm。

（5）框架梁非加密区箍筋最大间距不宜大于加密区箍筋间距的 2 倍。

6. 框架梁的纵向钢筋不应与箍筋、拉筋及预埋件等焊接。

7. 框架梁上开洞时，洞口位置宜位于梁跨中 1/3 区段，洞口高度不应大于梁高的 40%；开洞较大时应进行承载力验算。梁上洞口周边应配置附加纵向钢筋和箍筋（图 5-1），并应符合计算及构造要求。

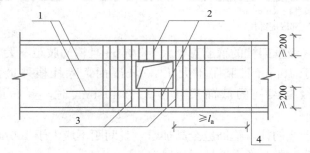

图 5-1　梁上洞口周边配筋构造示意

1—洞口上、下附加纵向钢筋；2—洞口上、下附加箍筋；

3—洞口两侧附加箍筋；4—梁纵向钢筋；l_a—受拉钢筋的锚固长度

5.2.2　框架柱构造要求

1. 柱截面尺寸宜符合下列规定：

（1）矩形截面柱的边长不应小于 300mm，圆柱直径不应小于 350mm。

（2）柱剪跨比宜大于 2。

（3）柱截面高宽比不宜大于 3。

2. 抗震设计时，钢筋混凝土框架结构中柱轴压比不宜超过表 1-8 的规定；对于 Ⅳ 类场地上较高的高层建筑，其轴压比限值应适当减小。

3. 柱纵向钢筋和箍筋配置应符合下列要求：

（1）柱全部纵向钢筋的配筋率，不应小于表 5-5 的规定值，且柱截面每一侧纵向钢筋配筋率不应小于 0.2%；抗震设计时，对 Ⅳ 类场地上较高的高层建筑，表中数值应增加 0.1。

柱纵向受力钢筋最小配筋百分率（%）　　　　　　　　表 5-5

柱类型	抗震等级				非抗震
	一级	二级	三级	四级	
中柱、边柱	0.9(1.0)	0.7(0.8)	0.6(0.7)	0.5(0.6)	0.5
角柱、框支柱	1.1	0.9	0.8	0.7	0.5

注：1. 表中括号内数值适用于框架结构；
　　2. 采用 400MPa 级纵向受力钢筋时，应按表中数值增加 0.05 采用；
　　3. 当混凝土强度等级高于 C60 时，上述数值应增加 0.1 采用。

（2）抗震设计时，柱箍筋在规定的范围内应加密，加密区的箍筋间距和直径，应符合下列要求：

① 箍筋的最大间距和最小直径，应按表 5-6 采用：

柱端箍筋加密区的构造要求　　　　　　　　表 5-6

抗震等级	箍筋最大间距(mm)	箍筋最小直径(mm)
一级	6d 和 100 的较小值	10
二级	8d 和 100 的较小值	8
三级、四级	8d 和 150(柱根 100)的较小值	8

注：1. d 为柱纵向钢筋直径（mm）；
　　2. 柱根指框架柱底部嵌固部位。

② 抗震等级为一级框架柱的箍筋直径大于 12mm 且箍筋肢距不大于 150mm 及二级框架柱箍筋直径不小于 10mm 且肢距不大于 200mm 时，除柱根外最大间距应允许采用 150mm；三级、四级框架柱的截面尺寸不大于 400mm 时，箍筋最小直径应允许采用 6mm；

③ 剪跨比不大于 2 的柱，箍筋应全高加密，且间距不应大于 100mm。

4. 柱的纵向钢筋配置，尚应满足下列规定：

（1）抗震设计时，宜采用对称配筋。

（2）截面尺寸大于 400mm 的柱，抗震等级为一、二、三级抗震设计时其纵向钢筋间距不宜大于 200mm；抗震等级为四级和非抗震设计时，柱纵向钢筋间距不宜大于 300mm；柱纵向钢筋净距均不应小于 50mm。

（3）全部纵向钢筋的配筋率，非抗震设计时不宜大于 5%、不应大于 6%，抗震设计时不应大于 5%。

（4）抗震等级为一级且剪跨比不大于 2 的柱，其单侧纵向受拉钢筋的配筋率不宜大于 1.2%。

（5）边柱、角柱及剪力墙端柱考虑地震作用组合产生小偏心受拉时，柱内纵筋总截面面积应比计算值增加 25%。

5. 柱的纵筋不应与箍筋、拉筋及预埋件等焊接。

6. 抗震设计时，柱箍筋加密区的范围应符合下列规定：

(1) 底层柱的上端和其他各层柱的两端，应取矩形截面柱之长边尺寸（或圆形截面柱之直径）、柱净高之 1/6 和 500mm 三者之最大值范围；

(2) 底层柱刚性地面上、下各 500mm 的范围；

(3) 底层柱柱根以上 1/3 柱净高的范围；

(4) 剪跨比不大于 2 的柱和因填充墙等形成的柱净高与截面高度之比不大于 4 的柱全高范围；

(5) 抗震等级为一、二级框架角柱的全高范围；

(6) 需要提高变形能力的柱的全高范围。

7. 柱加密区范围内箍筋的体积配箍率，应符合下列规定：

(1) 柱箍筋加密区箍筋的体积配箍率，应符合下式要求：

$$\rho_v \geqslant \lambda_v f_c / f_{yv} \tag{5-23}$$

式中 ρ_v——柱箍筋的体积配箍率；

λ_v——柱最小配箍特征值，宜按表 5-7 采用；

f_c——混凝土轴心抗压强度设计值，当柱混凝土强度等级低于 C35 时，应按 C35 计算；

f_{yv}——柱箍筋或拉筋的抗拉强度设计值。

柱端箍筋加密区最小配箍特征值 λ_v

表 5-7

抗震等级	箍筋形式	柱轴压比								
		≤0.30	0.40	0.50	0.60	0.70	0.80	0.90	1.00	1.05
一	普通箍、复合箍	0.10	0.11	0.13	0.15	0.17	0.20	0.23	—	—
	螺旋箍、复合或连续复合螺旋箍	0.08	0.09	0.11	0.13	0.15	0.18	0.21	—	—
二	普通箍、复合箍	0.08	0.09	0.11	0.13	0.15	0.17	0.19	0.22	0.24
	螺旋箍、复合或连续复合螺旋箍	0.06	0.07	0.09	0.11	0.13	0.15	0.17	0.20	0.22
三	普通箍、复合箍	0.06	0.07	0.09	0.11	0.13	0.15	0.17	0.20	0.22
	螺旋箍、复合或连续复合螺旋箍	0.05	0.06	0.07	0.09	0.11	0.13	0.15	0.18	0.20

注：普通箍指单个矩形箍或单个圆形箍；螺旋箍指单个连续螺旋箍筋；复合箍指由矩形、多边形、圆形箍或拉筋组成的箍筋；复合螺旋箍指由螺旋箍与矩形、多边形、圆形箍或拉筋组成的箍筋；连续复合螺旋箍指全部螺旋箍由同一根钢筋加工而成的箍筋。

(2) 对抗震等级为一、二、三、四级的框架柱，其箍筋加密区范围内箍筋的体积配箍率尚且分别不应小于 0.8%、0.6%、0.4% 和 0.4%。

(3) 剪跨比不大于 2 的柱宜采用复合螺旋箍或井字复合箍，其体积配箍率不应小于 1.2%；设防烈度为 9 度时，不应小于 1.5%。

(4) 计算复合箍筋的体积配箍率时，可不扣除重叠部分的箍筋体积；计算复合螺旋箍筋的体积配箍率时，其非螺旋箍筋的体积应乘以换算系数 0.8。

8. 抗震设计时，柱箍筋设置尚应符合下列规定：

(1) 箍筋应为封闭式，其末端应做成 135°弯钩且弯钩末端平直段长度不应小于 10 倍的箍筋直径，且不应小于 75mm。

(2) 箍筋加密区的箍筋肢距，抗震等级为一级时不宜大于 200mm，二、三级时不宜大于 250mm 和 20 倍箍筋直径的较大值，四级时不宜大于 300mm。每隔一根纵向钢筋宜在两个方向有箍筋约束；采用拉筋组合箍时，拉筋宜紧靠纵向钢筋并勾住封闭箍筋。

(3) 柱非加密区的箍筋，其体积配箍率不宜小于加密区的一半；其箍筋间距，不应大于加密区箍筋间距的 2 倍，且抗震等级为一、二级时不应大于 10 倍纵向钢筋直径，三、四级时不应大于 15 倍纵向钢筋直径。

9. 非抗震设计时，柱中箍筋应符合下列规定：

(1) 周边箍筋应为封闭式；

(2) 箍筋间距不应大于 400mm，且不应大于构件截面的短边尺寸和最小纵向受力钢筋直径的 15 倍；

(3) 箍筋直径不应小于最大纵向钢筋直径的 1/4，且不应小于 6mm；

(4) 当柱中全部纵向受力钢筋的配筋率超过 3%时，箍筋直径不应小于 8mm，箍筋间距不应大于最小纵向钢筋直径的 10 倍，且不应大于 200mm，箍筋末端应做成 135°弯钩且弯钩末端平直段长度不应小于 10 倍箍筋直径；

(5) 当柱每边纵筋多于 3 根时，应设置复合箍筋；

(6) 柱内纵向钢筋采用搭接做法时，搭接长度范围内箍筋直径不应小于搭接钢筋较大直径的 1/4；在纵向受拉钢筋的搭接长度范围内的箍筋间距不应大于搭接钢筋较小直径的 5 倍，且不应大于 100mm；在纵向受压钢筋的搭接长度范围内的箍筋间距不应大于搭接钢筋较小直径的 10 倍，且不应大于 200mm。当受压钢筋直径大于 25mm 时，尚应在搭接接头端面外 100mm 的范围内各设置两道箍筋。

10. 框架节点核心区应设置水平箍筋，且应符合下列规定：

(1) 非抗震设计时，箍筋配置应符合本节第 9 条的有关规定，但箍筋间距不宜大于 250mm；对四边有梁与之相连的节点，可仅沿节点周边设置矩形箍筋。

(2) 抗震设计时，箍筋的最大间距和最小直径宜符合第 3 条有关柱箍筋的规定。抗震等级为一、二、三级框架节点核心区配箍特征值分别不宜小于 0.12、0.10 和 0.08，且箍筋体积配箍率分别不宜小于 0.6%、0.5%和 0.4%。柱剪跨比不大于 2 的框架节点核心区的体积配箍率不宜小于核心区上、下柱端体积配箍率中的较大值。

11. 柱箍筋的配筋形式，应考虑浇筑混凝土的工艺要求，在柱截面中心部位应留出浇筑混凝土所用导管的空间。

5.2.3 钢筋的连接与锚固

1. 受力钢筋的连接接头应符合下列规定：

(1) 受力钢筋的连接接头宜设置在构件受力较小部位；抗震设计时，宜避开梁端、柱端箍筋加密区范围。钢筋连接可采用机械连接、绑扎搭接或焊接。

(2) 当纵向受力钢筋采用搭接做法时，在钢筋搭接长度范围内应配置箍筋，其直径不应小于搭接钢筋较大直径的 1/4。当钢筋受拉时，箍筋间距不应大于搭接钢筋较小直径的

5 倍，且不应大于 100mm；当钢筋受压时，箍筋间距不应大于搭接钢筋较小直径的 10 倍，且不应大于 200mm。当受压钢筋直径大于 25mm 时，尚应在搭接接头两个端面外 100mm 范围内各设置两道箍筋。

2. 非抗震设计时，受拉钢筋的最小锚固长度应取 l_a。受拉钢筋绑扎搭接的搭接长度，应根据位于同一连接区段内搭接钢筋截面面积的百分率按下式计算，且不应小于 300mm。

$$l_l = \zeta l_a \qquad\qquad (5-24)$$

式中　l_l——受拉钢筋的搭接长度（mm）；

　　　l_a——受拉钢筋的锚固长度（mm），应按现行国家标准《混凝土结构设计规范》
　　　　　　GB 50010 的有关规定采用；

　　　ζ——受拉钢筋搭接长度修正系数，应按表 5-8 采用。

纵向受拉钢筋搭接长度修正系数 ζ 表 5-8

同一连接区段内搭接钢筋面积百分率（%）	≤25	50	100
受拉搭接长度修正系数 ζ	1.2	1.4	1.6

注：同一连接区段内搭接钢筋面积百分率取在同一连接区段内有搭接接头的受力钢筋与全部受力钢筋面积之比。

3. 抗震设计时，钢筋混凝土结构构件纵向受力钢筋的锚固和连接，应符合下列要求：

（1）纵向受拉钢筋的最小锚固长度 l_{aE} 应按下列规定采用：

一、二级抗震等级　　　　　　$l_{aE} = 1.15 l_a$ 　　　　　　　（5-25）

三级抗震等级　　　　　　　　$l_{aE} = 1.05 l_a$ 　　　　　　　（5-26）

四级抗震等级　　　　　　　　$l_{aE} = 1.00 l_a$ 　　　　　　　（5-27）

（2）当采用绑扎搭接接头时，其搭接长度不应小于下式的计算值：

$$l_{lE} = \zeta l_{aE} \qquad\qquad (5-28)$$

式中　l_{lE}——抗震设计时受拉钢筋的搭接长度。

（3）受拉钢筋直径大于 25mm、受压钢筋直径大于 28mm 时，不宜采用绑扎搭接接头；

（4）现浇钢筋混凝土框架梁、柱纵向受力钢筋的连接方法，应符合下列规定：

① 框架柱：一、二级抗震等级及三级抗震等级的底层，宜采用机械连接接头，也可采用绑扎搭接或焊接接头；三级抗震等级的其他部位和四级抗震等级，可采用绑扎搭接或焊接接头；

② 框支梁、框支柱：宜采用机械连接接头；

③ 框架梁：抗震等级为一级时宜采用机械连接接头，二、三、四级时可采用绑扎搭接或焊接接头。

（5）位于同一连接区段内的受拉钢筋接头面积百分率不宜超过 50%；

（6）当接头位置无法避开梁端、柱端箍筋加密区时，应采用满足等强度要求的机械连接接头，且钢筋接头面积百分率不宜超过 50%；

（7）钢筋的机械连接、绑扎搭接及焊接，尚应符合国家现行有关标准的规定。

4. 非抗震设计时，框架梁、柱的纵向钢筋在框架节点区的锚固和搭接（图 5-2）应符合下列要求：

（1）顶层中节点柱纵向钢筋和边节点柱内侧纵向钢筋应伸至柱顶；当从梁底边计算的

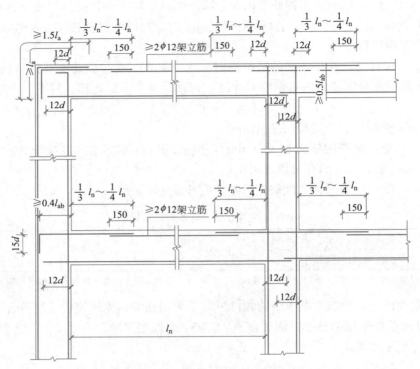

图 5-2 非抗震设计时框架梁、柱纵向钢筋在节点区的锚固示意

直线锚固长度不小于 l_a 时，可不必水平弯折，否则应向柱内或梁、板内水平弯折，当充分利用柱纵向钢筋的抗拉强度时，其锚固段弯折前的竖直投影长度不应小于 $0.5l_{ab}$，弯折后的水平投影长度不宜小于 12 倍的柱纵向钢筋直径。此处，l_{ab} 为钢筋基本锚固长度，应符合现行国家标准《混凝土结构设计规范》GB 50010 的有关规定。

（2）顶层端节点处，在梁宽范围以内的柱外侧纵向钢筋可与梁上部纵向钢筋搭接，搭接长度不应小于 $1.5l_a$；在梁宽范围以外的柱外侧纵向钢筋可伸入现浇板内，其伸入长度与伸入梁内的相同。当柱外侧纵向钢筋的配筋率大于 1.2% 时，伸入梁内的柱纵向钢筋宜分两批截断，其截断点之间的距离不宜小于 20 倍的柱纵向钢筋直径。

（3）梁上部纵向钢筋伸入端节点的锚固长度，直线锚固时不应小于 l_a，且伸过柱中心线的长度不宜小于 5 倍的梁纵向钢筋直径；当柱截面尺寸不足时，梁上部纵向钢筋应伸至节点对边并向下弯折，弯折水平段的投影长度不应小 $0.4l_{ab}$，弯折后竖直投影长度不应小于 15 倍纵向钢筋直径。

（4）当计算中不利用梁下部纵向钢筋的强度时，其伸入节点内的锚固长度应取不小于 12 倍的梁纵向钢筋直径。当计算中充分利用梁下部钢筋的抗拉强度时，梁下部纵向钢筋可采用直线方式或向上 90° 弯折方式锚固于节点内，直线锚固时的锚固长度不应小于 l_a；弯折锚固时，弯折水平段的投影长度不应小于 $0.4l_{ab}$，弯折后竖直投影长度不应小于 15 倍纵向钢筋直径。

（5）当采用锚固板锚固措施时，钢筋锚固构造应符合现行国家标准《混凝土结构设计规范》GB 50010 的有关规定。

5. 抗震设计时，框架梁、柱的纵向钢筋在框架节点区的锚固和搭接（图5-3）应符合下列要求：

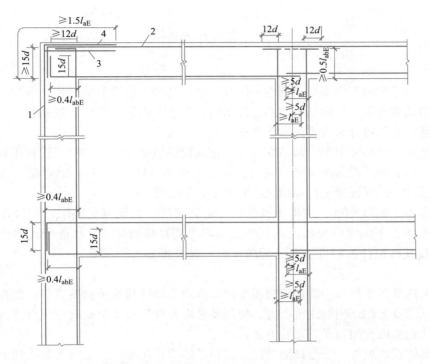

图 5-3　抗震设计时框架梁、柱纵向钢筋在节点区的锚固示意
1—柱外侧纵向钢筋；2—梁上部纵向钢筋；3—伸入梁内的柱外侧纵向钢筋；
4—不能伸入梁内的柱外侧纵向钢筋，可伸入板内

（1）顶层中节点柱纵向钢筋和边节点柱内侧纵向钢筋应伸至柱顶。当从梁底边计算的直线锚固长度不小于 l_{aE} 时，可不必水平弯折，否则应向柱内或梁内、板内水平弯折，锚固段弯折前的竖直投影长度不应小于 $0.5l_{abE}$，弯折后的水平投影长度不宜小于12倍的柱纵向钢筋直径。此处，l_{abE} 为抗震时钢筋的基本锚固长度，抗震等级为一、二级时取 $1.15l_{ab}$，三、四级时分别取 $1.05l_{ab}$ 和 $1.00l_{ab}$。

（2）顶层端节点处，柱外侧纵向钢筋可与梁上部纵向钢筋搭接，搭接长度不应小于 $1.5l_{aE}$，且伸入梁内的柱外侧纵向钢筋截面面积不宜小于柱外侧全部纵向钢筋截面面积的65%；在梁宽范围以外的柱外侧纵向钢筋可伸入现浇板内，其伸入长度与伸入梁内的相同。当柱外侧纵向钢筋的配筋率大于1.2%时，伸入梁内的柱纵向钢筋宜分两批截断，其截断点之间的距离不宜小于20倍的柱纵向钢筋直径。

（3）梁上部纵向钢筋伸入端节点的锚固长度，直线锚固时不应小于 l_{aE}，且伸过柱中心线的长度不应小于5倍的梁纵向钢筋直径；当柱截面尺寸不足时，梁上部纵向钢筋应伸至节点对边并向下弯折，锚固段弯折前的水平投影长度不应小于 $0.4l_{abE}$，弯折后的竖直投影长度应取15倍的梁纵向钢筋直径。

（4）梁下部纵向钢筋的锚固与梁上部纵向钢筋相同，但采用90°弯折方式锚固时，竖直段应向上弯入节点内。

6　基础设计

地基是指建筑物下面支承基础的土体或岩体，基础是连接上部结构（例如房屋的墙和柱，桥梁的墩和台等）与地基之间的过渡结构，起承上启下的作用。地基可分为天然地基和人工地基，基础可分为浅基础和深基础。

地基基础设计必须根据上部结构条件（建筑物的用途和安全等级、建筑布置、上部结构类型等）和工程地质条件（建筑场地、地基土质和气候条件等），结合施工条件等其他要求合理设计，以保证建筑物和构筑物的安全正常运维。

天然地基上的浅基础，结构比较简单，最为经济，如能满足要求，一般作为优先选用的设计方案。下面将以天然地基上的浅基础为例对基础设计过程进行具体介绍，天然地基上的浅基础设计内容可主要分为两部分：前期准备工作和具体设计过程。具体内容如下：

（1）前期准备工作：①掌握拟建场地的工程地质条件与地质勘察资料；②在上述资料的基础上，结合上部结构的建筑布置、使用要求以及拟建基础对原有建筑设施或环境的影响等初步比选基础类型和平面布置方案。

（2）具体设计过程：①选择地基持力层和基础埋置深度；②确定地基承载力；③按地基承载力（包括持力层和软弱下卧层）确定基础底面尺寸；④进行必要的地基稳定性和变形验算，如：沉降量、沉降差、倾斜和局部倾斜；⑤基础的结构设计，对基础的结构进行内力分析、强度计算，并满足构造设计要求以保证其具有足够的强度、刚度和耐久性；⑥绘制基础施工图，并提出必要的技术说明。

上述设计过程中①～④为地基的设计与验算，⑤和⑥为基础的设计，本章将对这两部分设计过程进行具体介绍。

6.1　地 基 计 算

地基基础设计既要满足建筑物的安全使用功能，又要做到经济合理，符合施工要求。建筑物的基础设计需要依据工程所在地的工程地质条件，工程的使用要求，荷载分布特征条件等，在符合建筑基础的设计基本原则下，进行基础选型和地基基础计算。本节先介绍地基基础埋深和地基承载力的一般确定方法，然后介绍地基变形和稳定性的计算方法。

6.1.1　基础埋置深度

直接支承基础的土层称为持力层，其下的各土层称为下卧层。基础埋置深度是指基础底面至地面（天然地坪面）的距离。选择基础埋置深度即选择合适的地基持力层。

基础埋置深度的大小对于建筑物的安全与正常使用、基础施工技术措施、施工工期和工程造价等影响很大，因此，确定基础埋置深度是基础设计工作中的重要环节。设计时必须综合考虑建筑物自身条件（如使用条件、结构形式、荷载的大小和性质等）以及所处的环境（如地质条件、气候条件、邻近建筑的影响等）。以下分述确定基础埋置深度时应考虑的几个主要因素。

1. 基础埋置深度，应按下列条件确定：

（1）建筑物的用途，有无地下室、设备基础和地下设施，基础的形式和构造；

（2）作用在地基上的荷载大小和性质；

（3）工程地质和水文地质条件；

（4）相邻建筑物的基础埋深；

（5）地基土冻胀和融陷的影响。

2. 在满足地基稳定和变形要求的前提下，当上层地基的承载力大于下层土时，宜利用上层土作持力层。除岩石地基外，基础埋深不宜小于0.5m。

3. 在抗震设防区，除岩石地基外，天然地基上的箱形和筏形基础的埋置深度不宜小于建筑物高度的1/15；桩箱或桩筏基础的埋置深度（不计桩长）不宜小于建筑物高度的1/18。

4. 基础宜埋置在地下水位以上，当必须埋在地下水位以下时，应采取基坑排水、坑壁围护等措施以保护地基不受扰动。当基础埋置在易风化的岩层上时，应在基坑开挖后立即铺筑垫层。

5. 当存在相邻建筑物时，新建建筑物的基础埋深不宜大于原有建筑基础。当埋深大于原有建筑基础时，两基础间应保持一定净距，其数值应根据建筑荷载大小、基础形式和土质情况确定。

6. 季节性冻土地基的场地冻结深度应按下式进行计算：

$$z_d = z_0 \cdot \psi_{zs} \cdot \psi_{zw} \cdot \psi_{ze} \tag{6-1}$$

式中　z_d——场地冻结深度（m），当有实测资料时按 $z_d = h' - \Delta z$ 计算，其中 h' 为最大冻深出现时场地最大冻土层厚度（m），Δz 为最大冻深出现时场地地表冻胀量；

　　　z_0——标准冻结深度（m）；无实测资料时，按现行国家标准《建筑地基基础设计规范》GB 50007 附录 F 采用；

　　　ψ_{zs}——土的类别对冻结深度的影响系数，按表6-1取值；

　　　ψ_{zw}——土的冻胀性对冻结深度的影响系数，按表6-2取值；

　　　ψ_{ze}——环境对冻结深度的影响系数，按表6-3取值。

土的类别对冻结深度的影响系数 ψ_{zs}　　　　　　　　　　　　　表6-1

土的类别	ψ_{zs}
黏性土	1.00
细砂、粉砂、粉土	1.20
中、粗、砾砂	1.30
大块碎石土	1.40

表 6-2

土的冻胀性对冻结深度的影响系数 ψ_{zw}

冻胀性	ψ_{zw}
不冻胀	1.00
弱冻胀	0.95
冻胀	0.90
强冻胀	0.85
特强冻胀	0.80

环境对冻结深度的影响系数 ψ_{ze} 表 6-3

周围环境	ψ_{ze}
村、镇、旷野	1.00
城市近郊	0.95
城市市区	0.90

注：环境影响系数一项，当城市市区人口为 20 万～50 万时，按城市近郊取值；当城市市区人口大于 50 万、小于或等于 100 万时，只计入市区影响；当城市市区人口超过 100 万时，除计入市区影响外，尚应考虑 5km 以内的郊区近郊影响系数；过 100 万时，除计入市区影响外，尚应考虑 5km 以内的郊区近郊影响系数。

7. 季节性冻土地区基础埋置深度宜大于场地冻结深度。对于深厚季节冻土地区，当建筑基础底面土层为不冻胀、弱冻胀、冻胀土时，基础埋置深度可以小于场地冻结深度，基础底面下允许冻土层最大厚度应根据当地经验确定。没有地区经验时可按现行国家标准《建筑地基基础设计规范》GB 50007 附录 G 查取。此时，基础最小埋置深度 d_{min} 可按下式计算：

$$d_{min} = z_d - h_{max} \tag{6-2}$$

式中 h_{max}——基础底面下允许冻土层的最大厚度（m），可按现行国家标准《建筑地基基础设计规范》GB 50007 附录 G 查取。

6.1.2 承载力计算

为满足地基强度和稳定性的要求，设计时必须控制基础底面最大压力不得大于某一界限值；按照不同的设计思想，可以从不同角度控制安全准则的界限值——地基承载力。现行国家标准《建筑地基基础设计规范》GB 50007 采用概率极限状态设计原则确定地基承载力特征值。地基承载力特征值含义即为在发挥正常使用功能时所允许采用的抗力设计值，因此，地基承载力特征值实质上就是地基容许承载力。该值可由经验公式计算、载荷试验或其他原位测试，并结合工程实践经验等方法综合确定。本节将详细介绍地基承载力特征值及基础底面尺寸的确定方法及相关规定。

1. 根据概率极限状态设计原则，基础底面的压力应小于地基承载力特征值，应符合下列规定：

（1）当轴心荷载作用时：

$$p_k \leqslant f_a \tag{6-3}$$

式中 p_k——相对于作用的标准组合时，基础底面处的平均压力值（kPa）；

f_a——修正后的地基承载力特征值（kPa）。

（2）当偏心荷载作用时，除符合上述要求外，尚应符合下式规定：

$$p_{kmax} \leqslant 1.2 f_a \tag{6-4}$$

式中　p_{kmax}——相对于作用的标准组合时，基础底面边缘的最大压力值（kPa）。

2. 基础底面处的压力值可按下列公式简化计算，并以此计算基础底面所需尺寸：

（1）当轴心荷载作用时：

$$p_k = (F_k + G_k)/A \tag{6-5}$$

式中　F_k——相对于作用的标准组合时，上部结构传至基础顶面的竖向力值（kN）；

　　　G_k——基础自重和基础上的土重（kN）；

　　　A——基础底面面积（m^2）。

（2）当偏心荷载作用时：

$$\begin{cases} p_{kmax} = [(F_k+G_k)/A] + (M_k/W) \\ p_{kmin} = [(F_k+G_k)/A] - (M_k/W) \end{cases} \tag{6-6}$$

式中　M_k——相对于作用的标准组合时，上部结构传至基础顶面的力矩值（kN·m）；

　　　W——基础底面的抵抗矩（m^3）；

　　　p_{kmin}——相对应于作用的标准组合时，基础底面边缘的最小压力值（kPa）。

（3）当基础底面形状为矩形且偏心距 $e > \dfrac{l}{6}$ 时，p_{kmax} 应按下式计算：

$$p_{kmax} = \frac{[2(F_k+G_k)]}{3la} \tag{6-7}$$

式中　l——力矩作用方向的矩形基础底面边长（m）；

　　　a——合力作用点至基础底面最大压力边缘的距离（m），$a = \dfrac{l}{2} - M_k/(F_k+G_k)$。

3. 地基承载力特征值是满足地基强度和稳定性的重要指标，由载荷试验或其他原位测试、公式计算，并结合工程实践经验等方法综合确定。确定地基承载力的方法有经验查表法、原位试验法和理论公式计算法。

（1）经验查表法

根据大量工程实践经验，对原位试验及室内试验数据进行了大量统计分析，建立土的物理力学指标与各类土的承载能力基本值 f_0 之间的关系，并编制相应的地基承载力基本值表。

由于我国幅员辽阔，用少数承载力表难以概括全国各地的土质地基承载力规律。因此，现行国家标准《建筑地基基础设计规范》GB 50007 取消了地基承载力表，但是，允许各地区根据试验和地区经验制定地方性建筑地基规范，实际上是将原全国统一的地基承载力表地域化。对于桥涵基础，由于其所处环境特殊，在很多地点可能无法进行现场测试获取地基承载力。在此情况下，可依据现行行业标准《公路桥涵地基与基础设计规范》JTG 3363 中所提供的地基承载力表选取地基承载力。

载荷试验是原位测试中确定地基承载力最为常用的一种方法。根据载荷试验记录可整理出 p-s 曲线（即荷载-沉降曲线），如图 6-1 所示。下面介绍如何利用 p-s 曲线来确定地基承载力特征值。

对于密实砂土、硬塑黏土等低压缩性土，其 $p\text{-}s$ 曲线通常有明显的起始直线段和极限值，如图 6-1（a）所示。考虑低压缩性土的承载力特征值一般由强度控制，故现行国家标准《建筑地基基础设计规范》GB 50007 将图中比例界限荷载 p_{b} 作为承载力特征值。对于少数呈脆性破坏的土，极限荷载 p_{u} 与 p_{b} 很接近，当 $p_{\mathrm{u}}<1.5p_{\mathrm{b}}$ 时，取 $p_{\mathrm{u}}/2$ 作为承载力特征值。

对于有一定强度的中、高压缩性土，如松砂填土、可塑黏土等，$p\text{-}s$ 曲线无明显转折点，呈渐进破坏，如图 6-1（b）所示。这类土的承载力往往受允许沉降控制，故规范规定取 $s/b=0.01\sim0.015$（b 为基础宽度）所对应的荷载作为承载力特征值，但其值不应大于最大加载量的一半。

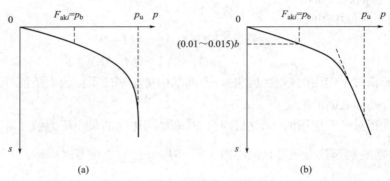

图 6-1 按 $p\text{-}s$ 曲线确定地基承载力
(a) 低压缩性土；(b) 中、高压缩性土

除载荷试验常用外，尚有其他现场原位测试方法，如标准贯入、旁压仪试验、动力触探、静力触探等。

（3）理论公式确定地基承载力

现行国家标准《建筑地基基础设计规范》GB 50007 采用概率极限状态设计原则确定地基承载力特征值，对于荷载偏心距 $e\leqslant0.033b$（b 为偏心方向的基础边长）时，以浅基础地基的临界荷载 $p_{1/4}$ 为基础的理论公式计算地基承载力特征值：

$$f_{\mathrm{a}}=M_{\mathrm{b}}\gamma b+M_{\mathrm{d}}\gamma_{\mathrm{m}}d+M_{\mathrm{c}}c_{\mathrm{k}} \tag{6-8}$$

式中 f_{a}——由土的抗剪强度指标确定的地基承载力特征值（kPa）；

M_{b}、M_{d}、M_{c}——承载力系数，按表 6-4 确定；

         b——基础底面宽度（m），大于 6m 时按 6m 取值，对于砂土小于 3m 时按 3m 取值；

         c_{k}——相应于基底下 1 倍短边宽度的深度内土的黏聚力标准值（kPa）；

         γ——基础底面以下土的重度（kN/m³），地下水位以下取浮重度；

         γ_{m}——基础底面以上的加权平均重度（kN/m³），位于地下水位以下的土层取有效重度。

4. 地基承载力宽度与深度修正

增加基础埋深和宽度，地基承载力也会相应提高，因此考虑基础埋深和宽度对地基承载力特征值的修正是有必要的。

承载力系数 M_b、M_d、M_c 表 6-4

土的内摩擦角标准值 φ_k (°)	M_b	M_d	M_c	土的内摩擦角标准值 φ_k (°)	M_b	M_d	M_c
0	0	1.00	3.14	22	0.61	3.44	6.04
2	0.03	1.12	3.32	24	0.80	3.87	6.45
4	0.06	1.25	3.51	26	1.10	4.37	6.90
6	0.10	1.39	3.71	28	1.40	4.93	7.40
8	0.14	1.55	3.93	30	1.90	5.59	7.95
10	0.18	1.73	4.17	32	2.60	6.35	8.55
12	0.23	1.94	4.42	34	3.40	7.21	9.22
14	0.29	2.17	4.69	36	4.20	8.25	9.97
16	0.36	2.43	5.00	38	5.00	9.44	10.80
18	0.43	2.72	5.31	40	5.80	10.84	11.73
20	0.51	3.06	5.66				

注：φ_k——基底下一倍短边宽度的深度范围内土的内摩擦角标准值 (°)。

当基础宽度大于 3m 或埋置深度大于 0.5m 时，从载荷试验或其他原位测试、经验值等方法确定的地基承载力特征值，尚应按下式修正：

$$f_a = f_{ak} + \eta_b \gamma (b-3) + \eta_d \gamma_m (d-0.5) \tag{6-9}$$

式中　f_a——修正后的地基承载力特征值（kPa）；

f_{ak}——地基承载力特征值（kPa）；

η_b、η_d——基础宽度和埋置深度的地基承载力修正系数，按表 6-5 取值；

γ——基础底面以下土的重度（kN/m³），地下水位以下取浮重度；

b——基础底面宽度（m），大于 6m 时按 6m 取值，对于砂土小于 3m 时按 3m 取值；

γ_m——基础底面以上的加权平均重度（kN/m³），位于地下水位以下的土层取有效重度；

d——基础埋置深度（m），宜自室外地面标高算起。在填方整平地区，可自填土地面标高算起，但填土在上部结构施工后完成时，应从天然地面标高算起。对于地下室，当采用箱形基础或筏基时，基础埋置深度自室外地面标高算起；当采用独立基础或条形基础时，应从室内地面标高算起。

承载力修正系数 表 6-5

土的类别		η_b	η_d
淤泥或淤泥质土		0	1.0
人工填土 e 或 I_L 大于 0.85 的黏性土		0	1.0
红黏土	含水比 $\alpha_w > 0.8$	0	1.2
	含水比 $\alpha_w \leqslant 0.8$	0.15	1.4

土的类别		η_b	η_d
大面积压实土	压实系数大于 0.95、黏粒含量 $\rho_c \geqslant 10\%$ 的粉土	0	1.5
	最大干密度大于 2.1t/m³ 的级配砂石	0	2.0
粉土	黏粒含量 $\rho_c \geqslant 10\%$ 的粉土	0.3	1.5
	黏粒含量 $\rho_c < 10\%$ 的粉土	0.5	2.0
e 或 I_L 均小于 0.85 的黏性土		0.3	1.6
粉砂、细砂(不包括很湿与饱和时的稍密状态)		2.0	3.0
中砂、粗砂、砾砂和碎石土		3.0	4.4

注：1. 强风化和全风化的岩石，可参照所风化成的相应土类取值，其他状态下的岩石不修正；
    2. 地基承载力特征值按现行国家标准《建筑地基基础设计规范》GB 50007 附录 D 深层平板载荷试验确定时 η_d 取 0；
    3. 含水比是指土的天然含水量与液限的比值；
    4. 大面积压实填土是指填土范围大于两倍基础宽度的填土。

5. 软弱下卧层验算

软弱下卧层是指在持力层下，成层土地基受力层范围内，承载力显著低于持力层的高压缩性土层。依据前述持力层土的承载力计算得出基础底面所需尺寸后，若地基范围内还存在软弱下卧层，则必须对软弱下卧层进行验算，要求传递到软弱下卧层顶面处的附加应力与自重应力之和不超过软弱下卧层的承载力：

$$p_z + p_{cz} \leqslant f_{az} \tag{6-10}$$

式中　p_z——相应于作用的标准组合时，软弱下卧层顶面处的附加压力值（kPa）；

p_{cz}——软弱下卧层顶面处土的自重压力值（kPa）；

f_{az}——软弱下卧层顶面处经深度修正后的地基承载力特征值（kPa）。

对于条形基础和矩形基础，附加应力 p_z 的表达式为：

矩形基础：

$$p_z = \frac{lb(p_k - \gamma_m d)}{(l + 2z\tan\theta) \cdot (b + 2z\tan\theta)} \tag{6-11}$$

条形基础：

$$p_z = \frac{b(p_k - \gamma_m d)}{b + 2z\tan\theta} \tag{6-12}$$

式中　b——矩形基础或条形基础底边的宽度（m）；

l——矩形基础底边的长度（m）；

p_k——基础底面处平均压力设计值（kPa）；

z——基础底面至软弱下卧层顶面的距离（m）；

θ——地基压力扩散线与垂直线的夹角（°），按表 6-6 取值；

d——基础埋深（m）（从天然地面算起）。

6.1.3　地基变形验算

按地基承载力确定适当的基础底面尺寸，一般可以保证地基不发生剪切破坏。但是，在荷载的作用下，地基土将产生压缩形变，使建筑物产生沉降。由于不同建筑物的结构类型、整体刚度、使用要求存在差异，其对地基变形的敏感程度、变形要求也不同。因此，对于各类建筑结构，如何控制对其不利的沉降形式——称为"地基变形特征"，使之不影响建筑物的正常使用，也是地基基础设计时必须充分考虑的基本问题之一。

地基压力扩散角 θ

表 6-6

E_{s1}/E_{s2}	z/b	
	0.25	0.50
3	6°	23°
5	10°	25°
10	20°	30°

注：1. E_{s1} 为上层土压缩模量；E_{s2} 为下层土压缩模量；

2. z/b<0.25 时取 θ=0°，必要时，宜由试验确定；z/b>0.50 时 θ 值不变；

3. z/b 在 0.25 与 0.50 之间，θ 可插值使用。

地基变形特征一般分为：沉降量、沉降差、倾斜、局部倾斜。

沉降量指基础某点的沉降值（图 6-2a）。对于单层排架结构，在低压缩性地基上一般不会因沉降而损坏，但在中高压缩性地基上，应该限制柱基沉降量，尤其要限制多跨排架中受荷较大的中排柱基沉降量不宜过大，以免支承于其上的相邻屋架发生对倾使其端部碰撞。

沉降差指相邻柱基中点的沉降量之差（图 6-2b）。框架结构主要因柱基的不均匀沉降而使结构受剪扭曲而损坏，也称敏感性结构。通常认为：填充墙框架结构和单层排架结构的相邻柱基沉降差按不超过 0.002l（l 为柱距）设计时是安全的。对于被开窗面积不大的墙砌体所填充的排架柱，尤其是房屋端部抗风柱之间的沉降差，应予以特别注意。

倾斜指基础倾斜方向两端点的沉降差与其距离的比值（图 6-2c）。局部倾斜指砌体承

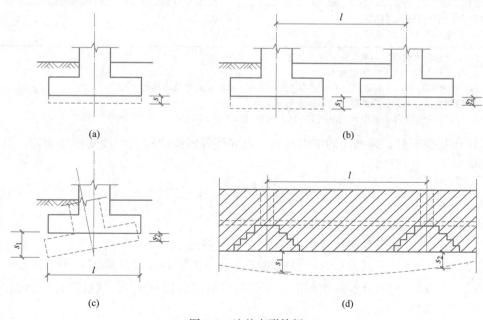

(a)

(b)

(c)

(d)

图 6-2　地基变形特征

（a）沉降量 s；（b）沉降差 s_1-s_2；（c）倾斜 $\dfrac{s_1-s_2}{l}$；（d）局部倾斜 $\dfrac{s_1-s_2}{l}$

重结构沿纵向 6～10m 内基础两点的沉降差与其距离的比值（图 6-2d）。

在计算地基变形时，应符合下列规定：

由于建筑地基不均匀、荷载差异很大、体型复杂等因素引起的地基变形，对于砌体承重结构由局部倾斜值控制；对于框架结构和单层排架结构应由相邻柱基的沉降差控制；对于多层或高层结构和高耸结构应由倾斜值控制；必要时尚应控制平均沉降量。

现行国家标准《建筑地基基础设计规范》GB 50007 按不同建筑物的地基变形特征，要求建筑物的地基变形计算值不应大于地基变形允许值：$s \leqslant [s]$，建筑物的地基变形允许值按表 6-7 取值。

建筑物的地基变形允许值（m）   表 6-7

变形特征			地基土类别	
			中、低压缩性土	高压缩性土
砌体承重结构的局部倾斜			0.002	0.003
工业与民用建筑相邻柱基的沉降差		框架结构	0.002l	0.003l
		砌体墙填充的边排柱	0.0007l	0.001l
		当基础不均匀沉降时不产生附加应力的结构	0.005l	0.005l
单层排架结构（柱距为 6m）柱基的沉降量(mm)			(120)	200
多层与高层建筑的整体倾斜	$H_g \leqslant 24$		0.004	
	$24 < H_g \leqslant 60$		0.003	
	$60 < H_g \leqslant 100$		0.0025	
	$H_g > 100$		0.002	
体型简单的高层建筑基础的平均沉降量(mm)			200	

注：1. 本表数值为建筑物地基实际最终变形允许值；
2. 有括号者仅适用于中压缩性土；
3. l 为相邻柱基的中心距离（mm）；H_g 为自室外地面起算的建筑物高度（m）；
4. 倾斜指基础倾斜方向两端点的沉降差与其距离的比值；
5. 局部倾斜指砌体承重结构沿纵向 6～10m 内基础两点的沉降差与其距离的比值。

计算地基变形时，地基内的应力分布，可采用各向同性均质线性变形体理论。其最终变形量可按下式进行计算：

$$s = \psi_s s' = \psi_s \sum_{i=1}^{n} \frac{p_0}{E_{si}} (z_i \bar{\alpha}_i - z_{i-1} \bar{\alpha}_{i-1}) \quad (6\text{-}13)$$

式中 s——地基最终变形量（mm）；

s'——按分层总和法计算出的地基变形量（mm）；

ψ_s——沉降计算经验系数，根据地区沉降观测资料及经验确定，无地区经验时可根据变形计算深度范围内压缩模量的当量值（$\bar{E}_s$）、基底附加压力按表 6-8 取值；

n——地基变形计算深度范围内所划分的土层数；

p_0——相应于作用的准永久组合时基础底面处的附加压力（kPa）；

E_{si}——基础底面下第 i 层土的压缩模量（MPa），应取土的自重压力至土的自重压力与附加压力之和的压力段计算；

z_i、z_{i-1}——基础底面至第 i 层土、第 $i-1$ 层土底面的距离（m）；

α_i、α_{i-1}——基础底面计算点至第 i 层土、第 $i-1$ 层土底面范围内平均附加应力系数，可按现行国家标准《建筑地基基础设计规范》GB 50007 附录 K 采用。

沉降计算经验系数 ψ_s 　　　　　　　　　表 6-8

基底附加压力	$\overline{E}_s$(MPa)				
	2.5	4.0	7.0	15.0	20.0
$p_0 \geqslant f_{ak}$	1.4	1.3	1.0	0.4	0.2
$p_0 \leqslant 0.75 f_{ak}$	1.1	1.0	0.7	0.4	0.2

注：1. f_{ak} 为地基承载力特征值；2. $\overline{E}_s = \dfrac{\sum A_i}{\sum \dfrac{A_i}{E_{si}}}$，其中 $A_i = p_0(z_i \overline{\alpha}_i - z_{i-1}\overline{\alpha}_{i-1})$

6.1.4 稳定性计算

广义的地基稳定性问题包括滑动失稳、边坡失稳、地下水作用失稳（浮动失稳）以及地基承载力不足失稳等。其中地基承载力问题在前面章节已单独考虑，该小节仅对前三种失稳情况进行介绍。

1. 滑动面稳定性验算

地基稳定性可采用圆弧滑动面法进行验算。最危险的滑动面上诸力对滑动中心所产生的抗滑力矩与滑动力矩应符合下式要求：

$$M_R/M_S \geqslant 1.2 \tag{6-14}$$

式中　M_S——滑动力矩（kN·m）；

　　　M_R——抗滑力矩（kN·m）。

2. 稳定土坡上建筑稳定性验算

对于条形基础或矩形基础，当垂直于坡顶边缘线的基础底面边长小于或等于 3m 时，其基础底面外边缘线至坡顶的水平距离（图 6-3）应符合下式要求，且不得小于 2.5m：

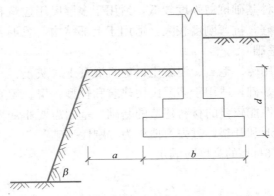

图 6-3　基础底面外边缘线至坡顶的水平距离示意图

条形基础：

$$a \geqslant 3.5b - \frac{d}{\tan\beta} \qquad (6\text{-}15)$$

矩形基础：

$$a \geqslant 2.5b - \frac{d}{\tan\beta} \qquad (6\text{-}16)$$

式中　a——基础底面外边缘线至坡顶的水平距离（m）；

　　　b——垂直于坡顶边缘线的基础底面边长（m）；

　　　d——基础埋置深度（m）；

　　　β——边坡坡角（°）。

当基础底面外边缘线至坡顶的水平距离不满足式（6-15）、式（6-16）的要求时，可根据基底平均压力按式（6-14）确定基础距坡顶边缘的距离和基础埋深。

当边坡的坡角大于 45°、坡高大于 8m 时，尚应按式（6-14）验算坡体稳定性。

3. 抗浮稳定性验算

对于简单的浮力作用，基础抗浮稳定性应符合下式要求：

$$\frac{G_k}{N_{w,k}} \geqslant K_w \qquad (6\text{-}17)$$

式中　G_k——建筑物自重及压重之和（kN）；

　　　$N_{w,k}$——浮力作用值（kN）；

　　　K_w——抗浮稳定安全系数，一般情况下可取 1.05。

抗浮稳定性不满足设计要求时，可采用增加压重或设置抗浮构件等措施。在整体满足抗浮稳定性要求而局部不满足时，也可采用增加结构刚度的措施。

6.2　扩展基础设计

扩展基础指将块石、砖、混凝土或钢筋混凝土做成的截面适当扩大，以适应地基容许承载能力或变形的墙下或柱下的天然地基基础。扩大基础包括无筋扩展基础（刚性基础）和钢筋混凝土扩展基础（柔性基础）。其中无筋扩展基础由砌块、灰土和三合土等材料组成，不配钢筋，所以这种基础抗剪强度较低，适用于多层民用建筑和轻型厂房；钢筋混凝土扩展基础整体性能较好，抗弯刚度较大，适用于上部结构荷载更大的情况。

6.2.1　无筋扩展基础

无筋扩展基础是指用砖、毛石、混凝土、毛石混凝土、灰土、三合土等材料组成的墙下条形基础或柱下独立基础，适用于多层民用建筑和轻型厂房。无筋扩展基础是由抗压性能较好，而抗拉、抗剪性能较差的材料建造的基础。基础需要非常大的截面抗弯刚度，受荷后基础不允许挠曲变形和开裂，过去习惯称为"刚性基础"。

无筋扩展基础（图 6-4）的高度应满足：

$$H_0 \geqslant \frac{b - b_0}{2\tan\alpha} \qquad (6\text{-}18)$$

式中　b——基础底面宽度（m）；

　　　b_0——基础顶面的墙体宽度或柱脚宽度（m）；

H_0——基础高度（m）；

$tan\alpha$——基础台阶宽高比 b_2 ：H_0，其允许值可按表 6-9 选用，b_2 为基础台阶宽度（m）。

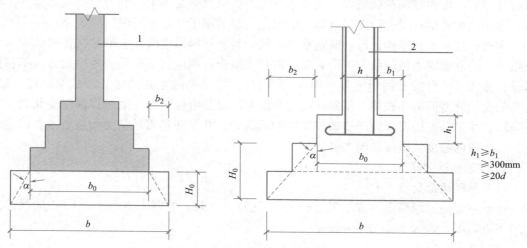

图 6-4　无筋扩展基础构造示意图

d—柱中纵向钢筋直径；

1—承重墙；2—钢筋混凝土柱

无筋扩展基础台阶宽高比的允许值　　　　　　　　　　　　　　　　表 6-9

基础材料	质量要求	台阶宽高比		
		$p_k \leqslant 100$	$100 < p_k \leqslant 200$	$200 < p_k \leqslant 300$
混凝土基础	C15 混凝土	1：1.00	1：1.00	1：1.25
毛石混凝土基础	C15 混凝土	1：1.00	1：1.25	1：1.50
砖基础	砖不低于 MU10,砂浆不低于 M5	1：1.50	1：1.50	1：1.50
毛石基础	砂浆不低于 M5	1：1.25	1：1.50	—
灰土基础	体积比为 3：7 或 2：8 的灰土,其最小干密度： 粉土 1550kg/m³ 粉质黏土 1500kg/m³ 黏土 1450kg/m³	1：1.25	1：1.50	—
三合土基础	体积比 1：2：4～1：3：6(石灰：砂：骨料),每层约虚铺 220mm,夯至 150mm	1：1.50	1：1.20	

注：1. p_k 为作用的标准组合时基础底面处的平均压力值（kPa）；

　　2. 阶梯形毛石基础的每阶伸出宽度，不宜大于 200mm；

　　3. 当基础由不同材料叠合组成时，应对接触部分作抗压验算；

　　4. 混凝土基础单侧扩展范围内基础底面处的平均压力值超过 300kPa 时，尚应进行抗剪验算；对基底反力集中于立柱附近的岩石地基，应进行局部受压承载力验算。

在砖基础设计中，常采用"二一间隔收"的砌筑方式，这样既省材料，也能满足台阶高宽比的要求。基础垫层作为构造垫层，一般选用材料是灰土、三合土和混凝土，垫层每边伸出基础底面 50～100mm，厚度一般为 100mm。

6.2.2 扩展基础

扩展基础指柱下钢筋混凝土独立基础和墙下钢筋混凝土条形基础，这种基础的抗弯和抗剪性能好，可在竖向荷载较大、地基承载力不高以及承受水平力和力矩荷载等情况下使用，由于这种基础不受台阶允许高宽比的限制，故适用于"宽基浅埋"的场合。

在进行扩展基础结构计算，确定基础配筋和验算材料强度时，上部结构传来的荷载效应组合应按承载能力极限状态下荷载效应的基本组合；相应的基底反力为净反力（不包括基础自重和基础台阶上回填土重所引起的反力）。扩展基础主要的破坏形式有：柱（墙）与基础交接处截面剪切破坏、基础底面的弯曲破坏以及沿柱周边（或阶梯高度变化处）冲切破坏。故扩展基础设计须严格验证这三种承载力，并保证其满足相关构造要求，以确保其具有足够的强度、刚度和耐久性。

1. 一般构造要求

（1）基础边缘高度

锥形基础的边缘高度不宜小于 200mm，且两个方向的坡度不宜大于 1：3；阶梯形基础的每阶高度，宜为 300～500mm。

（2）基底垫层

垫层的厚度不宜小于 70mm，垫层混凝土强度等级不应低于 C10。

（3）钢筋

扩展基础受力钢筋最小配筋率不应小于 0.15%，底板受力钢筋的最小直径不应小于 10mm，间距不应大于 200mm，也不应小于 100mm。墙下钢筋混凝土条形基础纵向分布钢筋的直径不应小于 8mm；间距不应大于 300mm；每延米分布钢筋的面积不应小于受力钢筋面积的 15%。当有垫层时钢筋保护层的厚度不应小于 40mm；无垫层时不应小于 70mm。

（4）混凝土

混凝土强度等级不应低于 C25。

（5）受力筋长度

当柱下钢筋混凝土独立基础的边长和墙下钢筋混凝土条形基础的宽度大于或等于 2.5m 时，底板受力钢筋的长度可取边长或宽度的 0.9 倍，并宜交错布置。

（6）钢筋布置

钢筋混凝土条形基础底板在 T 形及十字形交接处，底板横向受力钢筋仅沿一个主要受力方向通长布置，另一方向的横向受力钢筋可布置到主要受力方向底板宽度 1/4 处。在拐角处底板横向受力钢筋应沿两个方向布置。

2. 锚固段要求

钢筋混凝土柱和剪力墙纵向受力钢筋在基础内的锚固长度（l_a）应根据现行国家标准《混凝土结构设计规范》GB 50010 有关规定确定；

抗震设防烈度为 6 度、7 度、8 度和 9 度地区的建筑工程，纵向受力钢筋的抗震锚固长度 l_{aE} 应按下式计算：

（1）一、二级抗震等级纵向受力钢筋的抗震锚固长度应按下式计算：

$$l_{aE} = 1.15 l_a \tag{6-19}$$

（2）三级抗震等级纵向受力钢筋的抗震锚固长度应按下式计算：

$$l_{aE} = 1.05 l_a \tag{6-20}$$

（3）四级抗震等级纵向受力钢筋的抗震锚固长度应按下式计算：

$$l_{aE} = l_a \tag{6-21}$$

式中　l_a——纵向受拉钢筋的锚固长度（m）。

当基础高度小于 l_a（l_{aE}）时，纵向受力钢筋的锚固总长度除符合上述要求外，其最小直锚段的长度不应小于 $20d$，弯折段的长度不应小于 $150mm$。

现浇柱的基础，其插筋的数量、直径以及钢筋种类应与柱内纵向受力钢筋相同。插筋的锚固长度应满足一般构造要求的规定，插筋与柱的纵向受力钢筋的连接方法，应符合现行国家标准《混凝土结构设计规范》GB 50010 的有关规定。插筋的下端宜做成直钩放在基础底板钢筋网上。当符合下列条件之一时，可仅将四角的插筋伸至底板钢筋网上，其余插筋锚固在基础顶面下 l_a 或 l_{aE} 处：

（1）柱为轴心受压或小偏心受压，基础高度大于或等于 1200mm；

（2）柱为大偏心受压，基础高度大于或等于 1400mm。

3. 受冲切承载力计算

在柱荷载作用下，如果基础高度不足，则可能沿着柱周边（或阶梯高度变化处）产生冲切破坏，形成45°斜裂面的角锥体。因此，应验算柱与基础交接处以及基础变阶处的受冲切承载力。根据现行国家标准《建筑地基基础设计规范》GB 50007 8.2.8 条，柱下独立基础的受冲切承载力应按下列公式验算：

$$F_l \leqslant 0.7 \beta_{hp} f_t a_m h_0 \tag{6-22}$$

其中，$a_m = (a_t + a_b)/2$，$F_l = p_j A_l$

式中　β_{hp}——受冲切承载力截面高度影响系数，当 h 不大于 800mm 时，β_{hp} 取 1.0；当 h 大于或等于 2000mm 时，β_{hp} 取 0.9，其间按线性内插法取用；

　　　f_t——混凝土轴心抗拉强度设计值（kPa）；

　　　h_0——基础冲切破坏锥体的有效高度（m）；

　　　a_m——冲切破坏锥体最不利一侧计算长度（m）；

　　　a_t——冲切破坏锥体最不利一侧斜截面的上边长（m），当计算柱与基础交接处的受冲切承载力时，取柱宽；当计算基础变阶处的受冲切承载力时，取上阶宽；

　　　a_b——冲切破坏锥体最不利一侧斜截面在基础底面积范围内的下边长（m），当冲切破坏锥体的底面落在基础底面以内（图 6-5），计算柱与基础交接处的受冲切承载力时，取柱宽加两倍基础有效高度；当计算基础变阶处的受冲切承载力时，取上阶宽加两倍该处的基础有效高度；

　　　p_j——扣除基础自重及其上土重后相应于作用的基本组合时的地基土单位面积净反力（kPa），对偏心受压基础可取基础边缘处最大地基土单位面积净反力；

　　　A_l——冲切验算时取用的部分基底面积（m²）（图 6-5 中的阴影面积 ABCDEF）；

　　　F_l——相应于作用的基本组合时作用在 A_l 上的地基土净反力设计值（kPa）。

4. 受剪承载力计算

（1）柱下独立基础

当基础底面短边尺寸小于或等于柱宽加两倍基础有效高度时，应按下列公式验算柱与

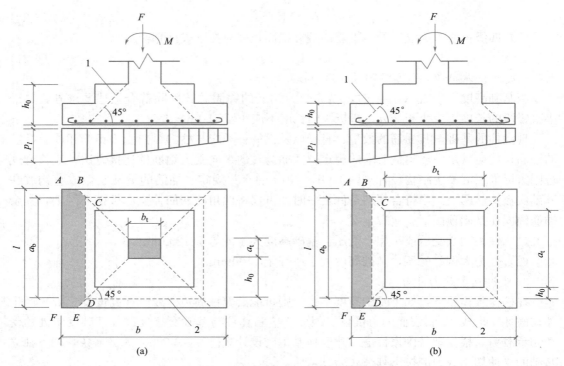

图 6-5　计算阶形基础的受冲切承载力截面位置

（a）柱与基础交接处；（b）基础变阶处

1—冲切破坏锥体最不利一侧的斜截面；2—冲切破坏锥体的底面线

基础交接处截面受剪承载力：

$$V_s \leqslant 0.7\beta_{hs}f_t A_0 \qquad (6-23)$$

$$\beta_{hs} = (800/h_0)^{\frac{1}{4}} \qquad (6-24)$$

式中　V_s——相应于作用的基本组合时，柱与基础交接处的剪力设计值（kN），即图 6-6 中的阴影面积乘以基底平均净反力；

　　β_{hs}——受剪承载力截面高度影响系数，当 $h_0 < 800$mm 时，取 $h_0 = 800$mm；当 $h_0 > 2000$mm 时，取 $h_0 = 2000$mm；

　　A_0——验算截面处基础的有效截面面积（m²）；当验算截面为阶形或锥形时，可将其截面折算成矩形截面，截面的折算宽度和截面的有效高度按现行国家标准《建筑地基基础设计规范》GB 50007 附录 U 计算。

（2）墙下条形基础

验算墙与基础底板交接处截面受剪承载力：

$$V \leqslant 0.7\beta_{hs}f_t A_0 \qquad (6-25)$$

式中　A_0——验算截面处基础底板的单位长度垂直截面有效面积；

　　V——墙与基础交接处由基底平均净反力产生的单位长度剪力设计值。

5. 受弯承载力计算

（1）柱下独立基础

在轴心荷载或单向偏心荷载作用下，当台阶的宽高比小于或等于 2.5 且偏心距小于或

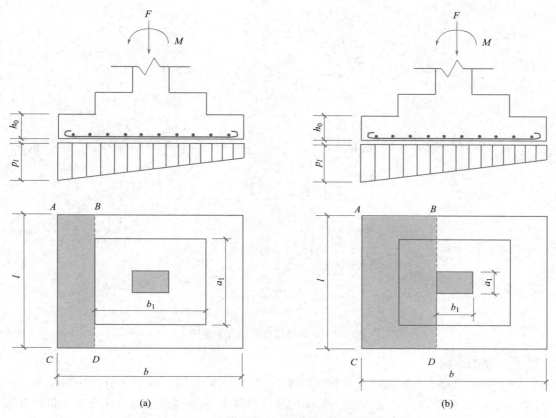

图 6-6　验算阶形基础受剪承载力示意图

（a）基础变阶处；（b）柱与基础交接处

等于 1/6 基础宽度时，柱下矩形独立基础任意截面的底板弯矩可按下列简化方法进行计算，如图 6-7 所示。

$$M_{\mathrm{I}} = \frac{1}{12}a_1^2\left[(2l+a')\left(p_{\max}+p-\frac{2G}{A}\right)+(p_{\max}-p)l\right] \tag{6-26}$$

$$M_{\mathrm{II}} = \frac{1}{48}(l-a')(2b+b')\left(p_{\max}+p_{\min}-\frac{2G}{A}\right) \tag{6-27}$$

式中　M_{I}、M_{II}——相应于作用的基本组合时，任意截面 Ⅰ-Ⅰ、Ⅱ-Ⅱ 处的弯矩设计值（kN·m）；

　　　　　a_1——任意截面 Ⅰ-Ⅰ 至基底边缘最大反力处的距离（m）；

　　　　l、b——基础底面的边长（m）；

　$p_{\min}$、$p_{\max}$——相应于作用的基本组合时的基础底面边缘最小和最大地基反力设计值（kPa）；

　　　　　　p——相应于作用的基本组合时在任意截面 Ⅰ-Ⅰ 处基础底面地基反力设计值（kPa）；

　　　　　　G——考虑作用分项系数的基础自重及其上的土自重（kN）；当组合值由永久作用控制时，作用分项系数可取 1.35。

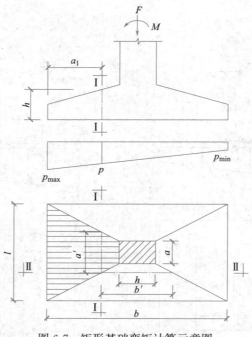

图 6-7　矩形基础弯矩计算示意图

（2）条形基础

墙下钢筋混凝土条形基础在均布线荷载 F（kN/m）作用下的受力分析可简化为一受 p_n 作用的倒置悬臂梁。p_n 是指由上部结构设计荷载 F 在基底产生的净反力（不包括基础自重和在基础台阶上的回填土重引起的反力）。

在中心荷载作用下，取墙长度方向 $l=1.0$m 的基础板进行分析，如图 6-8（a）所示。在 p_n 作用下，基础底板内产生的弯矩和剪力的值在截面Ⅰ-Ⅰ处最大。

$$p_n = \frac{F}{b \cdot l} = \frac{F}{b} \tag{6-28}$$

$$V = p_n \cdot a_1 \tag{6-29}$$

$$M = \frac{1}{2} p_n \cdot a_1^2 \tag{6-30}$$

式中　p_n——相应于荷载效应基本组合时的地基净反力设计值（kPa）；

　　　　F——上部结构传至地面标高处的荷载设计值（kN/m）；

　　　　b——墙下钢筋混凝土条形基础宽度（m）；

　　　　V——基础底板根部的剪力设计值（kN/m）；

　　　　M——基础底板根部的弯矩设计值（kN·m/m）；

　　　　a_1——截面Ⅰ-Ⅰ至基础边缘的距离（m），对于墙下钢筋混凝土条形基础，其最大弯矩、剪力的位置符合下列规定：当墙体材料为混凝土时，取 $a_1=b$；如为砖墙且放脚不大于 1/4 砖长，取 $a_1=b_1+1/4$ 砖长。

在偏心荷载作用时（图 6-8b）：

先计算基底净反力的偏心距 $e_{n,0}$（要求小于等于 $\frac{b}{6}$）：

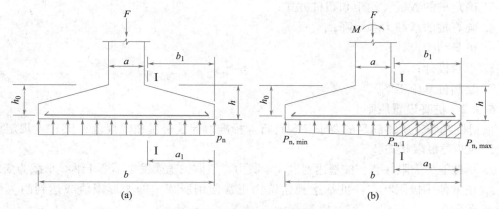

图 6-8 条形基础荷载计算示意图

(a) 中心荷载；(b) 偏心荷载

$$e_{n,0} = \frac{M}{F} \tag{6-31}$$

边缘处最大和最小净反力为：

$$p_{n,min}^{n,max} = \frac{F}{bl}\left(1 \pm \frac{6e_{n,0}}{b}\right) \tag{6-32}$$

悬臂根部截面 I-I 处的净反力：

$$p_{n,I} = p_{n,min} + \frac{b-a_1}{b}(p_{n,max} - p_{n,nin}) \tag{6-33}$$

规范在计算弯矩和剪力时是图 6-8 中阴影部分对截面 I-I 的剪力与弯矩：

$$M = \frac{1}{6}a_1^2\left(2p_{n,max} + p_{n,I} - \frac{3G}{b}\right) \tag{6-34}$$

但是，当 $p_{n,max}/p_{n,min}$ 的值较大时，计算的 M 值偏小，一般考虑 p_n 按 $p_{n,max}$ 取值，这样计算的 M、V 值偏大，结果偏于安全。

6.3 桩基础设计

当建筑场地浅层地基土质不能满足建筑物对地基承载力和变形的要求，也不宜采用地基处理等措施时，往往需要以地基深层坚实土层作为地基持力层，采用深基础方案。桩基础具有承载力高、稳定性好、沉降量小而均匀、便于机械化施工、适应性强等突出特点，与其他深基础方案相比适用范围最广，也是目前应用最多的深基础形式。该节将以桩基础的设计计算为主线，简要介绍桩基的设计内容和原则、桩基的各种分类方法及其适用性。本节重点讲解桩基构造、承台构造以及桩基的设计计算。

6.3.1 桩基的设计内容

设计桩基应先根据建筑物的特点以及相关要求，进行岩土工程勘察和场地施工条件等资料的收集工作，桩基的设计内容包括下列各项：

1. 选择桩的类型和几何尺寸；

2. 确定单桩竖向和水平向承载力特征值；

3. 确定桩的数量、间距和布桩方式；

4. 验算桩的承载力和沉降；

5. 桩身结构设计；

6. 承台设计；

7. 绘制桩基施工图。

6.3.2 桩基设置原则

根据桩基服役所需满足的要求，现行行业标准《建筑桩基技术规范》JGJ 94 规定了桩基设计的两类极限状态：

1. 承载能力极限状态：桩基达到最大承载力、整体失稳或发生不适于继续承载的变形。

2. 正常使用极限状态：桩基达到建筑物正常使用所规定的变形限值或达到耐久性要求的某项限值。

6.3.3 桩的选型

桩基设计时，首先应根据建筑物的结构类型、荷载情况、地层条件、施工能力及环境限制（噪声、振动）等因素，选择预制桩或灌注桩的类别、桩的截面尺寸和长度以及桩端持力层等。桩基中的桩是可以竖直或倾斜的，工业与民用建筑大多数以承受竖向荷载为主而多用竖直桩。根据桩的承载性状、施工方法、桩身材料以及桩的设置效应等把桩划分为各种类型。

1. 按承载性状分类

根据竖向荷载下桩土相互作用特点，达到承载力极限状态时，桩侧与桩端阻力的发挥程度和分担荷载的比例，将桩分为摩擦型桩和端承型桩两大类。

（1）摩擦型桩

摩擦桩：在承载能力极限状态下，桩顶竖向荷载由桩侧阻力承受，桩端阻力小到可忽略不计；

端承摩擦桩：在承载能力极限状态下，桩顶竖向荷载主要由桩侧阻力承受。

（2）端承型桩：

端承桩：在承载能力极限状态下，桩顶竖向荷载由桩端阻力承受，桩侧阻力小到可忽略不计；

摩擦端承桩：在承载能力极限状态下，桩顶竖向荷载主要由桩端阻力承受。

2. 按施工方法分类

根据桩的施工方法不同，主要可分为预制桩和灌注桩两大类。

（1）预制桩

预制桩可以在施工现场或工厂预制，然后运至桩位处，再经锤击、振动、静压或旋入等方式设置就位。预制桩按材质可分为钢筋混凝土桩、钢桩或木桩等。

（2）灌注桩

灌注桩是直接在所设计桩位处成孔，然后在孔下放钢筋笼（也有直接插筋或省去钢筋的）再浇灌混凝土而成。其横截面呈圆形，可以做成大直径或扩底桩。按照灌注桩的施工方式可分为沉管灌注桩、钻（冲）孔灌注桩和挖孔桩。

3. 按桩的设置效应分类

（1）非挤土桩：干作业法钻（挖）孔灌注桩、泥浆护壁法钻（挖）孔灌注桩、套管护壁法钻（挖）孔灌注桩；

（2）部分挤土桩：冲孔灌注桩、钻孔挤扩灌注桩、搅拌劲芯桩、预钻孔打入（静压）预制桩、打入（静压）式敞口钢管桩、敞口预应力混凝土空心桩和H型钢桩；

（3）挤土桩：沉管灌注桩、沉管夯（挤）扩灌注桩、打入（静压）预制桩、闭口预应力混凝土空心桩和闭口钢管桩。

4. 按桩径大小分类

（1）小直径桩：$d \leqslant 250mm$；

（2）中等直径桩：$250mm < d < 800mm$；

大直径桩：$d \geqslant 800mm$。

6.3.4 桩基构造（以灌注桩为例）

1. 配筋率

当桩身直径为 300～2000mm 时，正截面配筋率可取 0.65％～0.2％（小直径桩取高值）；对受荷载特别大的桩、抗拔桩和嵌岩端承桩应根据计算确定配筋率，并不应小于上述规定值。

2. 配筋长度

端承型桩和位于坡地、岸边的基桩应沿桩身等截面或变截面通长配筋；摩擦型灌注桩配筋长度不应小于 2/3 桩长；当受水平荷载时，配筋长度尚不宜小于 $4.0/\alpha$（α 为桩的水平变形系数）；对于受地震作用的基桩，桩身配筋长度应穿过可液化土层和软弱土层，进入稳定土层的深度不应小于现行行业标准《建筑桩基技术规范》JGJ 94 第 3.4.6 条的规定；受负摩阻力的桩、因先成桩后开挖基坑而随地基土回弹的桩，其配筋长度应穿过软弱土层并进入稳定土层，进入的深度不应小于（2～3）d；抗拔桩及因地震作用、冻胀或膨胀力作用而受拔力的桩，应等截面或变截面通长配筋。

3. 主筋

对于受水平荷载的桩，主筋不应小于 $8\phi12$；对于抗压桩和抗拔桩，主筋不应小于 $6\phi10$；纵向主筋应沿桩身周边均匀布置，其净距不应小于 60mm。

4. 箍筋

应采用螺旋式，直径不应小于 6mm，间距宜为 200～300mm；受水平荷载较大的桩基、承受水平地震作用的桩基以及考虑主筋作用计算桩身受压承载力时，桩顶以下 $5d$ 范围内的箍筋应加密，间距不应大于 100mm；当桩身位于液化土层范围内时箍筋应加密；当考虑箍筋受力作用时，箍筋配置应符合现行国家标准《混凝土结构设计规范》GB 50010 的有关规定；当钢筋笼长度超过 4m 时，应每隔 2m 设一道直径不小于 12mm 的焊接加劲箍筋。

5. 桩身混凝土

桩身混凝土强度等级不得小于 C25，混凝土预制桩尖强度等级不得小于 C30；灌注桩主筋的混凝土保护层厚度不应小于 35mm，水下灌注桩的主筋混凝土保护层厚度不得小于 50mm；四类、五类环境中桩身混凝土保护层厚度应符合国家现行标准《港口工程混凝土结构设计规范》JTJ 267、《工业建筑防腐蚀设计标准》GB/T 50046 的相关规定。

6. 基桩的布置原则

基桩的最小中心距应符合表 6-10 的规定，当施工中采取减小挤土效应的可靠措施时，可根据当地经验适当减小。

土类和成桩工艺		排数不小于 3 排且桩数不少于 9 根的摩擦型桩基	其他情况
非挤土灌注桩		$3.0d$	$3.0d$
部分挤土桩	非饱和土、饱和非黏性土	$3.5d$	$3.0d$
	饱和黏性土	$4.0d$	$3.5d$
挤土桩	非饱和土、饱和非黏性土	$4.0d$	$3.5d$
	饱和黏性土	$4.5d$	$4.0d$
钻、挖孔扩底桩		$2D$ 或 $D+2.0\text{m}$（当 $D>2\text{m}$）	$1.5D$ 或 $D+1.5\text{m}$（当 $D>2\text{m}$）
沉管夯扩、钻孔挤扩桩	非饱和土、饱和非黏性土	$2.2D$ 且 $4.0d$	$2.0D$ 且 $3.5d$
	饱和黏性土	$2.5D$ 且 $4.5d$	$2.2D$ 且 $4.0d$

注：1. d——圆桩设计直径或方桩设计边长，D——扩大端设计直径；

2. 当纵横向桩距不相等时，其最小中心距应满足"其他情况"一栏的规定；

3. 当为端承型桩时，非挤土灌注桩的"其他情况"一栏可减小至 $2.5d$。

排列基桩时，宜使桩群承载力合力点与竖向永久荷载合力作用点重合，并使基桩受水平力和力矩较大方向有较大抗弯截面模量。应选择硬土层作为桩端持力层。桩端全断面进入持力层的深度，对于黏性土、粉土不宜小于 $2d$，砂土不宜小于 $1.5d$，碎石类土不宜小于 $1d$。当存在软弱下卧层时，桩端以下硬持力层厚度不宜小于 $3d$。

对于嵌岩桩，嵌岩深度应综合荷载、上覆土层、基岩、桩径、桩长等因素确定；对于嵌入倾斜的完整和较完整岩的全断面深度不宜小于 $0.4d$，且不小于 0.5m，倾斜度大于 30% 的中风化岩，宜根据倾斜度及岩石完整性适当加大嵌岩深度；对于嵌入平整、完整的坚硬岩和较硬岩的深度不宜小于 $0.2d$，且不应小于 0.2m。

6.3.5 承台设计

桩基承台可分为柱下独立承台、柱下或墙下条形承台，以及筏板承台和箱形承台等。承台的作用是将桩联结成一个整体，并把建筑物的荷载传到桩上，因而承台应有足够的强度和刚度。以下为承台设计的主要内容。

1. 外形尺寸

承台的平面尺寸一般由其上部结构、桩数和布桩形式决定，通常墙下桩基础做成条形承台梁，柱下桩基采用板式承台，其平面形式多采用矩形或三角形，剖面形式以锥形、台阶形和平板形为主。

2. 一般构造规定

桩基承台的构造，除应满足抗冲切、抗剪切、抗弯承载力和上部结构要求外，尚应符合下列要求：

（1）柱下独立桩基承台的最小宽度不应小于 500mm，边桩中心至承台边缘的距离不应小于桩的直径或边长，且桩的外边缘至承台边缘的距离不应小于 150mm。对于墙下条形承台梁，桩的外边缘至承台梁边缘的距离不应小于 75mm，承台的最小厚度不应小于 300mm。

（2）高层建筑平板式和梁板式筏形承台的最小厚度不应小于 400mm，墙下布桩的剪力墙结构筏形承台的最小厚度不应小于 200mm。

（3）高层建筑箱形承台的构造应符合现行行业标准《高层建筑筏形与箱形基础技术规范》JGJ 6 的规定。

3. 承台混凝土

承台混凝土材料及其强度等级应符合结构混凝土耐久性的要求和抗渗要求。在季节性冻土地区还要考虑混凝土材料的抗冻性能。

4. 钢筋配制

（1）柱下独立桩基承台

柱下独立桩基承台钢筋应通长配置（图 6-9a），对四桩以上（含四桩）承台宜按双向均匀布置，对三桩的三角形承台应按三向板带均匀布置，且最里面的三根钢筋围成的三角形应在柱截面范围内（图 6-9b）。钢筋锚固长度自边桩内侧（当为圆桩时，应将其直径乘以 0.8 等效为方桩）算起，不应小于 $35d_g$（d_g 为钢筋直径）；当不满足时应将钢筋向上弯折，此时水平段的长度不应小于 $25d_g$，弯折段长度不应小于 $10d_g$。承台纵向受力钢筋的直径不应小于 12mm，间距不应大于 200mm。柱下独立桩基承台的最小配筋率不应小于 0.15％。

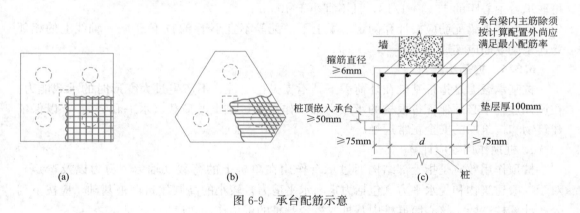

图 6-9 承台配筋示意

（2）柱下独立两桩承台

柱下独立两桩承台应按现行国家标准《混凝土结构设计规范》GB 50010 中的深受弯构件配置纵向受拉钢筋、水平及竖向分布钢筋。承台纵向受力钢筋端部的锚固长度及构造应与柱下多桩承台的规定相同。

（3）条形承台梁

条形承台梁的纵向主筋应符合现行国家标准《混凝土结构设计规范》GB 50010 关于最小配筋率的规定（图 6-9c），主筋直径不应小于 12mm，架立筋直径不应小于 10mm，箍筋直径不应小于 6mm。承台梁端部纵向受力钢筋的锚固长度及构造应与柱下多桩承台的规定相同。

（4）筏形承台板或箱形承台板

筏形承台板或箱形承台板在计算中当仅考虑局部弯矩作用时，考虑到整体弯曲的影响，在纵横两个方向的下层钢筋配筋率不宜小于 0.15％；上层钢筋应按计算配筋率全部连通。当筏板的厚度大于 2000mm 时，宜在板厚中间部位设置直径不小于 12mm、间距不大于 300mm 的双向钢筋网。

承台底面钢筋的混凝土保护层厚度，当有混凝土垫层时，不应小于 50mm，无垫层时不应小于 70mm；此外尚不应小于桩头嵌入承台内的长度。

5. 柱-承台连接构造

（1）对于一柱一桩基础，柱与桩直接连接时，柱纵向主筋锚入桩身内长度不应小于35倍纵向主筋直径。

（2）对于多桩承台，柱纵向主筋应锚入承台不小于35倍纵向主筋直径；当承台高度不满足锚固要求时，竖向锚固长度不应小于20倍纵向主筋直径，并向柱轴线方向呈90°弯折。

（3）当有抗震设防要求时，对于一、二级抗震等级的柱，纵向主筋锚固长度应乘以1.15的系数；对于三级抗震等级的柱，纵向主筋锚固长度应乘以1.05的系数。

6. 承台-承台连接构造

（1）一柱一桩时，应在桩顶两个主轴方向上设置连系梁。当桩与柱的截面直径之比大于2时，可不设连系梁。

（2）两桩桩基的承台，应在其短向设置连系梁。

（3）有抗震设防要求的柱下桩基承台，宜沿两个主轴方向设置连系梁。

（4）连系梁顶面宜与承台顶面位于同一标高。连系梁宽度不宜小于250mm，其高度可取承台中心距的1/15～1/10，且不宜小于400mm。

（5）连系梁配筋应按计算确定，梁上下部配筋不宜小于2φ12位于同一轴线上的相邻跨连系梁纵筋应连通。

6.3.6 桩基承载力

桩基承载力是指桩基础在外荷载下，不丧失稳定性、不产生过大变形时的承载能力。在设计过程中必须保证每根桩的承载力大于作用到该桩上的荷载（水平和竖向），以保证建筑物和构筑物的安全正常运维。

1. 桩顶作用效应计算

桩顶作用效应是指上部结构通过承台作用在单桩上的荷载（轴力、剪力以及弯矩）。对于一般建筑物和受水平力（包括力矩与水平剪力）较小的高层建筑群桩基础，应按下列公式计算柱、墙、核心筒群桩中基桩或复合基桩的桩顶作用效应。

（1）竖向力

轴心竖向力作用下：

$$N_k = \frac{F_k + G_k}{n} \tag{6-35}$$

偏心竖向力作用下：

$$N_{ik} = \frac{F_k + G_k}{n} \pm \frac{M_{xk} y_i}{\sum y_j^2} \pm \frac{M_{yk} x_i}{\sum x_j^2} \tag{6-36}$$

式中 F_k——荷载效应标准组合下，作用于承台顶面的竖向力；

        G_k——桩基承台和承台上土自重标准值，对稳定的地下水位以下部分应扣除水的浮力；

        N_k——荷载效应标准组合轴心竖向力作用下，基桩或复合基桩的平均竖向力；

        N_{ik}——荷载效应标准组合偏心竖向力作用下，第i基桩或复合基桩的竖向力；

M_{xk}、M_{yk}——荷载效应标准组合下，作用于承台底面，绕通过桩群形心的x、y主轴的力矩；

x_i、x_j、y_i、y_j——第i、j基桩或复合基桩至y、x轴的距离；

n——桩基中的桩数。

（2）水平力

$$H_{ik}=\frac{H_k}{n}\qquad\qquad(6\text{-}37)$$

式中　H_k——荷载效应标准组合下，作用于桩基承台底面的水平力；

　　　　H_{ik}——荷载效应标准组合下，作用于第 i 基桩或复合基桩的水平力；

　　　　n——桩基中的桩数。

对于主要承受竖向荷载的抗震设防区低承台桩基，在同时满足下列条件时，桩顶作用效应计算可不考虑地震作用：

① 按现行国家标准《建筑抗震设计规范》GB 50011 规定可不进行桩基抗震承载力验算的建筑物；

② 建筑场地位于建筑抗震的有利地段。

对于下列情况之一的桩基，计算各基桩的作用效应、桩身内力和位移时，宜考虑承台（包括地下墙体）与基桩协同工作和土的弹性抗力作用：

① 位于 8 度和 8 度以上抗震设防区的建筑，当其桩基承台刚度较大或由于上部结构与承台协同作用能增强承台的刚度时；

② 其他受较大水平力的桩基。

2. 桩竖向承载力计算

（1）单桩竖向承载力

单桩竖向承载力表示在正常使用极限状态计算时采用的单桩承载力，即发挥正常使用功能时所允许采用的抗力设计值。单桩竖向承载力应为不超过桩顶荷载-变形曲线线性变形阶段的比例界限荷载。根据现行行业标准《建筑桩基技术规范》JGJ 94 第 5.2.2 条，单桩竖向承载力特征值 R_a 应按下式确定：

$$R_a=\frac{1}{K}Q_{uk}\qquad\qquad(6\text{-}38)$$

式中　Q_{uk}——单桩竖向极限承载力标准值；

　　　　K——安全系数，取 $K=2$。

对于端承型桩基、桩数少于 4 根的摩擦型柱下独立桩基，或由于地基性质、使用条件等因素不宜考虑承台效应时，基桩竖向承载力特征值应取单桩竖向承载力特征值。

（2）单桩竖向极限承载力标准值

设计等级为甲级的建筑桩基，单桩竖向极限承载力标准值 Q_{uk} 应通过单桩静载试验确定；设计等级为乙级的建筑桩基，当地质条件简单时，可参照地质条件相同的试桩资料，结合静力触探等原位测试和经验参数综合确定，其余均应通过单桩静载试验确定；设计等级为丙级的建筑桩基，可根据原位测试和经验参数确定。

① 原位测试法

当根据单桥探头静力触探资料确定混凝土预制桩单桩竖向极限承载力标准值时，如无当地经验，可按下式计算：

$$Q_{uk}=Q_{sk}+Q_{pk}=u\sum q_{sik}l_i+\alpha p_{sk}A_p\qquad\qquad(6\text{-}39)$$

当 $p_{sk1}\leqslant p_{sk2}$：

$$p_{sk} = \frac{1}{2}(p_{sk1} + \beta \cdot p_{sk2}) \tag{6-40}$$

当 $p_{sk1} > p_{sk2}$：

$$p_{sk} = p_{sk2} \tag{6-41}$$

式中　Q_{sk}、Q_{pk}——分别为总极限侧阻力标准值和总极限端阻力标准值；

u——桩身周长；

q_{sik}——用静力触探比贯入阻力值估算的桩周第 i 层土的极限侧阻力；

l_i——桩周第 i 层土的厚度；

α——阻力修正系数，可按表 6-11 取值；

p_{sk}——桩端附近的静力触探比贯入阻力标准值（平均值）；

A_p——桩端面积；

p_{sk1}——全截面以上 8 倍桩径范围内的比贯入阻力平均值；

p_{sk2}——桩端全截面以下 4 倍桩径范围内的比贯入阻力平均值，如桩端持力层为密实的砂土层，其比贯入阻力平均值超过 20MPa 时，则需乘以表 6-12 中系数 C 予以折减后，再计算 p_{sk}；

β——折减系数，按表 6-13 选用。

桩端阻力修正系数 α 值　　　　　　　　　　　表 6-11

桩长(m)	$l < 15$	$15 \leqslant l \leqslant 30$	$30 < l \leqslant 60$
α	0.75	0.75~0.90	0.90

系数 C　　　　　　　　　　　表 6-12

p_{sk}(MPa)	20~30	35	>40
系数 C	5/6	2/3	1/2

折减系数 β　　　　　　　　　　　表 6-13

p_{sk2}/p_{sk1}	$\leqslant 5$	7.5	12.5	$\geqslant 15$
β	1	5/6	2/3	1/2

当根据双桥探头静力触探资料确定混凝土预制桩单桩竖向极限承载力标准值时，对于黏性土、粉土和砂土，如无当地经验时可按下式计算：

$$Q_{uk} = Q_{sk} + Q_{pk} = u\sum l_i \cdot \beta_i \cdot f_{si} + \alpha \cdot q_c \cdot A_p \tag{6-42}$$

式中　f_{si}——第 i 层土的探头平均侧阻力（kPa）；

q_c——平面上、下探头阻力（kPa），取桩端平面以上 $4d$（d 为桩的直径或边长）范围内按土层厚度的探头阻力加权平均值，然后再和桩端平面以下 d 范围内的探头阻力进行平均；

α——桩端阻力修正系数，对于黏性土、粉土取 2/3，饱和砂土取 1/2；

β_i——第 i 层土桩侧阻力综合修正系数，黏性土、粉土：$\beta_i = 10.04 (f_{si})^{-0.55}$；砂土：$\beta_i = 5.05 (f_{si})^{-0.45}$。

② 经验参数法

当根据土的物理指标与承载力参数之间的经验关系确定单桩竖向极限承载力标准值 Q_{uk} 时，宜按下式估算：

$$Q_{uk} = Q_{sk} + Q_{pk} = u \sum q_{sik} l_i + q_{pk} A_p \qquad (6\text{-}43)$$

式中　q_{sik}——桩侧第 i 层土的极限侧阻力标准值，如无当地经验时，可按表 6-14 取值；

　　　q_{pk}——极限端阻力标准值，如无当地经验时，可按表 6-15 取值。

桩的极限侧阻力标准值 q_{sik}（kPa）

表 6-14

土的名称	土的状态		混凝土预制桩	水下钻（冲）孔桩	干作业钻孔桩
填土	—		22～30	20～28	20～28
淤泥	—		14～20	12～18	12～18
淤泥质土	—		22～30	20～28	20～28
黏性土	流塑	$I_L>1$	24～40	21～38	21～38
	软塑	$0.75<I_L\leqslant1$	40～55	38～53	38～53
	可塑	$0.50<I_L\leqslant0.75$	55～70	53～68	53～66
	硬可塑	$0.25<I_L\leqslant0.50$	70～86	68～84	66～82
	硬塑	$0<I_L\leqslant0.25$	86～98	84～96	82～94
	坚硬	$I_L\leqslant0$	98～150	96～102	94～104
红黏土	$0.7<a_w\leqslant1$		13～32	12～30	12～30
	$0.5<a_w\leqslant0.7$		32～74	30～70	30～70
粉土	稍密	$e>0.9$	26～46	22～46	22～46
	中密	$0.75\leqslant e\leqslant0.9$	48～66	46～64	46～64
	密实	$e<0.75$	66～88	64～86	64～86
细粉砂	稍密	$10<N\leqslant15$	24～48	22～46	22～46
	中密	$15<N\leqslant30$	48～66	46～64	46～64
	密实	$N>30$	66～88	64～86	64～86
中砂	中密	$15<N\leqslant30$	54～74	53～72	53～72
	密实	$N>30$	74～95	72～94	72～94
粗砂	中密	$15<N\leqslant30$	74～95	74～95	76～98
	密实	$N>30$	95～116	95～116	98～120
砾砂	稍密	$5<N_{63.5}\leqslant15$	70～110	50～90	60～100
	中密（密实）	$N_{63.5}>15$	116～138	116～130	112～130
角砾、圆砾	中密、密实	$N_{63.5}>10$	160～200	135～150	135～150
碎石、卵石	中密、密实	$N_{63.5}>10$	200～300	140～170	150～170
全风化软质岩	—	$30\leqslant N<50$	100～120	80～100	80～100
全风化硬质岩	—	$30\leqslant N<50$	140～160	120～140	120～150
强风化软质岩	—	$N_{63.5}>10$	160～240	140～200	140～220
强风化硬质岩	—	$N_{63.5}>10$	220～300	160～240	160～260

注：1. 对尚未完成自重固结的填土和以生活垃圾为主的杂填土，不计其侧阻力；

　　2. a_w 为含水比，$a_w=w/w_L$；

　　3. N 为标准贯入次数，$N_{63.5}$ 为重型圆锥动力初探次数；

　　4. 全风化、强风化软质岩和全风化、强风化硬质岩指其母岩分别为 $f_{rk}\leqslant15MPa$、$f_{rk}>30MPa$ 的岩石。

桩的极限端阻力标准值 q_{pk} （kPa）

表 6-15

土的名称	土的状态		混凝土预制桩桩长 l(m)				泥浆护壁钻(冲)孔桩桩长 l(m)			
			$l\leq9$	$9<l\leq16$	$16<l\leq30$	$l>30$	$5<l\leq10$	$10<l\leq15$	$15<l\leq30$	$l>30$
黏性土	软塑	$0.75<I_L\leq1$	210~850	650~1400	1200~1800	1300~1900	150~250	250~300	300~450	300~450
	可塑	$0.50<I_L\leq0.75$	850~1700	1400~2200	1900~2800	2300~3600	350~450	450~600	600~750	750~800
	硬可塑	$0.25<I_L\leq0.50$	1500~2300	2300~3300	2700~3600	3600~4400	800~900	900~1000	1000~1200	1200~1400
	硬塑	$0<I_L\leq0.25$	2500~3800	3800~5500	5500~6000	6000~6800	1100~1200	1200~1400	1400~1600	1600~1800
粉土	中密	$0.75\leq e\leq0.95$	950~1700	1400~2100	1900~2700	2500~3400	300~500	500~650	650~750	750~850
	密实	$e<0.75$	1500~2600	2100~3000	2700~3600	3600~4400	650~900	750~950	900~1000	1100~1200
粉砂	稍密	$10<N\leq15$	1000~1600	1500~2300	1900~2700	2100~3000	350~500	450~600	600~700	650~750
	中密、密实	$N>15$	1400~2200	2100~3000	3000~4500	3800~5500	600~750	750~900	900~1100	1100~1200
细砂	中密、密实	$N>15$	2500~4000	3600~5000	4400~6000	5300~7000	650~850	900~1200	1200~1500	1500~1800
中砂			4000~6000	5500~7000	6500~8000	7500~9000	850~1050	1100~1500	1500~1900	1900~2100
粗砂			57000~7500	7500~8500	8500~10000	9500~11000	1500~1800	2100~2400	2400~2600	2600~2800
砾砂	中密、密实	$N>15$	6000~9500		9000500		1400~2000		2000~3200	
角砾、圆砾		$N_{63.5}>10$	7000~10000		9500~11500		1800~2200		2200~3600	
碎石、卵石		$N_{63.5}>10$	8000~11000		10500~13000		2000~3000		3000~4000	
全风化软质岩		$30\leq N<50$	4000~6000				1000~1600			
全风化硬质岩		$30\leq N<50$	5000~8000				1200~2000			
强风化软质岩		$N_{63.5}>10$	6000~9000				1400~2200			
强风化硬质岩		$N_{63.5}>10$	7000~10000				1800~2800			

土的名称	土的状态		干作业钻孔桩桩长 l(m)		
			$5\leq l<10$	$10\leq l<15$	$15\leq l$
黏性土	软塑	$0.75<I_L\leq1$	200~400	400~700	700~950
	可塑	$0.50<I_L\leq0.75$	500~700	800~1100	1000~1600
	硬可塑	$0.25<I_L\leq0.50$	850~1000	1500~1700	1700~1900
	硬塑	$0<I_L\leq0.25$	1600~1800	2200~2400	2600~2800
粉土	中密	$0.75\leq e\leq0.95$	800~1200	1200~1400	1400~1600
	密实	$e<0.75$	1200~1700	1400~1900	1600~2100
粉砂	稍密	$10<N\leq15$	500~950	1300~1600	1500~1700
	中密、密实	$N>15$	900~1000	1700~1900	1700~1900
细砂	中密、密实	$N>15$	1200~1600	2000~2400	2400~2700
中砂			1800~2400	2800~3800	3600~4400
粗砂			2900~3600	4000~4600	4600~5200
砾砂	中密、密实	$N>15$		3500~5000	
角砾、圆砾		$N_{63.5}>10$		4000~5500	
碎石、卵石		$N_{63.5}>10$		4500~6500	
全风化软质岩		$30\leq N<50$		1200~2000	

土的名称	桩型	干作业钻孔桩桩长 l（m）		
	土的状态	$5 \leqslant l < 10$	$10 \leqslant l < 15$	$15 \leqslant l$
全风化硬质岩	$30 \leqslant N < 50$	1400～2400		
强风化软质岩	$N_{63.5} > 10$	1600～2600		
强风化硬质岩	$N_{63.5} > 10$	2000～3000		

注：1. 对于粉砂和碎石类土，要综合考虑土的密实度、桩端进入持力层的深径比 h_b/d 确定；土愈密实，h_b/d 愈大，取值愈高；

2. 预制桩的岩石极限端阻力指桩端支承于中、微风化基岩表面或进入强风化岩、软质岩一定深度条件下的极限端阻力；

3. 全风化、强风化软质岩和全风化、强风化硬质岩指其母岩分别为 $f_{rk} \leqslant 15MPa$、$f_{rk} > 30MPa$ 的岩石。

3. 单桩水平承载力

建筑工程中桩基础在风荷载、土压力、水压力等水平荷载和弯矩作用下，桩身产生挠曲变形，并挤压桩侧土体。桩的水平承载力是由桩周土体水平抗力的大小控制的，其大小和分布与桩的变形、土质条件及桩的入土深度等因素有关。确定单桩水平承载力特征值的方法以单桩水平静载试验为主，在这不作介绍。

4. 群桩基础承载力

竖向荷载下的群桩基础，其承载力和沉降性状与其工作特征相关。当竖向荷载作用由各基桩与承台底地基土共同承担（承台效应），且各基桩承载力通过桩间土相互影响时，群桩承载力不等于单桩承载力之和（群桩效应），群桩效应和承台效应与承台、桩和地基土的相互作用有关。

（1）群桩效应

群桩效应与群桩的工作特点有关，根据桩基的工作特点可将其分为以下两种类型：

① 端承型群桩基础：持力层坚硬，桩侧摩阻力不易发挥，可近似认为端承型群桩基础中各基桩工作状态与单桩一致，不考虑群桩效应。

② 摩擦型群桩基础：当桩中心距 $s_a > 6d$ 时，桩端平面各处传来的压力互不重叠或重叠不多，可不考虑群桩效应，反之则需要考虑。

（2）承台效应

承台效应与承台底对荷载的分担作用有关，该分担作用随地基土向下位移幅度的加大而增强，对于符合下列条件之一的摩擦型桩基，宜考虑承台效应确定其复合基桩竖向承载力特征值：

① 上部结构整体刚度较好、体型简单的建（构）筑物；

② 对差异沉降适应性较强的排架结构和柔性构筑物；

③ 按变刚度调平原则设计的桩基刚度相对弱化区；

④ 软土地基的减沉复合疏桩基础。

考虑承台效应的复合基桩竖向承载力特征值可按下列公式确定：

不考虑地震作用时：

$$R = R_a + \eta_c f_{ak} A_c \tag{6-44}$$

考虑地震作用时：

$$R = R_a + \frac{\zeta_a}{1.25} \eta_c f_{ak} A_c \tag{6-45}$$

其中，$A_c = (A - nA_{ps})/n$

式中 η_c——承台效应系数，可按表 6-16 取值；

    f_{ak}——承台下 1/2 承台宽度且不超过 5m 深度范围内各层土的地基承载力特征值按厚度加权的平均值；

    A_c——计算基桩所对应的承台底净面积；

    A_{ps}——桩身截面面积；

    A——承台计算域面积，对于柱下独立桩基，A 为承台总面积；对于桩筏基础，A 为柱、墙筏板的 1/2 跨距和悬臂边 2.5 倍筏板厚度所围成的面积；桩集中布置于单片墙下的桩筏基础，取墙两边各 1/2 跨距围成的面积，按条形承台计算 η_c；

    ζ_a——地基抗震承载力调整系数，应按现行国家标准《建筑抗震设计规范》GB 50011 采用。

当承台底为可液化土、湿陷性土、高灵敏度软土、欠固结土、新填土，沉桩引起超孔隙水压力和土体隆起时，不考虑承台效应，取 $\eta_c = 0$。

承台效应系数 η_c 表 6-16

B_c/l	s_a/d				
	3	4	5	6	>6
≤0.4	0.06~0.08	0.14~0.17	0.22~0.26	0.32~0.38	
0.4~0.8	0.08~0.10	0.17~0.20	0.26~0.30	0.38~0.44	0.50~0.80
>0.8	0.10~0.12	0.20~0.22	0.30~0.34	0.44~0.50	
单排桩条形承台	0.15~0.18	0.25~0.30	0.38~0.45	0.50~0.60	

注：1. 表中 s_a/d 为桩中心距与桩径之比；B_c/l 为承台宽度与桩长之比。当计算基桩为非正方形排列时，$s_a = \sqrt{A/n}$，A 为承台计算域面积，n 为总桩数；

    2. 对于桩布置于墙下的箱、筏承台，η_c 可按单排桩条形承台取值；

    3. 对于单排桩条形承台，当承台宽度小于 1.5d 时，η_c 按非条形承台取值；

    4. 对于采用后注浆灌注桩的承台，η_c 宜取低值；

    5. 对于饱和黏性土中的挤土桩基、软土地基上的桩基承台，η_c 宜取低值的 0.8 倍。

7 计算机辅助结构设计

7.1 计算机辅助结构设计软件

随着国内建筑行业的不断发展，一系列国产的结构设计软件被开发出来，如中国建筑科学研究院建筑工程软件所研发的 PKPM，北京盈建科软件有限责任公司的 YJK 建筑结构设计软件等。

PKPM 软件：这款软件于 1988 年推出，由中国建筑科学研究院建筑工程软件所出品，分为 PK 和 PM 两个模块：PK 是排架设计模块，是门式钢架结构的主力模块；PM 是平面辅助设计模块，与 SATWE 模块对接共同用于多层和高层结构的设计。PKPM 也可以同时接力 SAUSAGE 导入配筋进行弹塑性分析。

YJK 软件：在结构设计方面，YJK 推出了适用于多、高层建筑的结构计算软件 YJK-A，可以对多、高层钢筋混凝土框架、框剪、剪力墙、筒体结构以及钢混凝土混合结构和高层钢结构进行高效建模；在结构计算方面，YJK-A 采用通用的有限元计算核心进行分析和求解，用空间框架单元模拟梁、柱及支撑等杆系构件，用壳元凝聚成墙元模拟剪力墙，对于楼板可模拟刚性板和各类型的弹性板等不同计算模型，满足计算要求。

接下来将以 YJK-A 为例，详细介绍钢筋混凝土框架结构的设计及计算分析。

7.2 结构设计及计算（以 YJK-A 为例）

7.2.1 轴网绘制

打开盈建科软件后第一个模块是"轴线网格"。盈建科建模第一步需要绘制轴网，所有的梁柱构件需布置在轴线或节点上。轴网可以通过"正交网格"菜单来快速布置，输入好开间和进深即可快速生成轴网，如图 7-1 所示。

1-轴网布置

框架结构内墙下需要次梁承托，次梁所在轴线可能不在所绘制的轴网内，此时需要通过左上角的"直线"菜单来补充。修改菜单中还包括"复制""移动""旋转""镜像""删除"等命令，操作和 CAD 类似，这里不再赘述。绘制完轴线后，节点也会在轴线交点处自动生成。

7.2.2 构件布置

完成轴线网格绘制后，进入"构件布置"模块。在这里只需布置结构构件，非结构构件以荷载的形式进行考虑。对于混凝土框架结构，需要布置柱、梁、板。

1. 柱布置

柱布置在轴线形成的节点处。点击左上角的"柱"菜单，弹出对话框

2-构件布置

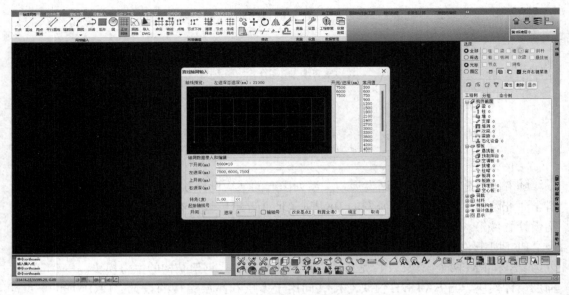

图 7-1   "正交网格"菜单生成轴网

后，点击"添加"，建立一个新的柱子，可对其进行命名，例如"KZ1"，同时还可根据各自的设计修改截面特性等（图 7-2）。点击"确定"后，完成 KZ1 柱建立。建立好后还可以对其进行修改，修改后的参数将会重新赋予所有布置好的 KZ1 柱。

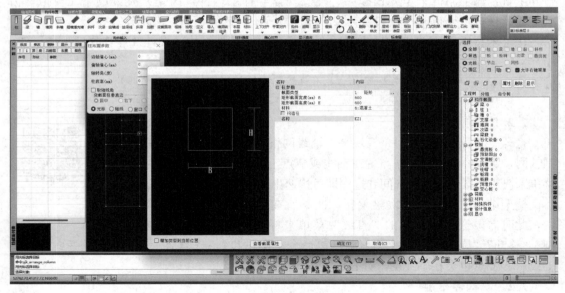

图 7-2   柱添加

柱添加好后即可开始布置，如图 7-3 所示。点击左边对话框中添加好的 KZ1 柱，可以根据方便需要，选择"光标""轴线""窗口""围区"等不同的布置方式。然后在相应的节点处布置上 KZ1 柱。以同样的方式，还可以继续添加和布置更多不同截面的柱。

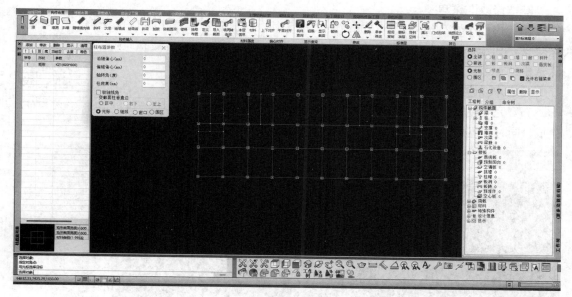

图 7-3　柱布置

2. 梁布置

梁布置在轴线上。点击"梁"菜单,会弹出和添加柱时一样的对话框,用同样的方式可以添加不同截面的 KL1,KL2,L1 梁等,随后在相应的轴线上布置好对应的梁,如图 7-4 所示。值得注意的是,次梁 L1 可以在"梁"菜单布置完成,无需采用后面的"次梁"菜单。事实上用"次梁"菜单输入次梁是为了适应某些特殊设计习惯,普通的楼盖可以采用"梁"菜单布置次梁。采用"次梁"菜单来布置次梁,会对板进行分隔,导致板的导荷方式与实际不一致的情况。

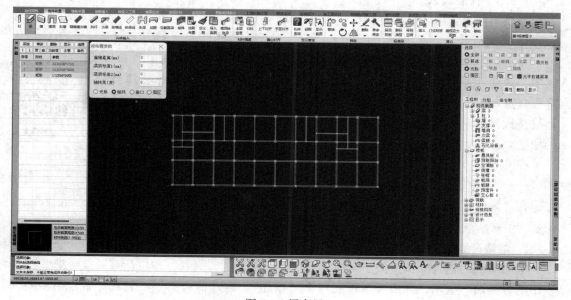

图 7-4　梁布置

3. "修改"菜单

在"构件布置"模块下有"修改"菜单。其中"删除"菜单下可以选择删除对象，如选择"构件"，则会将选中的所有构件删除，如选择"梁"，则只删除选中的梁。

4. 楼板布置

布置完梁柱后，点击"楼板布置"。点击左上角的"生成楼板"，楼板可以自动生成。同时，还可根据需要通过"修改板厚"菜单来修改板厚，如图7-5所示。

3-楼板布置

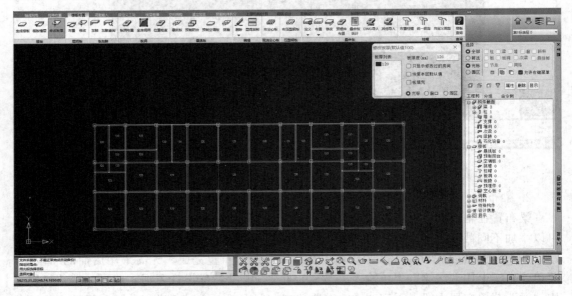

图7-5 修改板厚

7.2.3 荷载输入

完成构件布置后，进入"荷载输入"模块。

1. 楼面荷载

点击左上角的"楼面恒活"，弹出对话框后可输入对应的楼面恒载和活载。其中"自动计算现浇板自重"可选择勾选，一旦勾选，系统将根据板厚自动计算板自重，此方法只计算了相应厚度混凝土自重，不包括涂层等。如需要准确计算楼板自重，不勾选"自动计算现浇板自重"的选项，根据建筑设计中楼板的做法，来确定恒载。如图7-6所示。

4-荷载输入

在"导荷方式"一栏可以选择不同的导荷方式，并且能看到相应的示意图，一般选择"梯形三角形传导"即可。如图7-7所示。

在"导荷方式"旁，点击"楼板"即可查看已经输入好的恒载和活载，并可进行修改。勾选"恒载活载同时输入"即可同时查看楼面恒载和活载。如图7-8所示。

2. 梁墙荷载

梁墙荷载的输入操作类似于梁柱构件布置。先点击"恒载"和"活载"模块中的"梁墙"菜单，弹出对话框后点击"添加"，输入荷载类型、名称和数值后点击"确定"即添加完毕，如图7-9所示。梁墙恒载以均布线荷载的形式

5-梁墙荷载

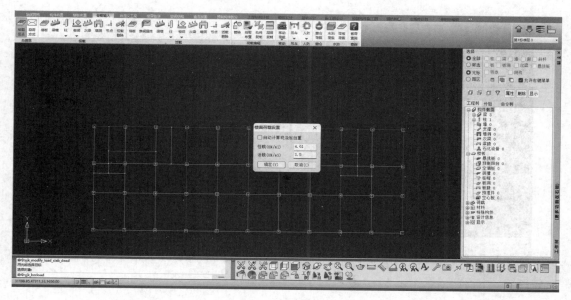

图 7-6 楼面荷载

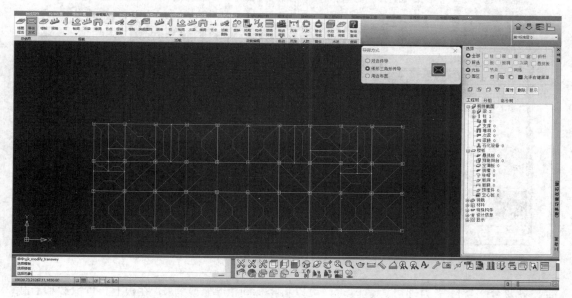

图 7-7 导荷方式

布置，数值上除了需考虑梁上所承墙的自重外，还需考虑梁抹灰重。

添加完毕后点击添加好的一种荷载，即可进行布置。梁墙荷载只能布置在已经布置好的梁或墙上，如图 7-10 所示。布置方式可选择"叠加"或"覆盖"。完成一种荷载的布置后，用同样的方式完成全部梁墙荷载的布置。

7.2.4 楼梯间和电梯间建模

1. 楼梯间建模

楼梯间建模有两种方式。一种是在"构件布置"模块中的"楼梯"菜单进行布置。另一种是根据其传力方式进行简化建模。第二种建模方式比较灵

6-楼梯建模

123

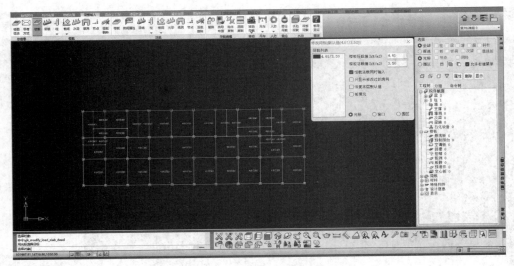

图 7-8　楼板荷载查看和修改

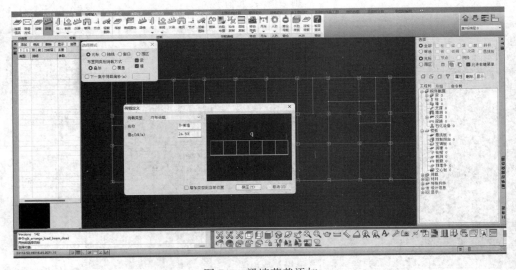

图 7-9　梁墙荷载添加

活，只要合乎实际受力即可。建模时，可以将楼梯间板厚修改为 0，在板上布置恒载和活载，荷载将会向四周传导，符合实际受力情况（以此为例，如图 7-11 和图 7-12 所示）；也可以在楼梯间设置楼板全开洞，把荷载换算成线荷载直接加到梁上。

2. 电梯间建模

（1）升降式电梯

升降式电梯建模方式同楼梯间建模。

7-升降式电梯

（2）自动扶梯

自动扶梯建模与楼梯间和升降式电梯不同，并非四周都有梁承载，而是仅有上下两根梁承载。因此采用修改板厚为 0，然后布置楼面荷载的方式在这里不符合实际受力情况。

8-自动扶梯建模

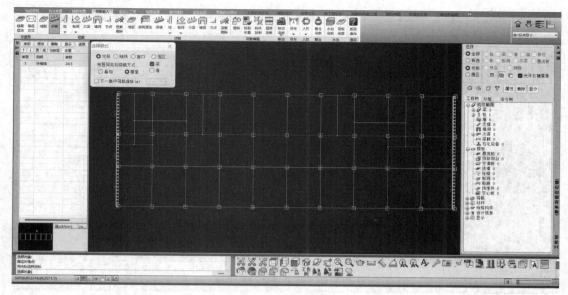

图 7-10　梁墙荷载布置

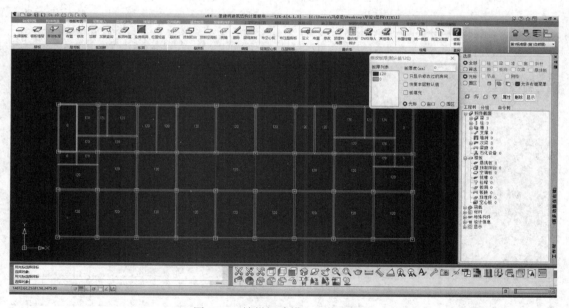

图 7-11　楼梯间建模——修改板厚

　　这里采用的方式是设置楼板全开洞，把荷载换算成线荷载直接作用于梁上。如图 7-13 和图 7-14 所示。恒载和活载分别通过下式计算：

$$梁换算恒载 = \frac{扶梯净重}{2 \times 梁跨长}$$

$$梁换算活载 = \frac{扶梯均布活载 \times 运输尺寸 \times 梯段净宽}{2 \times 梁跨长}$$

　　值得注意的是，一跑扶梯的荷载由上下各自一根梁共同承受，所以每层的换算线荷载仅在一根梁上布置。而中间层由于同时支承上下两部扶梯，需布置两倍的换算线荷载。

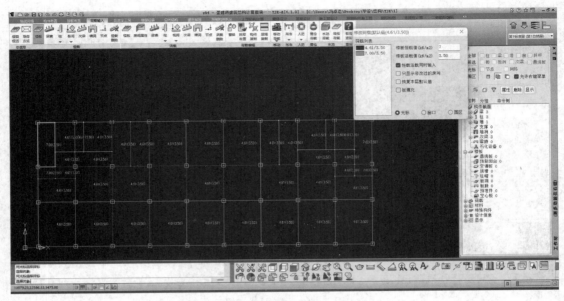

图 7-12　楼梯间建模——输入楼面荷载

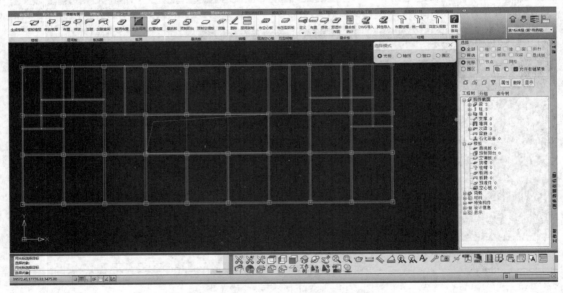

图 7-13　自动扶梯建模——全房间洞

　　以 8.1 节例题为例，扶梯净重 90kN，梁跨长 6m，则梁换算恒载为 7.5kN/m。均布活载为 3.5kN/m，运输尺寸为 13.1m，梯段净宽为 0.8m，则梁换算活载为 3.06kN/m。本例商场共 4 层，则本应在第 1 层右（或左）以及第 2 层左（或右）梁上布置 15kN/m 恒载和 6.12kN/m 活载，在第 3 层右（或左）梁上布置 7.5kN/m 恒载和 3.06kN/m 活载。但在本例中，由于上行和下行两部自动扶梯交叉布置，在两层间其实有两部自动扶梯分别支承在左右两根梁上，所以每一层两根梁都应该布置而非仅布置在一根梁上，即第 1、2 层两根梁都布置 15kN/m 恒载和 6.12kN/m 活载，第 3 层两根梁都布置 7.5kN/m 恒载和 3.06kN/m 活载。

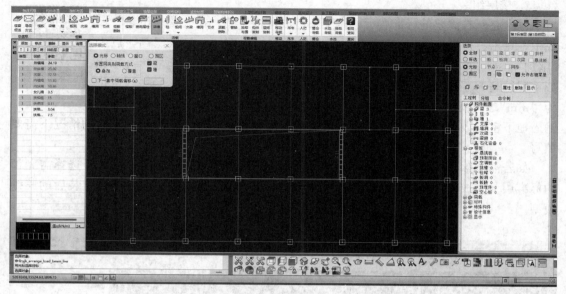

图 7-14　自动扶梯建模——梁线荷载布置

7.2.5　楼层组装

1. 添加新标准层

通过以上步骤，已经完整地建立好了一个标准层，要建立整栋建筑模型，仅一个标准层往往是不够的，为此需要添加新标准层。

点击右上角"第1标准层"字样，可以添加新标准层。添加新标准层时可以选择全部或局部复制已有标准层模型，在此基础上修改，如图 7-15 所示。如果多个自然层模型完全一致，不需要重复建立标准层。

9-楼层添加

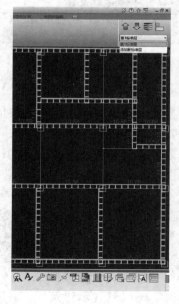
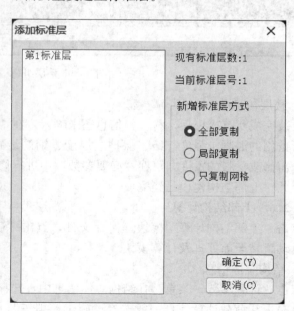

图 7-15　添加新标准层

127

2. 楼层组装

建立完所有需要的标准层后，接下来可以进行组装。在"楼层组装"模块中，点击"楼层组装"，弹出对话框后选择某一标准层，输入层高，点击"增加"，即可得到对应该标准层的自然层。首层需要考虑室外地坪标高，比如首层层高 6.5m，室外地坪标高 -0.45m，则第一层层高输入 6950（单位为"mm"）。用同样的方式建立完所有自然层，如图 7-16 所示。同时还需输入地下室层数，与基础相连构件的最大底标高主要是在柱底不在同一平面的情况下需要填写。

10-楼层信息
输入

如若需删除某标准层，在"楼层组装"模块中，点击"删标准层"，即可选择需删掉的标准层。完成楼层组装后，点击右上角倒数第二个图标 ，可查看组装后的三维模型。

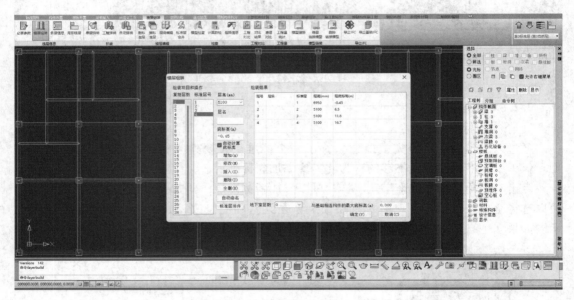

图 7-16　楼层组装

3. 楼层信息

组装完成所有楼层后，材料等信息还未输入。在"楼层信息"中，点击"各层信息"，输入所选用的混凝土强度等级、保护层厚度、钢筋级别等，如图 7-17 所示。如果有特殊需要，需修改材料的重度，可在"必要参数"中进行修改，材料重度用于系统自动计算自重。至此，上部结构建模已经完成。

7.2.6　上部结构计算

点击"上部结构计算"模块，保存文件，点击"确定"，待系统处理完后，自动跳转至前处理及计算模块。

1. 结构总体信息

点击"计算参数"菜单。在结构总体信息中，选择结构体系、结构材料等信息，恒活荷载计算信息一般选择"施工模拟三"，施工模拟三表示建筑

11-上部结构
计算

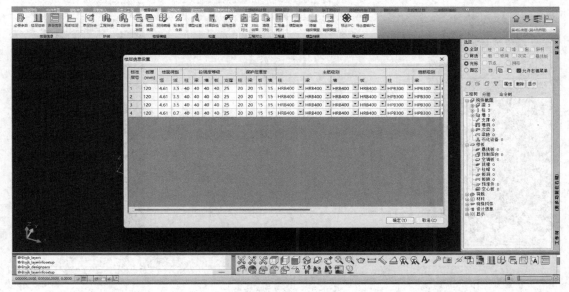

图 7-17　楼层信息

一层一层往上盖，比较符合实际的力施加情况；施工模拟一则一般在简单验算的时候采用，如图 7-18 所示。

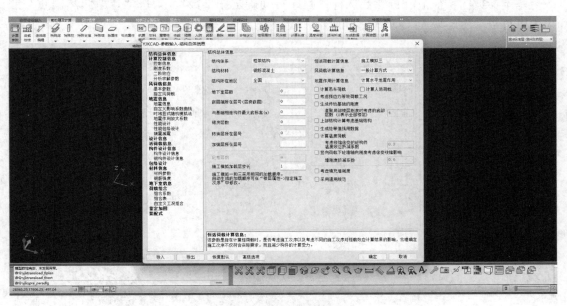

图 7-18　结构总体信息

2. 风荷载信息

点击左侧的"风荷载信息"。输入地面粗糙度类别、基本风压等信息。基本周期需要根据所学专业课进行手动计算，如图 7-19 所示。

12-上部结构计算—风荷载

13-上部结构计算—地震信息

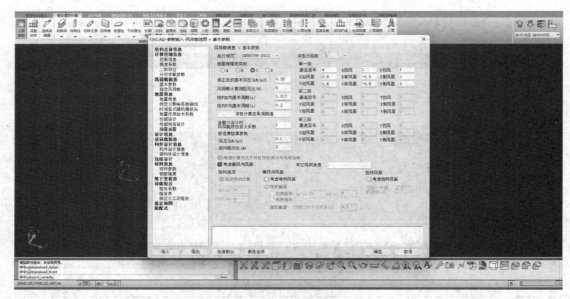

图 7-19 风荷载信息

3. 地震信息

点击左侧的"地震信息"。输入地震分组、设防烈度、场地类别、特征周期、抗震等级等基本参数。特征值分析参数选择"程序自动确定振型数",勾选"考虑偶然偏心"考虑施工过程产生的误差,如图 7-20 所示。

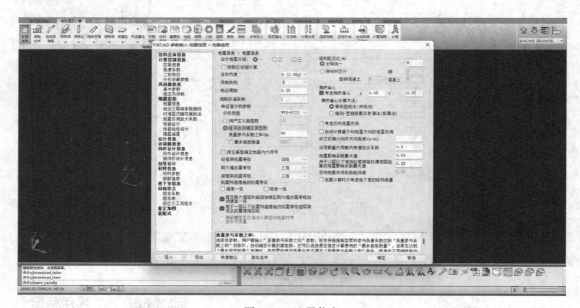

图 7-20 地震信息

7.2.7 设计结果

完成上述操作后,便可以开始计算。在"前处理及计算"模块下拉右上方的"计算"菜单,点击"生成数据＋全部计算",待系统计算完成后将自

14-设计结果

动跳转至"设计结果"模块。

跳转至"设计结果"模块后，会呈现出某一标准层的配筋图。如果存在有标红的地方，说明有某个指标超限，在左上方"文本结果"中能查看超配筋信息，这种情况可通过增大截面面积，提高混凝土强度等级的方式来解决。将鼠标置于左上方"配筋简图"图标——📷上，按 F1 键，会弹出相应的帮助界面，有详细说明配筋图中信息的含义。例如图 7-21 中，G0.5-0.5 表示构件加密区和非加密区箍筋面积为 0.5 cm^2。9-0-9 分别代表梁上部左端、跨中、右端的配筋面积，5-8-5 分别代表梁下部左端、跨中、右端的配筋面积。0.28 是柱的轴压比，9 是柱单边配筋面积。

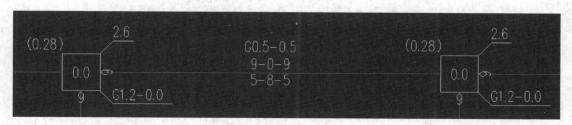

图 7-21　配筋简图示意

除了配筋图，还能通过"标准内力""变形图"等菜单栏查看到内力图、位移图等，同样将鼠标置于其上按 F1 键可弹出相应帮助界面。

在左上方"文本 new"中，还能查询各个指标的计算过程和汇总，不满足要求时会标红。

下拉右上方的"计算书"，能生成整体或者某个构件的计算书。

7.2.8　基础设计

进入"基础设计"模块，点击左上角的"重新读取"。

如果需要计算沉降等内容，进入"地质资料"菜单输入地质资料，这项工作需要事先准备好地勘图的 dwg 文件，进行导入。

下拉"荷载"菜单栏，在"荷载组合"菜单中可以输入荷载分项系数，荷载来源一般选择 YJK-A 计算荷载即可。"自动按楼层折减活荷载"可以根据需要勾选，勾选后系统将按规范选用相应的折减系数。在"上部荷载显示"菜单中，可以查看读取到的上部荷载，包括每个工况下的荷载，以及每个荷载组合。

15-基础设计—
初步设计

点击"参数设置"，输入包括总参数、地基承载力计算参数、水浮力、材料表等在内的相关参数信息。需要计算沉降的话，还需要输入沉降计算参数。如果采取自动布置基础，还需要输入相应的基础自动布置参数。

1. 筏板布置

在"筏板"菜单栏中，下拉"布置"，点击"筏板防水板"，弹出对话框后，布置类型勾选筏板，输入板厚和覆土荷载，以及板面恒活载等。布置方式可以选择"围区生成"或"任意轮廓"，一般矩形筏板选择"围区生成"即可。基底标高可选择相对于柱底和相对于结构±0 两种标高来输入，如图 7-22 所示。点击确定，划定一个围区点击鼠标右键，筏板就布置好了。

16-筏板基础

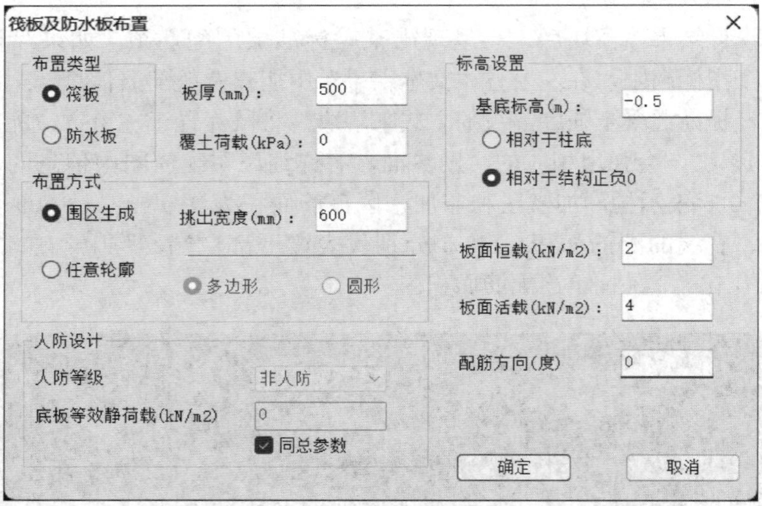

筏板及防水板布置

布置类型
- ⦿ 筏板
- ○ 防水板

板厚(mm)： 500
覆土荷载(kPa)： 0

布置方式
- ⦿ 围区生成
- ○ 任意轮廓
  - ○ 多边形　　○ 圆形

挑出宽度(mm)： 600

人防设计

人防等级　　非人防

底板等效静荷载(kN/m2)　　0

☑ 同总参数

标高设置

基底标高(m)： -0.5
- ○ 相对于柱底
- ⦿ 相对于结构正负0

板面恒载(kN/m2)： 2

板面活载(kN/m2)： 4

配筋方向(度)： 0

[确定]　　[取消]

图 7-22　筏板布置

2. 桩基承台布置

点击"桩基承台"菜单栏中的"人工布置"，弹出对话框后点击"添加"，即可在新弹出的对话框内输入桩类型、承载力、桩直径、重度、桩顶标高等参数，对桩进行定义，如图 7-23 所示。设置好后点击确定，接着再新建对话框，选择承台形状和输入承台下阶高度，如图 7-24 所示。在左上角小对话框中，输入承台桩长和基底标高后，即可在选中的柱子下进行布置。

17-桩基承台
基础

图 7-23　桩定义

地基梁和柱下独立基础的布置和桩基承台操作类似，不再赘述。

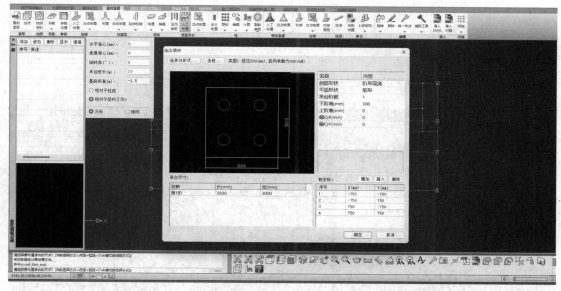

图 7-24　承台定义

3. 非承台桩布置

在"桩"菜单栏中，下拉"群桩"，选择"群桩布置""两点布桩""承
载力布桩"三种布置方式中的一种，在弹出的对话框中对桩进行定义，同桩
基承台布置中所述。如果选择"群桩布置"，在新弹出的对话框中输入桩的
间距、桩顶标高、桩长等参数，如图 7-25 所示，再点击"确定"，即可在选
定的位置布置群桩。如果选择"两点布桩"，输入桩心间距和桩顶标高等参数后，可在选
定的两点间布置单排桩，如图 7-26 所示。如果选择"承载力布桩"，程序可根据柱底轴力

18-非承台桩
布置

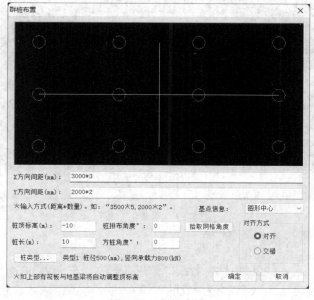

图 7-25　群桩布置

自动计算桩布置，点击"承载力布桩"后，点击一条筏板边线选中一个筏板，在弹出的对话框中输入最小和最大桩间距以及桩长，点击"计算桩布置"，点击"确定布桩"，程序将自动布置好，如图 7-27 所示。

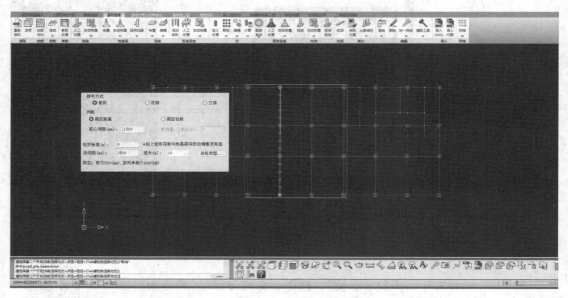

图 7-26　两点布桩

图 7-27　承载力布桩

4. 基础计算

基础布置好后，进入"基础计算及结果输出"模块。左上角的"计算参数"与此前基础建模时输入的参数是一致的，可在此处再进行修改。参数填写完后点击"生成数据"，在右边对话框中勾选需要查看的对象，点击"应

19-基础计算

用",即可在计算简图上查看到相应的数据,这些都是与填写的参数一致的。

　　确认无误后,点击"计算分析"。待计算完成后,可在"内力""反力""设计"菜单栏中查看各项。下拉"送审报告",点击"报告选项",勾选所需内容,点击"确定",可生成一个计算书,如图 7-28 所示。

20-基础施工图

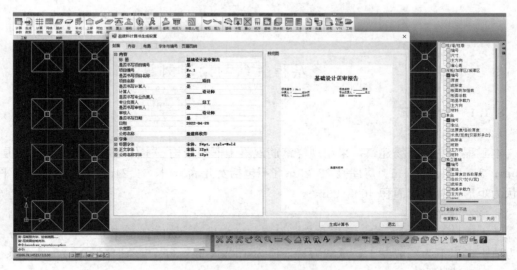

图 7-28　生成计算书

　　进入"基础施工图"模块,点击"重新读取",在"平法标注"菜单栏点击需要查看的基础类型,即可生成该类基础的配筋标注。在"编辑"菜单栏下拉"剖面图",可以生成选定构件的剖面详图。如图 7-29 所示。

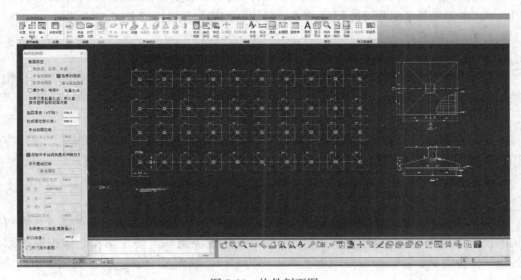

图 7-29　构件剖面图

　　至此,通过采用计算机辅助结构设计软件,钢筋混凝土框架结构的轴网绘制、构件布置、荷载输入、楼/电梯建模、楼层组装、上部结构计算以及基础设计均已完成。

8　设计例题

8.1　多层框架结构设计例题

8.1.1　设计概况

1. 工程概况

本工程为一栋商场建筑，采用现浇钢筋混凝土框架结构。主体结构地上 4 层，首层高 6.5m；2～4 层高 5.1m。房屋高 22.25m（不包括女儿墙），长 54.24m，宽 21.24m；平面形状为矩形，总建筑面积 4608.23m²。

2. 设计原始资料

基本风压 0.35kN/m²，雪荷载标准值 0.25kN/m²。场区地势平坦，自然地表 0.5m 内为填土，以下为一般黏土，承载力特征值为 150kN/m²（$E_0=21$kN/mm²）。地下水位：－2.0m，无侵蚀性。

地面粗糙度为 C 类。建筑场地类别为 Ⅱ 类。抗震设防烈度为 6 度。设计地震分组为第一组。抗震设防分类为丙类。设计工作年限为 50 年。环境类别为二（a）类。建筑结构的安全等级为二级。

主体结构混凝土强度等级采用 C40。纵向受力钢筋采用 HRB400，其余钢筋采用 HPB300。本工程外墙采用 240 厚烧结普通砖墙，内墙采用 240 厚烧结空心砖墙。

8.1.2　结构设计

1. 结构选型

根据商场建筑功能的要求，为使建筑平面布置灵活，获得较大的使用空间，本结构设计采用钢筋混凝土框架结构体系。

2. 结构布置

本建筑要考虑抗震要求，因此要双向布置框架。具体布置见图 8-1、图 8-2。基础方案采用柱下独立基础。本结构长 54.24m，满足表 1-6 要求，不用设置伸缩缝。

3. 初估截面尺寸

（1）结构设计概况

根据本项目房屋的结构类型、抗震设防烈度和房屋的高度，由第 1 章的表 1-8 查得本结构的抗震等级为四级，轴压比限值为 0.90。采用现浇钢筋混凝土结构，楼板厚度取为 120mm[①]，各层梁、柱、板混凝土强度等级均为 C40，纵向受力钢筋采用 HRB400，其余

---

　① 双向板的厚度通常取双向板短边边长的 $\frac{1}{40}$ 左右。本例的楼板厚度偏薄，但经电算复核，楼板的变形和裂缝均能满足现行国家标准《混凝土结构设计规范》GB 50010 要求。

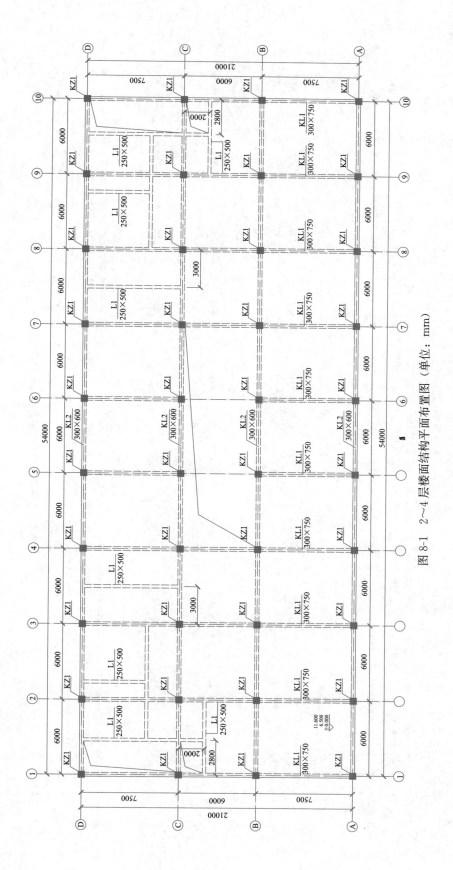

图 8-1 2~4 层楼面结构平面布置图（单位：mm）

137

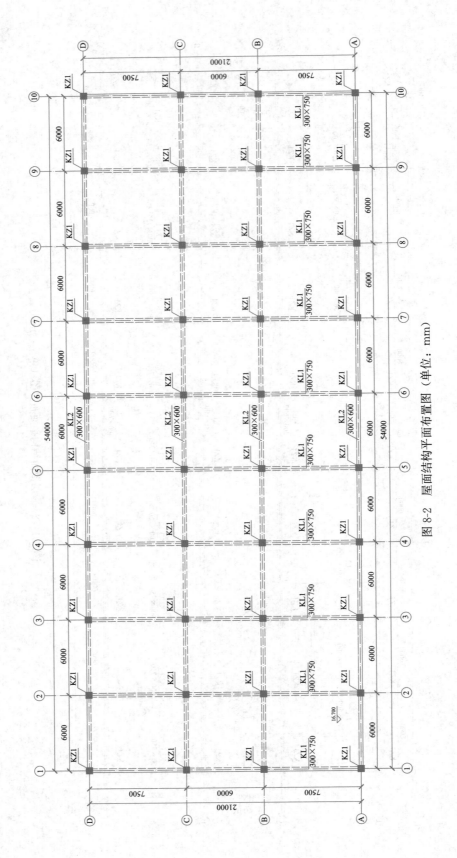

图 8-2　屋面结构平面布置图（单位：mm）

138

钢筋采用 HPB300。

根据建筑平面布置确定的结构平面布置图可知，边柱的承载范围为 $6.00\text{m} \times 3.75\text{m}$，中柱的承载范围为 $6.00\text{m} \times 6.75\text{m}$。估算结构构件尺寸时，楼面荷载近似取为 12kN/m^2 计算（以中柱计算为例）。

（2）梁

根据 1.6.1 节所述的方法，初选梁截面尺寸为：横向框架梁：$b \times h = 300\text{mm} \times 750\text{mm}$，纵向框架梁：$b \times h = 300\text{mm} \times 600\text{mm}$，次梁：$b \times h = 250\text{mm} \times 500\text{mm}$。

（3）柱

根据 1.6.2 节所述的方法，框架柱轴压比限值取 0.90，可估算柱截面面积及尺寸：

$$\frac{N_c}{f_c A_c} \leqslant 0.90$$

C40 混凝土：由附表 2 查得 $f_c = 19.1\text{N/mm}^2$，$f_t = 1.71\text{N/mm}^2$。求得：

$$A_c \geqslant \frac{1.4 \times 12 \times 10^3 \text{N/m}^2 \times 6\text{m} \times 4.35\text{m} \times 4}{0.90 \times 19.1\text{N/mm}^2} = 102031\text{mm}^2$$

上式中 1.4 为恒载与活荷载的荷载分项系数平均值，4 表示底层柱底面承受其上 4 层的荷载。按照底层中柱的负荷面积考虑。取柱截面为正方形，则柱截面边长为 319mm。结合实际情况考虑，并综合考虑其他因素，最终确定本设计柱截面尺寸为 $600\text{mm} \times 600\text{mm}$。

依据现行国家标准《混凝土结构设计规范》GB 50010 中 8.3.1 条规定以及现行行业标准《高层建筑混凝土结构设计规程》JGJ 3 中 6.5.3 条和 6.5.5 条规定，梁内钢筋伸至边柱内的长度应大于 0.4 倍的纵向受拉钢筋抗震锚固长度。

钢筋基本锚固长度：$l_{ab} = \alpha \dfrac{f_y}{f_t} d = 0.14 \times \dfrac{360\text{N/mm}^2}{1.71\text{N/mm}^2} \times 25\text{mm} = 737\text{mm}$

钢筋抗震锚固长度：$l_{abE} = 1.00 l_{ab} = 1.00 \times 737\text{mm} = 737\text{mm}$

柱截面边长：$b \geqslant 0.4 l_{abE} = 0.4 \times 737\text{mm} = 294\text{mm}$

故柱子截面满足抗震构造要求。

8.1.3 框架计算简图

本例题由于 2~4 层楼面开洞，导致结构比较复杂。手算框架内力时，横向至少应取出两榀框架进行分析，纵向可取一榀中间框架进行分析。本例题只对③轴的横向框架进行了分析，其他框架可仿照③轴的横向框架的方法进行分析。

1. 计算简图说明

③轴框架的计算单元如图 8-3 所示。框架梁与柱采用刚性连接，梁跨度等于柱截面形心轴线之间的距离。各层柱计算高度为层高，即 1 层 6.5m，2~4 层 5.1m。

2. 框架梁柱截面特性

计算结果见表 8-1、表 8-2 和表 8-3。

3. 框架梁柱相对线刚度计算

1 层柱

$$i = \frac{EI}{l} = \frac{3.25 \times 10^4 \text{MPa} \times \dfrac{1}{12} \times (600\text{mm})^4}{6500\text{mm}} = 5.400 \times 10^{10} \text{N} \cdot \text{mm}$$

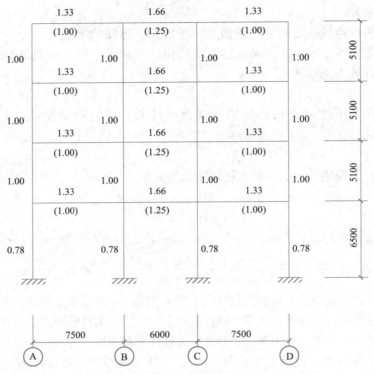

图 8-3 ③轴框架梁柱的相对线刚度和计算简图（尺寸单位：mm）

注：括号内数字代表边框架梁的相对线刚度。

2~4 层柱

$$i=\frac{EI}{l}=\frac{3.25\times10^{4}\mathrm{MPa}\times\frac{1}{12}\times(600\mathrm{mm})^{4}}{5100\mathrm{mm}}=6.882\times10^{10}\mathrm{N\cdot mm}$$

③轴梁为中框架梁，对中框架梁取 $I=2I_{0}$。

柱截面特性计算 　　　　　　　　　　　　　　　　　　　　　　表 8-1

层数	混凝土强度等级	柱编号	截面尺寸 $b(\mathrm{mm})\times h(\mathrm{mm})$	柱高 L (mm)	弹性模量 $E_{c}(\mathrm{MPa})$	截面惯性矩 $I(\mathrm{mm}^{4})$	线刚度 i (N·mm)	相对线刚度 $i'(\mathrm{N\cdot mm})$
1	C40	ABCD	600×600	6500	3.25×10^{4}	1.08×10^{10}	5.400×10^{10}	0.78
2~4	C40	ABCD	600×600	5100	3.25×10^{4}	1.08×10^{10}	6.882×10^{10}	1.00

中框架梁截面特性计算 　　　　　　　　　　　　　　　　　　　表 8-2

层数	混凝土强度等级	柱编号	截面尺寸 $b(\mathrm{mm})\times h(\mathrm{mm})$	梁跨 L (mm)	弹性模量 $E_{c}(\mathrm{MPa})$	截面惯性矩 $I(\mathrm{mm}^{4})$	线刚度 i (N·mm)	相对线刚度 $i'(\mathrm{N\cdot mm})$
1~4	C40	AB	300×750	7500	3.25×10^{4}	1.05×10^{10}	9.100×10^{10}	1.33
	C40	BC	300×750	6000	3.25×10^{4}	1.05×10^{10}	1.138×10^{11}	1.66
	C40	CD	300×750	7500	3.25×10^{4}	1.05×10^{10}	9.100×10^{10}	1.33

层数	混凝土强度等级	柱编号	截面尺寸 $b(mm) \times h(mm)$	梁跨 L (mm)	弹性模量 E_c(MPa)	截面惯性矩 I(mm^4)	线刚度 i (N·mm)	相对线刚度 i'(N·mm)
	C40	AB	300×750	7500	3.25×10^4	1.05×10^{10}	6.825×10^{10}	1.00
1~4	C40	BC	300×750	6000	3.25×10^4	1.05×10^{10}	8.531×10^{10}	1.25
	C40	CD	300×750	7500	3.25×10^4	1.05×10^{10}	6.825×10^{10}	1.00

AB、CD 跨梁：

$$i = \frac{EI}{l} = \frac{3.25 \times 10^4 \text{MPa} \times 2 \times \frac{1}{12} \times 300\text{mm} \times (750\text{mm})^3}{7500\text{mm}} = 9.100 \times 10^{10} \text{N} \cdot \text{mm}$$

BC 跨梁：

$$i = \frac{EI}{l} = \frac{3.25 \times 10^4 \text{MPa} \times 2 \times \frac{1}{12} \times 300\text{mm} \times (750\text{mm})^3}{6000\text{mm}} = 1.138 \times 10^{11} \text{N} \cdot \text{mm}$$

令 2~4 层柱相对线刚度 $i' = 1.0$，一层柱相对线刚度 $i'_1 = 1.0 \times \frac{5.4 \text{N} \cdot \text{mm}}{6.882 \text{N} \cdot \text{mm}} = 0.78$，则框架梁相对线刚度为：中框架 AB、CD 跨梁 $i'_{AB} = i'_{CD} = 9.100 \text{N} \cdot \text{mm} / 6.882 \text{N} \cdot \text{mm} = 1.33$，中框架 BC 跨梁 $i'_{BC} = 11.38 \text{N} \cdot \text{mm} / 6.882 \text{N} \cdot \text{mm} = 1.66$。

同理，对边框架梁取 $I = 1.5 I_0$，可算得边框架梁相对线刚度为：边框架 AB、CD 跨梁 $i'_{AB} = i'_{CD} = 1.00$，边框架 BC 跨梁 $i'_{BC} = 1.25$。

根据以上计算结果，框架梁柱的相对线刚度如图 8-3 所示，是计算各节点杆端的弯矩分配系数的依据。

8.1.4 荷载计算

1. 恒载标准值 G_k

参照有关建筑配件图集及现行国家标准《建筑结构荷载规范》GB 50009 对材料的取值方法，分层分部计算出有关的恒荷载标准值。

（1）屋面

屋面防水、保温、隔热	2.91kN/m^2
楼板	25kN/m^3×0.12m=3.00kN/m^2
吊顶	0.12kN/m^2
合计	6.03kN/m^2

（2）楼面

面层	水磨石面层	0.65kN/m^2
整浇层	35mm 厚细石混凝土	0.84kN/m^2
结构层	预制楼板	3.00kN/m^2
吊顶	同屋面	0.12kN/m^2
合计		4.61kN/m^2

（3）梁自重

横梁自重加抹灰：

$25kN/m^3 \times 0.3m \times (0.75m - 0.12m) + 20kN/m^3 \times [2 \times (0.75m - 0.12m) + 0.3m] \times 0.01m = 5.04kN/m$

连系梁自重加抹灰：

$25kN/m^3 \times 0.3m \times (0.6m - 0.12m) + 20kN/m^3 \times [2 \times (0.6m - 0.12m) + 0.3m] \times 0.01m = 3.85kN/m$

次梁自重加抹灰：

$25kN/m^3 \times 0.25m \times (0.5m - 0.12m) + 20kN/m^3 \times [2 \times (0.5m - 0.12m) + 0.25m] \times 0.01m = 2.58kN/m$

（4）柱自重

KZ1 自重：$25kN/m^3 \times 0.6m \times 0.6m + 20kN/m^3 \times 4 \times 0.6m \times 0.01m = 9.48kN/m$

TZ1 自重：$25kN/m^3 \times 0.24m \times 0.24m = 1.44kN/m$

（5）墙自重

① 外墙：

240 厚烧结普通砖	$18kN/m^3 \times 0.24m = 4.32kN/m^2$
15 厚 1：3 水泥砂浆找平层	$20kN/m^3 \times 0.015m = 0.30kN/m^2$
60 厚挤塑聚乙烯泡沫塑料板	$0.35kN/m^3 \times 0.06m = 0.02kN/m^2$
10 厚专用抗裂砂浆	$20kN/m^3 \times 0.01m = 0.02kN/m^2$
水泥砂浆打底贴饰面砖墙面	$0.50kN/m^2$
内墙面 20 厚水泥砂浆抹灰	$20kN/m^3 \times 0.02m = 0.4kN/m^2$

合计 $5.56kN/m^2$

即：   25.02kN/m（外纵墙），24.19kN/m（外横墙）

② 内墙：

240 厚烧结空心砖	$8kN/m^3 \times 0.24mm = 1.92kN/m^2$
两侧各 20 厚水泥砂浆抹灰	$2 \times 20kN/m^3 \times 0.02mm = 0.80kN/m^2$

合计 $2.72kN/m^2$

即：   12.24kN/m（纵墙无门），10.88kN/m（纵墙有门），11.83kN/m（横墙）

次梁所承隔墙：   12.51kN/m

③ 女儿墙（墙高 520mm，80mm 的混凝土压顶）：

240 厚烧结普通砖	$18kN/m^3 \times 0.24m \times 0.52m = 2.25kN/m$
混凝土压顶	$25kN/m^3 \times 0.24m \times 0.08m = 0.48kN/m$
15 厚 1：3 水泥砂浆找平层	$20kN/m^3 \times 0.015m \times 0.52m = 0.16kN/m$
60 厚挤塑聚乙烯泡沫塑料板	$0.35kN/m^3 \times 0.06m \times 0.52m = 0.01kN/m$
10 厚专用抗裂砂浆	$20kN/m^3 \times 0.01m \times 0.52m = 0.10kN/m$
水泥砂浆打底贴饰面砖墙面	$0.50kN/m^3 \times 0.52m = 0.26kN/m$
内墙面 20 厚水泥砂浆抹灰	$20kN/m^3 \times 0.02m \times 0.6m = 0.24kN/m$

合计 $3.50kN/m$

（6）自动扶梯自重

厂家提供自动扶梯净重： 90kN

2. 活载标准值 Q_k

（1）屋面

雪荷载为 $0.25kN/m^2$，按不上人的承重钢筋混凝土屋面一般取 $0.5kN/m^2$，考虑维修荷载较大，可作 $0.2kN/m^2$ 的增减，本处取 $0.7kN/m^2$，两者不同时考虑，取较大者即 $0.7kN/m^2$。

（2）楼面

本次计算选择③轴框架作为代表，取楼面活荷载标准值为 $4.0kN/m^2$，屋面活荷载标准值为 $0.7kN/m^2$。

8.1.5 竖向荷载作用计算

当结构布置图确定后，荷载的传递路径确定。从本框架结构的结构布置图中可知：屋盖和楼盖的梁格将板划分为双向板体系。由此可知板面均布荷载传给纵向和横向框架梁，梁除了要承受板面传来的荷载外，还需要承受外纵墙和内隔墙传递来的荷载。最终梁将所承受的荷载以集中力的方式传给柱。

1. 双向板传梁荷载等效（图 8-4）

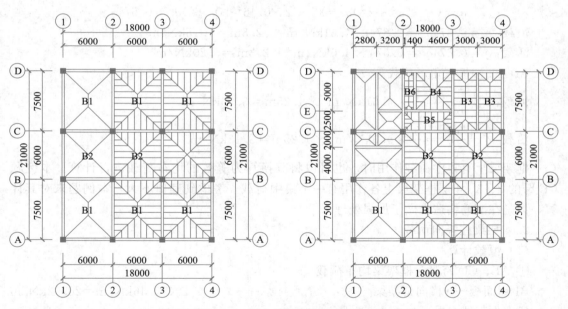

图 8-4　屋面左端和 2～4 层左端板荷载传递示意图（单位：mm）

（1）B1 板梯形荷载等效

$$\alpha = a/l_0 = 3m/7.5m = 0.4$$

$$q = (1 - 2\alpha^2 + \alpha^3)q' = (1 - 2 \times 0.4^2 + 0.4^3)q' = 0.744q'$$

屋面板：恒载：$q = 0.744q' = 0.744 \times 6.03kN/m^2 \times 3m = 13.46kN/m$

活载：$q = 0.744q' = 0.744 \times 0.7kN/m^2 \times 3m = 1.56kN/m$

楼面板：恒载：$q = 0.744q' = 0.744 \times 4.61kN/m^2 \times 3m = 10.29kN/m$

活载：$q=0.744q'=0.744\times4.0\text{kN/m}^2\times3\text{m}=8.93\text{kN/m}$

（2）B2 板三角形荷载等效

屋面板：恒载：$q=\dfrac{5}{8}q'=\dfrac{5}{8}\times6.03\text{kN/m}^2\times3\text{m}=11.31\text{kN/m}$

活载：$q=\dfrac{5}{8}q'=\dfrac{5}{8}\times0.7\text{kN/m}^2\times3\text{m}=1.31\text{kN/m}$

楼面板：恒载：$q=\dfrac{5}{8}q'=\dfrac{5}{8}\times4.61\text{kN/m}^2\times3\text{m}=8.64\text{kN/m}$

活载：$q=\dfrac{5}{8}q'=\dfrac{5}{8}\times4.0\text{kN/m}^2\times3\text{m}=7.50\text{kN/m}$

（3）B3 楼板梯形荷载等效

$$\alpha=a/l_0=1.5\text{m}/7.5\text{m}=0.2$$

$$q=(1-2\alpha^2+\alpha^3)q'=(1-2\times0.2^2+0.2^3)q'=0.928q'$$

恒载：$q=0.928q'=0.928\times4.61\text{kN/m}^2\times1.5\text{m}=6.42\text{kN/m}$

活载：$q=0.928q'=0.928\times4.0\text{kN/m}^2\times1.5\text{m}=5.57\text{kN/m}$

（4）B4 楼板梯形荷载等效

$$\alpha=a/l_0=2.3\text{m}/5\text{m}=0.46$$

$$q=(1-2\alpha^2+\alpha^3)q'=(1-2\times0.46^2+0.46^3)q'=0.674q'$$

恒载：$q=0.674q'=0.674\times4.61\text{kN/m}^2\times2.3\text{m}=7.15\text{kN/m}$

活载：$q=0.674q'=0.674\times4.0\text{kN/m}^2\times2.3\text{m}=6.20\text{kN/m}$

（5）B5 楼板三角形荷载等效

恒载：$q=\dfrac{5}{8}q'=\dfrac{5}{8}\times4.61\text{kN/m}^2\times1.25\text{m}=3.60\text{kN/m}$

活载：$q=\dfrac{5}{8}q'=\dfrac{5}{8}\times4.0\text{kN/m}^2\times1.25\text{m}=3.13\text{kN/m}$

框架梁上有集中荷载作用时，也可以将其换算为等效的均布荷载进行计算。本例题 CD 跨的 2、3、4 层框架梁上各作用有一个集中荷载，考虑到其值不大，本例题未对其计算，但是在配筋构造上做了加强处理。

2. 4 层梁柱竖向荷载

（1）恒载计算

① AB、CD 跨横向框架梁均布荷载

B1 屋面板──→横向框架梁	$2\times13.46\text{kN/m}=26.92\text{kN/m}$
横向框架梁自重	5.04kN/m
合计	31.96kN/m

② BC 跨横向框架梁均布荷载

B2 屋面板──→横向框架梁	$2\times11.31\text{kN/m}=22.62\text{kN/m}$
横向框架梁自重	5.04kN/m
合计	27.66kN/m

③ 纵向框架梁传至 A、D 处框架柱集中力

B1 屋面板——→纵向框架梁——→框架柱

$$2 \times 6.03 \text{kN/m}^2 \times 0.5 \times 6\text{m} \times 3\text{m}/2 = 54.27 \text{kN}$$

女儿墙＋纵向框架梁——→框架柱

$$(3.50 + 3.85) \text{ kN/m} \times (6 - 0.6) \text{ m} = 39.69 \text{kN}$$

合计	93.96kN

④ 纵向框架梁传至 B、C 处框架柱集中力

B1 屋面板——→纵向框架梁——→框架柱	$2 \times 6.03 \text{kN/m}^2 \times 0.5 \times 6\text{m} \times 3\text{m}/2 = 54.27 \text{kN}$
B2 屋面板——→纵向框架梁——→框架柱	$2 \times 6.03 \text{kN/m}^2 \times 0.5 \times 6\text{m} \times 3\text{m}/2 = 54.27 \text{kN}$

合计	108.54kN

⑤ A、B、C、D 柱

柱自重	$9.48 \text{kN/m} \times (5.1 - 0.12) \text{ m} = 47.21 \text{kN}$

(2) 活载计算

① AB、CD 跨横向框架梁均布荷载

B1 屋面板——→横向框架梁	$2 \times 1.56 \text{kN/m} = 3.12 \text{kN/m}$

② BC 跨横向框架梁均布荷载

B2 屋面板——→横向框架梁	$2 \times 1.31 \text{kN/m} = 2.62 \text{kN/m}$

③ 纵向框架梁传至 A、D 处框架柱的集中力

B1 屋面板——→纵向框架梁——→框架柱	$2 \times 0.7 \text{kN/m}^2 \times 0.5 \times 6\text{m} \times 3\text{m}/2 = 6.30 \text{kN}$

④ 纵向框架梁传至 B、C 处框架柱的集中力

B1 屋面板——→纵向框架梁——→框架柱	$2 \times 0.7 \text{kN/m}^2 \times 0.5 \times 6\text{m} \times 3\text{m}/2 = 6.30 \text{kN}$
B2 屋面板——→纵向框架梁——→框架柱	$2 \times 0.7 \text{kN/m}^2 \times 0.5 \times 6\text{m} \times 3\text{m}/2 = 6.30 \text{kN}$

合计	12.60kN

3. 1~3 层梁柱竖向荷载

(1) 恒载计算

① AB 跨横向框架梁均布荷载

B1 楼面板——→横向框架梁	$2 \times 10.29 \text{kN/m} = 20.58 \text{kN/m}$
横向框架梁自重	5.04kN/m
内横墙自重	11.83kN/m

合计	37.45kN/m

② BC 跨横向框架梁均布荷载

B2 楼面板——→横向框架梁	$2 \times 8.64 \text{kN/m} = 17.28 \text{kN/m}$
横向框架梁自重	5.04kN/m

合计	22.32kN/m

③ CD 跨横向框架梁均布荷载

B3 楼面板——→横向框架梁	6.42kN/m

B4、B5 楼面板——→横向框架梁折算

$$(7.15 \text{kN/m} \times 5\text{m} + 3.60 \text{kN/m} \times 2.5\text{m}) / 7.5\text{m} = 5.97 \text{kN/m}$$

| 横向框架梁自重 | 5.04kN/m |
| 内横墙自重 | 11.83kN/m |

| 合计 | 29.26kN/m |

④ 纵向框架梁传至 A 处框架柱的集中力

B1 楼面板——→纵向框架梁——→框架柱

$$2 \times 4.61 \text{kN/m}^2 \times 0.5 \times 6\text{m} \times 3\text{m}/2 = 41.49 \text{kN}$$

外纵墙＋纵向框架梁——→框架柱

$$(25.02 + 3.85) \text{ kN/m} \times (6 - 0.6) \text{ m} = 155.90 \text{kN}$$

| 合计 | 197.39kN |

⑤ 纵向框架梁传至 B 处框架柱的集中力

B1 楼面板——→纵向框架梁——→框架柱

$$2 \times 4.61 \text{kN/m}^2 \times 0.5 \times 6\text{m} \times 3\text{m}/2 = 41.49 \text{kN}$$

B2 楼面板——→纵向框架梁——→框架柱

$$2 \times 4.61 \text{kN/m}^2 \times 0.5 \times 6\text{m} \times 3\text{m}/2 = 41.49 \text{kN}$$

内纵墙＋纵向框架梁——→框架柱

$$(10.88 + 3.85) \text{ kN/m} \times (6 - 0.6) \text{ m} = 79.54 \text{kN}$$

| 合计 | 162.52kN |

⑥ 纵向框架梁传至 C 处框架柱的集中力

B2 楼面板——→纵向框架梁——→框架柱 $2 \times 4.61 \text{kN/m}^2 \times 0.5 \times 6\text{m} \times 3\text{m}/2 = 41.49 \text{kN}$

B3 楼面板——→纵向框架梁——→框架柱 $4.61 \text{kN/m}^2 \times 3\text{m} \times 1.5\text{m}/2 = 10.37 \text{kN}$

B5 楼面板——→纵向框架梁——→框架柱

$$4.61 \text{kN/m}^2 \times 0.5 \times (3.5 + 6) \text{ m} \times 1.25\text{m}/2 = 13.69 \text{kN}$$

内纵墙＋纵向框架梁——→框架柱 $(10.88 + 3.85) \text{ kN/m} \times (6 - 0.6) \text{ m} = 79.54 \text{kN}$

| 合计 | 145.09kN |

⑦ 纵向框架梁传至 D 处框架柱的集中力

B3 楼面板——→纵向框架梁——→框架柱 $4.61 \text{kN/m}^2 \times 3\text{m} \times 1.5\text{m}/2 = 10.37 \text{kN}$

B4 楼面板——→纵向框架梁——→框架柱

$$3.7\text{m}/6\text{m} \times 4.61 \text{kN/m}^2 \times 4.6\text{m} \times 2.3\text{m}/2 = 15.04 \text{kN}$$

B6 楼面板——→纵向框架梁——→框架柱

$$0.7\text{m}/6\text{m} \times 4.61 \text{kN/m}^2 \times 1.4\text{m} \times 0.7\text{m}/2 = 0.26 \text{kN}$$

B4 楼面板——→次梁——→次梁——→横向框架梁——→框架柱

$$1.4\text{m}/6\text{m} \times 4.61 \text{kN/m}^2 \times 0.5 \times (0.4 + 5) \text{ m} \times 2.3\text{m}/2 = 3.34 \text{kN}$$

B6 楼面板——→次梁——→次梁——→横向框架梁——→框架柱

$$1.4\text{m}/6\text{m} \times 4.61 \text{kN/m}^2 \times 0.5 \times (3.6 + 5) \text{ m} \times 0.7\text{m}/2 = 1.62 \text{kN}$$

外纵墙＋纵向框架梁——→框架柱

$$(25.02 + 3.85) \text{ kN/m} \times (6 - 0.6) \text{ m} = 155.90 \text{kN}$$

| 合计 | 186.53kN |

⑧ ③轴 E 处横向框架梁集中力

B4 楼面板—→次梁—→横向框架梁

$$3.7m/6m×4.61kN/m^2×4.6m×2.3m/2=15.04kN$$

B5 楼面板—→次梁—→横向框架梁

$$4.61kN/m^2×0.5×（3.5+6）m×1.25m/2=13.69kN$$

B6 楼面板—→次梁—→横向框架梁

$$0.7m/6m×4.61kN/m^2×1.4m×0.7m/2=0.26kN$$

B4 楼面板—→次梁—→次梁—→横向框架梁

$$1.4m/6m×4.61kN/m^2×0.5×（0.4+5）m×2.3m/2=3.34kN$$

B6 楼面板—→次梁—→次梁—→横向框架梁

$$1.4m/6m×4.61kN/m^2×0.5×（3.6+5）m×0.7m/2=1.62kN$$

合计	33.95kN

⑨ A、B、C、D 柱

2~3 层柱自重	$9.48kN/m×（5.1-0.12）m=47.21kN$
1 层柱自重	$9.48kN/m×（6.5-0.12）m=60.48kN$

（2）活载计算

① AB 跨横向框架梁均布荷载

B1 楼面板—→横向框架梁 $2×8.93kN/m=17.86kN/m$

② BC 跨横向框架梁均布荷载

B2 楼面板—→横向框架梁 $2×7.50kN/m=15.00kN/m$

③ CD 跨横向框架梁均布荷载

B3 楼面板—→横向框架梁 5.57kN/m

B4、B5 楼面板—→横向框架梁折算

$$（6.20kN/m×5m+3.13kN/m×2.5m）/7.5m=5.18kN/m$$

合计	10.74kN/m

④ 纵向框架梁传至 A 处框架柱的集中力

B1 楼面板—→纵向框架梁—→框架柱

$$2×4.0kN/m^2×0.5×6m×3m/2=36.00kN$$

⑤ 纵向框架梁传至 B 处框架柱的集中力

B1 楼面板—→纵向框架梁—→框架柱

$$2×4.0kN/m^2×0.5×6m×3m/2=36.00kN$$

B2 楼面板—→纵向框架梁—→框架柱

$$2×4.0kN/m^2×0.5×6m×3m/2=36.00kN$$

合计	72.00kN

⑥ 纵向框架梁传至 C 处框架柱的集中力

B2 楼面板—→纵向框架梁—→框架柱

$$2×4.0kN/m^2×0.5×6m×3m/2=36.00kN$$

B3 楼面板──→纵向框架梁──→框架柱　　　　$4.0kN/m^2×3m×1.5m/2=9.00kN$

B5 楼面板──→纵向框架梁──→框架柱

　　　　　　$4.0kN/m^2×0.5×（3.5+6）m×1.25m/2=11.88kN$

合计　　　　　　　　　　　　　　　　　　　　　　　　56.88kN

⑦ 框架梁传至 D 处框架柱的集中力

B3 楼面板──→纵向框架梁──→框架柱　　　　$4.0kN/m^2×3m×1.5m/2=9.00kN$

B4 楼面板──→纵向框架梁──→框架柱

　　　　　　$3.7m/6m×4.0kN/m^2×4.6m×2.3m/2=13.05kN$

B6 楼面板──→纵向框架梁──→框架柱

　　　　　　$0.7m/6m×4.0kN/m^2×1.4m×0.7m/2=0.23kN$

B4 楼面板──→次梁──→纵向框架梁──→横向框架梁──→框架柱

　　　　　　$1.4m/6m×4.0kN/m^2×0.5×（0.4+5）m×2.3m/2=2.90kN$

B6 楼面板──→次梁──→纵向框架梁──→横向框架梁──→框架柱

　　　　　　$1.4m/6m×4.0kN/m^2×0.5×（3.6+5）m×0.7m/2=1.40kN$

合计　　　　　　　　　　　　　　　　　　　　　　　　26.58kN

⑧ ③轴 E 处横向框架梁集中力

B4 楼面板──→次梁──→横向框架梁

　　　　　　　$3.7m/6m×4.0kN/m^2×4.6m×2.3m/2=13.05kN$

B5 楼面板──→次梁──→横向框架梁

　　　　　　$4.0kN/m^2×0.5×（3.5+6）m×1.25m/2=11.88kN$

B6 楼面板──→次梁──→横向框架梁

　　　　　　$0.7m/6m×4.0kN/m^2×1.4m×0.7m/2=0.23kN$

B4 楼面板──→次梁──→纵向框架梁──→横向框架梁

　　　　　　$1.4m/6m×4.0kN/m^2×0.5×（0.4+5）m×2.3m/2=2.90kN$

B6 楼面板──→次梁──→纵向框架梁──→横向框架梁

　　　　　　$1.4m/6m×4.0kN/m^2×0.5×（3.6+5）m×0.7m/2=1.40kN$

合计　　　　　　　　　　　　　　　　　　　　　　　　29.46kN

综上各楼层的荷载计算结果，绘出结构竖向受载总图如图 8-5 所示。其中，括号内的数值为活荷载，不带括号的数值为恒载。带"＊"号的为均布荷载，单位为"kN/m"；不带"＊"号的为集中荷载，单位为"kN"。

4. 嵌固端集中力

（1）A、D 处集中力：$（32.80+3.85）kN/m×（6-0.6）m=197.91kN$

（2）B、C 处集中力：$（13.61+3.85）kN/m×（6-0.6）m=94.28kN$

8.1.6　水平地震作用计算及侧移验算

本例题只对框架结构在水平地震作用下的横向侧移进行验算。验算时，取整个建筑进行分析。框架在水平地震作用下的纵向侧移，可以仿照横向侧移相同的方法验算。

如同 2.6.3 节所述，对于高度不超过 40m、以剪切变形为主且质量和刚度沿高度分布

148

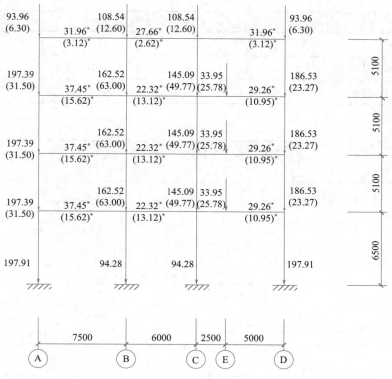

图 8-5 ③轴框架结构竖向受载总图（尺寸单位：mm）

比较均匀的结构，可采用底部剪力法进行结构抗震计算。本结构计算高度为 21.8m，小于 40m，可采用底部剪力法计算水平地震作用。该方法将结构简化为作用于各楼层的多质点葫芦串，结构底部总剪力与地震影响系数以及各质点代表值有关。为计算各质点的重力荷载代表值，本设计先分别计算各楼面层梁、板、柱的质量，各楼层墙体的质量，然后按以楼层中心将上下各半个楼层的重量集中于该楼层的原则计算各质点的重力荷载代表值。

水平地震作用的计算还涉及结构的自振周期，本设计采用假想顶点位移法确定。

水平地震作用下内力及位移分析均采用 D 值法进行。

1. 重力荷载标准值计算

（1）各层梁、柱、板自重标准值

计算结果详见表 8-4～表 8-6。考虑楼板为斜板，及楼梯地面做法比楼面重些，表中楼梯部分的 g_k 按 7.00kN/m 考虑。

柱重力荷载标准值 表 8-4

层数	柱编号	截面宽（mm）	截面高（mm）	净高（m）	g_k(kN/m)	数量	G_{ki}(kN)	$\sum G_i$(kN)
1	KZ1	600	600	6.38	9.48	36	2177.37	2177.37
2～4	KZ1	600	600	4.98	9.48	36	1699.58	1699.58
出屋面	TZ1	240	240	0.6	1.44	24	20.74	20.74

板重力荷载标准值   表 8-5

层数		板面积（m²）	g_k(kN/m²)	G_{ki}(kN)	$\sum G_i$(kN)
1～3	楼面	972.8	4.61	4484.61	4857.01
	楼梯	53.2	7.00	372.40	
4	屋面	1134	6.03	6838.02	6838.02

梁重力荷载标准值   表 8-6

层数	梁编号	截面宽（mm）	截面高（mm）	净跨（m）	g_k(kN/m)	数量	G_{ki}(kN)	$\sum G_i$(kN)
1～3	KL1	300	750	6.9	5.04	20	695.52	1853.64
				5.4		8	217.73	
	KL2	300	600	5.4	3.85	36	748.44	
	L1	250	500	74.4（总长）	2.58	—	191.95	
4	KL1	300	750	6.9	5.04	20	695.52	1716.12
				5.4		10	272.16	
	KL2	300	600	5.4	3.85	36	748.44	

（2）各层墙自重标准值

计算结果详见表 8-7。

墙重力荷载标准值   表 8-7

层数	类型	墙高(m)	墙总长（m）	门窗洞面积（m²）	墙体面积（m²）	g_k(kN/m²)	G_{ki}(kN)	$\sum G_i$(kN)
1	外纵墙	5.90	97.20	46.65	526.83	5.56	2929.17	7366.18
	外横墙	5.75	38.40	6.48	214.32	5.56	1191.62	
	内纵墙	5.90	72.80	34.65	394.87	2.72	1074.05	
	内横墙	5.75	69.00	0	396.75	2.72	1079.16	
	次梁内墙	6.00	66.08	11.34	385.14	2.72	1047.58	
	门窗						44.60	
2～3	外纵墙	4.5	97.20	36.00	401.40	5.56	2231.78	5592.80
	外横墙	4.35	38.40	2.70	164.34	5.56	913.73	
	内纵墙	4.5	72.80	34.65	292.95	2.72	796.82	
	内横墙	4.35	69.00	0	300.15	2.72	816.41	
	次梁内墙	4.6	66.08	11.34	292.63	2.72	795.95	
	门窗						38.11	

层数	类型	墙高(m)	墙总长(m)	门窗洞面积(m²)	墙体面积(m²)	g_k(kN/m²)	G_{ki}(kN)	$\sum G_i$(kN)
4	外纵墙	4.5	97.20	36.00	401.40	5.56	2231.78	
	外横墙	4.35	38.40	2.70	164.34	5.56	913.73	
	内纵墙	4.5	72.80	34.65	292.95	2.72	796.82	4791.75
	内横墙	4.35	69.00	0	300.15	2.72	816.41	
	门窗						33.01	
出屋面	女儿墙		143.28			3.50kN/m	501.48	501.48

（3）各层自动扶梯自重标准值

按厂家提供净重 90kN，各层自动扶梯自重标准值为 $\sum G_i = 90\text{kN} \times 2 = 180\text{kN}$。

（4）各层（各质点）自重标准值

① 1 层（板＋梁＋柱＋墙＋自动扶梯）：

$$G_{1k} = 4857.01\text{kN} + 1853.64\text{kN} + \frac{2177.37\text{kN} + 1699.58\text{kN}}{2} + \frac{7366.18\text{kN} + 5592.80\text{kN}}{2} + 180\text{kN}$$

$$= 15308.62\text{kN}$$

② 2 层（板＋梁＋柱＋墙＋自动扶梯）：

$$G_{2k} = 4857.01\text{kN} + 1853.64\text{kN} + 1699.58\text{kN} + 5592.80\text{kN} + 180\text{kN} = 14183.03\text{kN}$$

③ 3 层（板＋梁＋柱＋墙＋自动扶梯）：

$$G_{3k} = 4857.01\text{kN} + 1853.64\text{kN} + 1699.58\text{kN} + \frac{5592.80\text{kN} + 4791.75\text{kN}}{2} + 180\text{kN}$$

$$= 13782.51\text{kN}$$

④ 4 层（板＋梁＋柱＋墙＋自动扶梯）：

$$G_{4k} = 6838.02\text{kN} + 1716.12\text{kN} + \frac{1699.58\text{kN} + 20.74\text{kN}}{2} + \frac{4791.75\text{kN} + 501.48\text{kN}}{2} + 180\text{kN}$$

$$= 12240.92\text{kN}$$

⑤ 出屋面（构造柱＋女儿墙）：

$$G_{5k} = \frac{20.74\text{kN}}{2} + \frac{501.48\text{kN}}{2} = 261.10\text{kN}$$

2. 重力荷载代表值计算

（1）各质点重力荷载代表值计算

重力荷载代表值 G 取结构和构件自重标准值和各可变荷载组合值之和，各可变荷载组合值系数为：雪荷载 0.5，屋面活载 0.0，按等效均布荷载计算的其他民用建筑楼面活载 0.5。

① 1 层：

$G_1 =$ 恒载＋0.5×（楼板面积＋楼梯面积＋自动扶梯面积）×活荷载标准值

$$= 15308.62\text{kN} + 0.5 \times (972.8 + 53.2 + 13.1 \times 0.8)\text{m}^2 \times 4.0\text{kN/m}^2 = 17381.58\text{kN}$$

② 2 层：

G_2 ＝恒载＋0.5×（楼板面积＋楼梯面积＋自动扶梯面积）×活荷载标准值

　　＝14183.03kN＋0.5×(972.8＋53.2＋13.1×0.8)m²×4.0kN/m²

　　＝16255.99kN

③ 3 层：

G_3 ＝恒载＋0.5×（楼板面积＋楼梯面积＋自动扶梯面积）×活荷载标准值

　　＝13782.51kN＋0.5×(972.8＋53.2＋13.1×0.8)m²×4.0kN/m²

　　＝15855.47kN

④ 4 层：

$$G_4 ＝恒载＋0.5×屋面面积×雪荷载标准值$$

$$＝12240.92kN＋0.5×1134m²×0.25kN/m²$$

$$＝12382.67kN$$

⑤ 出屋面：

$$G_5 ＝恒载＝261.10kN$$

集中于各楼层标高处的重力荷载代表值 G_i 如图 8-6 所示。

（2）等效总重力荷载代表值计算

结构的总重力荷载代表值：

$$\sum G_i ＝17381.58kN＋16255.99kN＋15855.47kN$$

$$＋12382.67kN＋261.10kN＝62136.81kN$$

结构等效重力荷载代表值：

$$G_{eq}＝0.85\sum G_i＝0.85×62136.81kN＝52816.29kN$$

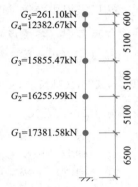

图 8-6　重力荷载代表值示意图
（尺寸单位：mm）

3. 横向框架侧移刚度计算

地震作用是根据受力构件的抗侧刚度来分配的，同时，若用顶点位移法求结构的自振周期，也需要用到结构的抗侧刚度。抗侧刚度按下式计算：

$$D＝\alpha_c \frac{12EI}{h^3}＝\alpha_c \frac{12i_c}{h^2}$$

（1）抗侧刚度修正系数计算

修正系数计算结果见表 8-8。

（2）抗侧刚度计算

抗侧刚度计算结果见表 8-9。

4. 横向自振周期计算

（1）结构顶点假想侧移计算

把 G_5 折算到主体结构的顶层

$$G_e＝G_5×\left(1＋\frac{3}{2}×\frac{0.6}{21.8}\right)＝261.10kN×(1＋0.041)＝271.88kN$$

则第 4 层的 $G_{4e}＝G_4＋G_e＝12382.67kN＋271.88kN＝12654.55kN$

结构顶点假想侧移计算结果见表 8-10。

152

柱轴号		1层		2～4层	
		$\bar{i}=\dfrac{\sum i_b}{i_c}$	$\alpha_c=\dfrac{0.5+\bar{i}}{2+\bar{i}}$	$\bar{i}=\dfrac{\sum i_b}{2i_c}$	$\alpha_c=\dfrac{\bar{i}}{2+\bar{i}}$
中框架柱	A、D	1.69	0.593	1.32	0.398
	B、C	3.81	0.742	2.98	0.598
边框架柱	A、D	1.27	0.541	1.00	0.333
	B、C	2.86	0.691	2.24	0.528

框架柱抗侧刚度 表 8-9

楼层	柱轴号		α_c	i_c ($\times 10^4 kN \cdot m$)	$h(m)$	D_c ($\times 10^4 kN \cdot m$)	根数	$\sum D_c$ ($\times 10^5$ $kN \cdot m$)
1层	中框架柱	A、D	0.593	5.400	6.5	0.910	16	4.032
		B、C	0.742	5.400	6.5	1.138	16	
	边框架柱	A、D	0.541	5.400	6.5	0.830	4	
		B、C	0.691	5.400	6.5	1.060	4	
2～4层	中框架柱	A、D	0.398	6.882	5.1	1.264	16	6.153
		B、C	0.598	6.882	5.1	1.899	16	
	边框架柱	A、D	0.333	6.882	5.1	1.057	4	
		B、C	0.528	6.882	5.1	1.676	4	

结构顶点假想位移 表 8-10

楼层	$G_i(kN)$	$V_{Gi}(kN)$	$\sum D_i(kN/m)$	$\Delta u_i(m)$	$u_T(m)$
4	12382.67	12654.55	615300	0.021	0.298
3	15855.47	28510.02	615300	0.046	0.278
2	16255.99	45891.60	615300	0.075	0.232
1	17381.58	63273.18	403200	0.157	0.157

（2）横向自振周期计算

由 $T_1=1.7\psi_T\sqrt{u_T}$ 计算基本周期，依据现行行业标准《高层建筑混凝土结构技术规程》JGJ 3 中 4.3.17 条规定，考虑非承重墙的刚度影响，对结构自振周期予以折减，取经验折减系数 $\psi_T=0.7$。由表 8.10 得知 $u_T=0.298m$。

所以 $T_1=1.7\times0.7\times\sqrt{0.298}\,s=0.650s$

5. 刚重比验算

按照 4.2 节所述方法验算，验算结果如表 8-11 所示，由表可知，所有层均满足 $D_i\geqslant 20\sum\limits_{j=i}^{n}G_j/h_i$，内力计算都无需考虑重力二阶效应，所得的内力无需乘以增大系数。

楼层	h_i (m)	D_i (kN/m)	恒载 (kN)	活载 (kN)	G_j (kN)	$20\sum\limits_{j=i}^{n}G_j/h_j$ (kN/m)
4	5.1	615300	12240.92	283.50	12382.67	64072
3	5.1	615300	13782.51	4145.92	15855.47	158724
2	5.1	615300	14183.23	4145.92	16255.99	255417
1	6.5	403200	15308.62	4145.92	17381.58	280774

6. 水平地震作用及楼层地震剪力计算

(1) 结构总水平地震作用计算

本设计抗震设防烈度为 6 度，设计地震分组为第一组，建筑场地类别为 Ⅱ 类场地，依据现行国家标准《建筑抗震设计规范》GB 50011 中 5.1.4 条规定：水平地震影响系数最大值 $\alpha_{\max}=0.04$，特征周期 $T_g=0.35s$。取阻尼比 $\zeta=0.05$，阻尼调整系数 $\eta_2=1.0$，衰减指数 $\gamma=0.9$。

由此计算出相应于结构基本自振周期的水平地震影响系数：

$$\alpha_1 = \left(\frac{T_g}{T}\right)^\gamma \eta_2 \alpha_{\max} = \left(\frac{0.35s}{0.914s}\right)^{0.9} \times 1.0 \times 0.04 = 0.0166$$

又因为依据现行国家标准《建筑抗震设计规范》GB 50011 中 5.2.1 条规定：

$$T_1 = 0.650s > 1.4T_g = 1.4 \times 0.35s = 0.490s$$

故应考虑顶部附加地震作用，顶部附加地震作用系数为：

$$\delta_n = 0.08T_1 + 0.07 = 0.08 \times 0.650 + 0.07 = 0.122$$

结构总水平地震作用标准值：

$$F_{Ek} = \alpha_1 G_{eq} = 0.0166 \times 52816.29kN = 877.84kN$$

(2) 各质点水平地震作用标准值

顶部附加地震作用：

$$\Delta F_n = \delta_n F_{Ek} = 0.122 \times 877.84kN = 107.10kN$$

各质点水平地震作用标准值：

$$F_i = \frac{G_i H_i}{\sum\limits_{j=1}^{5} G_j H_j} F_{Ek}(1-\delta_n) = 751.18 \times \frac{G_i H_i}{\sum\limits_{j=1}^{5} G_j H_j} kN$$

列表计算及计算结果详见表 8-12 和图 8-7。

各质点横向水平多遇地震作用及楼层地震剪力计算表   表 8-12

楼层	H_i (m)	G_i (kN)	$G_i \cdot H_i$ (kN·m)	$\dfrac{G_i \cdot H_i}{\sum\limits_{j=1}^{5} G_j \cdot H_j}$	F_i (kN)	V_i (kN)	$\lambda\sum\limits_{j=i}^{11}G_j$ (kN)
5	22.4	261.1	5848.64	0.007	5.22	15.66	2.09
4	21.8	12382.67	269942.2	0.321	347.89	353.11	101.15
3	16.7	15855.47	264786.4	0.314	236.19	589.30	227.99

（续表）

楼层	H_i (m)	G_i (kN)	$G_i \cdot H_i$ (kN·m)	$\dfrac{G_i \cdot H_i}{\sum\limits_{j=1}^{5} G_j \cdot H_j}$	F_i (kN)	V_i (kN)	$\lambda \sum\limits_{j=i}^{11} G_j$ (kN)
2	11.6	16255.99	188569.5	0.224	168.20	757.50	358.04
1	6.5	17381.58	112980.3	0.134	100.78	858.28	497.09
Σ		62136.81	842127	1.000	858.28		

注：1. $F_4 = 240.79\text{kN} + 107.10\text{kN} = 347.89\text{kN}$。

2. 考虑局部突出屋面部分的鞭梢效应，5 层的楼层剪力 $V_5 = 3 \times 5.22\text{kN} = 15.66\text{kN}$。

3. 鞭梢效应增大的部分不往下传，故表中计算各楼层剪力时仍采用原值。

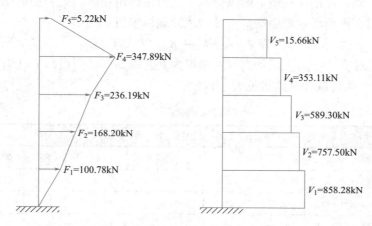

图 8-7　横向水平地震作用及楼层剪力

（3）剪重比验算

多遇水平地震作用计算时，结构各楼层对应于作用标准值的水平地震剪力应符合公式（4-23）的要求。

本结构基本自振周期 $T_1 = 0.650\text{s} < 3.5\text{s}$，且为 6 度抗震设防，查得 $\lambda = 0.008$；G_j 为第 j 层的重力荷载代表值。

由表 8-12 可知，各层均满足 $V_i \geqslant \lambda \sum\limits_{j=1}^{n} G_j$ 要求。

7. 水平地震作用下的位移验算

按 4.1 节方法计算，计算过程见表 8-13。

横向水平多遇地震作用下的弹性位移验算　　　　　　　　　　表 8-13

楼层	V_i (kN)	$\sum D_i$ (kN/m)	Δu_i (m)	u_i (m)	h_i (m)	$\theta_e = \Delta u_i / h_i$
4	353.11	615300	0.000574	0.004891	5.1	1/1043
3	589.3	615300	0.000958	0.004318	5.1	1/1181
2	757.5	615300	0.001231	0.003360	5.1	1/1518
1	858.28	403200	0.002129	0.002129	6.5	1/3054

155

由表 8-13 可知，最大弹性层间位移角 θ_e 发生在第 4 层，其层间位移角的值为 1/1043 $<[\theta_e]=1/550$，$[\theta_e]$ 为钢筋混凝土框架弹性层间位移角限值，误差不超过 5%，故可以认为层间位移角限值满足要求。

8.1.7 风荷载作用计算及侧移验算

1. 风荷载

风荷载作用面取垂直于风向的最大投影面积，结构主体 $H=22.25\text{m}$，$B=54.6\text{m}$。垂直于建筑物表面的风荷载标准值按公式（2-2）计算。

房屋高度 $H<30\text{m}$，且结构的高宽比 $H/B=22.25\text{m}/54.6\text{m}=0.41<1.5$，可不考虑风压脉动对结构产生顺风向风振的影响，即 $\beta_z=1.0$。

为了简化计算，作用在外墙上的风荷载可近似用作用在屋面梁和楼面梁处的等效集中荷载替代。作用在屋面梁和楼面梁节点处的风荷载标准值：

$$W_k = w_k (h_l + h_u)/2 \times B$$

式中，h_l 为下层柱高，h_u 为上层柱高（对顶层为女儿墙高度的两倍），B 为计算单元迎风面宽度，取 6.0m。风荷载计算结果见表 8-14。

横向风荷载标准值计算表 表 8-14

层数	H_i(m)	μ_s	μ_z	β_z	w_0	w_k	q_k	H_u(m)	H_l(m)	F_k(kN)
女儿墙顶	22.85								0.6	
4	22.25	1.3	0.80	1.0	0.35	0.28	1.68	1.2	5.1	5.29
3	17.15	1.3	0.69	1.0	0.35	0.24	1.45	5.1	5.1	7.39
2	12.05	1.3	0.65	1.0	0.35	0.23	1.37	5.1	5.1	6.96
1	6.95	1.3	0.65	1.0	0.35	0.23	1.37	5.1	6.5	7.92

风荷载已简化为作用于框架上的水平节点力。

2. 风荷载作用下的位移验算

计算③轴框架柱抗侧刚度见表 8-15，其中各柱抗侧刚度取自表 8-9。

③轴框架柱抗侧刚度 表 8-15

楼层	柱轴号	D_i(kN・m)	$\sum D_i$(kN・m)
1 层	A、D	9100	40960
	B、C	11380	
2~4 层	A、D	12640	63260
	B、C	18990	

风荷载作用下框架结构的层间位移 Δu_i 和顶点位移 u_i 由公式（4-2）计算，计算过程见表 8-16。

由表 8-16 可知，最大弹性层间位移角 θ_e 发生在第一层，其值为 1/9660 $<[\theta_e]=$ 1/550，$[\theta_e]$ 为钢筋混凝土框架弹性层间位移角限值，误差不超过 5%，故可以认为层间位移角限值满足要求。

楼层	F_i(kN)	V_i(kN)	D_i(kN/m)	Δu_i(m)	u_i(m)	h_i(m)	$\theta_e = \Delta u_i/h_i$
4	5.29	5.29	63260	0.000084	0.001267	5.1	1/60988
3	7.39	12.68	63260	0.000200	0.001184	5.1	1/25444
2	6.96	19.64	63260	0.000310	0.000983	5.1	1/16427
1	7.92	27.56	40960	0.000673	0.000673	6.5	1/9660

　　将表 8-13 与表 8-16 比较可以看出，对于本例，地震作用产生的水平位移远大于风荷载产生的水平位移。本例题的结构设计由地震作用控制。

8.1.8 内力计算

1. 竖向荷载作用下的内力计算

　　按分层法进行结构内力分析。考虑内力组合的需要，分别对恒载作用、活载作用于 AB 跨、活载作用于 BC 跨、活载作用于 CD 跨，并受重力荷载代表值作用的框架内力进行分析。

　　采用分层法计算时，假定上、下柱的远端为固定时与实际情况有出入。因此，除底层外，其余各层柱的线刚度应乘以 0.9 的修正系数，且其传递系数由 1/2 改为 1/3。分层法各杆件的相对线刚度如图 8-8 所示。

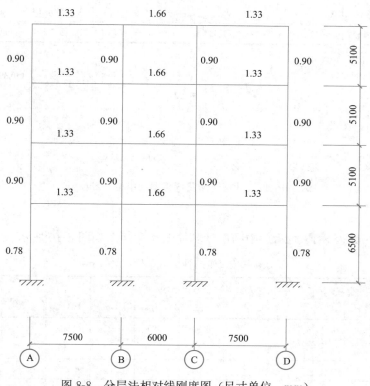

图 8-8　分层法相对线刚度图（尺寸单位：mm）

（1）恒载作用下的内力计算

① 顶层

列表计算，如表 8-17 所示。顶层计算简图及弯矩图如图 8-9 所示。

顶层杆端弯矩的计算（单位：kN·m）　表8-17

节点	A	B	C	D	E		F			G			H	
杆端	AE	BF	CG	DH	EA	EF	FE	FB	FG	GF	GC	GH	HG	HD
线刚度 线刚度和					0.90	1.33 2.23	1.33	0.9	1.66 3.89	1.66	0.9	1.33 3.89	1.33 2.23	0.9
分配系数					0.404	0.596	0.342	0.231	0.427	0.427	0.231	0.342	0.596	0.404
固端弯矩					0	−149.81	149.81	0.00	−82.98	82.98	0	−149.81	149.81	0
		−5.15		−20.15		−11.42	−22.85	−15.46	−28.52	−14.26		−44.67	−89.35	−60.46
	21.69		9.70		65.07	96.16	48.08		26.83	53.67	29.10	43.00	21.50	
		−5.78		−2.89		−12.81	−25.61	−17.33	−31.97	−15.98		−6.41	−12.82	−8.68
	1.72		1.73		5.17	7.64	3.82		4.78	9.56	5.18	7.66	3.83	
		−0.66		−0.52		−1.47	−2.94	−1.99	−3.67	−1.83		−1.14	−2.28	−1.55
	0.20		0.23		0.59	0.88	0.44		0.64	1.27	0.69	1.02	0.51	
		−0.08		−0.07		−0.18	−0.37	−0.25	−0.46	−0.23		−0.15	−0.30	−0.21
	0.02		0.03		0.07	0.11	0.05		0.08	0.16	0.09	0.13	0.07	
		−0.01		−0.01		−0.02	−0.05	−0.03	−0.06	−0.03		−0.02	−0.04	−0.03
	0.00		0.00		0.01	0.01				0.02	0.01	0.02		
最后弯矩	23.64	−11.69	11.69	−23.64	70.92	−70.92	150.39	−35.06	−115.32	115.32	35.07	−150.39	70.92	−70.92

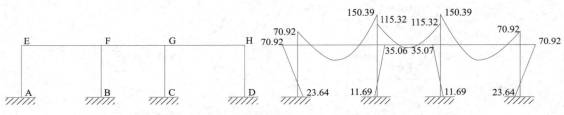

图 8-9　顶层计算简图及弯矩图（单位：kN·m）

② 中间层

列表计算，如表 8-18 所示。中间层计算简图及弯矩图如图 8-10 所示。

中间层杆端弯矩的计算（单位：kN·m）　表8-18

节点	E	I	F	J	A			B			
杆端	EA	IA	FB	JB	AE	AI	AB	BA	BF	BJ	BC
线刚度 线刚度和					0.90	0.90 3.13	1.33	1.33	0.90	0.90 4.79	1.66
分配系数					0.288	0.288	0.425	0.278	0.188	0.188	0.347
固端弯矩							−175.55	175.55			−66.96
	16.83	16.83			50.48	50.48	74.59	37.30			18.70
			−10.31	−10.31			−22.85	−45.70	−30.92	−30.92	−57.04
	2.19	2.19			6.57	6.57	9.71	4.85			11.24

158

节点	E	I	F	J	A			B			
杆端	EA	IA	FB	JB	AE	AI	AB	BA	BF	BJ	BC
			−1.01	−1.01			−2.23	−4.47	−3.02	−3.02	−5.58
	0.21	0.21			0.64	0.64	0.95	0.47			0.81
			−0.08	−0.08			−0.18	−0.36	−0.24	−0.24	−0.45
	0.02	0.02			0.05	0.05	0.08	0.04			0.06
							−0.01	−0.03	−0.02	−0.02	−0.03
最后弯矩	19.25	19.25	−11.40	−11.40	57.74	57.74	−115.50	167.66	−34.21	−34.21	−99.24

节点	C				D			G	K	H	L
杆端	CB	CG	CK	CD	DC	DH	DL	GC	KC	HD	LD
线刚度	1.66	0.90	0.90	1.33	1.33	0.90	0.90				
线刚度和	4.79				3.13						
分配系数	0.347	0.188	0.188	0.278	0.425	0.288	0.288				
固端弯矩	66.96			−174.88	156.02						
	37.40	20.28	20.28	29.97	14.98			6.76	6.76		
	−28.52			−36.33	−72.66	−49.17	−49.17			−16.39	−16.39
	22.47	12.18	12.18	18.01	9.00			4.06	4.06		
	−2.79			−1.91	−3.83	−2.59	−2.59			−0.86	−0.86
	1.63	0.88	0.88	1.31	0.65			0.29	0.29		
	−0.22			−0.14	−0.28	−0.19	−0.19			−0.06	−0.06
	0.13	0.07	0.07	0.10	0.05			0.02	0.02		
	−0.02			−0.01	−0.02	−0.01	−0.01			0.00	0.00
最后弯矩	97.04	33.41	33.41	−163.90	103.92	−51.96	−51.96	11.14	11.14	−17.32	−17.32

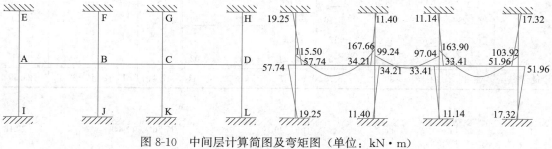

图 8-10 中间层计算简图及弯矩图（单位：kN·m）

③ 底层

列表计算，如表 8-19 所示。底层计算简图及弯矩图如图 8-11 所示。

底层杆端弯矩计算（单位：kN·m）　　　　　　　　　表 8-19

节点	E	I	F	J	A			B			
杆端	EA	IA	FB	JB	AE	AI	AB	BA	BF	BJ	BC
线刚度					0.90	0.78	1.33	1.33	0.90	0.78	1.66
线刚度和					3.01			4.67			

节点	E	I	F	J	A			B			
杆端	EA	IA	FB	JB	AE	AI	AB	BA	BF	BJ	BC
分配系数					0.299	0.259	0.442	0.285	0.193	0.167	0.355
固端弯矩							−175.55	175.55			−66.96
	26.25	22.75			52.49	45.49	77.57	38.78			19.18
			−16.05	−13.91			−23.72	−47.43	−32.10	−27.82	−59.20
	3.55	3.07			7.09	6.15	10.48	5.24			11.99
			−1.66	−1.44			−2.45	−4.91	−3.32	−2.88	−6.12
	0.37	0.32			0.73	0.64	1.08	0.54			0.92
			−0.14	−0.12			−0.21	−0.42	−0.28	−0.24	−0.52
	0.03	0.03			0.06	0.05	0.09	0.05			0.08
							−0.02	−0.03	−0.02	−0.02	−0.04
最后弯矩	30.19	26.16	−17.86	−15.48	60.38	52.33	−112.72	167.37	−35.72	−30.96	−100.68

节点	C				D			G	K	H	L
杆端	CB	CG	CK	CD	DC	DH	DL	GC	KC	DH	DL
线刚度	1.66	0.90	0.78	1.33	1.33	0.90	0.78				
线刚度和	4.67				3.01						
分配系数	0.355	0.193	0.167	0.285	0.442	0.299	0.259				
固端弯矩	66.96			−174.88	156.02						
	38.36	20.80	18.03	30.74	15.37			10.40	9.01		
	−29.60			−37.86	−75.73	−51.25	−44.41			−25.62	−22.21
	23.98	13.00	11.27	19.21	9.61			6.50	5.63		
	−3.06			−2.12	−4.25	−2.87	−2.49			−1.44	−1.24
	1.84	1.00	0.87	1.48	0.74			0.50	0.43		
	−0.26			−0.16	−0.33	−0.22	−0.19			−0.11	−0.10
	0.15	0.08	0.07	0.12	0.06			0.04	0.04		
	−0.02			−0.01	−0.03	−0.02	−0.02			−0.01	−0.01
最后弯矩	98.35	34.88	30.23	−163.50	101.47	−54.36	−47.11	17.44	15.12	−27.18	−23.55

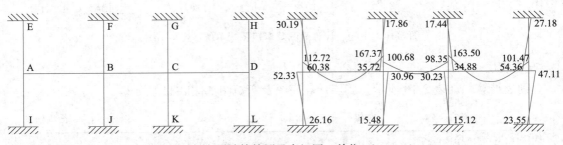

图 8-11　底层计算简图及弯矩图（单位：kN·m）

④ 柱端弯矩叠加，不平衡弯矩进行一次分配，得框架弯矩图如图 8-12 所示，剪力图、轴力图分别如图 8-13、图 8-14 所示。

160

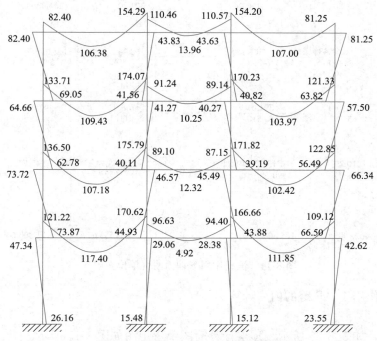

图 8-12　恒载作用下弯矩图（单位：kN·m）

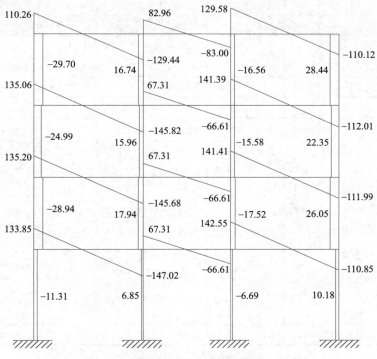

图 8-13　恒载作用下剪力图（单位：kN）

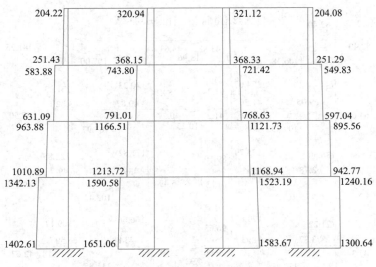

204.22	320.94		321.12	204.08
251.43	368.15	368.33		251.29
583.88	743.80	721.42		549.83
631.09	791.01	768.63		597.04
963.88	1166.51	1121.73		895.56
1010.89	1213.72	1168.94		942.77
1342.13	1590.58	1523.19		1240.16
1402.61	1651.06	1583.67		1300.64

图 8-14　恒载作用下轴力图（单位：kN）

（2）活载作用于 AB 跨的内力计算

① 顶层

列表计算，如表 8-20 所示。顶层计算简图及弯矩图如图 8-15 所示。

顶层杆端弯矩的计算（单位：kN·m）　　表 8-20

节点	A	B	C	D	E		F			G			H	
杆端	AE	BF	CG	DH	EA	EF	FE	FB	FG	GF	GC	GH	HG	HD
线刚度					0.90	1.33	1.33	0.9	1.66	1.66	0.9	1.33	1.33	0.9
线刚度和					2.23		3.89			3.89			2.23	
分配系数					0.404	0.596	0.342	0.231	0.427	0.427	0.231	0.342	0.596	0.404
固端弯矩						−14.63	14.63							
		−1.13		0.00		−2.50	−5.00	−3.38	−6.24	−3.12		0.00	0.00	0.00
	2.30		0.24		6.91	10.22	5.11		0.67	1.33	0.72	1.07	0.53	
		−0.45		−0.07		−0.99	−1.97	−1.34	−2.46	−1.23		−0.16	−0.32	−0.22
	0.13		0.11		0.40	0.59	0.29		0.30	0.59	0.32	0.48	0.24	
		−0.05		−0.03		−0.10	−0.20	−0.14	−0.25	−0.13		−0.07	−0.14	−0.10
	0.01		0.02		0.04	0.06	0.03		0.04	0.08	0.05	0.07	0.03	
		−0.01		0.00		−0.01	−0.02	−0.02	−0.03	−0.02		−0.01	−0.02	−0.01
	0.00		0.00		0.00	0.01	0.00		0.01	0.01	0.01	0.01	0.00	
最后弯矩	2.45	−1.62	0.37	−0.11	7.36	−7.36	12.86	−4.87	−7.98	−2.47	1.10	1.38	0.33	−0.32

② 中间层

列表计算，如表 8-21 所示。中间层计算简图及弯矩图如图 8-16 所示。

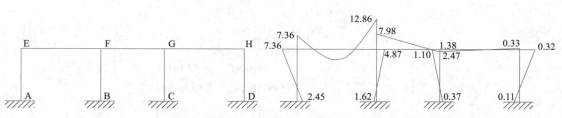

图 8-15　顶层计算简图及弯矩图（单位：kN·m）

中间层杆端弯矩的计算（单位：kN·m）　　　　　　　　　　　表 8-21

节点	E	I	F	J	A			B			
杆端	EA	IA	FB	JB	AE	AI	AB	BA	BF	BJ	BC
线刚度					0.90	0.90	1.33	1.33	0.90	0.90	1.66
线刚度和					3.13			4.79			
分配系数					0.288	0.288	0.425	0.278	0.188	0.188	0.347
固端弯矩							−83.72	83.72			
	8.02	8.02			24.07	24.07	35.57	17.79			0.00
			−6.36	−6.36			−14.09	−28.18	−19.07	−19.07	−35.18
	1.35	1.35			4.05	4.05	5.99	2.99			3.05
			−0.38	−0.38			−0.84	−1.68	−1.14	−1.14	−2.09
	0.08	0.08			0.24	0.24	0.36	0.18			0.27
			−0.03	−0.03			−0.06	−0.12	−0.08	−0.08	−0.16
	0.01	0.01			0.02	0.02	0.03	0.01			0.02
			0.00	0.00			0.00	−0.01	−0.01	−0.01	−0.01
最后弯矩	9.46	9.46	−6.77	−6.77	28.38	28.38	−56.77	74.69	−20.30	−20.30	−34.10

节点	C				D			G	K	H	L
杆端	CB	CG	CK	CD	DC	DH	DL	GC	KC	HD	LD
线刚度	1.66	0.90	0.90	1.33	1.33	0.90	0.90				
线刚度和	4.79				3.13						
分配系数	0.347	0.188	0.188	0.278	0.425	0.288	0.288				
固端弯矩											
	0.00	0.00	0.00	0.00				0.00	0.00		
	−17.59			0.00	0.00	0.00	0.00			0.00	0.00
	6.10	3.30	3.30	4.88	2.44			1.10	1.10		
	−1.05			−0.52	−1.04	−0.70	−0.70			−0.23	−0.23
	0.54	0.29	0.29	0.43	0.22			0.10	0.10		
	−0.08			−0.05	−0.09	−0.06	−0.06			−0.02	−0.02
	0.04	0.02	0.02	0.03	0.02			0.01	0.01		
	−0.01			0.00	−0.01	0.00	0.00			0.00	0.00
最后弯矩	−12.04	3.62	3.62	4.78	1.54	−0.77	−0.77	1.21	1.21	−0.26	−0.26

163

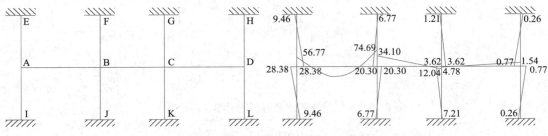

图 8-16 中间层计算简图及弯矩图（单位：kN·m）

③ 底层

列表计算，如表 8-22 所示。底层计算简图及弯矩图如图 8-17 所示。

底层杆端弯矩的计算（单位：kN·m）　　　　　　　　　　　　　　　表 8-22

节点	E	I	F	J	A			B			
杆端	EA	IA	FB	JB	AE	AI	AB	BA	BF	BJ	BC
线刚度					0.90	0.78	1.33	1.33	0.90	0.78	1.66
线刚度和					3.01			4.67			
分配系数					0.299	0.259	0.442	0.285	0.193	0.167	0.355
固端弯矩							−83.72	83.72			
	12.52	10.85			25.03	21.69	36.99	18.50			0.00
			−9.85	−8.54			−14.56	−29.11	−19.70	−17.07	−36.33
	2.18	1.89			4.35	3.77	6.43	3.22			3.23
			−0.62	−0.54			−0.92	−1.84	−1.24	−1.08	−2.29
	0.14	0.12			0.27	0.24	0.41	0.20			0.31
			−0.05	−0.04			−0.07	−0.14	−0.10	−0.08	−0.18
	0.01	0.01			0.02	0.02	0.03	0.02			0.03
							−0.01	−0.01	−0.01	−0.01	−0.01
最后弯矩	14.84	12.86	−10.52	−9.12	29.68	25.72	−55.41	74.55	−21.05	−18.24	−35.26

节点	C				D			G	K	H	L
杆端	CB	CG	CK	CD	DC	DH	DL	GC	KC	DH	DL
线刚度	1.66	0.90	0.78	1.33	1.33	0.90	0.78				
线刚度和	4.67				3.01						
分配系数	0.355	0.193	0.167	0.285	0.442	0.299	0.259				
固端弯矩											
	0.00	0.00	0.00	0.00	0.00			0.00	0.00		
	−18.17		0.00		0.00	0.00	0.00			0.00	0.00
	6.46	3.50	3.03	5.17	2.59			1.75	1.52		
	−1.15			−0.57	−1.14	−0.77	−0.67			−0.39	−0.34
	0.61	0.33	0.29	0.49	0.24			0.17	0.14		

节点	C				D			G	K	H	L
杆端	CB	CG	CK	CD	DC	DH	DL	GC	KC	DH	DL
	−0.09			−0.05	−0.11	−0.07	−0.06			−0.04	−0.03
	0.05	0.03	0.02	0.04	0.02			0.01	0.01		
	−0.01			0.00	−0.01	−0.01	−0.01			0.00	0.00
最后弯矩	−12.29	3.86	3.35	5.07	1.59	−0.85	−0.74	1.93	1.67	−0.43	−0.37

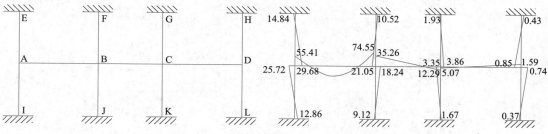

图 8-17 底层计算简图及弯矩图（单位：kN·m）

④ 柱端弯矩叠加，不平衡弯矩进行一次分配，得框架弯矩图如图 8-18 所示，剪力图、轴力图分别如图 8-19、图 8-20 所示。

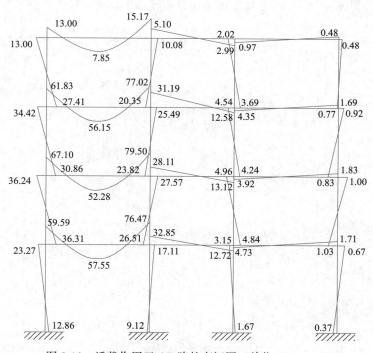

图 8-18 活载作用于 AB 跨的弯矩图（单位：kN·m）

165

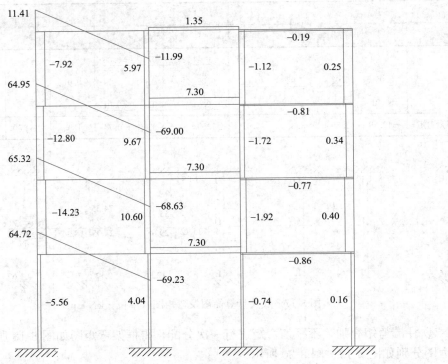

图 8-19　活载作用于 AB 跨的剪力图（单位：kN）

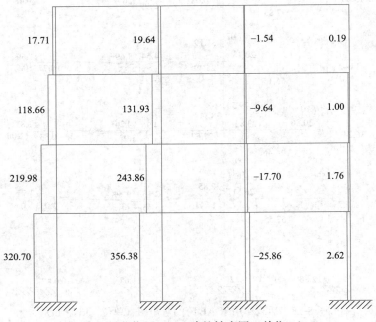

图 8-20　活载作用于 AB 跨的轴力图（单位：kN）

（3）活载作用于 BC 跨的内力计算

① 顶层

列表计算，如表 8-23 所示。顶层计算简图及弯矩图如图 8-21 所示。

顶层杆端弯矩的计算（单位：kN·m）　　　　　　　　　　　　表 8-23

节点	A	B	C	D	E		F			G			H	
杆端	AE	BF	CG	DH	EA	EF	FE	FB	FG	GF	GC	GH	HG	HD
线刚度					0.90	1.33	1.33	0.9	1.66	1.66	0.9	1.33	1.33	0.9
线刚度和					2.23		3.89			3.89			2.23	
分配系数					0.404	0.596	0.342	0.231	0.427	0.427	0.231	0.342	0.596	0.404
固端弯矩					0	0.00	0.00	0.00	−7.86	7.86	0	0	0	0
		0.61		0.00		1.34	2.69	1.82	3.35	1.68		0.00	0.00	0.00
	−0.18		−0.74		−0.54	−0.80	−0.40		−2.03	−4.07	−2.21	−3.26	−1.63	
		0.19		0.22		0.42	0.83	0.56	1.04	0.52		0.49	0.97	0.66
	−0.06		−0.08		−0.17	−0.25	−0.12		−0.21	−0.43	−0.23	−0.34	−0.17	
		0.03		0.02		0.06	0.12	0.08	0.14	0.07		0.05	0.10	0.07
	−0.01		−0.01		−0.02	−0.03	−0.02		−0.03	−0.05	−0.03	−0.04	−0.02	
		0.00		0.00		0.01	0.01	0.01	0.02	0.01		0.01	0.01	0.01
	0.00		0.00		0.00					−0.01	0.00	−0.01	0.00	
		0.00		0.00		0.00	0.00	0.00	0.00	0.00		0.00	0.00	0.00
	0.00		0.00		0.00					0.00	0.00	0.00		
最后弯矩	−0.25	0.82	−0.82	0.25	−0.74	0.74	3.11	2.47	−5.58	5.58	−2.47	−3.11	−0.74	0.74

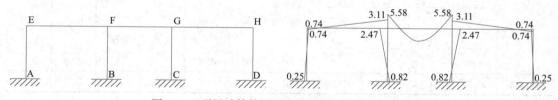

图 8-21　顶层计算简图及弯矩图（单位：kN·m）

② 中间层

列表计算，如表 8-24 所示。中间层计算简图及弯矩图如图 8-22 所示。

中间层杆端弯矩的计算（单位：kN·m）　　　　　　　　　　表 8-24

节点	E	I	F	J	A			B			
杆端	EA	IA	FB	JB	AE	AI	AB	BA	BF	BJ	BC
线刚度					0.90	0.90	1.33	1.33	0.90	0.90	1.66
线刚度和					3.13			4.79			
分配系数					0.288	0.288	0.425	0.278	0.188	0.188	0.347
固端弯矩							0.00	0.00			−45.00

节点	E	I	F	J	A			B			
杆端	EA	IA	FB	JB	AE	AI	AB	BA	BF	BJ	BC
	0.00	0.00			0.00	0.00	0.00	0.00			−7.80
			3.31	3.31			7.33	14.66	9.92	9.92	18.30
	−0.70	−0.70			−2.11	−2.11	−3.11	−1.56			−1.82
			0.21	0.21			0.47	0.94	0.63	0.63	1.17
	−0.04	−0.04			−0.13	−0.13	−0.20	−0.10			−0.15
			0.02	0.02			0.04	0.07	0.05	0.05	0.09
	0.00	0.00			−0.01	−0.01	−0.02	−0.01			−0.01
			0.00	0.00			0.00	0.00	0.01	0.00	0.01
最后弯矩	−0.75	−0.75	3.54	3.54	−2.25	−2.25	4.51	14.01	10.61	10.61	−35.22

节点	C				D			G	K	H	L
杆端	CB	CG	CK	CD	DC	DH	DL	GC	KC	HD	LD
线刚度	1.66	0.90	0.90	1.33	1.33	0.90	0.90				
线刚度和	4.79				3.13						
分配系数	0.347	0.188	0.188	0.278	0.425	0.288	0.288				
固端弯矩	45.00			0.00	0.00						
	−15.59	−8.46	−8.46	−12.49	−6.25			−2.82	−2.82		
	9.15			1.33	2.65	1.80	1.80			0.60	0.60
	−3.63	−1.97	−1.97	−2.91	−1.45			−0.66	−0.66		
	0.58			0.31	0.62	0.42	0.42			0.14	0.14
	−0.31	−0.17	−0.17	−0.25	−0.12			−0.06	−0.06		
	0.04			0.03	0.05	0.04	0.04			0.01	0.01
	−0.02	−0.01	−0.01	−0.02	−0.01			0.00	0.00		
	0.00			0.00	0.00	0.00	0.00			0.00	0.00
最后弯矩	35.22	−10.60	−10.60	−14.01	−4.51	2.25	2.25	−3.53	−3.53	0.75	0.75

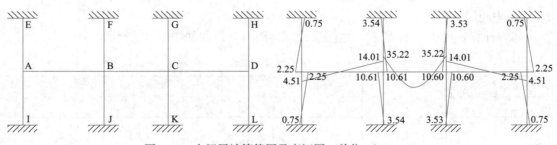

图 8-22 中间层计算简图及弯矩图（单位：kN·m）

③ 底层

列表计算，如表 8-25 所示。底层计算简图及弯矩图如图 8-23 所示。

节点	E	I	F	J	A			B			
杆端	EA	IA	FB	JB	AE	AI	AB	BA	BF	BJ	BC
线刚度					0.90	0.78	1.33	1.33	0.90	0.78	1.66
线刚度和					3.01			4.67			
分配系数					0.299	0.259	0.442	0.285	0.193	0.167	0.355
固端弯矩							0.00	0.00			−45.00
	0.00	0.00			0.00	0.00	0.00	0.00			−8.00
			5.11	4.43			7.55	15.09	10.21	8.85	18.84
	−1.13	−0.98			−2.26	−1.96	−3.33	−1.67			−1.93
			0.35	0.30			0.51	1.02	0.69	0.60	1.28
	−0.08	−0.07			−0.15	−0.13	−0.23	−0.11			−0.17
			0.03	0.02			0.04	0.08	0.06	0.05	0.10
	−0.01	−0.01			−0.01	−0.01	−0.02	−0.01			−0.01
			0.00	0.00			0.00	0.01	0.00	0.00	0.01
最后弯矩	−1.21	−1.05	5.48	4.75	−2.42	−2.10	4.52	14.42	10.97	9.50	−34.89

节点	C				D			G	K	H	L
杆端	CB	CG	CK	CD	DC	DH	DL	GC	KC	DH	DL
线刚度	1.66	0.90	0.78	1.33	1.33	0.90	0.78				
线刚度和	4.67				3.01						
分配系数	0.355	0.193	0.167	0.285	0.442	0.299	0.259				
固端弯矩	45.00			0.00	0.00						
	−16.00	−8.67	−7.52	−12.82	−6.41			−4.34	−3.76		
	9.42			1.42	2.83	1.92	1.66			0.96	0.83
	−3.85	−2.09	−1.81	−3.09	−1.54			−1.04	−0.90		
	0.64			0.34	0.68	0.46	0.40			0.23	0.20
	−0.35	−0.19	−0.16	−0.28	−0.14			−0.09	−0.08		
	0.05			0.03	0.06	0.04	0.04			0.02	0.02
	−0.03	−0.02	−0.01	−0.02	−0.01			−0.01	−0.01		
	0.00			0.00	0.01	0.00	0.00			0.00	0.00
最后弯矩	34.89	−10.97	−9.50	−14.41	−4.52	2.42	2.10	−5.48	−4.75	1.21	1.05

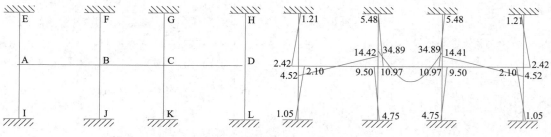

图 8-23　底层计算简图及弯矩图（单位：kN·m）

④ 柱端弯矩叠加，不平衡弯矩进行一次分配，得框架弯矩图如图 8-24 所示，剪力图、轴力图分别如图 8-25、图 8-26 所示。

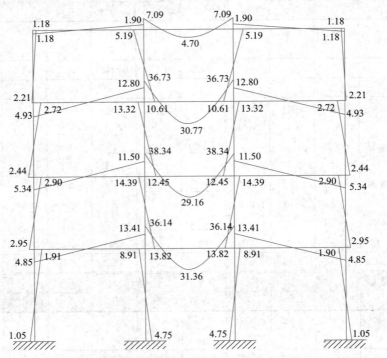

图 8-24　活载作用于 BC 跨的弯矩图（单位：kN·m）

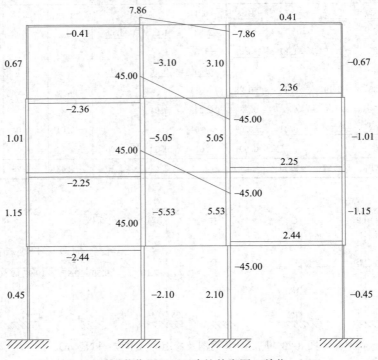

图 8-25　活载作用于 BC 跨的剪力图（单位：kN）

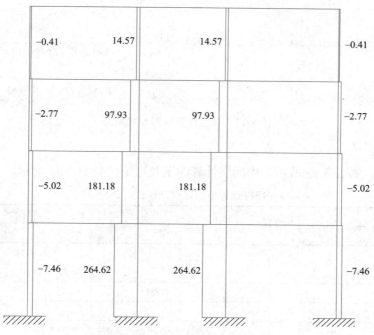

−0.41	14.57	14.57	−0.41
−2.77	97.93	97.93	−2.77
−5.02	181.18	181.18	−5.02
−7.46	264.62	264.62	−7.46

图 8-26　活载作用于 BC 跨的轴力图（单位：kN）

（4）活载作用于 CD 跨的内力计算

① 顶层

列表计算，如表 8-26 所示。顶层计算简图及弯矩图如图 8-27 所示。

顶层杆端弯矩的计算（单位：kN·m）　　　　　　　　　　　表 8-26

节点	A	B	C	D	E		F			G			H	
杆端	AE	BF	CG	DH	EA	EF	FE	FB	FG	GF	GC	GH	HG	HD
线刚度					0.90	1.33	1.33	0.9	1.66	1.66	0.9	1.33	1.33	0.9
线刚度和					2.23		3.89			3.89			2.23	
分配系数					0.404	0.596	0.342	0.231	0.427	0.427	0.231	0.342	0.596	0.404
固端弯矩												−14.63	14.63	
		0.00		−1.97		0.00	0.00	0.00	0.00	0.00		−4.36	−8.73	−5.90
	0.00		1.46		0.00	0.00	0.00		4.05	8.10	4.39	6.49	3.25	
		−0.31		−0.44		−0.69	−1.39	−0.94	−1.73	−0.86		−0.97	−1.94	−1.31
	0.09		0.14		0.28	0.41	0.21		0.39	0.78	0.42	0.63	0.31	
		−0.05		−0.04		−0.10	−0.20	−0.14	−0.26	−0.13		−0.09	−0.19	−0.13
	0.01		0.02		0.04	0.06	0.03		0.05	0.09	0.05	0.08	0.04	
		−0.01		−0.01		−0.01	−0.03	−0.02	−0.03	−0.02		−0.01	−0.02	−0.02
	0.00		0.00		0.01	0.01	0.00		0.01	0.01	0.01	0.01	0.00	
最后弯矩	0.11	−0.36	1.63	−2.45	0.33	−0.33	−1.38	−1.09	2.48	7.98	4.88	−12.86	7.36	−7.36

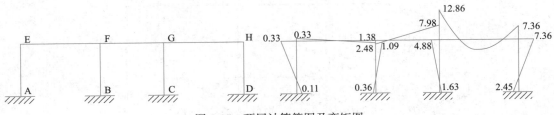

图 8-27　顶层计算简图及弯矩图

② 中间层

列表计算，如表 8-27 所示。中间层计算简图及弯矩图如图 8-28 所示。

中间层杆端弯矩的计算（单位：kN·m）　　　　　　　　　　　表 8-27

节点	E	I	F	J	A			B			
杆端	EA	IA	FB	JB	AE	AI	AB	BA	BF	BJ	BC
线刚度					0.90	0.90	1.33	1.33	0.90	0.90	1.66
线刚度和					3.13			4.79			
分配系数					0.288	0.288	0.425	0.278	0.188	0.188	0.347
固端弯矩											
	0.00	0.00			0.00	0.00	0.00	0.00			14.40
			−0.90	−0.90			−2.00	−4.00	−2.70	−2.70	−4.99
	0.19	0.19			0.57	0.57	0.85	0.42			3.31
			−0.23	−0.23			−0.52	−1.04	−0.70	−0.70	−1.30
	0.05	0.05			0.15	0.15	0.22	0.11			0.21
			−0.02	−0.02			−0.04	−0.09	−0.06	−0.06	−0.11
	0.00	0.00			0.01	0.01	0.02	0.01			0.02
			0.00	0.00			0.00	−0.01	0.00	0.00	−0.01
最后弯矩	0.25	0.25	−1.16	−1.16	0.74	0.74	−1.48	−4.59	−3.47	−3.47	11.53

节点	C				D			G	K	H	L
杆端	CB	CG	CK	CD	DC	DH	DL	GC	KC	HD	LD
线刚度	1.66	0.90	0.90	1.33	1.33	0.90	0.90				
线刚度和	4.79				3.13						
分配系数	0.347	0.188	0.188	0.278	0.425	0.288	0.288				
固端弯矩				−83.08	66.71						
	28.79	15.61	15.61	23.07	11.53			5.20	5.20		
	−2.49			−16.62	−33.25	−22.50	−22.50			−7.50	−7.50
	6.63	3.59	3.59	5.31	2.65			1.20	1.20		
	−0.65			−0.56	−1.13	−0.76	−0.76			−0.25	−0.25
	0.42	0.23	0.23	0.34	0.17			0.08	0.08		
	−0.06			−0.04	−0.07	−0.05	−0.05			−0.02	−0.02
	0.03	0.02	0.02	0.03	0.01			0.01	0.01		
	0.00			0.00	−0.01	0.00	0.00			0.00	0.00
最后弯矩	32.67	19.45	19.45	−71.57	46.63	−23.31	−23.31	6.48	6.48	−7.77	−7.77

172

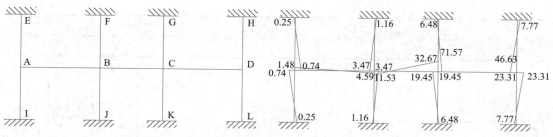

图 8-28　中间层计算简图及弯矩图（单位：kN·m）

③ 底层

列表计算，如表 8-28 所示。底层计算简图及弯矩图如图 8-29 所示。

底层杆端弯矩的计算（单位：kN·m）　　　　　　表 8-28

节点	E	I	F	J	A			B			
杆端	EA	IA	FB	JB	AE	AI	AB	BA	BF	BJ	BC
线刚度 线刚度和					0.90 3.01	0.78	1.33	1.33 4.67	0.90	0.78	1.66
分配系数					0.299	0.259	0.442	0.285	0.193	0.167	0.355
固端弯矩											
	0.00	0.00			0.00	0.00	0.00	0.00			14.77
			−1.42	−1.23			−2.10	−4.21	−2.85	−2.47	−5.25
	0.31	0.27			0.63	0.54	0.93	0.46			3.55
			−0.39	−0.34			−0.57	−1.14	−0.77	−0.67	−1.43
	0.09	0.07			0.17	0.15	0.25	0.13			0.24
			−0.04	−0.03			−0.05	−0.10	−0.07	−0.06	−0.13
	0.01	0.01			0.02	0.01	0.02	0.01			0.02
			0.00	0.00			0.00	−0.01	−0.01	−0.01	−0.01
最后弯矩	0.41	0.35	−1.85	−1.60	0.82	0.71	−1.53	−4.86	−3.70	−3.20	11.76

节点	C				D			G	K	H	L
杆端	CB	CG	CK	CD	DC	DH	DL	GC	KC	DH	DL
线刚度 线刚度和	1.66 4.67	0.90	0.78	1.33	1.33 3.01	0.90	0.78				
分配系数	0.355	0.193	0.167	0.285	0.442	0.299	0.259				
固端弯矩				−83.08	66.71						
	29.53	16.01	13.88	23.66	11.83			8.01	6.94		
	−2.62			−17.35	−34.70	−23.48	−20.35			−11.74	−10.18
	7.10	3.85	3.34	5.69	2.84			1.92	1.67		
	−0.71			−0.63	−1.26	−0.85	−0.74			−0.43	−0.37
	0.48	0.26	0.22	0.38	0.19			0.13	0.11		

节点	C				D			G	K	H	L
杆端	CB	CG	CK	CD	DC	DH	DL	GC	KC	DH	DL
	−0.06			−0.04	−0.08	−0.06	−0.05			−0.03	−0.02
	0.04	0.02	0.02	0.03	0.02			0.01	0.01		
	−0.01			0.00	−0.01	0.00	0.00			0.00	0.00
最后弯矩	33.74	20.14	17.45	−71.34	45.54	−24.40	−21.14	10.07	8.73	−12.20	−10.57

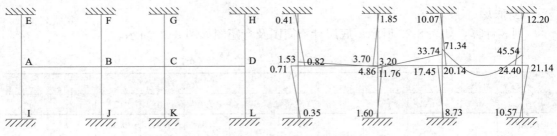

图 8-29 底层计算简图及弯矩图（单位：kN·m）

④ 柱端弯矩叠加，不平衡弯矩进行一次分配，得框架弯矩图如图 8-30 所示，剪力图、轴力图分别如图 8-31、图 8-32 所示。

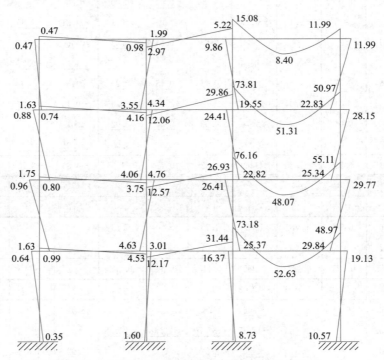

图 8-30 活载作用于 CD 跨的弯矩图（单位：kN·m）

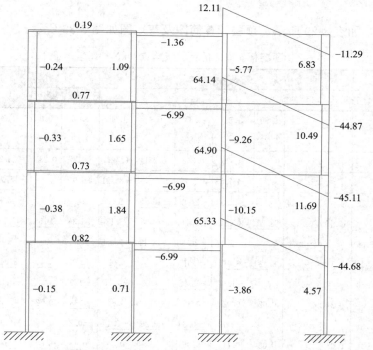
图 8-31 活载作用于 CD 跨的剪力图（单位：kN）

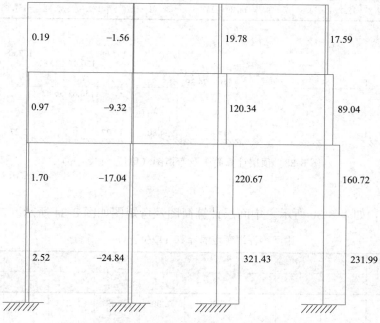
图 8-32 活载作用于 CD 跨的轴力图（单位：kN）

(5) 重力荷载代表值作用下的内力计算

① 顶层

列表计算，如表 8-29 所示。顶层计算简图及弯矩图如图 8-33 所示。

顶层杆端弯矩的计算（单位：kN·m）　　　　表 8-29

节点	A	B	C	D	E		F			G			H	
杆端	AE	BF	CG	DH	EA	EF	FE	FB	FG	GF	GC	GH	HG	HD
线刚度					0.90	1.33	1.33	0.9	1.66	1.66	0.9	1.33	1.33	0.9
线刚度和					2.23		3.89			3.89			2.23	
分配系数					0.404	0.596	0.342	0.231	0.427	0.427	0.231	0.342	0.596	0.404
固端弯矩						−157.13	157.13		−86.91	86.91		−157.13	157.13	
		−5.42		−21.14		−12.00	−24.01	−16.25	−29.96	−14.98		−46.86	−93.71	−63.41
	22.75		10.18		68.26	100.87	50.44		28.18	56.35	30.55	45.15	22.57	
		−6.06		−3.04		−13.44	−26.88	−18.19	−33.55	−16.77		−6.73	−13.46	−9.11
	1.81		1.81		5.42	8.01	4.01		5.02	10.03	5.44	8.04	4.02	
		−0.70		−0.54		−1.54	−3.08	−2.09	−3.85	−1.93		−1.20	−2.40	−1.62
	0.21		0.24		0.62	0.92	0.46		0.67	1.33	0.72	1.07	0.53	
		−0.09		−0.07		−0.19	−0.39	−0.26	−0.48	−0.24		−0.16	−0.32	−0.22
	0.03		0.03		0.08	0.11	0.06		0.09	0.17	0.09	0.14	0.07	
		−0.01		−0.01		−0.02	−0.05	−0.03	−0.06	−0.03		−0.02	−0.04	−0.03
	0.00		0.00		0.01	0.01				0.02	0.01	0.02		
最后弯矩	24.80	−12.27	12.27	−24.80	74.39	−74.39	157.68	−36.81	−120.87	120.87	36.82	−157.68	74.39	−74.39

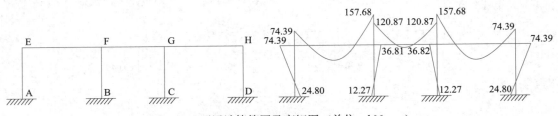

图 8-33　顶层计算简图及弯矩图（单位：kN·m）

② 中间层

列表计算，如表 8-30 所示。中间层计算简图及弯矩图如图 8-34 所示。

中间层杆端弯矩的计算（单位：kN·m）　　　　表 8-30

节点	E	I	F	J	A			B			
杆端	EA	IA	FB	JB	AE	AI	AB	BA	BF	BJ	BC
线刚度					0.90	0.90	1.33	1.33	0.90	0.90	1.66
线刚度和					3.13			4.79			
分配系数					0.288	0.288	0.425	0.278	0.188	0.188	0.347

176

节点	E	I	F	J	A			B			
杆端	EA	IA	FB	JB	AE	AI	AB	BA	BF	BJ	BC
固端弯矩							−216.94	216.94			−89.46
	20.79	20.79			62.38	62.38	92.18	46.09			22.00
			−12.25	−12.25			−27.15	−54.30	−36.75	−36.75	−67.77
	2.60	2.60			7.81	7.81	11.54	5.77			13.49
			−1.21	−1.21			−2.67	−5.35	−3.62	−3.62	−6.67
	0.26	0.26			0.77	0.77	1.14	0.57			0.98
			−0.10	−0.10			−0.21	−0.43	−0.29	−0.29	−0.54
	0.02	0.02			0.06	0.06	0.09	0.05			0.08
			−0.01	−0.01			−0.02	−0.03	−0.02	−0.02	−0.04
最后弯矩	23.67	23.67	−13.56	−13.56	71.02	71.02	−142.05	209.30	−40.68	−40.68	−127.94

节点	C				D			G	K	H	L
杆端	CB	CG	CK	CD	DC	DH	DL	GC	KC	HD	LD
线刚度	1.66	0.90	0.90	1.33	1.33	0.90	0.90				
线刚度和	4.79				3.13						
分配系数	0.347	0.188	0.188	0.278	0.425	0.288	0.288				
固端弯矩	89.46			−216.42	189.37						
	44.00	23.85	23.85	35.25	17.63			7.95	7.95		
	−33.89			−43.98	−87.96	−59.52	−59.52			−19.84	−19.84
	26.98	14.63	14.63	21.62	10.81			4.88	4.88		
	−3.34			−2.30	−4.59	−3.11	−3.11			−1.04	−1.04
	1.95	1.06	1.06	1.56	0.78			0.35	0.35		
	−0.27			−0.17	−0.33	−0.22	−0.22			−0.07	−0.07
	0.15	0.08	0.08	0.12	0.06			0.03	0.03		
	−0.02			−0.01	−0.03	−0.02	−0.02			−0.01	−0.01
最后弯矩	125.03	39.62	39.62	−204.32	125.74	−62.87	−62.87	13.21	13.21	−20.96	−20.96

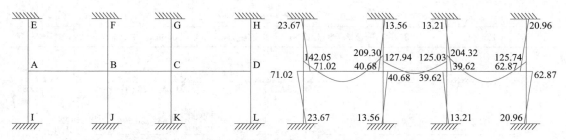

图 8-34　中间层计算简图及弯矩图（单位：kN·m）

③ 底层

列表计算，如表 8-31 所示。底层计算简图及弯矩图如图 8-35 所示。

底层杆端弯矩的计算（单位：kN·m）　　　　　表 8-31

节点	E	I	F	J	A			B			
杆端	EA	IA	FB	JB	AE	AI	AB	BA	BF	BJ	BC
线刚度					0.90	0.78	1.33	1.33	0.90	0.78	1.66
线刚度和					3.01			4.67			
分配系数					0.299	0.259	0.442	0.285	0.193	0.167	0.355
固端弯矩							−216.94	216.94			−89.46
	32.43	28.11			64.87	56.22	95.86	47.93			22.56
			−19.08	−16.53			−28.19	−56.38	−38.15	−33.07	−70.37
	4.21	3.65			8.43	7.31	12.46	6.23			14.40
			−1.99	−1.72			−2.94	−5.87	−3.98	−3.45	−7.33
	0.44	0.38			0.88	0.76	1.30	0.65			1.10
			−0.17	−0.15			−0.25	−0.50	−0.34	−0.29	−0.62
	0.04	0.03			0.07	0.06	0.11	0.06			0.09
							−0.02	−0.04	−0.03	−0.02	−0.05
最后弯矩	37.12	32.17	−21.25	−18.41	74.25	64.35	−138.62	209.00	−42.49	−36.83	−129.68

节点	C				D			G	K	H	L
杆端	CB	CG	CK	CD	DC	DH	DL	GC	KC	DH	DL
线刚度	1.66	0.90	0.78	1.33	1.33	0.90	0.78				
线刚度和	4.67				3.01						
分配系数	0.355	0.193	0.167	0.285	0.442	0.299	0.259				
固端弯矩	89.46			−216.42	189.37						
	45.13	24.47	21.20	36.16	18.08			12.23	10.60		
	−35.19			−45.83	−91.66	−62.03	−53.76			−31.01	−26.88
	28.80	15.61	13.53	23.07	11.54			7.81	6.77		
	−3.67			−2.55	−5.10	−3.45	−2.99			−1.72	−1.49
	2.21	1.20	1.04	1.77	0.88			0.60	0.52		
	−0.31			−0.20	−0.39	−0.26	−0.23			−0.13	−0.11
	0.18	0.10	0.08	0.14	0.07			0.05	0.04		
	−0.03			−0.02	−0.03	−0.02	−0.02			−0.01	−0.01
最后弯矩	126.59	41.38	35.86	−203.86	122.76	−65.76	−57.00	20.69	17.93	−32.88	−28.50

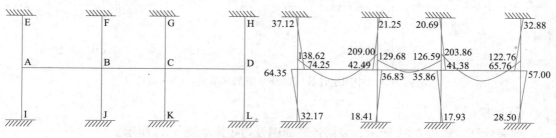

图 8-35　底层计算简图及弯矩图（单位：kN·m）

④ 柱端弯矩叠加，不平衡弯矩进行一次分配，得框架弯矩图如图 8-36 所示，剪力图、轴力图分别如图 8-37、图 8-38 所示。

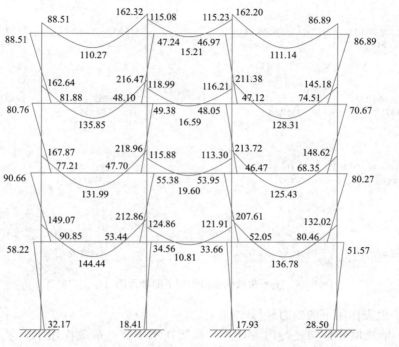

图 8-36 重力荷载代表值作用下的弯矩图（单位：kN·m）

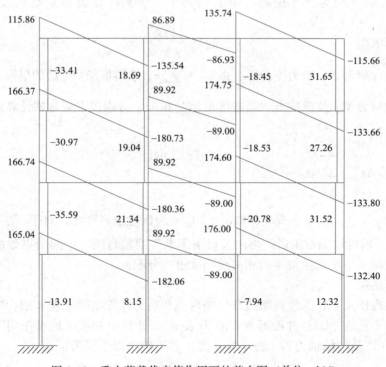

图 8-37 重力荷载代表值作用下的剪力图（单位：kN）

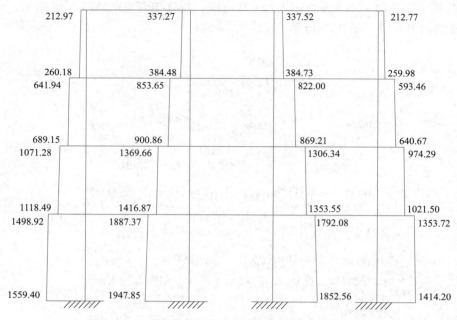

212.97	337.27		337.52	212.77
260.18	384.48		384.73	259.98
641.94	853.65		822.00	593.46
689.15	900.86		869.21	640.67
1071.28	1369.66		1306.34	974.29
1118.49	1416.87		1353.55	1021.50
1498.92	1887.37		1792.08	1353.72
1559.40	1947.85		1852.56	1414.20

图 8-38　重力荷载代表值作用下的轴力图（单位：kN）

2. 水平地震作用下的内力计算

对第③轴线横向框架进行内力计算。框架在水平节点荷载作用下，采用反弯点法分析内力。反弯点法假定除底层外各层上、下柱两端转角相同，反弯点的位置固定不变，底层柱反弯点距下端为 2/3 层高，距上端为 1/3 层高，其余各层柱的反弯点在柱的中点。

（1）计算依据

反弯点处弯矩为零，剪力不为零。由 $V_i = \sum\limits_{k=1}^{n} F_k$ 求得框架第 i 层的层间剪力 V_i 后，i 层 j 柱分配的剪力 V_{ij} 及该柱上下端的弯矩 M_{ij}^{u} 和 M_{ij}^{b} 分别按下列各式计算：

柱端剪力：$V_{ij} = \dfrac{D_{ij}}{\sum D_i} V_i$

下端弯矩：$M_{ij}^{\mathrm{b}} = V_{ij} \nu h$

上端弯矩：$M_{ij}^{\mathrm{u}} = V_{ij}(1-\nu)h$

上式中 D_{ij}、$\sum D_i$ 取自表 8-9 和表 8-10。ν 为反弯点高度比，对于一层柱取 2/3，其余层柱取 1/2。求得柱端弯矩后，再由节点平衡求各梁端弯矩，中间节点处的梁端弯矩可将该节点处柱端不平衡弯矩按梁的相对线刚度进行分配。

（2）计算结果

左水平地震作用下，③轴框架边柱柱端弯矩和剪力计算结果见表 8-32，中柱柱端弯矩和剪力计算结果见表 8-33。并根据表 8-32 及表 8-33 计算出左水平地震作用下的框架梁的弯矩 M、剪力 V 及柱的轴力 N（表 8-34、表 8-35，轴力以受压为正）。

<h4 style="text-align:center">左水平地震作用下③轴框架各层边柱柱端弯矩及剪力计算表　　表 8-32</h4>

楼层	h_i (m)	V_i (kN)	$\sum D_i$ (kN/m)	D_{ij} (kN/m)	V_{ij} (kN)	ν	M_{ij}^b (kN·m)	M_{ij}^u (kN·m)
4	5.1	353.11	615300	12640	7..25	0.5	−18.50	−18.50
3	5.1	589.30	615300	12640	12.11	0.5	−30.87	−30.87
2	5.1	757.50	615300	12640	15.56	0.5	−39.68	−39.68
1	6.5	858.28	403200	9100	19.37	0.67	−83.94	−41.97

<h4 style="text-align:center">左水平地震作用下③轴框架各层中柱柱端弯矩及剪力计算表　　表 8-33</h4>

楼层	h_i (m)	V_i (kN)	$\sum D_i$ (kN/m)	D_{ij} (kN/m)	V_{ij} (kN)	ν	M_{ij}^b (kN·m)	M_{ij}^u (kN·m)
4	5.1	353.11	615300	18990	10.90	0.5	−27.79	−27.79
3	5.1	589.30	615300	18990	18.19	0.5	−46.38	−46.38
2	5.1	757.50	615300	18990	23.38	0.5	−59.62	−59.62
1	6.5	858.28	403200	11380	24.22	0.67	−104.97	−52.49

<h4 style="text-align:center">左水平地震作用下③轴框架各层梁端弯矩、剪力计算表　　表 8-34</h4>

楼层	柱端待分配弯矩之和 (kN·m)	AB跨					BC跨			
		M^l (kN·m)	M^r (kN·m)	V_b (kN)	$\dfrac{i_l}{i_l+i_r}$	$\dfrac{i_r}{i_l+i_r}$	M^l (kN·m)	M^r (kN·m)	V_b (kN)
---	---	---	---	---	---	---	---	---	---
4	27.79	18.50	12.37	−4.12	0.445	0.555	15.42	15.42	−5.14
3	74.17	49.37	33.00	−10.98	0.445	0.555	41.16	41.16	−13.72
2	105.99	70.55	47.17	−15.70	0.445	0.555	58.83	58.83	−19.61
1	112.10	81.65	49.89	−17.54	0.445	0.555	62.22	62.22	−20.74

注：CD跨与AB跨弯矩反对称，剪力对称，不再单独列出。

<h4 style="text-align:center">左水平地震作用下③轴框架各层柱轴力计算表　　表 8-35</h4>

轴号	楼层	与柱相邻的梁端剪力(kN)		轴力(kN)
		左	右	
A	4	0.00	−4.12	−4.12
	3	0.00	−10.98	−15.10
	2	0.00	−15.70	−30.79
	1	0.00	−17.54	−48.33
B	4	−4.12	−5.14	−1.03
	3	−10.98	−13.72	−3.76
	2	−15.70	−19.61	−7.68
	1	−17.54	−20.74	−10.88

注：D、C柱与A、B跨轴力反对称，不再单独列出。

（3）作内力图

绘出 M 图、V 图、N 图详见图 8-39～图 8-41。

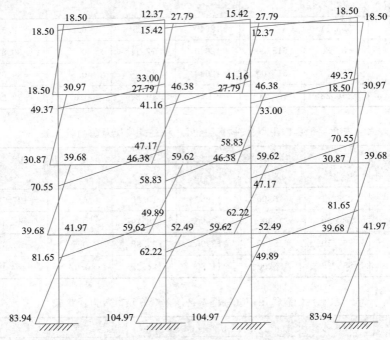

图 8-39　左水平地震作用下的弯矩图（单位：kN·m）

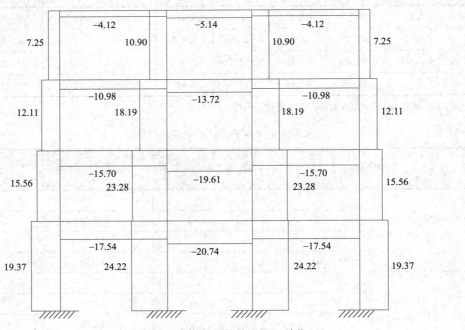

图 8-40　左水平地震作用下的剪力图（单位：kN）

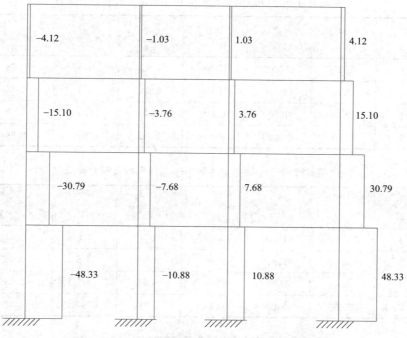

图 8-41　左水平地震作用下的轴力图（单位：kN）

3. 风荷载作用下的内力计算

对第③轴线横向框架进行内力计算。框架在水平节点荷载作用下，采用反弯点法分析内力。反弯点法假定除底层外各层上、下柱两端转角相同，反弯点的位置固定不变，底层柱反弯点距下端为 2/3 层高，距上端为 1/3 层高，其余各层柱的反弯点在柱的中点。

（1）计算依据

反弯点处弯矩为零，剪力不为零。由 $V_i = \sum\limits_{k=1}^{n} F_k$ 求得框架第 i 层的层间剪力 V_i 后，i 层 j 柱分配的剪力 V_{ij} 及该柱上下端的弯矩 M_{ij}^{u} 和 M_{ij}^{b} 分别按下列各式计算：

柱端剪力：$V_{ij} = \dfrac{D_{ij}}{\sum D_i} V_i$

下端弯矩：$M_{ij}^{b} = V_{ij}\nu h$

上端弯矩：$M_{ij}^{u} = V_{ij}(1-\nu)h$

上式中 D_{ij}，$\sum D_i$ 取自表 8-9 和表 8-10，ν 为反弯点高度比，对于一层柱取 2/3，其余层柱取 1/2。求得柱端弯矩后，再由节点平衡求各梁端弯矩，中间节点处的梁端弯矩可将该节点处柱端不平衡弯矩按梁的相对线刚度进行分配。

（2）计算结果

左风荷载作用下，③轴框架边柱柱端弯矩和剪力计算结果见表 8-36，中柱柱端弯矩和剪力计算结果见表 8-37。并根据表 8-36 及表 8-37 计算出左风荷载作用下框架梁的弯矩 M、剪力 V 及柱的轴力 N（表 8-38、表 8-39，轴力以受压为正）。

楼层	h_i (m)	V_i (kN)	$\sum D_i$ (kN/m)	D_{ij} (kN/m)	V_{ij} (kN)	ν	M_{ij}^b (kN·m)	M_{ij}^u (kN·m)
4	5.1	5.29	615300	12640	0.11	0.5	−0.28	−0.28
3	5.1	12.68	615300	12640	0.26	0.5	−0.66	−0.66
2	5.1	19.64	615300	12640	0.40	0.5	−1.02	−1.02
1	6.5	27.56	403200	9100	0.62	0.666	−2.69	−1.34

左风荷载作用下③轴框架各层中柱柱端弯矩及剪力计算表　　　表 8-37

楼层	h_i (m)	V_i (kN)	$\sum D_i$ (kN/m)	D_{ij} (kN/m)	V_{ij} (kN)	ν	M_{ij}^b (kN·m)	M_{ij}^u (kN·m)
4	5.1	5.29	615300	18990	0.16	0.5	−0.41	−0.41
3	5.1	12.68	615300	18990	0.39	0.5	−0.99	−0.99
2	5.1	19.64	615300	18990	0.61	0.5	−1.56	−1.56
1	6.5	27.56	403200	11380	0.78	0.666	−3.38	−1.69

左风荷载作用下③轴框架各层梁端弯矩、剪力计算表　　　表 8-38

楼层	柱端待分配弯矩之和 (kN·m)	AB跨				BC跨			
		M^l (kN·m)	M^r (kN·m)	V_b (kN)	$\dfrac{i_l}{i_l+i_r}$	$\dfrac{i_r}{i_l+i_r}$	M^l (kN·m)	M^r (kN·m)	V_b (kN)
4	0.41	0.28	0.18	−0.06	0.445	0.555	0.23	0.23	−0.08
3	1.40	0.94	0.62	−0.21	0.445	0.555	0.78	0.78	−0.26
2	2.55	1.68	1.13	−0.38	0.445	0.555	1.42	1.42	−0.47
1	3.25	2.36	1.44	−0.51	0.445	0.555	1.80	1.80	−0.60

注：CD跨与AB跨弯矩反对称，剪力对称，不再单独列出。

左风荷载作用下③轴框架各层柱轴力计算表　　　表 8-39

轴号	楼层	临梁剪力(kN)		轴力(kN)
		左	右	
A	4	0.00	−0.06	−0.06
	3	0.00	−0.21	−0.27
	2	0.00	−0.38	−0.65
	1	0.00	−0.51	−1.15
B	4	−0.06	−0.08	−0.01
	3	−0.21	−0.26	−0.06
	2	−0.38	−0.47	−0.16
	1	−0.51	−0.60	−0.25

注：D、C柱与A、B跨轴力反对称，不再单独列出。

（3）作内力图

绘出 M 图、V 图、N 图详见图 8-42～图 8-44。

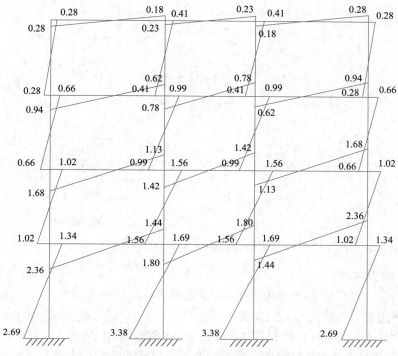

图 8-42　左风荷载作用下的弯矩图（单位：kN·m）

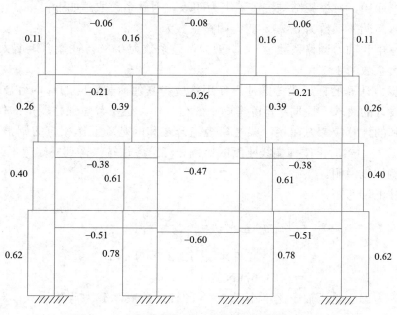

图 8-43　左风荷载作用下的剪力图（单位：kN）

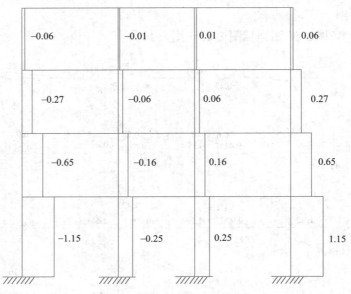

图 8-44　左风荷载作用下的轴力图（单位：kN）

8.1.9　内力组合

内力组合具体过程详见内力组合表，用于承载力计算的框架梁的基本组合表见表 8-40。同理给出该种组合下各柱的内力组合表（表 8-41～表 8-44）。地震作用产生的内力远大于风荷载作用产生的内力，地震作用起控制作用，考虑地震作用的内力组合表见表 8-45～表 8-53。

由于抗震要求应考虑强柱弱梁、强剪弱弯，故对梁和柱的内力进行调整，所有用到的抗震调整系数及增大系数均严格按照现行国家标准《建筑抗震设计规范》GB 50011 5.4 节和 6.2 节要求取用，本框架结构抗震等级为四级，因此系数取用如下：

对梁：弯矩调整系数为 0.75，剪力调整系数为 0.85；

对柱：弯矩和轴力调整系数为 0.8，剪力调整系数为 0.85，柱端弯矩增大系数为 1.2，柱端剪力增大系数为 1.1。

用于承载力计算的框架梁考虑地震作用效应与其他荷载效应的基本组合表见表 8-45。由于有抗震设计的要求，柱端弯矩除考虑一般组合外，还要考虑强柱弱梁的作用，对柱端弯矩组合之和的计算应考虑在相应梁端弯矩组合之和的基础上作相应的调整（四级抗震，增大系数为 1.2），然后再按柱端线刚度的比例分配给各柱端，得到柱端弯矩的组合值。以 2 层 A 柱为例加以说明：

2 层 A 柱上端弯矩：

$$M_c^u = \gamma_{RE} \eta_c \sum M_b \frac{k_c(i)}{k_c(i) + k_c(i+1)}$$
$$= 0.8 \times 1.2 \times (-72.229 \mathrm{kN \cdot m}) \times 0.5$$
$$= -34.67 \mathrm{kN \cdot m}$$

式中 0.8 为偏心受压轴压比不小于 0.15 的柱的抗震承载力调整系数；对标准层柱端弯矩抗柱线刚度分配系数为 $\dfrac{k_c(i)}{k_c(i) + k_c(i+1)} = \dfrac{1.0}{1.0 + 1.0} = 0.5$；1.2 为四级抗震强柱

弱梁的调整系数。

2 层 A 柱下端弯矩：

$$M_c^b = \gamma_{RE} \eta_c \sum M_b \frac{k_c(i+1)}{k_c(i)+k_c(i+1)}$$

$$= 0.8 \times 1.2 \times 38.960 \text{kN} \cdot \text{m} \times \frac{1.00}{1.00+0.78}$$

$$= 21.20 \text{kN} \cdot \text{m}$$

2 层 A 柱剪力：

$$V = \gamma_{RE} \eta_{Vc}(M_c^u + M_c^b)/(0.8H_n)$$

$$= 0.85 \times 1.1 \times (-34.67 \text{kN} \cdot \text{m} - 21.20 \text{kN} \cdot \text{m})/(4.35 \text{m} \times 0.8)$$

$$= -14.96 \text{kN}$$

式中 0.85 为斜截面抗震承载力调整系数；1.1 为四级抗震时强剪弱弯的调整系数，4.35m 为标准层的净高；0.8 为偏心受压轴压比不小于 0.15 的柱的抗震承载力调整系数，在剪力计算时予以还原。

1 层 A 柱上端弯矩：

$$M_c^u = \gamma_{RE} \eta_c \sum M_b \frac{k_c(i)}{k_c(i)+k_c(i+1)}$$

$$= 0.8 \times 1.2 \times (-38.960 \text{kN} \cdot \text{m}) \times \frac{0.78}{0.78+1.00}$$

$$= -16.38 \text{kN} \cdot \text{m}$$

1 层 A 柱下端弯矩：

$$M_c^b = \gamma_{RE} \eta_c M_c$$

$$= 0.8 \times 1.2 \times (-64.671 \text{kN} \cdot \text{m})$$

$$= -62.08 \text{kN} \cdot \text{m}$$

1 层 A 柱剪力：

$$V = \gamma_{RE} \eta_{Vc}(M_c^u + M_c^b)/(0.8H_n)$$

$$= 0.85 \times 1.1 \times (-16.38 \text{kN} \cdot \text{m} + 62.08 \text{kN} \cdot \text{m})/(5.75 \text{m} \times 0.8)$$

$$= 9.29 \text{kN}$$

式中 5.75m 为 1 层柱的净高，0.8 仍为还原系数。对于 1 层，柱端弯矩抗柱线刚度分配系数为 $\frac{k_c(i)}{k_c(i)+k_c(i+1)} = \frac{0.78}{0.78+1.00} = 0.438$。

8.1.10 构件截面设计

1. 框架梁截面设计

选取 1 层 AB 跨梁计算。

（1）选取最不利内力组合

① 非抗震情况

左端：$M = -250.81 \text{kN} \cdot \text{m}$，$V = 272.41 \text{kN}$；

跨中：$M = 240.88 \text{kN} \cdot \text{m}$；

右端：$M = -351.88 \text{kN} \cdot \text{m}$，$V = -297.99 \text{kN}$

用于承载力计算的框架梁所受竖荷载基本组合表

表 8-40

梁号	截面	内力	恒载	活载			风载		M_{max} 及相应的 V		M_{min} 及相应的 V		V_{max} 及相应的 M		$|V|_{max}$ 及相应的 M	
			①	②（作用于 AB 跨）	③（作用于 BC 跨）	④（作用于 CD 跨）	⑤ 左风	⑥ 右风	组合项目	组合值	组合项目	组合值	组合项目	组合值	组合项目	组合值
WL-AB	左	M	-82.400	-13.000	1.180	-0.470	0.280	-0.280			1.3①+1.5(②+0.7④+0.6⑥)	-127.366	1.3①+1.5(②+0.7④+0.6⑥)	-127.366	1.3①+1.5(②+0.7④+0.6⑥)	-127.366
		V	110.260	11.410	-0.410	-0.030	-0.060	0.060			1.3①+1.5(②+0.7④+0.6⑥)	160.476	1.3①+1.5(②+0.7④+0.6⑥)	160.476	1.3①+1.5(②+0.7④+0.6⑥)	160.476
	中	M	106.380	7.850	-0.360	0.255	0.050	-0.050	1.3①+1.5(②+0.6⑤)	150.114						
		V														
	右	M	-154.290	-15.170	-1.900	0.980	-0.180	0.180			1.3①+1.5(②+0.7③+0.6⑤)	-225.489	1.3①+1.5(②+0.7③+0.6⑤)	-225.489	1.3①+1.5(②+0.7③+0.6⑤)	-225.489
		V	-129.440	-11.990	-0.410	-0.030	-0.060	0.060			1.3①+1.5(②+0.7③+0.6⑤)	-186.742	1.3①+1.5(②+0.7③+0.6⑤)	-186.742	1.3①+1.5(②+0.7③+0.6⑤)	-186.742
WL-BC	左	M	-110.460	-5.100	-7.090	2.970	0.230	-0.230			1.3①+1.5(③+0.7②+0.6⑥)	-159.795	1.3①+1.5(③+0.7②+0.6⑥)	-159.795	1.3①+1.5(③+0.7②+0.6⑥)	-159.795
		V	82.960	1.350	7.860	0.770	-0.080	0.080			1.3①+1.5(③+0.7②+0.6⑥)	121.128	1.3①+1.5(③+0.7②+0.6⑥)	121.128	1.3①+1.5(③+0.7②+0.6⑥)	121.128
	中	M	13.960	-1.055	4.700	-1.125	0.000	0.000	1.3①+1.5③	25.198						
		V														
	右	M	-110.570	2.990	-7.090	-5.220	-0.230	0.230			1.3①+1.5(③+0.7④+0.6⑤)	-160.064	1.3①+1.5(③+0.7④+0.6⑤)	-160.064	1.3①+1.5(③+0.7④+0.6⑤)	-160.064
		V	-83.000	1.350	-7.860	0.770	-0.080	0.080			1.3①+1.5(③+0.7④+0.6⑤)	-118.954	1.3①+1.5(③+0.7④+0.6⑤)	-118.954	1.3①+1.5(③+0.7④+0.6⑤)	-118.954
WL-CD	左	M	-154.200	0.970	-1.900	-15.080	0.180	-0.180			1.3①+1.5(④+0.7③+0.6⑥)	-225.237	1.3①+1.5(④+0.7③+0.6⑥)	-225.237	1.3①+1.5(④+0.7③+0.6⑥)	-225.237
		V	129.580	-0.190	0.410	11.850	-0.060	0.060			1.3①+1.5(④+0.7③+0.6⑥)	186.714	1.3①+1.5(④+0.7③+0.6⑥)	186.714	1.3①+1.5(④+0.7③+0.6⑥)	186.714
	中	M	107.000	0.245	-0.360	8.400	-0.050	0.050	1.3①+1.5(④+0.6⑥)	151.745						
		V														
	右	M	-81.250	-0.480	1.180	-11.990	-0.280	0.280			1.3①+1.5(④+0.7②+0.6⑤)	-124.366	1.3①+1.5(④+0.7②+0.6⑤)	-124.366	1.3①+1.5(④+0.7②+0.6⑤)	-124.366
		V	-110.120	-0.190	0.410	-11.550	-0.060	0.060			1.3①+1.5(④+0.7②+0.6⑤)	-160.735	1.3①+1.5(④+0.7②+0.6⑤)	-160.735	1.3①+1.5(④+0.7②+0.6⑤)	-160.735

梁号	截面	内力	恒载①	活载②(作用于AB跨)	活载③(作用于BC跨)	活载④(作用于CD跨)	风载⑤左风	风载⑥右风	M_{max}及相应的V 组合项目	组合值	M_{min}及相应的V 组合项目	组合值	$|V|_{max}$及相应的M 组合项目	组合值
2层 KL-AB	左	M	-136.500	-67.100	5.340	-1.750	1.680	-1.680			1.3①+1.5(②+0.7④+0.6⑥)	-281.450	1.3①+1.5(②+0.7④+0.6⑥)	-281.450
		V	135.200	65.320	-2.250	0.730	-0.380	0.380				274.849		274.849
	中	M	107.180	52.280	-3.080	1.000	0.275	-0.275	1.3①+1.5(②+0.7④+0.6⑤)	219.052				
		V												
	右	M	-175.790	-79.500	-11.500	3.750	-1.130	1.130			1.3①+1.5(②+0.7③+0.6⑤)	-360.869	1.3①+1.5(②+0.7③+0.6⑤)	-360.869
		V	-147.020	-68.630	-2.250	0.730	-0.380	0.380				-296.776		-296.776
2层 KL-BC	左	M	-89.100	-28.110	-38.340	12.570	1.420	-1.420			1.3①+1.5(③+0.7②+0.6⑥)	-204.134	1.3①+1.5(③+0.7②+0.6⑥)	-204.134
		V	67.310	7.300	45.000	-6.990	-0.470	0.470				163.091		163.091
	中	M	12.320	-7.495	29.160	-7.180	0.000	0.000	1.3①+1.5③	59.756				
		V												
	右	M	-87.150	13.120	-38.340	-26.930	-1.420	1.420			1.3①+1.5(③+0.7④+0.6⑤)	-200.360	1.3①+1.5(③+0.7④+0.6⑤)	-200.360
		V	-66.610	7.300	-45.000	-6.990	-0.470	0.470				-161.856		-161.856
2层 KL-CD	左	M	-171.820	3.920	-11.500	-76.160	1.130	-1.130			1.3①+1.5(④+0.7③+0.6⑥)	-350.698	1.3①+1.5(④+0.7③+0.6⑥)	-350.698
		V	141.410	-0.770	2.250	64.900	-0.380	0.380				283.888		283.888
	中	M	102.420	1.045	-3.080	48.070	-0.275	0.275	1.3①+1.5(④+0.7②+0.6⑥)	206.596				
		V												
	右	M	-122.830	-1.830	5.340	-55.110	-1.680	1.680			1.3①+1.5(④+0.7②+0.6⑤)	-245.778	1.3①+1.5(④+0.7②+0.6⑤)	-245.778
		V	-111.990	-0.770	2.250	-45.110	-0.380	0.380				-214.403		-214.403

梁号	截面	内力	恒载 ①	活载 ②(作用于AB跨)	③(作用于BC跨)	④(作用于CD跨)	风载 ⑤ 左风	⑥ 右风	M_{max}及相应的V 组合项目	组合值	M_{min}及相应的V 组合项目	组合值	$|V|_{max}$及相应的M 组合项目	组合值
1层 KL-AB	左	M	-121.220	-59.590	4.850	-1.630	2.360	-2.360			1.3①+1.5(②+0.7④+0.6⑥)	-250.807	1.3①+1.5(②+0.7④+0.6⑥)	-250.807
		V	133.850	64.720	-2.440	0.820	-0.510	0.510				272.405		272.405
	中	M	117.400	57.550	-4.280	1.450	0.460	-0.460	1.3①+1.5(②+0.7④+0.6⑤)	240.882				
	右	M	-170.620	-76.470	-13.410	4.530	-1.440	1.440			1.3①+1.5(②+0.7③+0.6⑤)	-351.888	1.3①+1.5(②+0.7③+0.6⑤)	-351.888
		V	-147.020	-69.230	-2.440	0.820	-0.510	0.510				-297.992		-297.992
1层 KL-BC	左	M	-96.630	-32.850	-36.140	12.170	1.800	-1.800			1.3①+1.5(③+0.7②+0.6⑥)	-215.942	1.3①+1.5(③+0.7②+0.6⑥)	-215.942
		V	67.310	7.300	45.000	-6.990	-0.600	0.600				163.208		163.208
	中	M	4.920	-10.065	31.360	-9.635	0.000	0.000	1.3①+1.5③	53.436				
	右	M	-94.400	12.720	-36.140	-31.440	-1.800	1.800			1.3①+1.5(③+0.7④+0.6⑤)	-211.562	1.3①+1.5(③+0.7④+0.6⑤)	-211.562
		V	-66.610	7.300	-45.000	-6.990	-0.600	0.600				-161.973		-161.973
1层 KL-CD	左	M	-166.660	4.730	-13.410	-73.180	1.440	-1.440			1.3①+1.5(④+0.7③+0.6⑥)	-341.805	1.3①+1.5(④+0.7③+0.6⑥)	-341.805
		V	142.550	2.440	2.440	65.330	-0.510	0.510				286.331		286.331
	中	M	111.850	1.510	-4.280	52.630	-0.460	0.460	1.3①+1.5(④+0.7②+0.6⑥)	226.350				
	右	M	-109.120	-1.710	4.850	-48.970	-2.360	2.360			1.3①+1.5(④+0.7②+0.6⑤)	-219.231	1.3①+1.5(④+0.7②+0.6⑤)	-219.231
		V	-110.850	-0.860	2.440	-44.680	-0.510	0.510				-212.487		-212.487

注：1. 内力组合采用公式：$S_d = \sum_{j=1}^{m}\gamma_{G_j}S_{G_jk} + \gamma_{Q_1}\gamma_{L_1}\psi_{c_1}S_{Q_1k} + \sum_{i=2}^{n}\gamma_{Q_i}\gamma_{L_i}\psi_{c_i}S_{Q_ik}$，恒载和活载的分项系数分别为1.3、1.5，调整系数 γ_{L_i} 取1.0，风载组合系数0.7，活载组合系数为0.6；

2. 弯矩单位为"kN·m"，剪力单位为"kN"；

3. 弯矩正负号规定：梁上侧受拉为正、下侧受拉为负，柱左侧受拉为正、右侧受拉为负；剪力正负号规定：使杆件顺时针旋转为正，反之为负；轴力正负号规定：受压为正，反之为负。

用于承载力计算的框架 A 柱所受荷载的基本组合表

表 8-41

柱号	截面	内力	恒载 ①	活载 ②（作用于AB跨）	活载 ③（作用于BC跨）	活载 ④（作用于CD跨）	风载 ⑤ 左风	风载 ⑥ 右风	N_{max} 及相应的 M 组合项目	N_{max} 及相应的 M 组合值	N_{min} 及相应的 M 组合项目	N_{min} 及相应的 M 组合值	$|M|_{max}$ 及相应的 N 组合项目	$|M|_{max}$ 及相应的 N 组合值
4层 A柱	上	M	-85.400	-13.000	1.180	-0.470	0.280	-0.280	1.3①+1.5(②+0.6⑥)	-130.772	1.3①+1.5(③+0.6⑤)	-109.492	1.3①+1.5(②+0.6⑥)	-131.266
		N	204.220	17.710	-0.410	0.190	-0.060	0.060	0.6⑥	292.105	0.7(④+0.6⑤)	265.017	0.7(④+0.6⑥)	292.305
	下	M	69.050	27.410	-2.210	0.740	-0.280	0.280	1.3①+1.5(②+0.6⑥)	131.132	1.3①+1.5(③+0.6⑤)	86.975	1.3①+1.5(②+0.6⑥)	131.909
		N	251.430	17.710	-0.410	0.190	-0.060	0.060	0.6⑥	353.478	0.7(④+0.6⑤)	326.390	0.7(④+0.6⑥)	353.678
		V	-29.700	-7.150	0.665	-0.237	0.110	-0.110		-49.434		-37.763		-49.683
2层 A柱	上	M	-73.720	-36.240	2.900	-0.960	1.020	-1.020	1.3①+1.5(②+0.6⑥)	-151.114	1.3①+1.5(③+0.6⑤)	-91.576	1.3①+1.5(②+0.6⑥)	-152.122
		N	963.880	219.980	-5.020	1.700	-0.650	0.650	0.6⑥	1583.599	0.7(④+0.6⑤)	1246.714	0.7(④+0.6⑥)	1585.384
	下	M	73.870	36.310	-2.950	0.990	-1.020	1.020	1.3①+1.5(②+0.6⑥)	151.414	1.3①+1.5(③+0.6⑤)	91.728	1.3①+1.5(②+0.6⑥)	152.454
		N	1010.890	219.980	-5.020	1.700	-0.650	0.650	0.6⑥	1644.712	0.7(④+0.6⑤)	1307.827	0.7(④+0.6⑥)	1646.497
		V	-28.940	-11.950	1.147	-0.382	0.400	-0.400		-55.907		-35.943		-56.308
1层 A柱	上	M	-47.340	-23.270	1.910	-0.640	1.340	-1.340	1.3①+1.5(②+0.6⑥)	-97.653	1.3①+1.5(③+0.6⑤)	-58.143	1.3①+1.5(②+0.6⑥)	-98.325
		N	1342.130	320.700	-7.460	2.520	-1.150	1.150	0.6⑥	2226.854	0.7(④+0.6⑤)	1735.190	0.7(④+0.6⑥)	2229.500
	下	M	26.160	12.860	-1.050	0.350	-2.690	2.690	1.3①+1.5(②+0.6⑥)	55.719	1.3①+1.5(③+0.6⑤)	30.380	1.3①+1.5(②+0.6⑥)	56.087
		N	1402.610	320.700	-7.460	2.520	-1.150	1.150	0.6⑥	2305.478	0.7(④+0.6⑤)	1813.814	0.7(④+0.6⑥)	2308.124
		V	-11.310	-5.210	0.455	-0.152	0.620	-0.620		-23.076		-13.622		-23.236

注：1. 内力组合采用公式：$S_d = \sum_{j=1}^{m} \gamma_{G_j} S_{G_jk} + \gamma_{Q_1} \gamma_{L_1} \psi_{c_1} S_{Q_1k} + \sum_{i=2}^{m} \gamma_{Q_i} \gamma_{L_i} \psi_{c_i} S_{Q_ik}$，恒载和活载的分项系数分别为 1.3、1.5，调整系数 γ_{L_i} 取 1.0，活载组合系数为 0.7，风载组合系数为 0.6；

2. 弯矩单位为"kN·m"，剪力、轴力单位为"kN"；

3. 弯矩正负号规定：梁上侧受拉为正，下侧受拉为负，柱左侧受拉为正，柱右侧受拉为负；剪力正负号规定：使杆件顺时针旋转为正，反之为负；轴力正负号规定：受压为正，反之为负。

表 8-42

用于承载力计算的框架 B 柱所受荷载的基本组合表

柱号	截面	内力	恒载 ①	活载 ② (作用于AB跨)	活载 ③ (作用于BC跨)	活载 ④ (作用于CD跨)	风载 ⑤ 左风	风载 ⑥ 右风	N_{max} 及相应的 M 组合项目	组合值	N_{min} 及相应的 M 组合项目	组合值	$|M|_{max}$ 及相应的 N 组合项目	组合值
4层 B柱	上	M	43.830	10.080	-5.190	1.990	0.410	-0.410	1.3①+1.5(②+0.7③+0.6⑥)	66.281	1.3①+1.5⑤	57.594	1.3①+1.5(②+0.7④+0.6⑤)	74.558
		N	320.940	19.640	14.570	-1.560	-0.010	0.010		461.990		417.207		445.035
	下	M	-41.560	-20.350	10.610	-3.550	-0.410	0.410	1.3①+1.5(②+0.7③+0.6⑥)	-73.044	1.3①+1.5⑤	-54.643	1.3①+1.5(②+0.7④+0.6⑤)	-88.650
		N	368.150	19.640	14.570	-1.560	-0.010	0.010		523.363		478.580		506.408
		V	16.740	5.410	-3.098	1.086	0.160	-0.160		26.480		22.002		31.162
2层 B柱	上	M	46.570	27.570	-14.390	4.760	1.560	-1.560	1.3①+1.5(②+0.7③+0.6⑥)	85.383	1.3①+1.5⑤	62.881	1.3①+1.5(②+0.7④+0.6⑤)	108.298
		N	1166.510	243.860	181.180	-17.040	-0.160	0.160		2072.636		1516.223		1864.217
	下	M	-44.930	-26.510	13.820	-4.630	1.560	-1.560	1.3①+1.5(②+0.7③+0.6⑥)	-82.259	1.3①+1.5⑤	-60.749	1.3①+1.5(②+0.7④+0.6⑤)	-104.440
		N	1213.720	243.860	181.180	-17.040	-0.160	0.160		2134.009		1577.596		1925.590
		V	17.940	9.040	-5.531	1.841	0.610	-0.610		30.525		24.237		39.364
1层 B柱	上	M	29.060	17.110	-8.910	3.010	1.690	-1.690	1.3①+1.5(②+0.7③+0.6⑥)	52.567	1.3①+1.5⑤	40.313	1.3①+1.5(②+0.7④+0.6⑤)	68.125
		N	1590.580	356.380	264.620	-24.840	-0.250	0.250		2880.400		2067.379		2576.017
	下	M	-15.480	-9.120	4.750	-1.600	-3.380	3.380	1.3①+1.5(②+0.7③+0.6⑥)	-25.775	1.3①+1.5⑤	-25.194	1.3①+1.5(②+0.7④+0.6⑤)	-38.526
		N	1651.060	356.380	264.620	-24.840	-0.250	0.250		2959.024		2146.003		2654.641
		V	6.850	3.850	-2.102	0.709	0.780	-0.780		11.771		10.075		16.127

注：1. 内力组合采用公式：$S_d = \sum_{j=1}^{m}\gamma_{G_j}S_{G_jk} + \gamma_{Q_1}\gamma_{L_1}\psi_{c_1}S_{Q_1k} + \sum_{i=2}^{n}\gamma_{Q_i}\gamma_{L_i}\psi_{c_i}S_{Q_ik}$；恒载和活载的分项系数分别为 1.3、1.5，调整系数 γ_{L_i} 取 1.0，活载组合系数为 0.7，风载组合系数为 0.6；

2. 弯矩单位为"kN·m"，剪力、轴力单位为"kN"；

3. 弯矩正负号规定：梁上侧受拉为正，下侧受拉为负，柱左侧受拉为正，右侧受拉为负；剪力正负号规定：使杆件顺时针旋转为正，反之为负；轴力正负号规定：受压为正，反之为负。

表 8-43

用于承载力计算的框架 C 柱所受荷载的基本组合表

柱号	截面	内力	恒载 ①	活载 ②（作用于 AB跨）	活载 ③（作用于 BC跨）	活载 ④（作用于 CD跨）	风载 ⑤ 左风	风载 ⑥ 右风	N_{max} 及相应的 M 组合项目	N_{max} 及相应的 M 组合值	N_{min} 及相应的 M 组合项目	N_{min} 及相应的 M 组合值	$|M|_{max}$ 及相应的 N 组合项目	$|M|_{max}$ 及相应的 N 组合值
4层 C柱	上	M	-43.630	-2.020	5.190	-9.860	0.410	-0.410	1.3①+1.5(④+0.7③+0.6⑤)	-65.691	1.3①+1.5(②+0.6⑥)	-60.118	1.3①+1.5(④+0.7②+0.6⑥)	-73.999
		N	321.120	-1.540	14.570	19.780	0.010	-0.010	1.3①+1.5(④+0.7③+0.6⑤)	462.434	1.3①+1.5(②+0.6⑥)	415.137	1.3①+1.5(④+0.7②+0.6⑥)	445.500
	下	M	40.820	3.690	-10.610	19.550	-0.410	0.410	1.3①+1.5(④+0.7③+0.6⑤)	70.882	1.3①+1.5(②+0.6⑥)	58.970	1.3①+1.5(④+0.7②+0.6⑥)	86.635
		N	368.330	-1.540	14.570	19.780	0.010	-0.010	1.3①+1.5(④+0.7③+0.6⑤)	523.807	1.3①+1.5(②+0.6⑥)	476.510	1.3①+1.5(④+0.7②+0.6⑥)	506.873
		V	-16.560	-1.120	3.098	-5.767	0.160	-0.160	1.3①+1.5(④+0.7③+0.6⑤)	-26.781	1.3①+1.5(②+0.6⑥)	-23.351	1.3①+1.5(④+0.7②+0.6⑥)	-31.498
2层 C柱	上	M	-45.490	-4.960	14.390	-26.410	1.560	-1.560	1.3①+1.5(④+0.7③+0.6⑤)	-82.239	1.3①+1.5(②+0.6⑥)	-67.981	1.3①+1.5(④+0.7②+0.6⑥)	-105.364
		N	1121.730	-17.700	181.180	220.670	0.160	-0.160	1.3①+1.5(④+0.7③+0.6⑤)	1979.637	1.3①+1.5(②+0.6⑥)	1431.555	1.3①+1.5(④+0.7②+0.6⑥)	1770.525
	下	M	43.880	4.840	-13.820	25.370	-1.560	1.560	1.3①+1.5(④+0.7③+0.6⑤)	79.184	1.3①+1.5(②+0.6⑥)	65.708	1.3①+1.5(④+0.7②+0.6⑥)	101.585
		N	1168.940	-17.700	181.180	220.670	0.160	-0.160	1.3①+1.5(④+0.7③+0.6⑤)	2041.010	1.3①+1.5(②+0.6⑥)	1492.928	1.3①+1.5(④+0.7②+0.6⑥)	1831.898
		V	-17.520	-1.922	5.531	-10.153	0.610	-0.610	1.3①+1.5(④+0.7③+0.6⑤)	-31.648	1.3①+1.5(②+0.6⑥)	-26.207	1.3①+1.5(④+0.7②+0.6⑥)	-40.572
1层 C柱	上	M	-28.380	-3.150	8.910	-16.370	1.690	-1.690	1.3①+1.5(④+0.7③+0.6⑤)	-50.573	1.3①+1.5(②+0.6⑥)	-43.140	1.3①+1.5(④+0.7②+0.6⑥)	-66.278
		N	1523.190	-25.860	264.620	321.430	-0.250	0.250	1.3①+1.5(④+0.7③+0.6⑤)	2739.918	1.3①+1.5(②+0.6⑥)	1941.582	1.3①+1.5(④+0.7②+0.6⑥)	2435.364
	下	M	15.120	1.670	-4.750	8.730	-3.380	3.380	1.3①+1.5(④+0.7③+0.6⑤)	24.722	1.3①+1.5(②+0.6⑥)	25.203	1.3①+1.5(④+0.7②+0.6⑥)	37.547
		N	1583.670	-25.860	264.620	321.430	-0.250	0.250	1.3①+1.5(④+0.7③+0.6⑤)	2818.542	1.3①+1.5(②+0.6⑥)	2020.206	1.3①+1.5(④+0.7②+0.6⑥)	2513.988
		V	-6.690	-0.742	2.102	-3.862	0.780	-0.780	1.3①+1.5(④+0.7③+0.6⑤)	-11.581	1.3①+1.5(②+0.6⑥)	-10.511	1.3①+1.5(④+0.7②+0.6⑥)	-15.970

注：1. 内力组合采用公式：$S_d = \sum_{j=1}^{m} \gamma_{G_j} S_{G_j k} + \gamma_{Q_1} \gamma_{L_1} \psi_{c_1} S_{Q_1 k} + \sum_{i=2}^{n} \gamma_{Q_i} \gamma_{L_i} \psi_{c_i} S_{Q_i k}$，恒载和活载的分项系数分别为 1.3、1.5，调整系数 γ_{L_i} 取 1.0，风载组合系数为 0.7，风载组合系数为 0.6；

弯矩单位为"kN·m"，剪力、轴力单位为"kN"；

2. 弯矩正负号规定：梁上侧受拉为正，下侧受拉为负；柱左侧受拉为正，右侧受拉为负；剪力正负号规定：使杆件顺时针旋转为正，反之为负；轴力正负号规定：受压为正，反之为负。

表 8-44

用于承载力计算的框架 D 柱所受荷载的基本组合表

柱号	截面	内力	恒载 ①	活载 ②（作用于AB跨）	活载 ③（作用于BC跨）	活载 ④（作用于CD跨）	风载 ⑤左风	风载 ⑥右风	N_{max} 及相应的 M 组合项目	组合值	N_{min} 及相应的 M 组合项目	组合值	$|M|_{max}$ 及相应应 N 组合项目	组合值
4层 D柱	上	M	81.250	0.480	-1.180	11.990	0.280	-0.280	1.3①+1.5(④+0.7②+0.65⑥)	124.366	1.3①+1.5(③+0.6⑥)	103.603	1.3①+1.5(④+0.7②+0.65⑤)	124.366
		N	204.080	0.190	-0.410	17.590	0.060	-0.060	1.3①+1.5(④+0.7②+0.65⑥)	291.943	1.3①+1.5(③+0.6⑥)	264.635	1.3①+1.5(④+0.7②+0.65⑤)	291.943
	下	M	-63.820	-0.770	2.210	-22.830	-0.280	0.280	1.3①+1.5(④+0.7②+0.65⑥)	-118.272	1.3①+1.5(③+0.6⑥)	-79.399	1.3①+1.5(④+0.7②+0.65⑤)	-118.272
		N	251.290	0.190	-0.410	17.590	0.060	-0.060	1.3①+1.5(④+0.7②+0.65⑥)	353.316	1.3①+1.5(③+0.6⑥)	326.008	1.3①+1.5(④+0.7②+0.65⑤)	353.316
		V	28.440	0.245	-0.665	6.827	0.110	-0.110	1.3①+1.5(④+0.7②+0.65⑥)	47.569	1.3①+1.5(③+0.6⑥)	35.876	1.3①+1.5(④+0.7②+0.65⑤)	47.569
2层 D柱	上	M	66.340	1.000	-2.900	29.770	1.020	-1.020	1.3①+1.5(④+0.7②+0.65⑥)	132.865	1.3①+1.5(③+0.6⑥)	80.974	1.3①+1.5(④+0.7②+0.65⑤)	132.865
		N	895.560	1.760	-5.020	160.720	0.650	-0.650	1.3①+1.5(④+0.7②+0.65⑥)	1407.741	1.3①+1.5(③+0.6⑥)	1156.113	1.3①+1.5(④+0.7②+0.65⑤)	1407.741
	下	M	-66.500	-1.030	2.950	-29.840	-1.020	1.020	1.3①+1.5(④+0.7②+0.65⑥)	-133.210	1.3①+1.5(③+0.6⑥)	-81.107	1.3①+1.5(④+0.7②+0.65⑤)	-133.210
		N	942.770	1.760	-5.020	160.720	0.650	-0.650	1.3①+1.5(④+0.7②+0.65⑥)	1469.114	1.3①+1.5(③+0.6⑥)	1217.486	1.3①+1.5(④+0.7②+0.65⑤)	1469.114
		V	26.050	0.398	-1.147	11.688	0.400	-0.400	1.3①+1.5(④+0.7②+0.65⑥)	52.175	1.3①+1.5(③+0.6⑥)	31.784	1.3①+1.5(④+0.7②+0.65⑤)	52.175
1层 D柱	上	M	42.620	0.670	-1.900	19.130	1.340	-1.340	1.3①+1.5(④+0.7②+0.65⑥)	86.011	1.3①+1.5(③+0.6⑥)	51.350	1.3①+1.5(④+0.7②+0.65⑤)	86.011
		N	1240.160	2.620	-7.460	231.990	1.150	-1.150	1.3①+1.5(④+0.7②+0.65⑥)	1963.979	1.3①+1.5(③+0.6⑥)	1599.983	1.3①+1.5(④+0.7②+0.65⑤)	1963.979
	下	M	-23.550	-0.370	1.050	-10.570	-2.690	2.690	1.3①+1.5(④+0.7②+0.65⑥)	-49.280	1.3①+1.5(③+0.6⑥)	-26.619	1.3①+1.5(④+0.7②+0.65⑤)	-49.280
		N	1300.640	2.620	-7.460	231.990	1.150	-1.150	1.3①+1.5(④+0.7②+0.65⑥)	2042.603	1.3①+1.5(③+0.6⑥)	1678.607	1.3①+1.5(④+0.7②+0.65⑤)	2042.603
		V	10.180	0.160	-0.454	4.569	0.620	-0.620	1.3①+1.5(④+0.7②+0.65⑥)	20.814	1.3①+1.5(③+0.6⑥)	11.995	1.3①+1.5(④+0.7②+0.65⑤)	20.814

注：
1. 内力组合采用公式：$S_d = \sum_{j=1}^{m}\gamma_{G_j}S_{G_jk} + \gamma_{Q_1}\gamma_{L_1}\psi_{c_1}S_{Q_1k} + \sum_{i=2}^{m}\gamma_{Q_i}\gamma_{L_i}\psi_{c_i}S_{Q_ik}$，恒载和活载的分项系数分别为 1.3、1.5，调整系数 γ_{L_i} 取 1.0，活载组合系数为 0.7，风载组合系数为 0.6；

2. 弯矩单位为"kN·m"，剪力、轴力单位为"kN"；

3. 弯矩正负号规定：梁上侧受拉为负，下侧受拉为正，柱左侧受拉为正、右侧受拉为负；剪力正负号规定：使杆件顺时针旋转为正，反之为负；轴力正负号规定：受压为正，反之为负。

用于承载力计算的框架梁考虑地震作用效应与其他荷载效应的基本组合表

表 8-45

梁号	截面	内力	① 重力荷载代表值	② 左震	③ 右震	M_{max} 及相应的 V 组合项目	M_{max} 及相应的 V 组合值	左 M_{min} 及相应的 V 组合项目	左 M_{min} $\dfrac{M^l+M^r}{L_n}$	左 M_{min} 组合值	右 M_{min} 及相应的 V 组合项目	右 M_{min} $\dfrac{M^l+M^r}{L_n}$	右 M_{min} 组合值
1层 KL-AB	左	M	-149.070	81.650	-81.650	$\gamma_{RE}(1.0①+1.3②)$	-32.194	$\gamma_{RE}(1.2①+1.3③)$	—	-213.772	$\gamma_{RE}(1.0①+1.3②)$	—	-32.194
	左	V	165.040	—	—	$\gamma_{RE}(1.0①+1.3②)$	106.116		19.859	185.221			
	中	M	144.440	15.880	-15.880	$\gamma_{RE}(1.2①+1.3②)$	145.479						
	中	V		—	—								
	右	M	-212.860	-49.890	49.890	$\gamma_{RE}(1.0①+1.3③)$	-111.002	$\gamma_{RE}(1.0①+1.3③)$	—	-111.002	$\gamma_{RE}(1.2①+1.3②)$	—	-240.217
	右	V	-182.060	—	—	$\gamma_{RE}(1.0①+1.3③)$	-137.871		35.129	-173.039		-40.198	-219.869
1层 KL-BC	左	M	-124.860	62.220	-62.220	$\gamma_{RE}(1.0①+1.3②)$	-32.981				$\gamma_{RE}(1.0①+1.3②)$	—	-32.981
	左	V	89.920	—	—	$\gamma_{RE}(1.0①+1.3②)$	47.594			121.578			
	中	M	10.810	0.000	0.000	$\gamma_{RE}(1.2①+1.3②)$	9.729						
	中	V		—	—								
	右	M	-121.910	-62.220	62.220	$\gamma_{RE}(1.0①+1.3③)$	-30.768	$\gamma_{RE}(1.0①+1.3③)$	—	-30.768	$\gamma_{RE}(1.2①+1.3②)$	—	-170.384
	右	V	-89.000	—	—	$\gamma_{RE}(1.0①+1.3③)$	-45.791		41.756	-235.492		-33.927	-119.618
1层 KL-CD	左	M	-207.610	49.890	-49.890	$\gamma_{RE}(1.0①+1.3②)$	-107.065				$\gamma_{RE}(1.0①+1.3②)$	—	-107.065
	左	V	176.000	—	—	$\gamma_{RE}(1.0①+1.3②)$	127.333			215.012			
	中	M	136.780	-15.880	15.880	$\gamma_{RE}(1.2①+1.3③)$	138.585						
	中	V		—	—								
	右	M	-132.020	-81.650	81.650	$\gamma_{RE}(1.0①+1.3③)$	-19.406	$\gamma_{RE}(1.0①+1.3③)$	—	-19.406	$\gamma_{RE}(1.2①+1.3②)$	—	-198.427
	右	V	-132.400	—	—	$\gamma_{RE}(1.0①+1.3③)$	-77.048					-26.197	-157.315

195

梁号	截面	内力	① 重力荷载代表值	水平地震作用		M_{max} 及相应的 V		左 M_{min} 及相应的 V			右 M_{min} 及相应的 V		
				② 左震	③ 右震	组合项目	组合值	组合项目	$\dfrac{M^l+M^u}{L_n}$	组合值	组合项目	$\dfrac{M^l+M^u}{L_n}$	组合值
2层 KL-AB	左	M	−167.870	70.550	−70.550	$\gamma_{RE}(1.0①+1.3②)$	−57.116	$\gamma_{RE}(1.2①+1.3③)$		−219.869	$\gamma_{RE}(1.0①+1.3②)$		−57.116
		V	166.740	—	—		111.188		19.641	186.769			
	中	M	131.990	11.690	−11.690	$\gamma_{RE}(1.0①+1.3②)$	130.189						
		V	—	—	—		—						
	右	M	−218.960	−47.170	47.170	$\gamma_{RE}(1.0①+1.3②)$	−118.229	$\gamma_{RE}(1.0①+1.3③)$		−118.229	$\gamma_{RE}(1.2①+1.3②)$		−243.055
		V	−180.360	—	—		−136.612					−35.930	−214.508
2层 KL-BC	左	M	−115.880	58.830	−58.830	$\gamma_{RE}(1.0①+1.3②)$	−29.551	$\gamma_{RE}(1.0①+1.3③)$		−161.651	$\gamma_{RE}(1.0①+1.3②)$		−29.551
		V	89.920	—	—		49.195		33.095	119.849			
	中	M	19.600	0.000	0.000	$\gamma_{RE}(1.2①+1.3②)$	17.640						
		V	—	—	—		—						
	右	M	−113.300	−58.830	58.830	$\gamma_{RE}(1.0①+1.3②)$	−27.616	$\gamma_{RE}(1.0①+1.3③)$		−27.616	$\gamma_{RE}(1.2①+1.3②)$		−159.329
		V	−89.000	—	—		−47.519					−32.044	−118.017
2层 KL-CD	左	M	−213.720	47.170	−47.170	$\gamma_{RE}(1.0①+1.3②)$	−114.299	$\gamma_{RE}(1.2①+1.3③)$		−238.339	$\gamma_{RE}(1.0①+1.3②)$		−114.299
		V	174.600	—	—		133.916		37.809	210.229			
	中	M	125.430	−11.690	11.690	$\gamma_{RE}(1.2①+1.3②)$	124.285						
		V	—	—	—		—						
	右	M	−148.620	−70.550	70.550	$\gamma_{RE}(1.0①+1.3②)$	−42.679	$\gamma_{RE}(1.0①+1.3③)$		−42.679	$\gamma_{RE}(1.2①+1.3②)$		−202.544
		V	−133.800	—	—		−81.593					−17.052	−150.970

梁号	截面	内力	① 重力荷载代表值	水平地震作用 ② 左震	水平地震作用 ③ 右震	M_{max} 及相应的 V 组合项目	M_{max} 及相应的 V 组合值	左 M_{min} 及相应的 V 组合项目	左 M_{min} 及相应的 V $\dfrac{M^l+M^u}{L_n}$	左 M_{min} 及相应的 V 组合值	右 M_{min} 及相应的 V 组合项目	右 M_{min} 及相应的 V $\dfrac{M^l+M^u}{L_n}$	右 M_{min} 及相应的 V 组合值
WL-AB	左	M	−88.510	18.500	−18.500	$\gamma_{RE}(1.0①+1.3②)$	−48.345	$\gamma_{RE}(1.2①+1.3③)$		−97.697	$\gamma_{RE}(1.0①+1.3②)$		−48.345
	左	V	115.860	—	—	$\gamma_{RE}(1.2①+1.3③)$	80.446		−2.316	116.209			
	中	M	110.270	3.065	−3.065	$\gamma_{RE}(1.0①+1.3③)$	102.231						
	中	V	—	—	—		—						
	右	M	−162.320	−12.370	12.370	$\gamma_{RE}(1.0①+1.3②)$	−109.679	$\gamma_{RE}(1.0①+1.3③)$		−109.679	$\gamma_{RE}(1.2①+1.3②)$		−158.149
	右	V	−135.540	—	—	$\gamma_{RE}(1.0①+1.3③)$	−117.177					−21.218	−156.286
WL-BC	左	M	−115.080	15.420	−15.420	$\gamma_{RE}(1.0①+1.3②)$	−71.276	$\gamma_{RE}(1.2①+1.3③)$		−118.607	$\gamma_{RE}(1.0①+1.3②)$		−71.276
	左	V	86.890	—	—	$\gamma_{RE}(1.2①+1.3③)$	63.895		11.659	98.538			
	中	M	15.210	0.000	0.000	$\gamma_{RE}(1.2①+1.3③)$	13.689						
	中	V	—	—	—		—						
	右	M	−115.230	−15.420	15.420	$\gamma_{RE}(1.0①+1.3②)$	−71.388	$\gamma_{RE}(1.0①+1.3③)$		−71.388	$\gamma_{RE}(1.2①+1.3②)$		−118.742
	右	V	−86.930	—	—	$\gamma_{RE}(1.0①+1.3③)$	−63.980					−11.720	−98.631
WL-CD	左	M	−162.200	12.370	−12.370	$\gamma_{RE}(1.0①+1.3②)$	−109.589	$\gamma_{RE}(1.2①+1.3③)$		−158.041	$\gamma_{RE}(1.0①+1.3②)$		−109.589
	左	V	135.740	—	—	$\gamma_{RE}(1.2①+1.3③)$	117.572		21.432	156.672			
	中	M	111.140	−3.065	3.065	$\gamma_{RE}(1.0①+1.3③)$	103.014						
	中	V	—	—	—		—						
	右	M	−86.890	−18.500	18.500	$\gamma_{RE}(1.0①+1.3②)$	−47.130	$\gamma_{RE}(1.0①+1.3③)$		−47.130	$\gamma_{RE}(1.2①+1.3②)$		−96.239
	右	V	−115.660	—	—	$\gamma_{RE}(1.0①+1.3③)$	−80.094					2.580	−115.780

梁号	截面	内力	重力荷载代表值①	水平地震作用 ②-左	水平地震作用 ③-右	$\|V\|_{max}$ 左及相应的 M 组合项目	$\dfrac{M^l+M^r}{L_n}$	组合值	$\|V\|_{max}$ 右及相应的 M 组合项目	$\dfrac{M^l+M^r}{L_n}$	组合值
1层 KL-AB	左	M	-149.070	81.650	-81.650	$\gamma_{RE}(1.2①+1.3③)$		-213.772	$\gamma_{RE}(1.0①+1.3②)$		-32.194
		V	165.040	—	—		19.859	185.221			
	中	M	144.440	15.880	-15.880						—
		V	—	—	—						
	右	M	-212.860	-49.890	49.890	$\gamma_{RE}(1.0①+1.3③)$		-111.002	$\gamma_{RE}(1.2①+1.3②)$		-240.217
		V	-182.060	—	—					-40.198	-219.869
1层 KL-BC	左	M	-124.860	62.220	-62.220	$\gamma_{RE}(1.2①+1.3③)$		-173.039	$\gamma_{RE}(1.0①+1.3②)$		-32.981
		V	89.920	—	—		35.129	121.578			
	中	M	10.810	0.000	0.000						—
		V	—	—	—						
	右	M	-121.910	-62.220	62.220	$\gamma_{RE}(1.0①+1.3③)$		-30.768	$\gamma_{RE}(1.2①+1.3②)$		-170.384
		V	-89.000	—	—					-33.927	-119.618
1层 KL-CD	左	M	-207.610	49.890	-49.890	$\gamma_{RE}(1.2①+1.3③)$		-235.492	$\gamma_{RE}(1.0①+1.3②)$		-107.065
		V	176.000	—	—		41.756	215.012			
	中	M	136.780	-15.880	15.880						
		V	—	—	—						
	右	M	-132.020	-81.650	81.650	$\gamma_{RE}(1.0①+1.3③)$		-19.406	$\gamma_{RE}(1.2①+1.3②)$		-198.427
		V	-132.400	—	—					-26.197	-157.315

梁号	截面	内力	重力荷载代表值①	水平地震作用		$\|V\|_{max}$ 左及相应的 M			$\|V\|_{max}$ 右及相应的 M		
				②左	③右	组合项目	$\dfrac{M^l+M^u}{L_n}$	组合值	组合项目	$\dfrac{M^t+M^u}{L_n}$	组合值
2层 KL-AB	左	M	-167.870	70.550	-70.550	$\gamma_{RE}(1.2①+1.3③)$		-219.869	$\gamma_{RE}(1.0①+1.3②)$		-57.116
		V	166.740	—	—		19.641	186.769			
	中	M	131.990	11.690	-11.690						
		V	—	—	—						—
	右	M	-218.960	-47.170	47.170	$\gamma_{RE}(1.0①+1.3③)$		-118.229	$\gamma_{RE}(1.2①+1.3②)$		-243.055
		V	-180.360	—	—			-161.651		-35.930	-214.508
2层 KL-BC	左	M	-115.880	58.830	-58.830	$\gamma_{RE}(1.2①+1.3③)$		119.849	$\gamma_{RE}(1.0①+1.3②)$		-29.551
		V	89.920	—	—		33.095				—
	中	M	19.600	0.000	0.000						
		V	—	—	—						
	右	M	-113.300	-58.830	58.830	$\gamma_{RE}(1.0①+1.3③)$		-27.616	$\gamma_{RE}(1.2①+1.3②)$		-159.329
		V	-89.000	—	—					-32.044	-118.017
2层 KL-CD	左	M	-213.720	47.170	-47.170	$\gamma_{RE}(1.2①+1.3③)$		-238.339	$\gamma_{RE}(1.0①+1.3②)$		-114.299
		V	174.600	—	—		37.809	210.229			—
	中	M	125.430	-11.690	11.690						
		V	—	—	—						
	右	M	-148.620	-70.550	70.550	$\gamma_{RE}(1.0①+1.3③)$		-42.679	$\gamma_{RE}(1.2①+1.3②)$		-202.544
		V	-133.800	—	—					-17.052	-150.970

梁号	截面	内力	重力荷载代表值①	水平地震作用 ②左	水平地震作用 ③右	|V|max 左及相应的 M 组合项目	|V|max 左 $\frac{M^l+M^r}{L_n}$	|V|max 左 组合值	|V|max 右及相应的 M 组合项目	|V|max 右 $\frac{M^l+M^r}{L_n}$	|V|max 右 组合值
WL-AB	左	M	−88.510	18.500	−18.500	$\gamma_{RE}(1.2①+1.3③)$	—	−97.697	$\gamma_{RE}(1.0①+1.3②)$	—	−48.345
		V	115.860	—	—		−2.316	116.209			
	中	M	110.270	3.065	−3.065						
		V	—	—	—						
	右	M	−162.320	−12.370	12.370	$\gamma_{RE}(1.0①+1.3③)$		−109.679	$\gamma_{RE}(1.2①+1.3②)$		−158.149
		V	−135.540	—	—					−21.218	−156.286
WL-BC	左	M	−115.080	15.420	−15.420	$\gamma_{RE}(1.2①+1.3③)$		−118.607	$\gamma_{RE}(1.0①+1.3②)$		−71.276
		V	86.890	—	—		11.659	98.538			
	中	M	15.210	0.000	0.000						
		V	—	—	—						
	右	M	−115.230	−15.420	15.420	$\gamma_{RE}(1.0①+1.3③)$		−71.388	$\gamma_{RE}(1.2①+1.3②)$		−118.742
		V	−86.930	—	—					−11.720	−98.631
WL-CD	左	M	−162.200	12.370	−12.370	$\gamma_{RE}(1.2①+1.3③)$		−158.041	$\gamma_{RE}(1.0①+1.3②)$		−109.589
		V	135.740	—	—		21.432	156.672			
	中	M	111.140	−3.065	3.065						
		V	—	—	—						
	右	M	−86.890	−18.500	18.500	$\gamma_{RE}(1.0①+1.3③)$		−47.130	$\gamma_{RE}(1.2①+1.3②)$		−96.239
		V	−115.660	—	—					2.580	−115.780

注：1. 重力荷载代表值和水平地震作用的分项系数分别为 1.2、1.0、1.3；内力组合值调整系数 $\gamma_{RE}=0.75$（弯矩、轴力）和 $\gamma_{RE}=0.85$（剪力）；

2. 内力组合所用公式：$S_d=1.2S_{GE}+1.3S_{Ehk}$，在重力荷载对结构有利时 $S_d=1.0S_{GE}+1.3S_{Ehk}$；

3. 弯矩单位为"kN·m"，剪力、轴力单位为"kN"；

4. 弯矩正负号规定：梁上侧受拉为负，下侧受拉为正，柱左侧受拉为正，右侧受拉为负；轴力正负号规定：受拉为正，反之为负。剪力正负号规定：使杆件顺时针旋转为正，反之为负；

用于承载力计算的框架 A 柱考虑地震作用效应与其他荷载效应的基本组合表

表 8-46

柱号	截面	内力	重力荷载代表值 ①	水平地震作用 ②左	③右	$\gamma_{RE}\eta_c\sum M_b\frac{k_c(i)}{k_c(i)+k_c(i+1)}$ ④:①+②	⑤:①+③	N_{max} 及相应的 M 组合项目	组合值	N_{min} 及相应的 M 组合项目	组合值	$|M|_{max}$ 及相应的 N 组合项目	组合值
4层A柱	上	M	-88.510	18.500	-18.500	-51.568	-104.210	$\gamma_{RE}(1.2①+1.3③)$	-104.210	$\gamma_{RE}(1.0①+1.3②)$	-51.568	$\gamma_{RE}(1.2①+1.3③)$	-104.210
		N	213.830	-4.100	4.100			$\gamma_{RE}(1.2①+1.3③)$	209.541	$\gamma_{RE}(1.0①+1.3②)$	166.800	$\gamma_{RE}(1.2①+1.3③)$	209.541
	下	M	81.880	-18.500	18.500	47.260	124.488	$\gamma_{RE}(1.2①+1.3③)$	97.845	$\gamma_{RE}(1.0①+1.3②)$	46.264	$\gamma_{RE}(1.2①+1.3③)$	97.845
		N	261.040	-4.120	4.120			$\gamma_{RE}(1.2①+1.3③)$	254.883	$\gamma_{RE}(1.0①+1.3②)$	204.547	$\gamma_{RE}(1.2①+1.3③)$	254.883
		V				-26.553	-61.446						
2层A柱	上	M	-90.660	39.680	-39.680	-36.554	-140.716	$\gamma_{RE}(1.2①+1.3③)$	-128.301	$\gamma_{RE}(1.0①+1.3②)$	-31.261	$\gamma_{RE}(1.2①+1.3③)$	-128.301
		N	1062.420	-30.790	30.790			$\gamma_{RE}(1.2①+1.3③)$	1051.945	$\gamma_{RE}(1.0①+1.3②)$	817.914	$\gamma_{RE}(1.2①+1.3③)$	1051.945
	下	M	90.850	-39.680	39.680	23.159	153.779	$\gamma_{RE}(1.2①+1.3③)$	128.483	$\gamma_{RE}(1.0①+1.3②)$	31.413	$\gamma_{RE}(1.2①+1.3③)$	128.483
		N	1109.630	-30.790	30.790			$\gamma_{RE}(1.2①+1.3③)$	1097.266	$\gamma_{RE}(1.0①+1.3②)$	855.682	$\gamma_{RE}(1.2①+1.3③)$	1097.266
		V				-16.044	-79.124						
1层A柱	上	M	-58.220	41.970	-41.970	-18.049	-119.849	$\gamma_{RE}(1.2①+1.3③)$	-99.540	$\gamma_{RE}(1.0①+1.3②)$	-2.927	$\gamma_{RE}(1.2①+1.3③)$	-99.540
		N	1485.390	-48.330	48.330			$\gamma_{RE}(1.2①+1.3③)$	1476.238	$\gamma_{RE}(1.0①+1.3②)$	1138.049	$\gamma_{RE}(1.2①+1.3③)$	1476.238
	下	M	32.170	-83.940	83.940	-59.099	113.454	$\gamma_{RE}(1.2①+1.3③)$	118.181	$\gamma_{RE}(1.0①+1.3②)$	-61.562	$\gamma_{RE}(1.2①+1.3③)$	118.181
		N	1543.870	-48.330	48.330			$\gamma_{RE}(1.2①+1.3③)$	1532.378	$\gamma_{RE}(1.0①+1.3②)$	1184.833	$\gamma_{RE}(1.2①+1.3③)$	1552.378
		V				8.344	-47.421						

注：
1. 重力荷载代表值和水平地震作用的分项系数分别为 1.2、1.0、1.3；内力组合值调整系数 $\gamma_{RE}=0.8$（弯矩）和 $\gamma_{RE}=0.85$（剪力）；柱端弯矩、剪力增大系数四级抗震取 1.2，1.1；
2. 弯矩单位为 "kN·m"，剪力、轴力单位为 "kN"；
3. 弯矩正负号规定：梁上侧受拉为正，下侧受拉为负，柱左侧受拉为正，右侧受拉为负；剪力正负号规定：使杆件顺时针旋转为正，反之为负；轴力正负号规定：受压为正，反之为负。

与 A 柱柱端弯矩调整有关的框架梁端考虑地震作用应应组合表（单位：kN·m）

表 8-47

梁号	截面	内力	重力荷载代表值 ①	水平地震作用 ②-左	水平地震作用 ③-右	M 组合项目	M 组合值	节点梁端弯矩之和 ∑M_b 组合值	M 组合项目	M 组合值	节点端弯矩之和 ∑M_b 组合值
3层 KL-AB	左	M	-162.640	49.370	-49.370	1.0①+1.3②	-98.459	-98.459	1.2①+1.3②	-259.349	-259.349
2层 KL-AB	左	M	-167.870	70.550	-70.550	1.0①+1.3②	-76.155	-76.155	1.2①+1.3②	-293.159	-293.159
1层 KL-AB	左	M	-149.070	81.650	-81.650	1.0①+1.3②	-42.925	-42.925	1.2①+1.3②	-285.029	-285.029

注：1. 重力荷载代表值①和水平地震作用的分项系数分别为 1.2、1.0、1.3；弯矩 $M=1.2S_{GE}+1.3S_{Ehk}$，在重力荷载对结构有利时 $M=1.0S_{GE}+1.3S_{Ehk}$；

2. 节点梁端弯矩之和 $\sum M_b$ 以绕节点顺时针旋转为正。

弯矩正负号规定：梁上侧受拉为负，下侧受拉为正；柱左侧受拉为负，右侧受拉为正。

用于承载力计算的框架 B 柱考虑地震作用效应与其他荷载效应的基本组合表

表 8-48

柱号	截面	内力	重力荷载代表值 ①	水平地震作用 ②-左	水平地震作用 ③-右	$\eta_c \sum M_b \dfrac{k_c(i)}{k_c(i)+k_c(i+1)}$	④：①+②	⑤：①+③	N_{max} 及相应的 M 组合项目	N_{max} 及相应的 M 组合值	N_{min} 及相应的 M 组合项目	N_{min} 及相应的 M 组合值	$\lvert M\rvert_{max}$ 及相应的 N 组合项目	$\lvert M\rvert_{max}$ 及相应的 N 组合值
4层 B柱	上	M	47.240	27.790	-27.790	74.252	74.252	16.449	$\gamma_{RE}(1.2①+1.3③)$	16.449	$\gamma_{RE}(1.0①+1.3③)$	66.694	$\gamma_{RE}(1.2①+1.3②)$	74.252
		N	336.340	-1.030	1.030		323.958	10.908		323.958		268.001		321.815
	下	M	-48.100	-27.790	27.790	-113.847			$\gamma_{RE}(1.2①+1.3②)$	-17.274	$\gamma_{RE}(1.0①+1.3②)$	-67.382	$\gamma_{RE}(1.2①+1.3②)$	-75.078
		N	383.550	-1.030	1.030					369.279		305.769		367.137
		V				50.538		1.489						

续表

柱号	截面	内力	重力荷载代表值①	水平地震作用②左	水平地震作用③右	$\eta_c \sum M_b \frac{k_c(i)}{k_c(i)+k_c(i+1)}$ ④:①+②	⑤:①+③	N_{max} 及相应的 M 组合项目	组合值	N_{min} 及相应的 M 组合项目	组合值	$|M|_{max}$ 及相应的 N 组合项目	组合值
2层B柱	上	M	55.380	59.620	-59.620	136.643	-27.790	$\gamma_{RE}(1.2①+1.3③)$	-8.840	$\gamma_{RE}(1.0①+1.3②)$	106.309	$\gamma_{RE}(1.2①+1.3②)$	115.170
		N	1343.240	-7.680	7.680				1297.498		1066.605		1281.523
	下	M	-53.440	-59.620	59.620	-149.077	44.626	$\gamma_{RE}(1.2①+1.3③)$	10.702	$\gamma_{RE}(1.0①+1.3②)$	-104.757	$\gamma_{RE}(1.2①+1.3②)$	-113.307
		N	1390.450	-7.680	7.680				1342.819		1104.373		1326.845
		V				76.767	-19.457						
1层B柱	上	M	34.560	52.490	-52.490	116.185	-34.780	$\gamma_{RE}(1.2①+1.3③)$	-21.412	$\gamma_{RE}(1.0①+1.3②)$	82.238	$\gamma_{RE}(1.2①+1.3②)$	87.767
		N	1848.040	-10.880	10.880				1785.434		1467.117		1762.803
	下	M	-18.410	-104.970	104.970	-121.769	87.835	$\gamma_{RE}(1.2①+1.3③)$	91.495	$\gamma_{RE}(1.0①+1.3②)$	-123.897	$\gamma_{RE}(1.2①+1.3②)$	-126.842
		N	1908.520	-10.880	10.880				1843.494		1515.501		1820.864
		V				48.367	-24.923						

注：1. 重力荷载代表值和水平地震作用分项系数分别为1.2、1.0、1.3；内力组合值调整系数 $\gamma_{RE}=0.8$（弯矩）和 $\gamma_{RE}=0.85$（剪力）；柱端弯矩、剪力增大系数四级抗震取为1.2、1.1；

2. 弯矩单位为"kN·m"，剪力、轴力单位为"kN"；

3. 弯矩正负号规定：梁上侧受拉为正，下侧受拉为负，柱左侧受拉为正，右侧受拉为负；剪力正负号规定：使杆件作顺时针旋转为正，反之为负；轴力正负号规定：受压为正，反之为负。

与 B 柱柱端弯矩调整有关的框架梁梁端考虑地震作用效应组合表（单位：kN·m）

表 8-49

梁号	截面	内力	重力荷载代表值 ①	水平地震作用 ②左	水平地震作用 ③右	M 组合项目	M 组合值	节点端弯矩之和 ∑M_b	M 组合项目	M 组合值	节点端弯矩之和 ∑M_b
3层 KL-AB	左	M	−162.640	49.370	−49.370	1.0①+1.3②	−98.459	−98.459	1.2①+1.3③	−259.349	259.349
3层 KL-AB	右	M	−216.470	−33.000	33.000	1.2①+1.3②	−302.664	237.182	1.0①+1.3③	−173.570	−22.726
3层 KL-BC	左	M	−118.990	41.160	−41.160	1.0①+1.3②	−65.482		1.2①+1.3③	−196.296	
2层 KL-AB	左	M	−167.870	70.550	−70.550	1.0①+1.3②	−76.155	−76.155	1.2①+1.3③	−293.159	293.159
2层 KL-AB	右	M	−218.960	−47.170	47.170	1.2①+1.3②	−324.073	284.672	1.0①+1.3③	−157.639	−57.896
2层 KL-BC	左	M	−115.880	58.830	−58.830	1.0①+1.3②	−39.401		1.2①+1.3③	−215.535	
1层 KL-AB	左	M	−149.070	81.650	−81.650	1.0①+1.3②	−42.925	−42.925	1.2①+1.3③	−285.029	285.029
1层 KL-AB	右	M	−212.860	−49.890	49.890	1.2①+1.3②	−320.289	276.315	1.0①+1.3③	−148.003	−82.715
1层 KL-BC	左	M	−124.860	62.220	−62.220	1.0①+1.3②	−43.974		1.2①+1.3③	−230.718	

注：1. 重力荷载代表值①和水平地震作用的分项系数分别为 1.2、1.0、1.3；弯矩 $M=1.2S_{GE}+1.3S_{Ehk}$，在重力荷载对结构有利时 $M=1.0S_{GE}+1.3S_{Ehk}$；弯矩正负号规定：梁上侧受拉为正，下侧受拉为负，柱左侧受拉为负，右侧受拉为正。

2. 节点梁端弯矩之和 $\sum M_b$ 以绕节点顺时针旋转为正。

用于承载力计算的框架柱 C 柱考虑地震作用应与其他荷载效应的基本组合表

表 8-50

柱号	截面	内力	重力荷载代表值 ①	水平地震作用 ②左	水平地震作用 ②右	$\eta_c \sum M_b \dfrac{k_c(i)}{k_c(i)+k_c(i+1)}$ ①：①+②	$\eta_c \sum M_b \dfrac{k_c(i)}{k_c(i)+k_c(i+1)}$ ⑤：①+③	N_{max} 及相应的 M 组合项目	组合值	N_{min} 及相应的 M 组合项目	组合值	$|M|_{max}$ 及相应的 N 组合项目	组合值
4层 C柱	上	M	-46.970	27.790	-27.790	-16.190	-73.993	$\gamma_{RE}(1.2①+1.3②)$	-16.190	$\gamma_{RE}(1.0①+1.3③)$	-8.674	$\gamma_{RE}(1.2①+1.3③)$	-73.993
	上	N	336.840	1.030	-1.030				324.438		270.543		322.295
	下	M	47.120	-27.790	27.790	-11.750	112.250		16.334		8.794		74.137
	下	N	384.050	1.030	-1.030				369.759		308.311		367.617
	下	V				-1.193	-50.039						
2层 C柱	上	M	-53.950	59.620	-59.620	28.819	-134.863	$\gamma_{RE}(1.2①+1.3②)$	10.213	$\gamma_{RE}(1.0①+1.3③)$	18.845	$\gamma_{RE}(1.2①+1.3③)$	-113.797
	上	N	1282.850	7.680	-7.680				1239.523		1034.267		1223.549
	下	M	52.050	-59.620	59.620	-45.549	147.270		-12.037		-20.365		111.973
	下	N	1330.060	7.680	-7.680				1284.845		1072.035		1268.870
	下	V				19.981	-75.803						
1层 C柱	上	M	-33.660	52.490	-52.490	35.499	-114.776	$\gamma_{RE}(1.2①+1.3②)$	22.276	$\gamma_{RE}(1.0①+1.3③)$	27.662	$\gamma_{RE}(1.2①+1.3③)$	-86.903
	上	N	1757.040	10.880	-10.880				1698.074		1416.947		1675.443
	下	M	17.930	-104.970	104.970	-88.278	121.326		-91.956		-94.825		126.382
	下	N	1817.520	10.880	-10.880				1756.134		1465.331		1733.504
	下	V				25.159	-47.990						

注：
1. 重力荷载代表值和水平地震作用的分项系数分别为 1.2、1.0、1.3；内力组合值调整系数 γ_{RE} 取 0.8（弯矩）和 $\gamma_{RE}=0.85$（弯矩）和 $\gamma_{RE}=0.8$（剪力），柱端弯矩、剪力增大系数四级抗震取 1.2、1.1；
2. 弯矩单位为"kN·m"，剪力，轴力单位为"kN"；
3. 弯矩正负号规定：梁上侧受拉为负，下侧受拉为正，柱左侧受拉为正，右侧受拉为负；剪力正负号规定：使杆件顺时针旋转为正，反之为负；轴力正负号规定：受压为正，反之为负。

与C柱柱端弯矩调整有关的框架梁端考虑地震作用效应组合表 (单位: kN·m)　表8-51

梁号	截面	内力	重力荷载代表值 ①	水平地震作用 ②左	水平地震作用 ③右	M 组合项目	M 组合值	M 节点端弯矩之和 $\sum M_b$	M 组合项目	M 组合值	M 节点端弯矩之和 $\sum M_b$
3层 KL-BC	左	M	-118.990	41.160	-41.160	1.0①+1.3②	-65.482	-65.482	1.2①+1.3③	-196.296	196.296
3层 KL-BC	右	M	-116.210	-41.160	41.160	1.2①+1.3②	-192.960	24.480	1.0①+1.3③	-62.702	-233.854
3层 KL-CD	左	M	-211.380	33.000	-33.000	1.0①+1.3②	-168.480		1.2①+1.3③	-296.556	
2层 KL-BC	左	M	-115.880	58.830	-58.830	1.0①+1.3②	-39.401	-39.401	1.2①+1.3③	-215.535	215.535
2层 KL-BC	右	M	-113.300	-58.830	58.830	1.2①+1.3②	-212.439	60.040	1.0①+1.3③	-36.821	-280.964
2层 KL-CD	左	M	-213.720	47.170	-47.170	1.0①+1.3②	-152.399		1.2①+1.3③	-317.785	
1层 KL-BC	左	M	-124.860	62.220	-62.220	1.0①+1.3②	-43.974	-43.974	1.2①+1.3③	-230.718	230.718
1层 KL-BC	右	M	-121.910	-62.220	62.220	1.2①+1.3②	-227.178	84.425	1.0①+1.3③	-41.024	-272.965
1层 KL-CD	左	M	-207.610	49.890	-49.890	1.0①+1.3②	-142.753		1.2①+1.3③	-313.989	

注：1. 重力荷载①和水平地震作用②、③的分项系数分别为1.2、1.0、1.3；弯矩 $M=1.2S_{GE}+1.3S_{Ehk}$，在重力荷载对结构有利时 $M=1.0S_{GE}+1.3S_{Ehk}$；

2. 节点梁端弯矩之和 $\sum M_b$ 以绕节点顺时针旋转为正。弯矩正负号规定：梁上侧受拉为正，下侧受拉为负，柱左侧受拉为正，右侧受拉为正。

表 8-52

用于承载力计算的框架 D 柱考虑地震作用与其他荷载效应的基本组合表

柱号截面	内力	重力荷载代表值 ①	水平地震作用 ②左	③右	$\eta_c \sum M_b \dfrac{k_c(i)}{k_c(i)+k_c(i+1)}$ ①:①+②	⑤:①+③	N_{max} 及相应的 M 组合项目	组合值	N_{min} 及相应的 M 组合项目	组合值	$\|M\|_{max}$ 及相应的 N 组合项目	组合值
4层 D柱 上	M	86.890	18.500	−18.500	102.654	50.272	γ_RE(1.2①+1.3②)	102.654	γ_RE(1.0①+1.3③)	50.272	γ_RE(1.2①+1.3②)	102.654
	N	213.510	4.100	−4.100			γ_RE(1.2①+1.3②)	209.234	γ_RE(1.0①+1.3③)	166.544	γ_RE(1.2①+1.3②)	209.234
4层 D柱 下	M	−74.510	−18.500	18.500	−38.880	−114.431	γ_RE(1.2①+1.3②)	−90.770	γ_RE(1.0①+1.3③)	−40.368	γ_RE(1.2①+1.3②)	−90.770
	N	260.720	4.120	−4.120		44.252	γ_RE(1.2①+1.3②)	254.576	γ_RE(1.0①+1.3③)	204.291	γ_RE(1.2①+1.3②)	254.576
	V				38.027							
2层 D柱 上	M	80.270	39.680	−39.680	27.314	129.628	γ_RE(1.2①+1.3②)	118.326	γ_RE(1.0①+1.3③)	22.949	γ_RE(1.2①+1.3②)	118.326
	N	980.550	30.790	−30.790			γ_RE(1.2①+1.3②)	973.350	γ_RE(1.0①+1.3③)	752.418	γ_RE(1.2①+1.3②)	973.350
2层 D柱 下	M	−80.460	−39.680	39.680	−13.960	−142.740	γ_RE(1.2①+1.3②)	−118.509	γ_RE(1.0①+1.3③)	−23.101	γ_RE(1.2①+1.3②)	−118.509
	N	1027.760	30.790	−30.790		73.179	γ_RE(1.2①+1.3②)	1018.671	γ_RE(1.0①+1.3③)	790.186	γ_RE(1.2①+1.3②)	1018.671
	V				11.090							
1层 D柱 上	M	51.570	41.970	−41.970	10.880	111.246	γ_RE(1.2①+1.3②)	93.156	γ_RE(1.0①+1.3③)	−2.393	γ_RE(1.2①+1.3②)	93.156
	N	1362.860	48.330	−48.330			γ_RE(1.2①+1.3②)	1358.609	γ_RE(1.0①+1.3③)	1040.025	γ_RE(1.2①+1.3②)	1358.609
1层 D柱 下	M	−28.500	−83.940	83.940	−110.071	61.918	γ_RE(1.2①+1.3②)	−114.658	γ_RE(1.0①+1.3③)	64.498	γ_RE(1.2①+1.3②)	−114.658
	N	1423.340	48.330	−48.330		10.027	γ_RE(1.2①+1.3②)	1416.670	γ_RE(1.0①+1.3③)	1088.409	γ_RE(1.2①+1.3②)	1416.670
	V				24.585							

注：1. 重力荷载代表值和水平地震作用的分项系数分别为 1.2、1.0、1.3；内力组合值调整系数 γ_RE＝0.8（弯矩）和 γ_RE＝0.85（剪力）；柱端弯矩、剪力增大系数四级抗震取 1.2、1.1；

2. 弯矩单位为"kN·m"，剪力、轴力单位为"kN"；

3. 弯矩正负号规定：使杆件作顺时针旋转为正，反之为负；剪力正负号规定：梁上侧受拉为负、下侧受拉为正，柱左侧受拉为正、右侧受拉为负，轴力正负号规定：受压为正，反之为负。

与 D 柱柱端弯矩调整有关的框架梁梁端考虑地震作用效应组合表（单位：kN·m）

表 8-53

梁号	截面	内力	重力荷载代表值 ①	水平地震作用 ②-左	水平地震作用 ③-右	M 组合项目	M 组合值	节点端弯矩之和 $\sum M_b$	M 组合项目	M 组合值	节点端弯矩之和 $\sum M_b$
3层 KL-CD	右	M	−145.180	−49.370	49.370	1.0①+1.3③	−80.999	80.999	1.2①+1.3②	−238.397	238.397
2层 KL-CD	右	M	−148.620	−70.550	70.550	1.0①+1.3③	−56.905	56.905	1.2①+1.3②	−270.059	270.059
1层 KL-CD	右	M	−132.020	−81.650	81.650	1.0①+1.3③	−25.875	25.875	1.2①+1.3②	−264.569	264.569

注：1. 重力荷载代表值①和水平地震作用的分项系数分别为 1.2、1.0、1.3；弯矩 $M=1.2S_{GE}+1.3S_{Ehk}$，在重力荷载对结构有利时 $M=1.0S_{GE}+1.3S_{Ehk}$。弯矩正负号规定：梁上侧受拉为负，下侧受拉为正；柱左侧受拉为负，右侧受拉为正。

2. 节点梁端弯矩之和 $\sum M_b$ 以绕节点顺时针旋转为正。

② 抗震情况

左端：$M=-213.77 \text{kN} \cdot \text{m}$，$V=185.21 \text{kN}$；

跨中：$M=145.48 \text{kN} \cdot \text{m}$；

右端：$M=-240.22 \text{kN} \cdot \text{m}$，$V=-219.87 \text{kN}$

设计时将非抗震情况与抗震情况进行比较，然后取大者进行配筋计算。对于楼面现浇的框架结构，梁支座负弯矩按矩形截面计算纵筋数量；跨中弯矩按 T 形截面计算纵筋数量；跨中截面的计算弯矩应取该跨的跨间最大正弯矩或支座正弯矩与 0.5 倍简支梁弯矩中的较大者。

③ 实际所用计算内力

左端：$M=-250.81 \text{kN} \cdot \text{m}$，$V=272.41 \text{kN}$；

跨中：$M=240.88 \text{kN} \cdot \text{m}$；

右端：$M=-351.88 \text{kN} \cdot \text{m}$，$V=-297.99 \text{kN}$

（2）正截面受弯承载力计算

混凝土强度等级：

C40：$f_t=1.71 \text{N/mm}^2$；$f_c=19.1 \text{N/mm}^2$；由附表 1 查得 $f_{tk}=2.39 \text{N/mm}^2$。

钢筋强度等级：

HRB400 级：由附表 5 查得 $f_y=f_y'=360 \text{N/mm}^2$；由附表 3 查得 $f_{yk}=400 \text{N/mm}^2$。

HPB300 级：由附表 5 查得 $f_y=f_y'=270 \text{N/mm}^2$；由附表 3 查得 $f_{yk}=300 \text{N/mm}^2$。

① A 支座

由于构件控制截面为支座边缘处即梁端处，将轴线处弯矩值转化为梁端弯矩，剪力近似取梁端剪力等于轴线处剪力：

左端（A 支座）：$M=-250.81 \text{kN} \cdot \text{m}+272.41 \text{kN} \times 0.3 \text{m}=-169.09 \text{kN} \cdot \text{m}$

右端（B 支座）：$M=-351.88 \text{kN} \cdot \text{m}+297.99 \text{kN} \times 0.3 \text{m}=-262.48 \text{kN} \cdot \text{m}$

梁截面尺寸：$b \times h=300 \text{mm} \times 750 \text{mm}$，按矩形截面计算。

假设按一排布置，取 $a_s=35 \text{mm}$，则 $h_0=750 \text{mm}-35 \text{mm}=715 \text{mm}$

$\alpha_s=M/(\alpha_1 f_c b h_0^2)=262.48 \times 10^6 \text{N} \cdot \text{mm}/[1.0 \times 19.1 \text{N/mm}^2 \times 300 \text{mm} \times (715 \text{mm})^2]=0.0896$

$\xi=1-\sqrt{1-2\alpha_s}=1-\sqrt{1-2 \times 0.0896}=0.0940 < \xi_b=0.5176$，满足要求。

$A_s=\alpha_1 f_c b h_0 \xi / f_y=1.0 \times 19.1 \text{N/mm}^2 \times 300 \text{mm} \times 715 \text{mm} \times 0.0940/360 \text{N/mm}^2=1070 \text{mm}^2$

非抗震时：

$\rho_{min}=\max\{0.2\%,(45f_t/f_y)\%\}=0.2\%$

四级抗震时（支座）：

$\rho_{min}=\max\{0.25\%,(55f_t/f_y)\%\}=0.26\%$

$A_{s,min}=0.26\% \times 300 \text{mm} \times 750 \text{mm}=585 \text{mm}^2$

实配钢筋 2Φ18+2Φ20（由附表 7 可知 $A_s=1137 \text{mm}^2$），按一排布置。

② 跨中截面（T 形截面计算）

a. 翼缘计算宽度的确定

由现行国家标准《混凝土结构设计规范》GB 50010 5.2.4 条规定：

按计算跨度 l_0 考虑：$l_0 = 7.5\text{m}$，$b_\text{f}' = l_0/3 = 75010\text{mm}/3 = 2500\text{mm}$

按梁肋净距考虑：$b_\text{f}' = b + s_\text{n} = 300\text{mm} + 7200\text{mm} = 7500\text{mm}$

按翼缘高度考虑：$b_\text{f}' = b + 12h_\text{f}' = 300\text{mm} + 12 \times 120\text{mm} = 1740\text{mm}$

由以上三种情况选取最小值：$b_\text{f}' = 1740\text{mm}$

b. T 形截面类型判断

$$\alpha_1 f_\text{c} b_\text{f}' h_\text{f}' (h_0 - h_\text{f}'/2) = 1.0 \times 19.1\text{N/mm}^2 \times 1740\text{mm} \times 120\text{mm} \times (715\text{mm} - 120\text{mm}/2)$$
$$= 2612.19\text{kN} \cdot \text{m} > 240.88\text{kN} \cdot \text{m}$$

属于第一类 T 形截面。

c. 钢筋面积计算

$\alpha_\text{s} = M/(\alpha_1 f_\text{c} b_\text{f}' h_0^2) = 240.88 \times 10^6 \text{N} \cdot \text{mm}/[1.0 \times 19.1\text{N/mm}^2 \times 1740\text{mm} \times (715\text{mm})^2] = 0.0142$

$\xi = 1 - \sqrt{1 - 2\alpha_\text{s}} = 1 - \sqrt{1 - 2 \times 0.0142} = 0.0143 < 0.5176$，满足要求。

$A_\text{s} = \alpha_1 f_\text{c} b_\text{f}' h_0 \xi / f_\text{y} = 1.0 \times 19.1\text{N/mm}^2 \times 1740\text{mm} \times 715\text{mm} \times 0.0143/360\text{N/mm}^2 = 943.89\text{mm}^2$

非抗震时：

$$\rho_\text{min} = \max\{0.2\%, (45f_\text{t}/f_\text{y})\%\} = 0.2\%$$

四级抗震时（跨中）：

$$\rho_\text{min} = \max\{0.2\%, (45f_\text{t}/f_\text{y})\%\} = 0.2\%$$
$$A_\text{s,min} = 0.2\% \times 300\text{mm} \times 750\text{mm} = 450\text{mm}^2$$

实配钢筋 4Φ18（$A_\text{s} = 1017\text{mm}^2$），按一排布置。

（3）斜截面受剪承载力计算

① 复核截面尺寸

$h_\text{w} = h_0 = 715\text{mm}$，$h_\text{w}/b = 715\text{mm}/300\text{mm} = 2.38 < 4$

$0.25\beta_\text{c} f_\text{c} bh_0 = 0.25 \times 1.0 \times 19.1\text{N/mm}^2 \times 300\text{mm} \times 715\text{mm} = 1024.24\text{kN} > V$
$= 297.99\text{kN}$

故截面尺寸满足要求。

② 可否按构造配箍

$0.7f_\text{t} bh_0 = 0.7 \times 1.71\text{N/mm}^2 \times 300\text{mm} \times 715\text{mm} = 256.76\text{kN} < 297.99\text{kN}$

故需要计算确定箍筋数量。

③ 箍筋数量计算

取双肢箍Φ8：$A_\text{sv} = 101\text{mm}^2$，$\alpha_\text{cv} = 0.7$

由 $V \leqslant \alpha_\text{cv} f_\text{t} bh_0 + f_\text{yv} \dfrac{A_\text{sv}}{s} h_0$，得 $s \leqslant \dfrac{f_\text{yv} h_0 A_\text{sv}}{V - \alpha_\text{cv} f_\text{t} bh_0}$，代入相应数据得：

$$s \leqslant \frac{270\text{N/mm}^2 \times 101\text{mm}^2 \times 715\text{mm}}{297.99\text{kN} - 256.76\text{kN}} = 473\text{mm}$$

非加密区取双肢箍Φ8@150，四级抗震加密区箍筋最大间距取 $8d = 144\text{mm}$ 和 150mm 的较小值，加密区取双肢箍Φ8@120，加密区长度取 $1.5h$ 和 500mm 的较大值，故取 1125mm。

$\rho_{sv} = 101\text{mm}^2/(300\text{mm} \times 120\text{mm}) = 0.281\% > 0.24\dfrac{f_t}{f_{yv}} = 0.152\%$，满足要求。

（4）裂缝宽度验算

裂缝宽度和挠度的验算，采用正常使用极限状态理论进行设计，取标准组合或者准永久组合进行相应计算，组合项采用与承载能力极限状态设计时的相应最不利组合项，把相应的分项系数变成标准组合的分项系数即可得标准组合值。

① 跨中

考虑准永久组合 $M_q = 147.13\text{kN} \cdot \text{m}$。

裂缝截面钢筋应力：

$$\sigma_{sq} = \frac{M_q}{0.87h_0A_s} = \frac{147.13 \times 10^6\text{N} \cdot \text{mm}}{0.87 \times 715\text{mm} \times 1017\text{mm}^2} = 232.57\text{N/mm}^2$$

有效受拉混凝土截面面积：

$$A_{te} = 0.5bh = 0.5 \times 300\text{mm} \times 750\text{mm} = 112500\text{mm}^2$$

有效配筋率：

$$\rho_{te} = \frac{A_s}{A_{te}} = \frac{1017\text{mm}^2}{112500\text{mm}^2} = 0.00904 < 0.01,\ \text{取}\ \rho_{te} = 0.01$$

钢筋应变不均匀系数：

$$\psi = 1.1 - 0.65\frac{f_{tk}}{\rho_{te} \cdot \sigma_{sq}} = 1.1 - 0.65 \times \frac{2.39\text{N/mm}^2}{0.01 \times 232.57\text{N/mm}^2} = 0.432$$

受拉区纵向钢筋等效直径：

$$d_{eq} = \frac{\sum n_i d_i^2}{\sum n_i v_i d_i} = 18\text{mm}$$

最外层纵向受拉钢筋外边缘至受拉区底边的距离：

$$c_s = a_s - \frac{d}{2} = 35\text{mm} - \frac{18}{2}\text{mm} = 26\text{mm}$$

正截面最大裂缝宽度：

$$w_{max} = \alpha_{cr}\psi\frac{\sigma_{sq}}{E_s}\left(1.9c_s + 0.08\frac{d_{eq}}{\rho_{te}}\right)$$

$$= 1.9 \times 0.432 \times \frac{232.57\text{N/mm}^2}{2.00 \times 10^5\text{N/mm}^2} \times \left(1.9 \times 26\text{mm} + 0.08 \times \frac{18\text{mm}}{0.01}\right)$$

$$= 0.185\text{mm} < 0.2\text{mm}$$

满足要求。

② 支座 A

将轴线处弯矩转化为梁端截面处弯矩：

$$M_q = -150.65\text{kN} \cdot \text{m} + 166.37\text{kN} \times 0.3\text{m} = -100.74\text{kN} \cdot \text{m}$$

裂缝截面钢筋应力：

$$\sigma_{sq} = \frac{M_q}{0.87h_0A_s} = \frac{100.74 \times 10^6\text{N} \cdot \text{mm}}{0.87 \times 715\text{mm} \times 1017\text{mm}^2} = 159.24\text{N/mm}^2$$

有效受拉混凝土截面面积：

$$A_{te} = 0.5bh = 0.5 \times 300\text{mm} \times 750\text{mm} = 112500\text{mm}^2$$

有效配筋率：

$$\rho_{te} = \frac{A_s}{A_{te}} = \frac{1017\text{mm}^2}{112500\text{mm}^2} = 0.00904 < 0.01，取 \rho_{te} = 0.01$$

钢筋应变不均匀系数：

$$\psi = 1.1 - 0.65\frac{f_{tk}}{\rho_{te} \cdot \sigma_{sq}} = 1.1 - 0.65 \times \frac{2.39\text{N/mm}^2}{0.01 \times 159.24\text{N/mm}^2} = 0.124 < 0.2，取 \psi = 0.2$$

受拉区纵向钢筋等效直径：

$$d_{eq} = \frac{\sum n_i d_i^2}{\sum n_i \upsilon_i d_i} = 19.05\text{mm}$$

最外层纵向受拉钢筋外边缘至受拉区底边的距离：

$$c_s = a_s - \frac{d}{2} = 35\text{mm} - \frac{20}{2}\text{mm} = 25\text{mm}$$

正截面最大裂缝宽度：

$$w_{max} = \alpha_{cr}\psi\frac{\sigma_{sq}}{E_s}\left(1.9c_s + 0.08\frac{d_{eq}}{\rho_{te}}\right)$$

$$= 1.9 \times 0.2 \times \frac{159.24\text{N/mm}^2}{2.00 \times 10^5\text{N/mm}^2} \times \left(1.9 \times 25\text{mm} + 0.08 \times \frac{19.05\text{mm}}{0.01}\right)$$

$$= 0.060\text{mm} < 0.2\text{mm}$$

满足要求。

（5）挠度验算

$$\gamma_f = \frac{(b_f - b)h_f}{bh_0} = 0$$

$$B_s = \frac{E_s A_s h_0^2}{1.15\psi + 0.2 + \dfrac{6\alpha_E\rho}{1 + 3.5\gamma_f}} = \frac{2 \times 10^5\text{N/mm}^2 \times 1017\text{mm}^2 \times (715\text{mm})^2}{1.15 \times 0.403 + 0.2 + 0}$$

$$= 2.192 \times 10^{11}\text{N} \cdot \text{mm}^2$$

$$B = \frac{B_s}{\theta} = \frac{2.192 \times 10^{11}\text{N} \cdot \text{mm}^2}{1.6} = 1.37 \times 10^{11}\text{N} \cdot \text{mm}^2$$

$$\alpha_{f,max} = \frac{5M_q l_0^2}{48B} = \frac{5 \times 100.74 \times 10^3\text{N} \cdot \text{mm} \times (7500\text{mm})^2}{48 \times 1.37 \times 10^{11}\text{N} \cdot \text{mm}^2} = 4.31\text{mm} < \frac{l_0}{250} = 30\text{mm}，$$

满足要求。

（6）腰筋

按照构造要求，实配钢筋为每侧 $2\Phi12$（$A_s = 226\text{mm}^2$）。

2. 框架柱截面设计

取 1 层框架柱 B 柱进行设计。

（1）非抗震设计

① 轴压比验算

$N_{max}=2851.11kN$，轴压比 $\mu_N=\dfrac{2851.11\times10^3N}{600mm\times600mm\times19.1N/mm^2}=0.41<65\%$，满足要求。

② 截面尺寸复核

取 $a_s=a'_s=40mm$，$h_0=h-a_s=600mm-40mm=560mm$，$h_w/b=560mm/600mm=0.93<4$，$0.25\beta_c f_c bh_0=0.25\times1.0\times19.1N/mm^2\times600mm\times560mm=1604.40kN>V_{max}=16.13kN$，满足要求。

③ 正截面受弯承载力计算

柱同一截面分别承受正反方向的弯矩，故采用对称配筋。

1层B柱的三组最不利内力分别为：

$M_1=-25.78kN\cdot m$，$M_2=52.57kN\cdot m$，$N=2959.02kN$；

$M_1=-25.19kN\cdot m$，$M_2=40.31kN\cdot m$，$N=2146.00kN$；

$M_1=-38.53kN\cdot m$，$M_2=68.13kN\cdot m$，$N=2654.64kN$

$N_b=\alpha_1 f_c \xi_b bh_0=1.0\times19.1N/mm^2\times0.5176\times600mm\times560mm=3321.75kN$

各组合 $N<N_b$，即均为大偏心受压，且经验算可不考虑附加弯矩的影响。

弯矩相差不多时，轴力越小越不利；轴力相差不多时，弯矩越大越不利。由此确定最不利内力组合为：

第一组：$M_1=-25.19kN\cdot m$，$M_2=40.31kN\cdot m$，$N=2146.00kN$；

第二组：$M_1=-38.53kN\cdot m$，$M_2=68.13kN\cdot m$，$N=2654.64kN$

第一组计算：

$$0.7+0.3\frac{M_1}{M_2}<0.7，\quad 故取 C_m=0.7$$

$$\zeta_c=\frac{0.5f_c A}{N}=\frac{0.5\times19.1N/mm^2\times600mm\times600mm}{2146.00\times10^3N}=1.60，\quad 取 \zeta_c=1.0$$

$$e_a=\max\left\{\frac{h}{30},\ 20mm\right\}=20mm$$

$$\eta_{ns}=1+\frac{1}{1300(M_2/N+e_a)/h_0}\left(\frac{l_0}{h}\right)^2\zeta_c$$

$$=1+\frac{1}{1300\times(40.31\times10^3kN\cdot mm/2146.00kN+20mm)/560mm}\left(\frac{6500mm}{600mm}\right)^2\times1.0$$

$$=2.304$$

$$C_m\eta_{ns}=1.61，\quad M=C_m\eta_{ns}M_2=64.90kN\cdot m$$

$$e_0=M/N=64.90\times10^3kN\cdot mm/2146.00kN=30mm$$

$$e_i=e_a+e_0=20mm+30mm=50mm>0.3h_0$$

$$x=\frac{N}{\alpha_1 f_c b}=\frac{2146.00\times10^3N}{1.0\times19.1N/mm^2\times600mm}=187.26mm>2a'=80mm$$

$$e=e_i+h/2-a_s=50mm+600mm/2-40mm=310mm$$

$$A_s = A_s' = \frac{Ne - \alpha_1 f_c bx \ (h_0 - 0.5x)}{f_y' \ (h_0 - a_s')}$$

$$= \frac{2146.00 \times 10^3 \text{N} \times 310\text{mm} - 1.0 \times 19.1 \text{N/mm}^2 \times 600\text{mm} \times 187.26\text{mm} \times \ (560\text{mm} - 0.5 \times 187.26\text{mm})}{360 \text{N/mm}^2 \times \ (560\text{mm} - 50\text{mm})}$$

$$= -1828\text{mm}^2$$

第二组计算：

$$0.7 + 0.3 \frac{M_1}{M_2} < 0.7, \ \text{故取} \ C_m = 0.7$$

$$\zeta_c = \frac{0.5 f_c A}{N} = \frac{0.5 \times 19.1 \text{N/mm}^2 \times 600\text{mm} \times 600\text{mm}}{2654.64 \times 10^3 \text{N}} = 1.30, \ \text{取} \ \zeta_c = 1.0$$

$$e_a = \max\left\{\frac{h}{30}, \ 20\text{mm}\right\} = 20\text{mm}$$

$$\eta_{ns} = 1 + \frac{1}{1300(M_2/N + e_a)/h_0}\left(\frac{l_0}{h}\right)^2 \zeta_c$$

$$= 1 + \frac{1}{1300 \times (68.13 \times 10^3 \text{kN} \cdot \text{mm}/2654.64\text{kN} + 20\text{mm})/560\text{mm}}\left(\frac{6500\text{mm}}{600\text{mm}}\right)^2 \times 1.0 = 2.107$$

$$C_m \eta_{ns} = 1.47, \quad M = C_m \eta_{ns} M_2 = 100.15\text{kN} \cdot \text{m}$$

$$e_0 = M/N = 100.15 \times 10^3 \text{kN} \cdot \text{mm}/2654.64\text{kN} = 38\text{mm}$$

$$e_i = e_a + e_0 = 20\text{mm} + 38\text{mm} = 58\text{mm} > 0.3h_0$$

$$x = \frac{N}{\alpha_1 f_c b} = \frac{2654.64 \times 10^3 \text{N}}{1.0 \times 19.1 \text{N/mm}^2 \times 600\text{mm}} = 232\text{mm} > 2a' = 80\text{mm}$$

$$e = e_i + h/2 - a_s = 58\text{mm} + 600\text{mm}/2 - 40\text{mm} = 318\text{mm}$$

$$A_s = A_s' = \frac{Ne - \alpha_1 f_c bx \ (h_0 - 0.5x)}{f_y' \ (h_0 - a_s')}$$

$$= \frac{2654.64 \times 10^3 \text{N} \times 318\text{mm} - 1.0 \times 19.1 \text{N/mm}^2 \times 600\text{mm} \times 232\text{mm} \times \ (560\text{mm} - 0.5 \times 232\text{mm})}{360 \text{N/mm}^2 \times \ (560\text{mm} - 50\text{mm})}$$

$$= -1832\text{mm}^2$$

综上，四边各配 3 Φ 20（由附表 7 可知 $A_s = A_s' = 942\text{mm}^2$，全截面 2513$\text{mm}^2$），

单侧配筋率 $\rho = 942\text{mm}^2/360000\text{mm}^2 = 0.262\% > 0.2\%$，

总配筋率 $\rho = 2513\text{mm}^2/360000\text{mm}^2 = 0.698\% > 0.55\%$。

④ 斜截面受剪承载力计算

1 层 B 柱的斜截面配筋最不利内力组合为：

$N = 2654.64\text{kN}$，$V = 16.13\text{kN}$

剪跨比 $\lambda = H_n/(2h_0) = 5750\text{mm}/(2 \times 560\text{mm}) = 5.13$，取 $\lambda = 3$

$N = 2654.64\text{kN} > 0.3 f_c A = 0.3 \times 19.1 \text{N/mm}^2 \times 600\text{mm} \times 600\text{mm} = 2062.80\text{kN}$

取 $N = 2062.80\text{kN}$，

$$V = 16.13\text{kN} < \frac{1.75}{3 + 1.0} f_t bh_0 + 0.07N$$

$$= \frac{1.75}{3 + 1.0} \times 1.71 \text{N/mm}^2 \times 600\text{mm} \times 560\text{mm} + 0.07 \times 2062800\text{N} = 395.77\text{kN}$$

可不进行斜截面受剪承载力计算，按构造要求配筋。

取井字复合箍 $4\Phi10$，$A_{sv}=314\text{mm}^2$，

非加密区取 $4\Phi10@200$，配箍率 $\rho_{sv}=A_{sv}/bs=314\text{mm}^2/(600\text{mm}\times200\text{mm})=0.262\%$，

加密区取 $4\Phi10@150$，配箍率 $\rho_{sv}=A_{sv}/bs=314\text{mm}^2/(600\text{mm}\times150\text{mm})=0.349\%$，

最小配箍率 $\rho_{sv,min}=0.24\dfrac{f_t}{f_{yv}}=0.140\%$，满足要求。

⑤ 垂直于弯矩作用平面的受压承载力计算

$$N_{max}=2959.02\text{kN}$$
$$l_0/b=6500\text{mm}/600\text{mm}=10.8$$
$$\text{查表得}\ \varphi=0.968$$

$0.9\varphi(f'_yA'_s+f_cA)=0.9\times0.968\times(360\text{N/mm}^2\times2513\text{mm}^2+19.1\text{N/mm}^2\times600\text{mm}\times600\text{mm})=6778.83\text{kN}$，满足要求。

⑥ 裂缝宽度验算

由前述正截面承载能力计算可知，

$$e_0/h_0=58\text{mm}/560\text{mm}=0.104<0.55$$

可不验算裂缝宽度。

（2）抗震设计

① 轴压比验算

$N_{max}=1843.49\text{kN}$，轴压比 $\mu_N=\dfrac{1843.49\times10^3\text{N}}{600\text{mm}\times600\text{mm}\times19.1\text{N/mm}^2}=27\%<65\%$，满足要求。

② 截面尺寸复核

取 $a_s=a'_s=40\text{mm}$，$h_0=h-a_s=600\text{mm}-40\text{mm}=560\text{mm}$，$h_w/b=560\text{mm}/600\text{mm}=0.93<4$，

$0.25\beta_cf_cbh_0=0.25\times1.0\times19.1\text{N/mm}^2\times600\text{mm}\times560\text{mm}=1604.40\text{kN}>V_{max}=48.37\text{kN}$，满足要求。

③ 正截面受弯承载力计算

柱同一截面分别承受正反方向的弯矩，故采用对称配筋。

1层 B 柱的三组最不利内力分别为：

$M_1=-21.41\text{kN}\cdot\text{m}$，$M_2=91.50\text{kN}\cdot\text{m}$，$N=1843.49\text{kN}$；

$M_1=-123.90\text{kN}\cdot\text{m}$，$M_2=82.34\text{kN}\cdot\text{m}$，$N=1515.50\text{kN}$；

$M_1=-126.84\text{kN}\cdot\text{m}$，$M_2=87.77\text{kN}\cdot\text{m}$，$N=1820.86\text{kN}$

$N_b=\alpha_1f_c\xi_bbh_0=1.0\times19.1\text{N/mm}^2\times0.5176\times600\text{mm}\times560\text{mm}=3321.75\text{kN}$

各组合 $N<N_b$，即均为大偏心受压。且经验算可不考虑附加弯矩的影响。

弯矩相差不多时，轴力越小越不利；轴力相差不多时，弯矩越大越不利。由此确定最不利内力组合为：

$$M_1=-126.84\text{kN}\cdot\text{m}，M_2=87.77\text{kN}\cdot\text{m}，N=1820.86\text{kN}$$

$$0.7+0.3\dfrac{M_1}{M_2}<0.7，\text{故取}\ C_m=0.7$$

$$\zeta_c = \frac{0.5 f_c A}{N} = \frac{0.5 \times 19.1 \text{N/mm}^2 \times 600 \text{mm} \times 600 \text{mm}}{1820.86 \times 10^3 \text{N}} = 1.89, \quad \text{取 } \zeta_c = 1.0$$

$$e_a = \max \left\{ \frac{h}{30}, \ 20 \text{mm} \right\} = 20 \text{mm}$$

$$\eta_{ns} = 1 + \frac{1}{1300 (M_2/N + e_a)/h_0} \left(\frac{l_0}{h} \right)^2 \zeta_c$$

$$= 1 + \frac{1}{1300 \times (87.77 \times 10^3 \text{kN} \cdot \text{mm}/1820.86 \text{kN} + 20 \text{mm})/560 \text{mm}} \left(\frac{6500 \text{mm}}{600 \text{mm}} \right)^2 \times 1.0 = 1.74$$

$$C_m \eta_{ns} = 1.22, \quad M = C_m \eta_{ns} M_2 = 107.08 \text{kN} \cdot \text{m}$$

$$e_0 = M/N = 107.08 \times 10^3 \text{kN} \cdot \text{mm}/1820.86 \text{kN} = 59 \text{mm}$$

$$e_i = e_a + e_0 = 20 \text{mm} + 59 \text{mm} = 79 \text{mm}$$

$$x = \frac{N}{\alpha_1 f_c b} = \frac{1820.86 \times 10^3 \text{N}}{1.0 \times 19.1 \text{N/mm}^2 \times 600 \text{mm}} = 158.89 \text{mm} > 2a' = 80 \text{mm}$$

$$e = e_i + h/2 - a_s = 79 \text{mm} + 600 \text{mm}/2 - 40 \text{mm} = 339 \text{mm}$$

$$A_s = A_s' = \frac{Ne - \alpha_1 f_c bx \ (h_0 - 0.5x)}{f_y' \ (h_0 - a_s')}$$

$$= \frac{1820.86 \times 10^3 \text{N} \times 339 \text{mm} - 1.0 \times 19.1 \text{N/mm}^2 \times 600 \text{mm} \times 158.89 \text{mm} \times \ (560 \text{mm} - 0.5 \times 158.89 \text{mm})}{360 \text{N/mm}^2 \times \ (560 \text{mm} - 50 \text{mm})}$$

$$= -1403.93 \text{mm}^2$$

四边各配 3Φ20（$A_s = A_s' = 942 \text{mm}^2$，全截面 2513$\text{mm}^2$），

单侧配筋率 $\rho = 942 \text{mm}^2 / 360000 \text{mm}^2 = 0.262\% > 0.2\%$，

总配筋率 $\rho = 2513 \text{mm}^2 / 360000 \text{mm}^2 = 0.698\% > 0.55\%$。

④ 斜截面受剪承载力计算

1 层 B 柱的斜截面配筋最不利内力组合为：

$$N = 1843.49 \text{kN}, \quad V = 48.37 \text{kN}$$

剪跨比 $\lambda = H_n/(2h_0) = 5750 \text{mm}/(2 \times 560 \text{mm}) = 5.13$，取 $\lambda = 3$：

$$N = 1843.49 \text{kN} < 0.3 f_c A = 0.3 \times 19.1 \text{N/mm}^2 \times 600 \text{mm} \times 600 \text{mm} = 2062.80 \text{kN}$$

取 $N = 1843.49 \text{kN}$：

$$V = 48.37 \text{kN} < \frac{1.75}{3 + 1.0} f_t b h_0 + 0.07N$$

$$= \frac{1.75}{3 + 1.0} \times 1.71 \text{N/mm}^2 \times 600 \text{mm} \times 560 \text{mm} + 0.07 \times 1843.49 \text{kN} = 380.42 \text{kN}$$

可不进行斜截面受剪承载力计算，按构造要求配筋。

取井字复合箍 4Φ10，$A_{sv} = 314 \text{mm}^2$，

非加密区取 4Φ10@200，配箍率 $\rho_{sv} = A_{sv}/bs = 314 \text{mm}^2/(600 \text{mm} \times 200 \text{mm}) = 0.262\%$，

加密区取 4Φ10@150，配箍率 $\rho_{sv} = A_{sv}/bs = 314 \text{mm}^2/(600 \text{mm} \times 150 \text{mm}) = 0.349\%$，

最小配箍率 $\rho_{sv,min} = 0.24 \frac{f_t}{f_{yv}} = 0.140\%$，满足要求。

⑤ 垂直于弯矩作用平面的受压承载力计算

$$N_{\max} = 1843.49\text{kN}$$
$$l_0/b = 6500\text{mm}/600\text{mm} = 10.8$$
$$\text{查表得 } \varphi = 0.968$$

$0.9\varphi(f'_y A'_s + f_c A) = 0.9 \times 0.968 \times (360\text{N/mm}^2 \times 2513\text{mm}^2 + 19.1\text{N/mm}^2 \times 600\text{mm} \times 600\text{mm}) = 6778.83\text{kN}$，满足要求。

⑥ 强节点弱构件设计

依据现行国家标准《建筑抗震设计规范》GB 50011 中 6.2.14 条规定，四级框架节点核芯区可不进行抗震验算。

8.1.11 基础设计

以柱 A 下独立基础为例，其最大轴力组合与最大弯矩组合内力基本相同，取最大轴力组合进行计算。非抗震柱底内力标准值组合为 $M_k = 40.88\text{kN} \cdot \text{m}$，$N_k = 2106.15\text{kN}$，$V_k = 17.35\text{kN}$，$M_d = 56.87\text{kN} \cdot \text{m}$，$N_d = 2818.38\text{kN}$，$V_d = 23.76\text{kN}$，地基承载力特征值 $f_a = 176\text{kPa}$。基础形式为锥形现浇独立基础，基底埋深为 2.0m。以下将分别进行基底截面尺寸初选，地基承载力验算，基础尺寸验算和基础底板配筋计算。

1. 基底截面尺寸初选

在中心荷载 F_k 和 G_k 作用下，按基底压力的简化计算方法，p_k 均匀分布：

$$p_k = (G_k + F_k)/A$$

代入下式得：

$$A \geqslant \frac{F_k}{f_a - \gamma_G \cdot d} = \frac{2106.15\text{kN}}{176\text{kPa} - 20\text{kN/m}^3 \times 2\text{m}} = 15.49\text{m}^2$$

弯矩和剪力很小，基本可按基底压力均布设计，故取基底面积 $A = a_1 \cdot a_1 = 4 \times 4 = 16\text{m}^2$，第一阶高度取 $h_1 = 300\text{mm}$，第二阶尺寸设为 $a_2 = 700\text{mm}$，$h_2 = 400\text{mm}$，如图 8-45 所示。

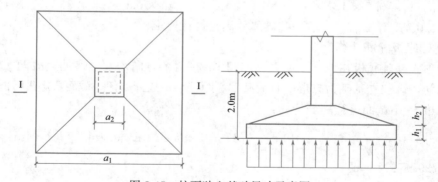

图 8-45 柱下独立基础尺寸示意图

2. 地基承载力验算

基础和回填土重：$G_k = \gamma_G \cdot d \cdot A = 20\text{kN/m}^3 \times 2.0\text{m} \times 4\text{m} \times 4\text{m} = 640\text{kN}$

偏心距：$e_k = \dfrac{M}{G_k + N_k} = \dfrac{40.88\text{kN} \cdot \text{m} + 17.35\text{kN} \times 2\text{m}}{640\text{kN} + 2106.15\text{kN}} = 0.0275\text{m} < \dfrac{l}{6} = 0.67\text{m}$，满足 $p_{k \cdot \min} > 0$

基底压力：$p_k = \dfrac{G_k + N_k}{A} = \dfrac{2746.15\text{kN}}{16\text{m}^2} = 171.63\text{kPa}$

$$p_{k \cdot max} = p_k \cdot \left(1 + \frac{6e_k}{l}\right) = 171.63\text{kPa} \times 1.0413 = 178.72\text{kPa} < 1.2f_a = 211.2\text{kPa},$$ 故

地基承载力满足要求（注：若基底以下存在软弱下卧层，还需验算软弱下卧层承载力）。

3. 基础尺寸验算

在柱中心荷载 N_k 作用下，若基础高度（或阶梯高度）不足，则将沿着柱周边（或阶梯高度变化处）产生冲切破坏，形成 $45°$ 斜裂面的角锥体，故需验算基础的厚度。

柱下独立基础受冲切验算需满足以下条件：

$$F_l \leqslant 0.7\beta_{hp}f_t a_m h_0$$

对于该独立基础，$h_0 = h - 50\text{mm} = 650\text{mm}$，$a_t = 600\text{mm}$，$a_b = a_t + 2h_0 = 1900\text{mm}$，$A_l = (a_t + a_2) \cdot h'/2 = (0.6\text{m} + 4\text{m}) \cdot 1.7\text{m}/2 = 3.91\text{m}^2$

偏心距：$e_d = \dfrac{M_d}{N_d} = \dfrac{56.87\text{kN} \cdot \text{m}}{2818.38\text{kN}} = 0.0202\text{m}$

基底压力：

$$p_n = \frac{N_d}{A} = \frac{2818.38\text{kN}}{16\text{m}^2} = 176.15\text{kPa},$$

$$p_{n \cdot max} = p_n \cdot \left(1 + \frac{6e_d}{l}\right) = 176.15\text{kPa} \times 1.0303 = 181.49\text{kPa},$$

$$p_{n \cdot min} = p_n \cdot \left(1 - \frac{6e_d}{l}\right) = 176.15\text{kPa} \times 0.9697 = 170.81\text{kPa}$$

冲切反力：

$$F_l = (p_n + p_{n \cdot max})/2 \cdot A_l = 699.19\text{kN}$$

该基础所用混凝土为 C25，$f_t = 1.27\text{MPa}$，故对于该基础：

$$0.7\beta_{hp}f_t a_m h_0 = 0.7 \times 1.0 \times 1.27 \times 10^6 \text{N/m}^2 \times 2.3\text{m} \times 0.65\text{m} = 1.33 \times 10^6 \text{N} = 1330\text{kN}$$

满足 $F_l \leqslant 0.7\beta_{hp}f_t a_m h_0$，故该基础尺寸满足设计要求。

4. 基础底板配筋计算

由于独立基础底板在地基净反力 p_n 作用下在两个方向均发生弯曲，故两个方向都要配受力钢筋，该独立基础为方形，且荷载偏心距较小，故计算任一截面弯矩进行配筋即可。

取柱边 I-I 截面进行配筋计算：

$$M_I = \frac{1}{24}p_n(a_1 - a_t)^2(2a_1 + a_t) = \frac{1}{24} \times 176.15\text{kPa} \times (4\text{m} - 0.6\text{m})^2 \times (2 \times 4\text{m} + 0.6\text{m})$$

$$= 729.67\text{kN} \cdot \text{m}$$

选用 HRB400，$f_y = 360\text{MPa}$：

$$A_s = \frac{M_I}{0.9f_y h_0} = \frac{729.67 \times 10^6 \text{N} \cdot \text{mm}}{0.9 \times 360\text{N/mm}^2 \times 650\text{mm}} = 3465\text{mm}^2$$

满足最小配筋率要求，故实配 $\oplus$16@200（$A_s = 4020\text{mm}^2$）。

8.1.12 电算和手算的结果对比分析

本设计结构电算采用盈建科软件进行。对结构模型输入与手算相同的荷载，取一榀框架作为计算单元，然后对电算内力结果与手算结果进行对比分析。

1. 恒载作用下的内力电算和手算结果对比分析

手算结果：恒载作用下③轴线框架内力图如图 8-12～图 8-14 所示；

电算结果：恒载作用下③轴线框架内力图如图 8-46～图 8-48 所示（图中电算内力值符号由于正负号规定不同，故与手算的内力值符号不同，不影响正确性）。

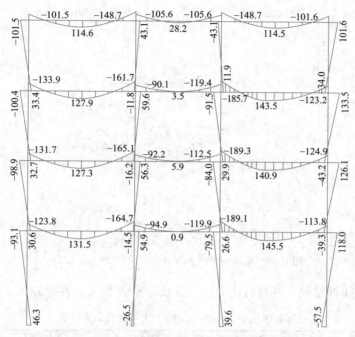

图 8-46　电算恒载作用下的弯矩图（单位：kN·m）

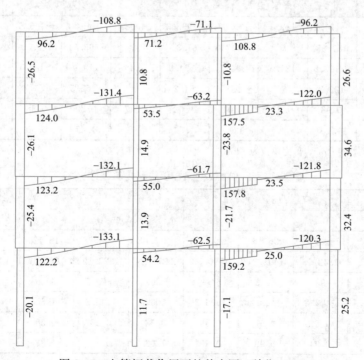

图 8-47　电算恒载作用下的剪力图（单位：kN）

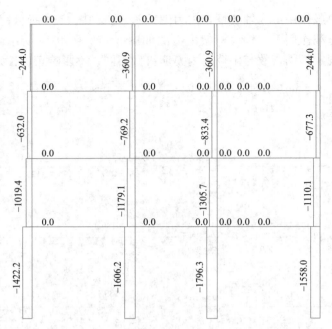

图 8-48　电算恒载作用下的轴力图（单位：kN）

取 1 层③轴线框架梁、柱进行内力误差分析，见表 8-54、表 8-55。

恒载作用下③轴线框架梁手算和电算误差分析　　　　　　　　　　　表 8-54

项目	楼层	1层 AB 跨			1层 BC 跨			1层 CD 跨		
	内力	左	跨中	右	左	跨中	右	左	跨中	右
手算	M_1	−121.2	117.4	170.62	−96.63	4.92	94.4	−166.6	111.85	109.12
	V_1	133.85		−147.0	67.31		−66.61	142.55		−110.9
电算	M_2	−123.8	131.5	164.7	−94.9	0.9	119.9	−189.1	134.8	113.8
	V_2	122.2		−133.1	54.2		−62.5	159.2		−120.3
误差	$|M_1/M_2|$	0.98	0.89	1.04	1.02	5.47	0.79	0.88	0.83	0.96
	$|V_1/V_2|$	1.10		1.10	1.24		1.07	0.90		0.92

注：弯矩单位为"kN·m"，剪力单位为"kN"。

恒载作用下③轴线框架柱手算和电算误差分析　　　　　　　　　　　表 8-55

项目	楼层	1层 A 柱		1层 B 柱		1层 C 柱		1层 D 柱	
	内力	上	下	上	下	上	下	上	下
手算	M_1	−47.34	26.16	29.06	−15.48	−28.38	15.12	42.62	−23.55
	N_1	1342.13	1402.31	1590.58	1651.06	1523.19	1583.67	1240.16	1300.64
电算	M_2	−93.1	46.3	54.9	−26.5	−79.5	39.6	118	−57.5
	N_2	1422.2	1422.2	1606.2	1606.2	1796.3	1796.3	1558	1558
误差	$|M_1/M_2|$	0.51	0.57	0.53	0.58	0.36	0.38	0.36	0.41
	$|N_1/N_2|$	0.94	0.99	0.99	1.03	0.85	0.88	0.80	0.83

注：弯矩单位为"kN·m"，轴力单位为"kN"。

由上表可知，梁的误差较小，弯矩和剪力误差基本在10％以内。柱轴力的误差也较小，弯矩差异相对较大。

误差原因分析如下：

（1）两者在计算方法上存在差别。手算设计时采用的是分层法，而电算则是依据矩阵位移法；前者在假定无侧移的条件下求解，而电算则考虑了框架侧移。而实际上框架存在微小侧移，所以手算的精确度没有电算的高。

（2）通过比较采用施工模拟和不采用施工模拟的计算结果，柱端弯矩的误差是由于电算考虑了施工模拟计算引起的。这使得中间层柱端弯矩出现柱顶增大、柱底减小的趋势，底层柱则是柱顶和柱底弯矩都增大。可知这部分误差主要是由于电算时采用了施工模拟的方法，由于电算更贴近实际情况，故而认可电算结果。

（3）手算取一榀框架单独计算，未考虑空间作用。

（4）手算过程中对于数据的处理也不可避免地不如电算精确。

2. 地震作用下的内力电算和手算结果对比分析

手算结果：地震作用下③轴线框架内力图如图8-39～图8-41所示；

电算结果：地震作用下③轴线框架内力图如图8-49～图8-51所示。

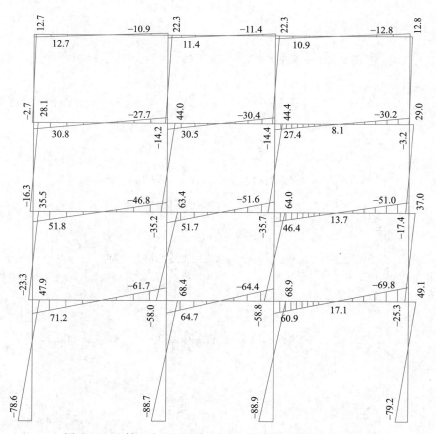

图8-49　电算左水平地震作用下的弯矩图（单位：kN·m）

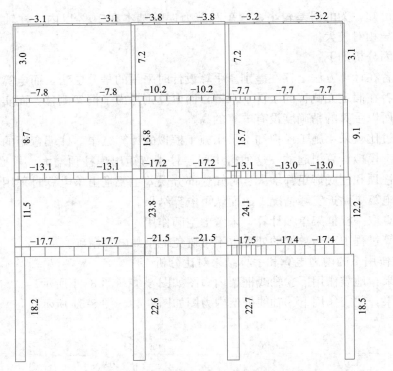

图 8-50　电算左水平地震作用下的剪力图（单位：kN）

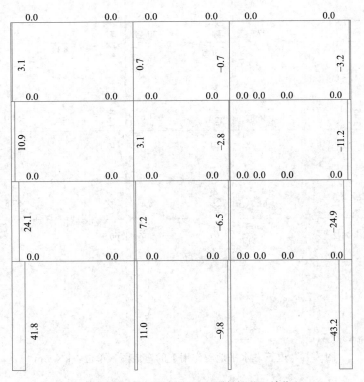

图 8-51　电算左水平地震作用下的轴力图（单位：kN）

取 1 层③轴线框架梁、柱进行内力误差分析，见表 8-56、表 8-57。

地震作用下③轴线框架梁手算和电算误差分析 表 8-56

项目	楼层	1层 AB跨		1层 BC跨		1层 CD跨	
	内力	左	右	左	右	左	右
手算	M_1	81.65	49.89	62.22	62.22	49.89	81.65
	V_1	17.54	17.54	20.74	20.74	17.54	17.54
电算	M_2	71.2	63.7	64.7	64.4	60.9	69.8
	V_2	17.7	17.7	21.5	21.5	17.5	17.4
误差	$|M_1/M_2|$	1.15	0.78	0.96	0.97	0.82	1.17
	$|V_1/V_2|$	0.99	0.99	0.96	0.96	1.00	1.01

注：弯矩单位为"kN·m"，剪力单位为"kN"。

地震作用下③轴线框架柱手算和电算误差分析 表 8-57

项目	楼层	1层 A柱		1层 B柱		1层 C柱		1层 D柱	
	内力	上	下	上	下	上	下	上	下
手算	M_1	−41.97	83.94	−52.49	104.97	−52.49	104.97	−52.49	83.94
	N_1	−48.33	−48.33	−10.88	−10.88	10.88	10.88	48.33	48.33
电算	M_2	−47.9	78.6	−68.4	88.7	−68.9	88.9	−49.1	79.2
	N_2	−41.8	−41.8	−11.0	−11.0	9.8	9.8	43.2	43.2
误差	$|M_1/M_2|$	0.88	1.07	0.77	1.18	0.76	1.18	1.07	1.06
	$|N_1/N_2|$	1.16	1.16	0.99	0.99	1.11	1.11	1.12	1.12

注：弯矩单位为"kN·m"，轴力单位为"kN"。

由上表可知，梁的误差较小，大部分在 5% 以内。柱的误差相对较大，也基本在 15% 左右。

误差分析如下：

（1）手算地震作用时采用底部剪力法，而电算采用振型分解法，导致框架受到的地震作用有一定差异；计算内力时，手算采用的反弯点法，是一种简便的计算方法，实际上的反弯点并不固定，导致柱的内力计算与电算误差较大，电算依据的矩阵位移法更加精确。

（2）手算的重力荷载与电算的存在差别导致误差。

（3）手算取一榀框架，未考虑空间作用。

（4）手算过程中的数据处理不如电算精确。

8.1.13 施工图

可扫描二维码查看。

8.1 施工图

8.2 高层框架结构设计例题

8.2.1 建筑设计

1. 基本概况

本工程为一栋高层商场建筑，采用现浇钢筋混凝土框架结构。主体结构为地上 10 层，地下 1 层；局部突出为电梯机房和出屋面楼梯间（高 2.8m）。结构地上部分 1 层和地下部分 1 层层高 3.6m；2～10 层层高 3.3m。建筑类别为二类公共建筑，设计工作年限 50 年。建筑耐火等级一级，屋面和地下室防水等级二级。

2. 工程设计主要内容

（1）本工程±0.000 以下部分外墙采用 240 厚现浇钢筋混凝土墙，所用混凝土为抗渗等级 P6 的抗渗混凝土，±0.000 以上部分外墙均采用 240 厚烧结空心砖，其构造和技术要求参见国家相关标准及要求，±0.000 以上部分内墙均采用 240 厚轻质隔墙，电梯采用 240 厚剪力墙。

（2）洞口处 120mm 现捣混凝土墙基，同墙厚，防水防渗漏用。填充墙与梁、柱交接处的粉刷及不同材料交接处的粉刷应铺设钢丝网，规格 10mm×10mm，直径 0.5～0.8mm，两边各搭接 250mm。

（3）除图中注明外，卫生间地面标高为 $H-0.030$（H 为楼层标高）。

（4）共设电梯 2 部。

（5）上人屋面各层做法：钢筋混凝土楼板下做 50 厚聚苯乙烯泡沫塑料保温板，钢筋混凝土楼板上做：20 厚 1：3 水泥砂浆找平，隔气层，1：6 水泥焦渣最低处 3 厚，找坡 2%，20 厚 1：2.5 水泥砂浆找平层，1.5 厚三元乙丙橡胶卷材防水层，25 厚 108 胶水泥砂浆结合层（1：3 水泥砂浆掺水泥量 15%的 108 胶），撒素水泥面，10 厚铺地砖面层干水泥擦缝，每 3m×6m 缝宽填 1：3 石灰砂浆。

3. 设计原始资料

基本风压 $w_0=0.30\text{kN/m}^2$，地面粗糙度为 C 类。基本雪压为 0.45kN/m²。地表以下 0.5m 范围内为杂填土，杂填土下层 1.5m 范围内为砂质性土，第三层为 2.5m 厚全风化砂砾岩，第四层为 3.0m 厚强风化砂砾层，以下为中风化砂砾层，各层土的性状和参数见表 8-58 土层地勘结果。地下水位：地表以下 3.0m，无侵蚀性。

土层地勘结果 表 8-58

层号	岩土层名称	状态	天然地基承载力特征值（kPa）	压缩模量 E_s(kPa)	内摩擦角标准值 ϕ(°)	黏聚力标准值 c(kPa)
①	杂填土	较松散	40			
②	砂性土	可塑	100～120	4.00	10.10	30.20
③	砂砾岩	全风化、可塑-硬塑	140～180	6.76	15.45	27.38
④	砂砾层	强风化	400			
⑤	砂砾层	中风化	1500			

设计地震分组：第一组。抗震设防烈度：7 度（0.15g）。建筑场地类别：Ⅱ 类。混凝土基础环境类别：二（a）类。建筑结构的安全等级为二级。混凝土强度等级可采用 C40。钢筋按规范和计算要求，箍筋采用 HPB300 级，纵筋采用 HRB400 级。

8.2.2 结构设计

1. 结构选型与布置

（1）结构选型

根据教学建筑功能的要求，为使建筑平面布置灵活，获得较大的使用空间，本结构设计采用现浇钢筋混凝土框架结构体系。

（2）结构布置

本建筑要考虑抗震要求，因此要双向布置框架。具体布置见图 8-52～图 8-54。施工方案采用梁、板、柱整体现浇方案。楼盖方案采用整体式肋形梁板结构。电梯井采用钢筋混凝土筒体。楼梯采用整体现浇梁板式楼梯。基础设计采用桩基础。本结构长 54.0m，满足表 1-6 要求，不用设置伸缩缝。

（3）初估截面尺寸

① 梁

按照 1.6.1 节所述方法，初选梁截面尺寸为：横向框架梁为 $b \times h = 300\text{mm} \times 700\text{mm}$，纵向框架梁为 $b \times h = 300\text{mm} \times 700\text{mm}$，次梁为 $b \times h = 300\text{mm} \times 600\text{mm}$。

② 柱

按照 1.6.2 节所述方法，由第 1 章的表 1-8 查得抗震等级为二级，框架柱轴压比限值为 0.75。

$$\frac{N}{b_c h_c f_c} = \frac{N_c}{f_c A_c} \leqslant 0.75$$

C40 混凝土：由附表 2 查得 $f_c = 19.1\text{N/mm}^2$，$f_t = 1.71\text{N/mm}^2$。求得：

$$A_c \geqslant \frac{1.4 \times 12 \times 10^3 \text{N/m}^2 \times 6\text{m} \times 4.35\text{m} \times 11}{0.75 \times 19.1\text{N/mm}^2} = 336703\text{mm}^2$$

上式中 1.4 为恒载与活载的荷载分项系数平均值，11 表示地下室框架柱底面承受其上 11 层的荷载。取柱截面为正方形，则柱截面边长至少为 580mm，最终确定本设计柱截面尺寸为 600mm×600mm。

依据现行国家标准《混凝土结构设计规范》GB 50010 中 8.3.1 条规定以及现行行业标准《高层建筑混凝土结构设计规程》JGJ 3 中 6.5.3 条和 6.5.5 条规定，梁内钢筋伸至边柱内的长度应大于 0.4 倍的纵向受拉钢筋抗震锚固长度。

钢筋基本锚固长度：

$$l_a = l_{ab} = \alpha \frac{f_y}{f_t} d = 0.14 \times \frac{360\text{N/mm}^2}{1.71\text{N/mm}^2} \times 25\text{mm} = 737\text{mm}$$

钢筋抗震锚固长度：

$$l_{abE} = 1.15 l_{ab} = 1.15 \times 737\text{mm} = 848\text{mm}$$

柱截面边长：

$$b = 600\text{mm} \geqslant 0.4 l_{abE} = 0.4 \times 848\text{mm} = 339\text{mm}$$

故柱子截面满足抗震构造要求。

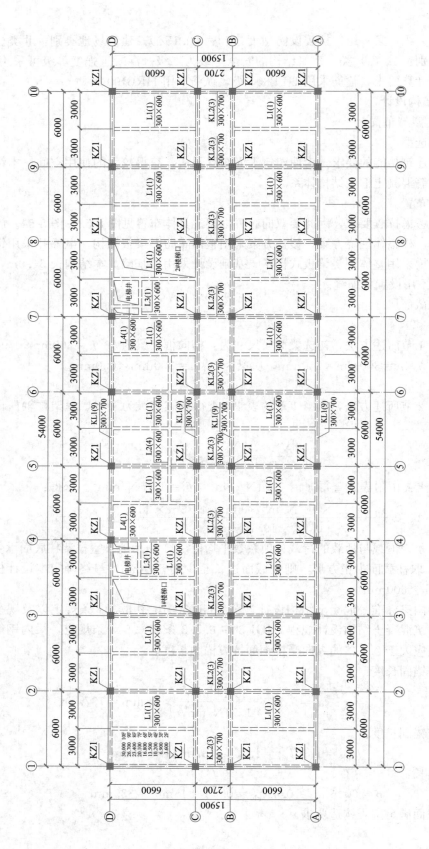

图 8-52 标准层结构平面布置图（单位：mm）

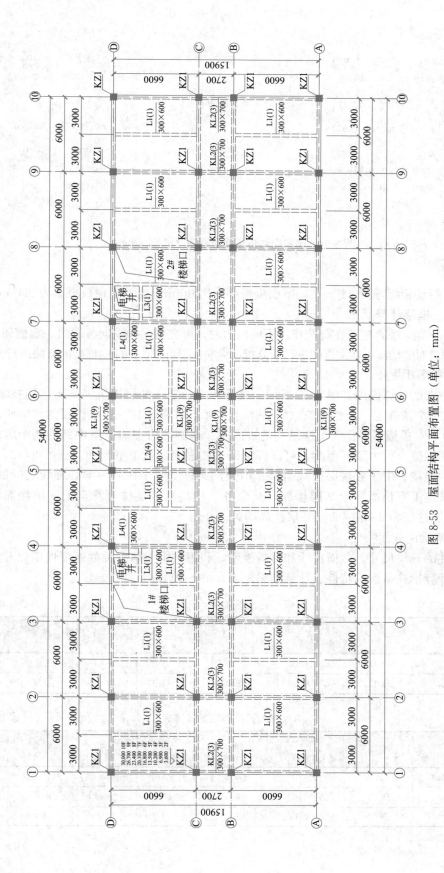

图 8-53 屋面结构平面布置图（单位：mm）

227

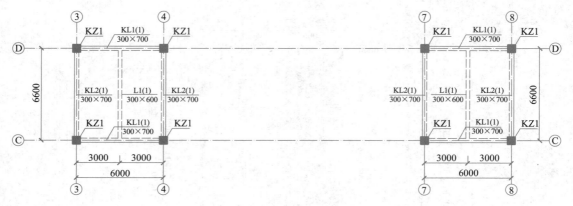

图 8-54 出屋面结构平面布置图（单位：mm）

③ 板

2～10 层楼板板厚为 120mm，屋面板板厚为 120mm，地下室顶板板厚为 200mm。

8.2.3 框架计算简图

对于本例题，手算框架在荷载作用下的内力时，可在横向和纵向各取出一榀框架进行分析。本例题只对②轴线的横向框架进行了分析，纵向框架可以仿照横向框架的方法进行分析。

1. 计算简图说明

②轴框架的计算简图如图 8-55 所示。现行行业标准《高层建筑混凝土结构技术规范》JGJ 3 第 5.3.7 条规定：高层建筑结构整体计算时，如果地下一层与首层的侧向刚度比不小于 2，地下室顶板可以作为上部结构的嵌固端。本例题将在地下室中部的两个方向设置少量的钢筋混凝土剪力墙。因此，可以假定框架柱嵌固于地下室顶面（±0.000m），框架梁与柱刚性连接。由于各楼层柱截面尺寸不变，梁跨度等于柱截面形心轴线之间的距离。底层柱高从地下室顶面算至 2 层楼面，其余各层柱高从该层楼面算至上一层楼面（即层高），故 1 层柱高为 3.6m；2～10 层柱高均为 3.3m。

2. 框架梁柱截面特性

由构件的几何尺寸、截面尺寸和材料强度，利用结构力学有关截面惯性矩以及线刚度的概念，计算梁柱截面的特性。计算结果见表 8-59～表 8-61。

框架柱的线刚度计算表 　　　　　　　　　　　　　　　　表 8-59

层数	混凝土强度等级	柱编号	截面尺寸 $b(mm) \times h(mm)$	柱高 $h(mm)$	混凝土弹性模量 $E_c(MPa)$	截面惯性矩 $I(mm^4)$	线刚度 $i(N \cdot mm)$	相对线刚度 i'
1	C40	ABCD	600×600	3600	3.25×10^4	1.08×10^{10}	9.75×10^{10}	0.92
2～10	C40	ABCD	600×600	3300	3.25×10^4	1.08×10^{10}	1.063×10^{11}	1.00

中间框架梁的线刚度计算表 　　　　　　　　　　　　　　　　表 8-60

层数	混凝土强度等级	梁编号	截面尺寸 $b(mm) \times h(mm)$	梁跨 $L(mm)$	混凝土弹性模量 $E_c(MPa)$	截面惯性矩 $I(mm^4)$	线刚度 $i(N \cdot mm)$	相对线刚度 i'
2～屋面	C40	AB	300×700	6600	3.25×10^4	8.58×10^9	8.445×10^{10}	0.85
	C40	BC	300×700	2700	3.25×10^4	8.58×10^9	2.064×10^{11}	2.06
	C40	CD	300×700	6600	3.25×10^4	8.58×10^9	8.445×10^{10}	0.85

边框架梁的线刚度计算表   表 8-61

层数	混凝土强度等级	梁编号	截面尺寸 $b(mm) \times h(mm)$	梁跨 $L(mm)$	混凝土弹性模量 $E_c(MPa)$	截面惯性矩 $I(mm^4)$	线刚度 $i(N \cdot mm)$	相对线刚度 i'
	C40	AB	300×700	6600	3.25×10^4	8.58×10^9	6.334×10^{10}	0.60
2~屋面	C40	BC	300×700	2700	3.25×10^4	8.58×10^9	1.548×10^{11}	1.46
	C40	CD	300×700	6600	3.25×10^4	8.58×10^9	6.334×10^{10}	0.60

3. 框架梁柱的线刚度计算

(1) 柱计算

首层柱子：

$$i_c = \frac{EI}{l} = \frac{3.25 \times 10^4 \text{MPa} \times (1/12) \times 600\text{mm} \times (600\text{mm})^3}{3600\text{mm}} = 9.75 \times 10^{10} \text{N} \cdot \text{mm}$$

2~10 层柱子：

$$i_c = \frac{EI}{l} = \frac{3.25 \times 10^4 \text{MPa} \times (1/12) \times 600\text{mm} \times (600\text{mm})^3}{3300\text{mm}} = 1.063 \times 10^{11} \text{N} \cdot \text{mm}$$

(2) 梁计算

②轴梁为中框架梁，其中，在计算框架梁的线刚度时，考虑到楼板对梁的约束作用（现浇板相当于框架梁的翼缘），对于两侧都有现浇板的梁（如：中跨梁），其线刚度取 $I = 2I_0$。对于一侧有现浇板的梁（如：边横梁、楼梯间横梁），其线刚度取 $I = 1.5I_0$。

AB、CD 跨梁：

$$i_b = \frac{2EI}{l} = \frac{2 \times 3.25 \times 10^4 \text{MPa} \times (1/12) \times 300\text{mm} \times (700\text{mm})^3}{6600\text{mm}} = 8.445 \times 10^{10} \text{N} \cdot \text{mm}$$

BC 跨梁

$$i_b = \frac{2EI}{l} = \frac{2 \times 3.25 \times 10^4 \text{MPa} \times (1/12) \times 300\text{mm} \times (700\text{mm})^3}{2700\text{mm}} = 2.064 \times 10^{11} \text{N} \cdot \text{mm}$$

(3) 相对线刚度计算

令 2~10 层柱子线刚度 $i = 1.0$，则其余各杆件的相对线刚度为：

中框架 AB、CD 跨梁：

$$i'_{AB} = i'_{CD} = 8.445 \times 10^{10} \text{N} \cdot \text{mm}/1.063 \times 10^{11} \text{N} \cdot \text{mm} = 0.85$$

中框架 BC 跨梁：

$$i'_{BC} = 2.064 \times 10^{11} \text{N} \cdot \text{mm}/1.063 \times 10^{11} \text{N} \cdot \text{mm} = 2.06$$

同理可得边框架 AB、CD 跨梁的相对线刚度 $i' = 0.60$，BC 跨梁的相对线刚度 $i' = 1.46$。

根据以上计算结果，框架梁柱的相对线刚度如图 8-55 所示，是计算各节点杆端弯矩分配系数的依据。

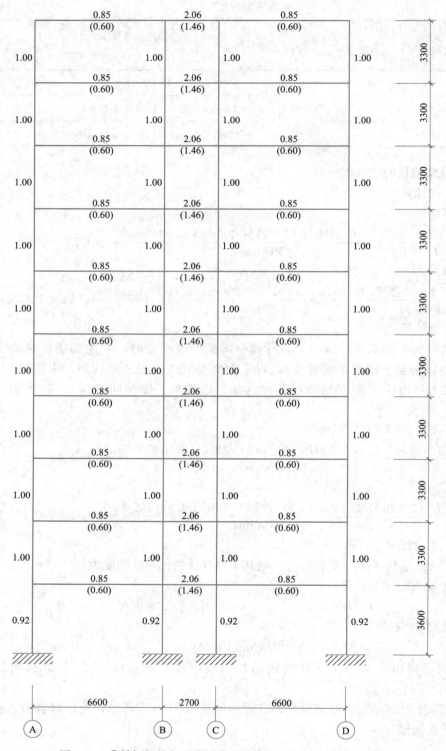

图 8-55　②轴框架的相对线刚度和计算简图（尺寸单位：mm）

8.2.4 荷载计算

1. 恒载标准值计算

（1）上人屋面恒载

保护层：10 厚铺地砖面层 　　　　　　　　　　　　　　　　　　　0.65kN/m²

防水层：1.5 厚三元乙丙橡胶卷材防水层 　　　　　　　　　　　　　0.4kN/m²

找平层：20 厚 1：2.5 水泥砂浆找平层 　　　　20kN/m³×0.02m＝0.4kN/m²

找坡层：100 厚 1：6 水泥焦渣最低处 3 厚，找坡 2%　14kN/m³×0.1m＝1.4kN/m²

隔气层：一毡二油隔气层 　　　　　　　　　　　　　　　　　　　　0.05kN/m²

找平层：20 厚 1：3 水泥砂浆找平 　　　　　　20kN/m³×0.02m＝0.4kN/m²

结构层：120 厚现浇钢筋混凝土楼板 　　　　　　25kN/m³×0.12m＝3.0kN/m²

保温层：50 厚聚苯乙烯泡沫塑料保温板 　　　0.32kN/m³×0.05m＝0.016kN/m²

合计 　　　　　　　　　　　　　　　　　　　　　　　　　　　　6.82kN/m²

（2）楼面恒载

大理石面层，水泥砂浆擦缝 ⎫

30 厚 1：3 干硬性水泥砂浆，面上撒 2 厚素水泥 ⎬ 　　　　　　　1.20kN/m²

水泥砂浆结合层一道 ⎭

120 厚现浇钢筋混凝土楼板 　　　　　　　　　　　　　　　　　　3.00kN/m²

10 厚混合砂浆顶棚抹灰 　　　　　　　　　　　20kN/m³×0.01m＝0.20kN/m²

合计 　　　　　　　　　　　　　　　　　　　　　　　　　　　　4.40kN/m²

（3）梁自重

主梁自重 　　　　　　　　　25kN/m³×0.3m×(0.7m−0.12m)＝4.35kN/m

主梁侧抹灰 　　　20kN/m³×[2×(0.7m−0.12m)+0.3m]×0.01m＝0.29kN/m

合计 　　　　　　　　　　　　　　　　　　　　　　　　　　　　4.64kN/m

次梁自重 　　　　　　　　　25kN/m³×0.3m×(0.6m−0.12m)＝3.60kN/m

次梁侧抹灰 　　　20kN/m³×[2×(0.6m−0.12m)+0.3m]×0.01m＝0.25kN/m

合计 　　　　　　　　　　　　　　　　　　　　　　　　　　　　3.85kN/m

（4）柱自重

KZ1 自重 　　　　　　　　　　　　　　25kN/m³×0.6m×0.6m＝9.00kN/m

柱侧抹灰：10 厚混合砂浆 　　　　　　20kN/m³×4×0.6m×0.01m＝0.48kN/m

合计 　　　　　　　　　　　　　　　　　　　　　　　　　　　　9.48kN/m

TZ1 自重 　　　　　　　　　　　　　　25kN/m³×0.3m×0.3m＝2.25kN/m

（5）墙自重

① 外纵墙自重

纵墙（240 厚普通砖） 　　　　　　　　　　　18.0kN/m³×0.24m＝4.32kN/m²

水泥砂浆打底贴饰面砖墙面 　　　　　　　　　　　　　　　　　　0.50kN/m²

30 厚挤塑苯乙烯泡沫塑料板 　　　　　　　　0.5kN/m³×0.03m＝0.02kN/m²

20 厚 1：3 水泥砂浆找平层	$20kN/m^3 \times 0.02m = 0.40kN/m^2$
内墙面 20 厚 1：2 水泥砂浆抹面	$20kN/m^3 \times 0.02m = 0.40kN/m^2$

合计	$5.64kN/m^2$
或	$11.61kN/m$

② 内纵墙及横墙自重

1 层

240 厚烧结空心砖	$8kN/m^3 \times 0.24m \times 3m = 5.76kN/m$
左右各 20 厚水泥砂浆抹灰	$20kN/m^3 \times 0.04m \times 3m = 2.40kN/m$

合计	$8.16kN/m$

2～10 层

240 厚烧结空心砖	$8kN/m^3 \times 0.24m \times 2.7m = 5.18kN/m$
左右各 20 厚水泥砂浆抹灰	$20kN/m^3 \times 0.04m \times 2.7m = 2.16kN/m$

合计	$7.34kN/m$

③ 女儿墙自重（做法：墙高 1120mm，80mm 的混凝土压顶）

240 厚烧结普通砖	$18kN/m^3 \times 0.24m \times 1.12m = 4.83kN/m$
混凝土压顶	$25kN/m^3 \times 0.24m \times 0.08m = 0.48kN/m$
外墙面 20 厚 1：3 水泥砂浆找平层	$20kN/m^3 \times 0.02m \times 1.12m = 0.45kN/m$
水泥砂浆打底贴饰面砖墙面	$0.5kN/m^2 \times 1.12m = 0.56kN/m$
内墙面 20 厚水泥砂浆抹灰	$20kN/m^3 \times 0.02m \times 1.2m = 0.48kN/m$

合计	$6.80kN/m$

2. 活载标准值计算

（1）屋面及楼面活荷载

选择②轴框架作为代表。由于本工程由一栋高层商场组成，取楼面活荷载标准值为 $4.0kN/m^2$，屋面活荷载标准值为 $2.0kN/m^2$。

（2）屋面雪荷载标准值

$$s_k = \mu_r s_0 = 1.0 \times 0.45kN/m^2 = 0.45kN/m^2$$

屋面雪荷载与活荷载不同时考虑，两者取较大值 $2.0kN/m^2$。

（3）风荷载

风荷载作用面取垂直于风向的最大投影面积，结构主体 $H = 33.75m$，$B = 54.8m$。主体结构计算时，垂直于建筑物表面的风荷载标准值按公式（2-2）计算：

$$\omega_k = \beta_z \mu_s \mu_z \omega_0$$

基本自振周期按照建筑高度 H 和宽度 B 计算：

$$T_1 = 0.25 + 0.53 \times 10^{-3} \frac{H^2}{\sqrt[3]{B}} = 0.41s$$

按照建筑总层数计算：

$$T_1 = 0.075n = 0.75s$$

对于计算风荷载，周期越大对结构抗风越不利，基于安全考虑取 $T_1 = 0.75s$。

风振系数：按照公式（2-5）计算，计算结果列于表 8-62。g 为峰值因子，取 2.5。I_{10} 为 10m 高度名义湍流强度，取 0.23。R 为脉动风荷载的共振分量因子，B_z 为脉动风荷载的背景分量因子。

$$x_1 = \frac{30f_1}{\sqrt{k_w \omega_0}} = \frac{30 \times 1.333\text{Hz}}{\sqrt{0.54 \times 0.30}} = 99.36, \ x_1 > 5$$

$$R = \sqrt{\frac{\pi}{6\zeta_1} \frac{x_1^2}{(1+x_1^2)^{4/3}}} = \sqrt{\frac{\pi}{6 \times 0.05} \frac{99.36^2}{(1+99.36^2)^{\frac{4}{3}}}} = 0.699$$

f_1 为结构第一自振频率，$f_1 = \frac{1}{T_1} = \frac{1}{0.75\text{s}} = 1.333\text{Hz}$。$k_w$ 为地面粗糙度修正系数，取 0.54。ζ_1 为结构的阻尼比，取 0.05。

$$B_z = kH^{\alpha_1} \rho_x \rho_z \frac{\phi_1(z)}{\mu_z}$$

$\phi_1(z)$ 为结构第一阶振型系数。k、α_1 为系数，其中 $k = 0.295$，$\alpha_1 = 0.261$。H 为结构总高度，取 33.75m，对 C 类地面粗糙度，H 不应大于 450m。ρ_x 为脉动风荷载水平方向相关系数，计算公式如下：

$$\rho_x = \frac{10\sqrt{B + 50e^{-B/50} - 50}}{B} = \frac{10\sqrt{54.8 + 50e^{-54.8/50} - 50}}{54.8} = 0.846, \ B < 2H$$

ρ_z 为脉动风荷载竖直方向相关系数，计算公式如下：

$$\rho_z = \frac{10\sqrt{H + 60e^{-H/60} - 60}}{H} = \frac{10\sqrt{33.75 + 60e^{-33.75/60} - 60}}{33.75} = 0.835$$

为了简化计算，作用在外墙上的风荷载可近似用作用在屋面梁和楼面梁处的等效集中荷载替代。作用在屋面梁和楼面梁节点处的风荷载标准值：

$$W_k = \omega_k (h_l + h_u) B/2$$

式中，h_l 为下层柱高，h_u 为上层柱高（对顶层为女儿墙高度的两倍），B 为计算单元迎风面宽度，取 6.0m，风荷载计算结果见表 8-62。

横向风荷载标准值计算表 表 8-62

层数	H_i (m)	H_i/H	μ_s	μ_z	β_z	ω_0	ω_k	q_k	H_u (m)	H_l (m)	F_k (kN)
女儿墙顶										1.2	
10	33.75	1.000	1.3	0.93	1.82	0.3	0.65	3.88	2.4	3.3	11.05
9	30.45	0.902	1.3	0.89	1.74	0.3	0.59	3.55	3.3	3.3	11.70
8	27.15	0.804	1.3	0.84	1.71	0.3	0.54	3.23	3.3	3.3	10.67
7	23.85	0.707	1.3	0.79	1.58	0.3	0.50	3.01	3.3	3.3	9.92
6	20.55	0.609	1.3	0.75	1.48	0.3	0.43	2.56	3.3	3.3	8.43
5	17.25	0.511	1.3	0.69	1.39	0.3	0.38	2.29	3.3	3.3	7.54
4	13.95	0.413	1.3	0.65	1.28	0.3	0.33	2.00	3.3	3.3	6.60
3	10.65	0.316	1.3	0.65	1.18	0.3	0.31	1.85	3.3	3.3	6.09

层数	H_i (m)	H_i/H	μ_s	μ_z	β_z	ω_0	ω_k	q_k	H_u (m)	H_l (m)	F_k (kN)
2	7.35	0.218	1.3	0.65	1.09	0.3	0.28	1.69	3.3	3.3	5.58
1	4.05	0.120	1.3	0.65	1.03	0.3	0.26	1.57	3.3	3.6	5.42

8.2.5 竖向荷载作用计算

1. 双向板传梁荷载等效（图 8-56）

（1）B1 板梯形荷载等效

$$\alpha = a/l_0 = 1.5\text{m}/6.6\text{m} = 0.23$$

$$q = (1 - 2\alpha^2 + \alpha^3)q' = (1 - 2 \times 0.23^2 + 0.23^3)q' = 0.906q'$$

屋面板：恒载：$q = 0.906q' = 0.906 \times 6.82\text{kN/m}^2 \times 1.5\text{m} = 9.27\text{kN/m}$

活载：$q = 0.906q' = 0.906 \times 2.00\text{kN/m}^2 \times 1.5\text{m} = 2.72\text{kN/m}$

楼面板：恒载：$q = 0.906q' = 0.906 \times 4.40\text{kN/m}^2 \times 1.5\text{m} = 5.98\text{kN/m}$

活载：$q = 0.906q' = 0.906 \times 4.00\text{kN/m}^2 \times 1.5\text{m} = 5.44\text{kN/m}$

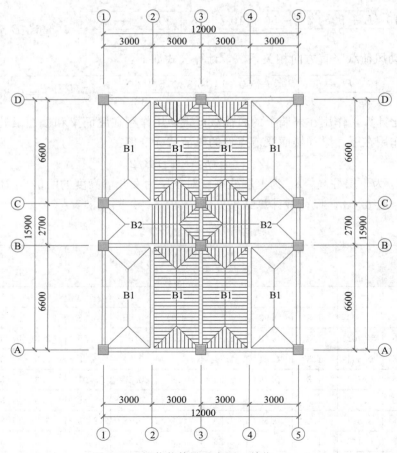

图 8-56 板荷载传导示意图（单位：mm）

（2）B2 板三角形荷载等效

$$q = \frac{5}{8}q'$$

屋面板：恒载：$q = \frac{5}{8}q' = \frac{5}{8} \times 6.82\text{kN/m}^2 \times 1.35\text{m} = 5.75\text{kN/m}$

活载：$q = \frac{5}{8}q' = \frac{5}{8} \times 2.00\text{kN/m}^2 \times 1.35\text{m} = 1.69\text{kN/m}$

楼面板：恒载：$q = \frac{5}{8}q' = \frac{5}{8} \times 4.40\text{kN/m}^2 \times 1.35\text{m} = 3.71\text{kN/m}$

活载：$q = \frac{5}{8}q' = \frac{5}{8} \times 4.00\text{kN/m}^2 \times 1.35\text{m} = 3.38\text{kN/m}$

2. 10 层梁柱

（1）恒载计算

① AB、CD 跨横向框架梁均布荷载

B1 屋面板	$2 \times 9.27\text{kN/m} = 18.54\text{kN/m}$
主梁自重	4.64kN/m
合计	23.18kN/m

② BC 跨横向框架梁均布荷载

B2 屋面板	$2 \times 5.75\text{kN/m} = 11.51\text{kN/m}$
主梁自重	4.64kN/m
合计	16.15kN/m

③ 纵向框架梁传给 A、D 处柱子的集中力

B1 屋面板→次梁→纵向框架梁→框架柱	$2 \times 6.82\text{kN/m}^2 \times 0.5 \times (3+6.6)\text{m} \times 1.5\text{m}/2 = 49.10\text{kN}$
B1 屋面板→纵向框架梁→框架柱	$2 \times 6.82\text{kN/m}^2 \times 3\text{m} \times 1.5\text{m}/2 = 30.69\text{kN}$
次梁→纵向框架梁→框架柱	$2 \times 3.85\text{kN/m} \times (6.6-0.3)\text{m}/4 = 12.13\text{kN}$
女儿墙＋纵向框架梁→框架柱	$(6.80+4.64)\text{kN/m} \times (6.0-0.6)\text{m} = 61.78\text{kN}$
合计	153.70kN

④ 纵向框架梁传给 B、C 处柱子的集中力

B1 屋面板→次梁→纵向框架梁→框架柱	$2 \times 6.82\text{kN/m}^2 \times 0.5 \times (3+6.6)\text{m} \times 1.5\text{m}/2 = 49.10\text{kN}$
B1 屋面板→纵向框架梁→框架柱	$2 \times 6.82\text{kN/m}^2 \times 3\text{m} \times 1.5\text{m}/2 = 30.69\text{kN}$
B2 屋面板→纵向框架梁→框架柱	$2 \times 6.82\text{kN/m}^2 \times (1.65+3)\text{m} \times 1.35\text{m}/2 = 42.81\text{kN}$
次梁→纵向框架梁→框架柱	$2 \times 3.85\text{kN/m} \times (6.6-0.3)\text{m}/4 = 12.13\text{kN}$
框架次梁→纵向框架梁	$4.64\text{kN/m} \times (6.0-0.6)\text{m} = 25.06\text{kN}$
合计	159.79kN

⑤ A、B、C、D柱

柱自重 $9.48kN/m \times (3.3-0.12)m = 30.15kN$

(2) 活载计算

① AB、CD 跨横向框架梁均布荷载

B1 屋面板 $2 \times 2.72kN/m = 5.44kN/m$

② BC 跨横向框架梁均布荷载

B2 屋面板 $2 \times 1.69kN/m = 3.38kN/m$

③ 纵向框架梁传给 A、D 处柱子的集中力

B1 屋面板→次梁→纵向框架梁→框架柱

$$2 \times 2.00kN/m^2 \times 0.5 \times (3+6.6)m \times 1.5m/2 = 14.40kN$$

B1 屋面板→纵向框架梁→框架柱 $2 \times 2.00kN/m^2 \times 3m \times 1.5m/2 = 9.00kN$

合计   23.40kN

④ 纵向框架梁传给 B、C 处柱子的集中力

B1 屋面板→次梁→纵向框架梁→框架柱

$$2 \times 2.00kN/m^2 \times 0.5 \times (3+6.6)m \times 1.5m/2 = 14.40kN$$

B1 屋面板→纵向框架梁→框架柱 $2 \times 2.00kN/m^2 \times 3m \times 1.5m/2 = 9.00kN$

B2 屋面板→纵向框架梁→框架柱

$$2 \times 2.00kN/m^2 \times (1.65+3)m \times 1.35m/2 = 12.56kN$$

合计   35.96kN

3. 1~9 层梁柱

(1) 恒载计算

① AB、CD 跨横向框架梁均布荷载

B1 屋面板 $2 \times 5.98kN/m = 11.96kN/m$

主梁自重   4.64kN/m

内横墙自重   7.34kN/m

合计   23.94kN/m

② BC 跨横向框架梁均布荷载

B2 屋面板 $2 \times 3.71kN/m = 7.42kN/m$

主梁自重   4.64kN/m

合计   12.06kN/m

③ 纵向框架梁传给 A、D 处柱子的集中力

B1 屋面板→次梁→纵向框架梁→框架柱

$$2 \times 4.40kN/m^2 \times 0.5 \times (3+6.6)m \times 1.5m/2 = 31.68kN$$

B1 屋面板→纵向框架梁→框架柱 $2 \times 4.40kN/m^2 \times 3m \times 1.5m/2 = 19.80kN$

次梁→纵向框架梁→框架柱 $2 \times 3.85kN/m \times (6.6-0.3)m/4 = 12.13kN$

外纵墙+纵向框架梁→框架柱 $(11.61+4.64)kN/m \times (6.6-0.6)m = 87.75kN$

合计   151.36kN

④ 纵向框架梁传给 B、C 处柱子的集中力

B1 屋面板→次梁→纵向框架梁→框架柱

$$2 \times 4.40 \text{kN/m}^2 \times 0.5 \times (3+6.6) \text{m} \times 1.5 \text{m}/2 = 31.68 \text{kN}$$

B1 屋面板→纵向框架梁→框架柱 $\quad 2 \times 4.40 \text{kN/m}^2 \times 3 \text{m} \times 1.5 \text{m}/2 = 19.80 \text{kN}$

B2 屋面板→纵向框架梁→框架柱

$$2 \times 4.40 \text{kN/m}^2 \times (1.65+3) \text{m} \times 1.35 \text{m}/2 = 27.62 \text{kN}$$

次梁→纵向框架梁→框架柱 $\quad 2 \times 3.85 \text{kN/m} \times (6.6-0.3) \text{m}/4 = 12.13 \text{kN}$

内纵墙+纵向框架梁→框架柱 $\quad (7.34+4.64) \text{kN/m} \times (6.0-0.6) \text{m} = 64.69 \text{kN}$

合计	155.92kN

⑤ A、B、C、D 柱

2~9 层柱自重： $\qquad\qquad 9.48 \text{kN/m} \times (3.3-0.12) \text{m} = 30.15 \text{kN}$

1 层柱自重： $\qquad\qquad 9.48 \text{kN/m} \times (3.6-0.12) \text{m} = 32.99 \text{kN}$

(2) 活载计算

① AB、CD 跨横向框架梁均布荷载

B1 屋面板： $\qquad\qquad\qquad 2 \times 5.44 \text{kN/m} = 10.88 \text{kN/m}$

② BC 跨横向框架梁均布荷载

B2 屋面板： $\qquad\qquad\qquad 2 \times 3.38 \text{kN/m} = 6.76 \text{kN/m}$

③ 纵向框架梁传给 A、D 处柱子的集中力

B1 屋面板→次梁→纵向框架梁→框架柱

$$2 \times 4.0 \text{kN/m}^2 \times 0.5 \times (3+6.6) \text{m} \times 1.5 \text{m}/2 = 28.80 \text{kN}$$

B1 屋面板→纵向框架梁→框架柱 $\quad 2 \times 4.0 \text{kN/m}^2 \times 3 \text{m} \times 1.5 \text{m}/2 = 18.00 \text{kN}$

合计	46.80kN

④ 纵向框架梁传给 B、C 处柱子的集中力

B1 屋面板→次梁→纵向框架梁→框架柱

$$2 \times 4.0 \text{kN/m}^2 \times 0.5 \times (3+6.6) \text{m} \times 1.5 \text{m}/2 = 28.80 \text{kN}$$

B1 屋面板→纵向框架梁→框架柱 $\quad 2 \times 4.0 \text{kN/m}^2 \times 3 \text{m} \times 1.5 \text{m}/2 = 18.00 \text{kN}$

B2 屋面板→纵向框架梁→框架柱

$$2 \times 4.0 \text{kN/m}^2 \times (1.65+3) \text{m} \times 1.35 \text{m}/2 = 25.11 \text{kN}$$

合计	71.91kN

综合上述各楼层计算结果，绘出结构竖向荷载总图如图 8-57 所示。

4. 嵌固端集中力

(1) A、D 处集中力： $\qquad (12.46+4.64) \text{kN/m} \times (6.0-0.6) \text{m} = 92.34 \text{kN}$

(2) B、C 处集中力： $\qquad (8.16+4.64) \text{kN/m} \times (6.0-0.6) \text{m} = 69.12 \text{kN}$

8.2.6 水平地震作用计算及侧移验算

1. 重力荷载标准值计算

(1) 各层柱自重标准值（表 8-63）

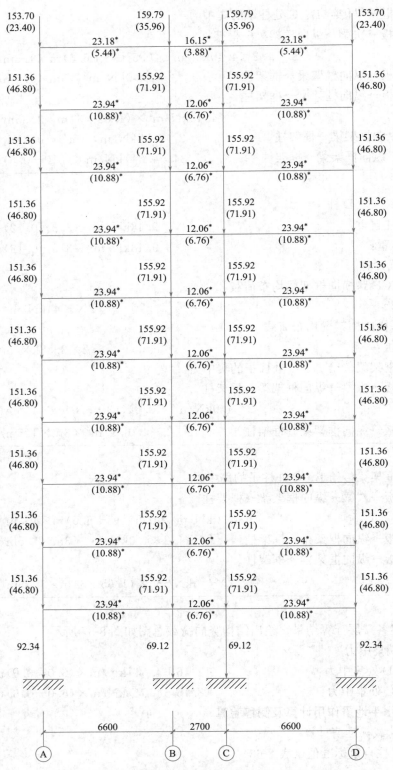

图 8-57　②轴框架结构竖向受荷总图（尺寸单位：mm）

注：图中带"＊"号的数字为均布荷载，计算单位为"kN/m"；不带"＊"号的为集中荷载，计算单位为"kN"。

238

层数	柱编号	截面宽 (mm)	截面高 (mm)	净高 (m)	g_k(kN/m)	数量	G_{ki}(kN)	$\sum G_i$(kN)
1	KZ1	600	600	3.48	9.48	40	1319.62	1335.28
	TZ1	300	300	3.48	2.25	2	15.66	
2~10	KZ1	600	600	3.18	9.48	40	1205.86	1220.17
	TZ1	300	300	3.18	2.25	2	14.31	
电梯机房以及 屋顶楼梯间	KZ1	600	600	3.18	9.48	8	241.17	241.17

（2）各层板自重荷载标准值（表 8-64）

① 1~9 层

楼面板面积：

$54.0m \times 15.9m - 2 \times [3m \times 6.6m（楼梯间）- 3m \times 2.2m（电梯井及管线井）] = 805.8m^2$

楼梯面积：$3.0m \times 6.6m \times 2 = 39.6m^2$

② 10 层

楼面板面积：$54.0m \times 15.9m - 2 \times [3m \times 6.6m（楼梯间）- 3m \times 2.2m（电梯井及管线井）] = 805.8m^2$

楼梯面积：$3.0m \times 6.6m \times 2 = 39.6m^2$

电梯机房及屋顶楼梯间屋面面积：$(6+6)m \times 6.6m = 72.9m^2$

考虑楼板为斜板，及楼梯地面做法比楼面重些，表中楼梯部分的 g_k 按楼面的 1.2 倍考虑。

层数		板面积(m^2)	g_k(kN/m^2)	G_{ki}(kN)	$\sum G_i$(kN)
1~9	楼面	805.80	4.40	3545.52	3754.61
	楼梯	39.60	5.28	209.09	
10	屋面	805.80	6.82	5495.56	5704.64
	楼梯	39.60	5.28	209.09	
电梯机房及屋顶楼梯间		72.00	6.82	497.18	497.18

（3）梁荷载标准值计算（表 8-65）

层数	梁编号	截面宽 (mm)	截面高 (mm)	净跨 (m)	g_k(kN/m)	数量	G_{ki}(kN)	$\sum G_i$(kN)
1~9	KL1	300	700	5.40	4.64	36	902.02	2034.43
	KL2	300	700	6.00	4.64	20	556.80	
		300	700	2.10	4.64	10	97.44	
	L1	300	600	6.30	3.85	18	436.59	
	L2	300	600	2.70	3.85	4	41.58	

层数	梁编号	截面宽(mm)	截面高(mm)	净跨(m)	g_k(kN/m)	数量	G_{ki}(kN)	$\sum G_i$(kN)
10	KL1	300	700	5.40	4.64	36	902.02	1992.85
	KL2	300	700	6.00	4.64	20	556.80	
		300	700	2.10	4.64	10	97.44	
	L1	300	600	6.30	3.85	18	436.59	
电梯机房及屋顶楼梯间	KL1	300	700	5.40	4.64	4	100.22	260.09
	KL2	300	700	6.00	4.64	4	111.36	
	L1	300	600	6.30	3.85	2	48.51	

（4）各层墙（外墙及固定内墙）自重标准值计算（表8-66）

墙重力荷载标准值 表8-66

层数	类型	墙高(m)	墙总长(m)	门窗洞面积(m²)	墙体面积(m²)	g_k(kN/m²)	G_{ki}(kN)	$\sum G_i$(kN)
1	砖外墙	2.90	121.8	74.88	278.34	5.62	1569.84	3291.69
	砖内墙	2.90	117.6	42.84	372.00	2.72	1011.84	
		3.00	24.6					
	钢筋混凝土墙	2.90	24.0	7.98	97.02	6.80	659.74	
		3.00	11.8					
	门窗						50.28	
2～9	砖外墙	2.60	121.8	66.60	250.08	5.62	1569.84	3249.19
	砖内墙	2.60	133.8	47.88	383.70	2.72	1043.66	
		2.70	31.0					
	钢筋混凝土墙	2.60	24.0	7.98	86.28	6.80	586.70	
		2.70	11.8					
	门窗						48.98	
10	女儿墙		121.8			6.80	828.24	828.24
	砖外墙	2.60	45.6	6.30	112.26	5.62	630.90	720.62
	砖内墙	2.70	13.2	4.20	31.44	2.72	85.52	
	门窗						4.20	

（5）各层（各质点）自重标准值计算

① 1层（墙＋梁＋板＋柱）

$$G_k = \frac{3291.69+3249.19}{2}kN + 2034.43kN + 3754.61kN + \frac{1335.28+1220.17}{2}kN$$

$$= 10337.21kN$$

② 2～9层（墙＋梁＋板＋柱）

$$G_k = 3249.19kN + 2034.43kN + 3754.61kN + 1220.17kN = 10258.40kN$$

③ 10 层（墙＋梁＋板＋柱）

$$G_k = \left(828.24kN + \frac{3249.19 + 720.62}{2}kN\right) + 1992.85kN + 5704.64kN + \frac{1220.17 + 241.17}{2}kN$$

$$= 11241.31kN$$

④ 电梯机房、屋顶楼梯间（墙＋梁＋板＋柱）

估算两部电梯及其他设备自重：200kN

$$G_k = 200kN + \frac{720.62}{2}kN + 260.09kN + 497.18kN + \frac{241.17}{2}kN = 1438.17kN$$

2. 重力荷载代表值计算

重力荷载代表值 G 取结构和构件自重标准值和各可变荷载组合值之和，各可变荷载组合值系数为：雪荷载 0.5，屋面活载 0.0，按等效均布荷载计算的其他民用建筑楼面活载 0.5。

（1）1 层

$$G_1 = 恒载 + 0.5 \times （楼板平面面积 + 楼梯面积）\times 活荷载标准值$$

$$= 10337.21kN + 0.5 \times （805.80 + 39.60）m^2 \times 4.0kN/m^2 = 12028.01kN$$

（2）2～9 层

$$G_{2\sim9} = 恒载 + 0.5 \times （楼板平面面积 + 楼梯面积）\times 活荷载标准值$$

$$= 10258.40kN + 0.5 \times （805.80 + 39.60）m^2 \times 4.0kN/m^2 = 11949.20kN$$

（3）10 层

$$G_{10} = 恒载 + 0.5 \times 楼梯面积 \times 活荷载标准值 + 0.5 \times 屋面面积 \times 雪荷载标准值 =$$

$$11241.31kN + 0.5 \times 39.60m^2 \times 4.0kN/m^2 + 0.5 \times 805.80m^2 \times 0.45kN/m^2 = 11501.82kN$$

（4）电梯机房及屋顶楼梯间

$$G_{11} = 恒载 + 0.5 \times 机房屋顶面积 \times 雪荷载标准值$$

$$= 1438.17kN + 0.5 \times 79.2m^2 \times 0.45kN/m^2 = 1455.99kN$$

集中于各楼层标高处的重力荷载代表值 G_i 计算图如图 8-58 所示。

3. 等效总重力荷载代表值计算

结构的总重力荷载代表值：$\sum G_i = 12028.01kN + 11949.20kN \times 8 + 11501.82kN + 1455.99kN = 120579.42kN$

结构等效重力荷载代表值：$G_{eq} = 0.85 \sum G_i = 0.85 \times 120579.42kN = 102492.50kN$

4. 横向框架侧移刚度计算

地震作用是根据受力构件的抗侧刚度来分配的，同时，若用顶点位移法求结构的自振周期，也需要用到结构的抗侧刚度。抗侧刚度计算公式如下：

$$D = \alpha_c \frac{12EI}{h^3} = \alpha_c \frac{12i_c}{h^2}$$

（1）中框架柱抗侧移刚度修正系数计算

① 2～10 层

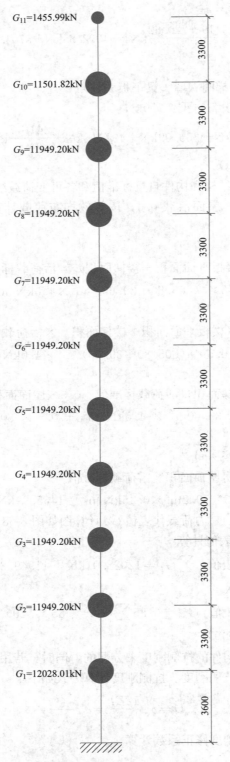

图 8-58　结构重力荷载代表值（尺寸单位：mm）

边柱：$\bar{i} = \dfrac{0.85 + 0.85}{2 \times 1.0} = 0.85$，$\alpha_c = \dfrac{\bar{i}}{2 + \bar{i}} = \dfrac{0.85}{2 + 0.85} = 0.298$

中柱：$\bar{i} = \dfrac{0.85 + 2.06 + 0.85 + 2.06}{2 \times 1.0} = 2.91$，$\alpha_c = \dfrac{\bar{i}}{2 + \bar{i}} = \dfrac{2.91}{2 + 2.91} = 0.593$

② 1 层

边柱：$\bar{i} = \dfrac{0.85}{0.92} = 0.92$，$\alpha_c = \dfrac{0.5 + \bar{i}}{2 + \bar{i}} = \dfrac{0.5 + 0.92}{2 + 0.92} = 0.487$

中柱：$\bar{i} = \dfrac{0.85 + 2.06}{0.92} = 3.16$，$\alpha_c = \dfrac{0.5 + \bar{i}}{2 + \bar{i}} = \dfrac{0.5 + 3.16}{2 + 3.16} = 0.709$

（2）边框架柱抗侧移刚度修正系数计算

① 2～10 层

边柱：$\bar{i} = \dfrac{0.60 + 0.60}{2 \times 1.0} = 0.60$，$\alpha_c = \dfrac{\bar{i}}{2 + \bar{i}} = \dfrac{0.60}{2 + 0.60} = 0.231$

中柱：$\bar{i} = \dfrac{0.60 + 1.46 + 0.60 + 1.46}{2 \times 1.0} = 2.06$，$\alpha_c = \dfrac{\bar{i}}{2 + \bar{i}} = \dfrac{2.06}{2 + 2.06} = 0.507$

② 1 层

边柱：$\bar{i} = \dfrac{0.60}{0.92} = 0.65$，$\alpha_c = \dfrac{0.5 + \bar{i}}{2 + \bar{i}} = \dfrac{0.5 + 0.65}{2 + 0.65} = 0.434$

中柱：$\bar{i} = \dfrac{0.42 + 0.94}{0.92} = 2.24$，$\alpha_c = \dfrac{0.5 + \bar{i}}{2 + \bar{i}} = \dfrac{0.5 + 2.24}{2 + 2.24} = 0.646$

（3）框架柱侧移刚度计算结果

计算结果详见表 8-67～表 8-69。

中框架柱侧移刚度 D 值   表 8-67

边柱						
层数	$\bar{i}$	α_c	$i_c(\times 10^5\,\text{kN}\cdot\text{m})$	$h\,(\text{m})$	$D_i(\times 10^5\,\text{kN/m})$	根数
2～10	0.85	0.298	1.063	3.3	0.349	16
1	0.92	0.487	0.975	3.6	0.440	16
中柱						
2～10	2.91	0.593	1.063	3.3	0.695	16
1	3.16	0.709	0.975	3.6	0.640	16
$\sum D_i(\times 10^5\,\text{kN/m})$						
2～10	16.699					
1	17.276					

边框架柱侧移刚度 D 值   表 8-68

边柱						
层数	$\bar{i}$	α_c	$i_c(\times 10^5\,\text{kN}\cdot\text{m})$	$h\,(\text{m})$	$D_i(\times 10^5\,\text{kN/m})$	根数
2～10	0.60	0.231	1.063	3.3	0.271	4
1	0.65	0.434	0.975	3.6	0.392	4

			中柱			
层数	$\bar{i}$	α_c	$i_c(\times10^5 \text{kN}\cdot\text{m})$	h(m)	$D_i(\times10^5\text{kN/m})$	根数
2~10	2.06	0.507	1.063	3.3	0.594	4
1	2.24	0.646	0.975	3.6	0.583	4
$\sum D_i(\times10^5\text{kN/m})$						
2~10	3.458					
1	3.900					

横向框架层间侧移刚度 表 8-69

层数	1	2~10
$\sum D_i(\times10^5\text{kN/m})$	21.276	20.157

5. 横向自振周期计算

(1) 把 G_{11} 折算到主体结构的顶层（图 8-58）

$$G_e = G_{11} \times \left(1 + \frac{3}{2} \times \frac{3.3\text{m}}{33.3\text{m}}\right) = 1455.99\text{kN} \times (1 + 0.149) = 1672.93\text{kN}$$

则第 10 层的 $G_{10e} = G_{10} + G_e = 11501.82\text{kN} + 1672.93\text{kN} = 13174.75\text{kN}$

(2) 结构顶点假想侧移计算

计算过程详见表 8-70。

结构顶点假想侧移计算 表 8-70

层数	G_i(kN)	V_{Gi}(kN)	$\sum D_i$(kN/m)	Δu_i(m)	u_T(m)
10	13174.75	13174.75	2015700	0.006536	0.329011
9	11949.20	25123.95	2015700	0.012464	0.322475
8	11949.20	37073.15	2015700	0.018392	0.310011
7	11949.20	49022.35	2015700	0.024320	0.291618
6	11949.20	60971.55	2015700	0.030248	0.267298
5	11949.20	72920.75	2015700	0.036176	0.237050
4	11949.20	84869.95	2015700	0.042104	0.200873
3	11949.20	96819.15	2015700	0.048033	0.158769
2	11949.20	108768.35	2015700	0.053961	0.110736
1	12028.01	120796.36	2127600	0.056776	0.056776

高层框架结构建筑整体稳定性应满足：$\sum D_i \geqslant 20\sum\limits_{j=i}^{n} G_j / h_i$。

以第 1 层为例验算：2127600kN/m ≥ 20 × 120796.36kN/3.6m = 671091kN/m，满足要求。其他层也如此验算均满足要求。重力二阶效应的影响可忽略不计。

由 $T_1 = 1.7\psi_T\sqrt{u_T}$ 计算基本周期，依据现行行业标准《高层建筑混凝土结构技术规程》JGJ 3 中 4.3.17 条规定，考虑非承重墙的刚度影响，对结构自振周期予以折减，取经验折减系数 $\psi_T = 0.7$。由表 8-70 得知 $u_T = 0.329$m。所以 $T_1 = 1.7 \times 0.7 \times \sqrt{0.329}$ s = 0.683s。

（3）刚重比验算

验算结果如表 8-71 所示，由表可知，所有层均满足 $\sum D_i \geqslant 20 \sum_{j=i}^{n} G_j / h_i$，内力计算都无需考虑重力二阶效应，所得的内力无需乘以增大系数。

楼面刚重比验算   表 8-71

层数	h_i(m)	$\sum D_i$(kN/m)	恒载(kN)	楼面面积(m²)	G_j(kN)	$20\sum_{j=i}^{n}G_j/h_i$(kN/m)
10	3.3	2015700	11241.31	845.40	19686.10	119310
9	3.3	2015700	10258.40	845.40	18408.32	230875
8	3.3	2015700	10258.40	845.40	18408.32	342441
7	3.3	2015700	10258.40	845.40	18408.32	454006
6	3.3	2015700	10258.40	845.40	18408.32	565572
5	3.3	2015700	10258.40	845.40	18408.32	677138
4	3.3	2015700	10258.40	845.40	18408.32	788703
3	3.3	2015700	10258.40	845.40	18408.32	900269
2	3.3	2015700	10258.40	845.40	18408.32	1011834
1	3.6	2127600	10337.21	845.40	18510.77	1030352

6. 水平地震作用及楼层地震剪力计算

（1）水平地震作用及楼层地震剪力计算

本设计抗震设防烈度为 7 度（0.15g），设计地震分组为第一组，建筑场地类别为 Ⅱ 类场地，依据现行国家标准《建筑抗震设计规范》GB 50011 中 5.1.4 条规定：水平地震影响系数最大值 $\alpha_{\max} = 0.12$，特征周期 $T_g = 0.35\text{s}$，取阻尼比 $\zeta = 0.05$。

$$T_1 = 0.683\text{s} > 1.4T_g = 1.4 \times 0.35\text{s} = 0.490\text{s}$$

故应考虑顶部附加地震作用。由表 2-18 算得，顶部附加地震作用系数为：

$$\delta_{10} = 0.08T_1 + 0.07 = 0.08 \times 0.683 + 0.07 = 0.125$$

结构总水平地震作用标准值：

$$F_{Ek} = \alpha_1 G_{eq} = 0.0657 \times 102492.50\text{kN} = 6733.76\text{kN}$$

$$\Delta F_{10} = \delta_{10} F_{Ek} = 0.125 \times 6733.76\text{kN} = 841.72\text{kN}$$

$$F_{Ek}(1 - \delta_{10}) = 6733.76\text{kN} \times (1 - 0.125) = 5892.04\text{kN}$$

（2）各质点水平地震作用的标准值

$$F_i = \frac{G_i H_i}{\sum\limits_{j=1}^{11} G_j H_j} F_{Ek}(1 - \delta_n) = 5892.04 \times \frac{G_i H_i}{\sum\limits_{j=1}^{11} G_j H_j}\text{kN}$$

列表计算及计算结果详见表 8-72 和图 8-59。

（3）剪重比验算

本结构基本自振周期 $T_1 = 0.683\text{s} < 3.5\text{s}$，且为 7 度（0.15g）抗震设防，由表 4-2 查得 $\lambda_0 = 0.024$；G_j 为第 j 层的重力荷载代表值。由表 8-72 可知，各层均满足 $V_i \geqslant \lambda \sum\limits_{j=1}^{n} G_j$ 的要求。

各质点横向水平多遇地震作用及楼层地震剪力计算表   表 8-72

层数	H_i (m)	G_i (kN)	$G_i \cdot H_i$ (kN·m)	$\dfrac{G_i \cdot H_i}{\sum\limits_{j=1}^{11} G_j \cdot H_j}$	F_i (kN)	V_i (kN)	$\lambda \sum\limits_{j=i}^{11} G_j$ (kN)
11	36.6	1455.99	53289.23	0.024	139.96	419.88	34.94
10	33.3	11501.82	383010.61	0.171	1847.70	1987.66	310.99
9	30	11949.20	358476.00	0.160	941.54	2929.20	597.77
8	26.7	11949.20	319043.64	0.142	837.97	3767.17	884.55
7	23.4	11949.20	279611.28	0.125	734.40	4501.57	1171.33
6	20.1	11949.20	240178.92	0.107	630.83	5132.40	1458.11
5	16.8	11949.20	200746.56	0.089	527.26	5659.66	1744.89
4	13.5	11949.20	161314.20	0.072	423.69	6083.35	2031.67
3	10.2	11949.20	121881.84	0.054	320.12	6403.48	2318.45
2	6.9	11949.20	82449.48	0.037	216.55	6620.03	2605.23
1	3.6	12028.01	43300.84	0.019	113.73	6733.76	2893.91
Σ		120579.42	2243302.60	1.000	6733.76		

注：1. $F_{10} = 1005.98\text{kN} + 841.72\text{kN} = 1847.70\text{kN}$。

    2. 考虑局部突出屋面部分的鞭梢效应，第 11 层的楼层剪力 $V_{11} = 3 \times 139.96\text{kN} = 419.88\text{kN}$。

    3. 鞭梢效应增大的部分不往下传，故表中计算各楼层剪力时仍采用原值。

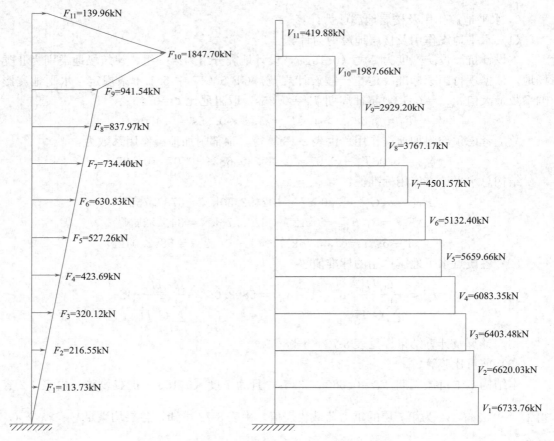

图 8-59   水平地震作用分布、层间剪力分布

7. 水平地震作用下的位移验算

水平多遇地震作用下框架结构的层间位移 Δu_i 和顶点位移 u_i 分别由公式（4-1）和（4-2）计算得到。详细计算过程见表8-73。由表8-73可知，最大弹性层间位移角 θ_e 发生在第2层，其层间位移角的值为 $1/1005 < [\theta_e] = 1/550$，$[\theta_e]$ 为钢筋混凝土框架弹性层间位移角限值，误差不超过5%，故可以认为层间位移角限值满足要求。

横向水平多遇地震作用下的弹性位移验算 表 8-73

层数	V_i (kN)	$\sum D_i$ (kN/m)	Δu_i (m)	u_i (m)	h_i (m)	$\theta_e = \Delta u_i / h_i$
10	1987.66	2015700	0.000986	0.024539	3.3	1/3347
9	2929.20	2015700	0.001453	0.023553	3.3	1/2271
8	3767.17	2015700	0.001869	0.022100	3.3	1/1766
7	4501.57	2015700	0.002233	0.020231	3.3	1/1478
6	5132.40	2015700	0.002546	0.017998	3.3	1/1296
5	5659.66	2015700	0.002808	0.015452	3.3	1/1175
4	6083.35	2015700	0.003018	0.012644	3.3	1/1093
3	6403.48	2015700	0.003177	0.009626	3.3	1/1039
2	6620.03	2015700	0.003284	0.006449	3.3	1/1005
1	6733.76	2127600	0.003165	0.003165	3.6	1/1137

8. 水平地震作用下的框架内力计算

对②轴横向框架进行内力计算。框架在水平节点荷载作用下，采用 D 值法分析内力。

（1）计算依据

横向水平地震作用下，②轴框架边柱柱端弯矩和剪力计算结果见表8-74，中柱柱端弯矩和剪力计算结果见表8-75。并根据表8-74及表8-75计算出横向水平地震作用下的框架梁的弯矩 M、剪力 V 及柱的轴力 N（表8-76，表8-77）。由此绘出 M 图、V 图、N 图，详见图8-60、图8-61、图8-62。

横向水平地震作用下②轴框架各层边柱柱端弯矩及剪力计算表 表 8-74

层数	h_i (m)	V_i (kN)	$\sum D_i$ (kN/m)	D_{ij} (kN/m)	V_{ij} (kN)	$\bar{i}$	ν	M_{ij}^b (kN·m)	M_{ij}^u (kN·m)
边柱									
10	3.3	1987.66	2015700	34900	34.41	0.85	0.33	37.48	76.09
9	3.3	2929.20	2015700	34900	50.72	0.85	0.4	66.95	100.42
8	3.3	3767.17	2015700	34900	65.23	0.85	0.45	96.86	118.38
7	3.3	4501.57	2015700	34900	77.94	0.85	0.45	115.74	141.46
6	3.3	5132.40	2015700	34900	88.86	0.85	0.45	131.96	161.29
5	3.3	5659.66	2015700	34900	97.99	0.85	0.45	145.52	177.86
4	3.3	6083.35	2015700	34900	105.33	0.85	0.45	156.41	191.17
3	3.3	6403.48	2015700	34900	110.87	0.85	0.5	182.94	182.94

层数	h_i(m)	V_i(kN)	$\sum D_i$ (kN/m)	D_{ij} (kN/m)	V_{ij} (kN)	$\bar{i}$	ν	M_{ij}^b (kN·m)	M_{ij}^u (kN·m)
			边柱						
2	3.3	6620.03	2015700	34900	114.62	0.85	0.5	189.12	189.12
1	3.6	6733.76	2127600	44000	139.26	0.92	0.64	320.85	180.48

横向水平地震作用下②轴框架各层中柱柱端弯矩及剪力计算表 　　　表 8-75

层数	h_i(m)	V_i(kN)	$\sum D_i$ (kN/m)	D_{ij} (kN/m)	V_{ij} (kN)	$\bar{i}$	ν	M_{ij}^b (kN·m)	M_{ij}^u (kN·m)
			中柱						
10	3.3	1987.66	2015700	69500	68.53	2.91	0.45	101.77	124.39
9	3.3	2929.20	2015700	69500	101.00	2.91	0.45	149.98	183.31
8	3.3	3767.17	2015700	69500	129.89	2.91	0.5	214.32	214.32
7	3.3	4501.57	2015700	69500	155.21	2.91	0.5	256.10	256.10
6	3.3	5132.40	2015700	69500	176.96	2.91	0.5	291.99	291.99
5	3.3	5659.66	2015700	69500	195.14	2.91	0.5	321.98	321.98
4	3.3	6083.35	2015700	69500	209.75	2.91	0.5	346.09	346.09
3	3.3	6403.48	2015700	69500	220.79	2.91	0.5	364.30	364.30
2	3.3	6620.03	2015700	69500	228.25	2.91	0.5	376.62	376.62
1	3.6	6733.76	2127600	64000	202.56	3.16	0.55	401.06	328.14

横向水平地震作用下②轴框架各层梁端弯矩、剪力计算表 　　　表 8-76

层数	柱端待分配弯矩之和 (kN·m)	CD跨（AB跨与CD跨对称）					BC跨		
		M^l (kN·m)	M^r (kN·m)	V_b (kN)	$\dfrac{i_r}{i_l+i_r}$	$\dfrac{i_r}{i_l+i_r}$	M^l (kN·m)	M^r (kN·m)	V_b (kN)
10	124.39	76.09	36.32	17.03	0.292	0.708	88.07	88.07	65.23
9	285.08	137.90	83.24	33.51	0.292	0.708	201.84	201.84	149.51
8	364.30	185.33	106.38	44.20	0.292	0.708	257.92	257.92	191.05
7	470.42	238.32	137.36	56.92	0.292	0.708	333.05	333.05	246.71
6	548.09	277.03	160.04	66.22	0.292	0.708	388.04	388.04	287.44
5	613.97	309.82	179.28	74.11	0.292	0.708	434.69	434.69	321.99
4	668.07	336.69	195.08	80.57	0.292	0.708	472.99	472.99	350.37
3	710.39	339.35	207.43	82.85	0.292	0.708	502.95	502.95	372.56
2	740.92	372.06	216.35	89.15	0.292	0.708	524.57	524.57	388.57
1	704.76	369.60	205.79	87.18	0.292	0.708	498.97	498.97	369.61

层数	CD、AB 跨梁端剪力 V_b(kN)	BC 跨梁端剪力 V_b(kN)	边柱轴力 N(kN)	中柱轴力 N(kN)
10	17.03	65.23	−17.03	−48.20
9	33.51	149.51	−50.54	−164.21
8	44.20	191.05	−94.74	−311.06
7	56.92	246.71	−151.66	−500.85
6	66.22	287.44	−217.88	−722.07
5	74.11	321.99	−291.99	−969.95
4	80.57	350.37	−372.56	−1239.75
3	82.85	372.56	−455.40	−1529.46
2	89.15	388.57	−544.55	−1828.88
1	87.18	369.61	−631.73	−2111.31

注：表中柱轴力的负号表示拉力，当为左震作用时，D柱和C柱受拉力，B柱和A柱受压力。

8.2.7 风荷载作用下的位移验算及内力验算

1. 风荷载作用下的位移验算

如前所述，计算风荷载产生的内力与变形时，要像 8.1 节多层框架结构的设计例题一样，先要将计算单元墙面的风荷载换算成框架节点上等效的水平集中荷载。本例题未将计算过程列出。风荷载作用下的层间剪力及侧移计算结果见表 8-78。由表 8-78 可知，最大弹性层间位移角发生在 2 层，其值为 $1/8882 < [\theta_e] = 1/550$，$[\theta_e]$ 为钢筋混凝土框架弹性层间位移角限值。所有层间位移角均满足限值要求。将表 8-78 与表 8-73 进行比较后可知，对于本例，地震作用产生的侧移远大于风荷载产生的侧移。本例题的结构设计由地震作用控制。

2. 风荷载作用下的内力计算

根据各楼层剪力及柱的抗侧刚度可求得分配至各框架柱的剪力，根据与地震作用下内力分析相同的方法可求得框架的内力。在风荷载作用下，②轴框架边柱柱端弯矩和剪力计算结果见表 8-79，中柱柱端弯矩和剪力计算结果见表 8-80。并根据表 8-79 及表 8-80 计算出风荷载作用下的框架梁的弯矩 M、剪力 V 及柱的轴力 N（表 8-81，表 8-82）。由此绘出 M 图、V 图、N 图，详见图 8-63、图 8-64、图 8-65。

8.2.8 迭代法计算竖向荷载作用下框架结构内力

竖向荷载作用下，框架结构的侧移量很小，按不考虑侧移的迭代法进行结构内力分析。考虑内力组合的需要，分别对恒载作用、活载作用于 AB 跨、活载作用于 BC 跨、活载作用于 CD 跨，并受重力荷载代表值作用的框架内力进行分析。

根据本设计的实际情况，迭代法的计算按以下步骤实施。

1. 恒载作用下的内力分析

（1）屋面固端弯矩

$$\overline{M}_{DC} = -\frac{1}{12}ql^2 = -\frac{1}{12} \times 23.18\text{kN/m} \times (6.6\text{m})^2 = -84.14\text{kN} \cdot \text{m}$$

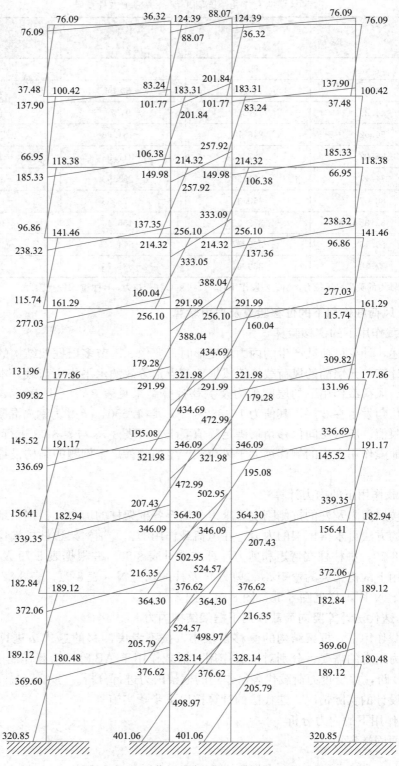

图 8-60　左震作用下弯矩图（单位：kN·m）

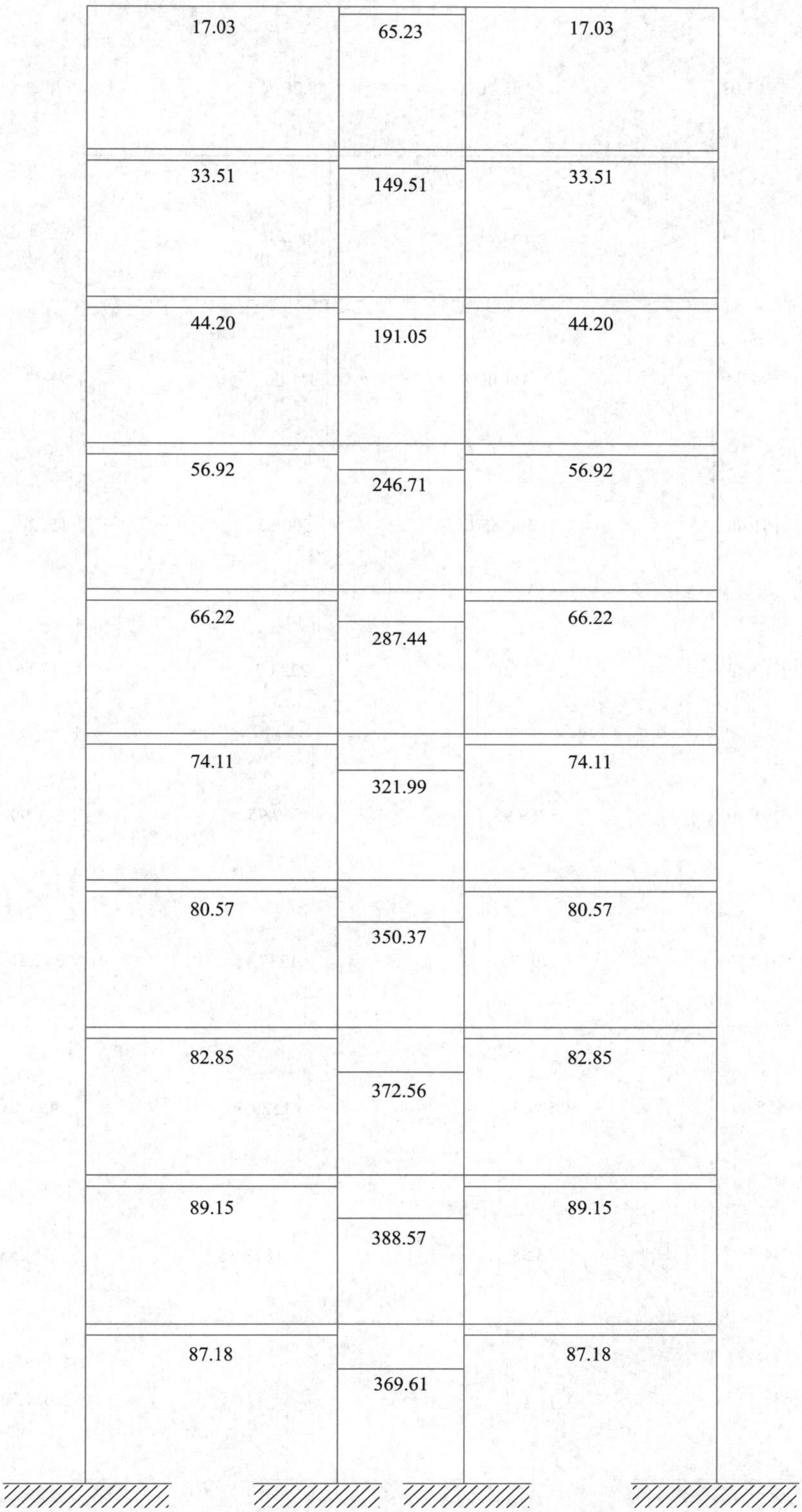

17.03	65.23	17.03
33.51	149.51	33.51
44.20	191.05	44.20
56.92	246.71	56.92
66.22	287.44	66.22
74.11	321.99	74.11
80.57	350.37	80.57
82.85	372.56	82.85
89.15	388.57	89.15
87.18	369.61	87.18

图 8-61　左震作用下剪力图（单位：kN）

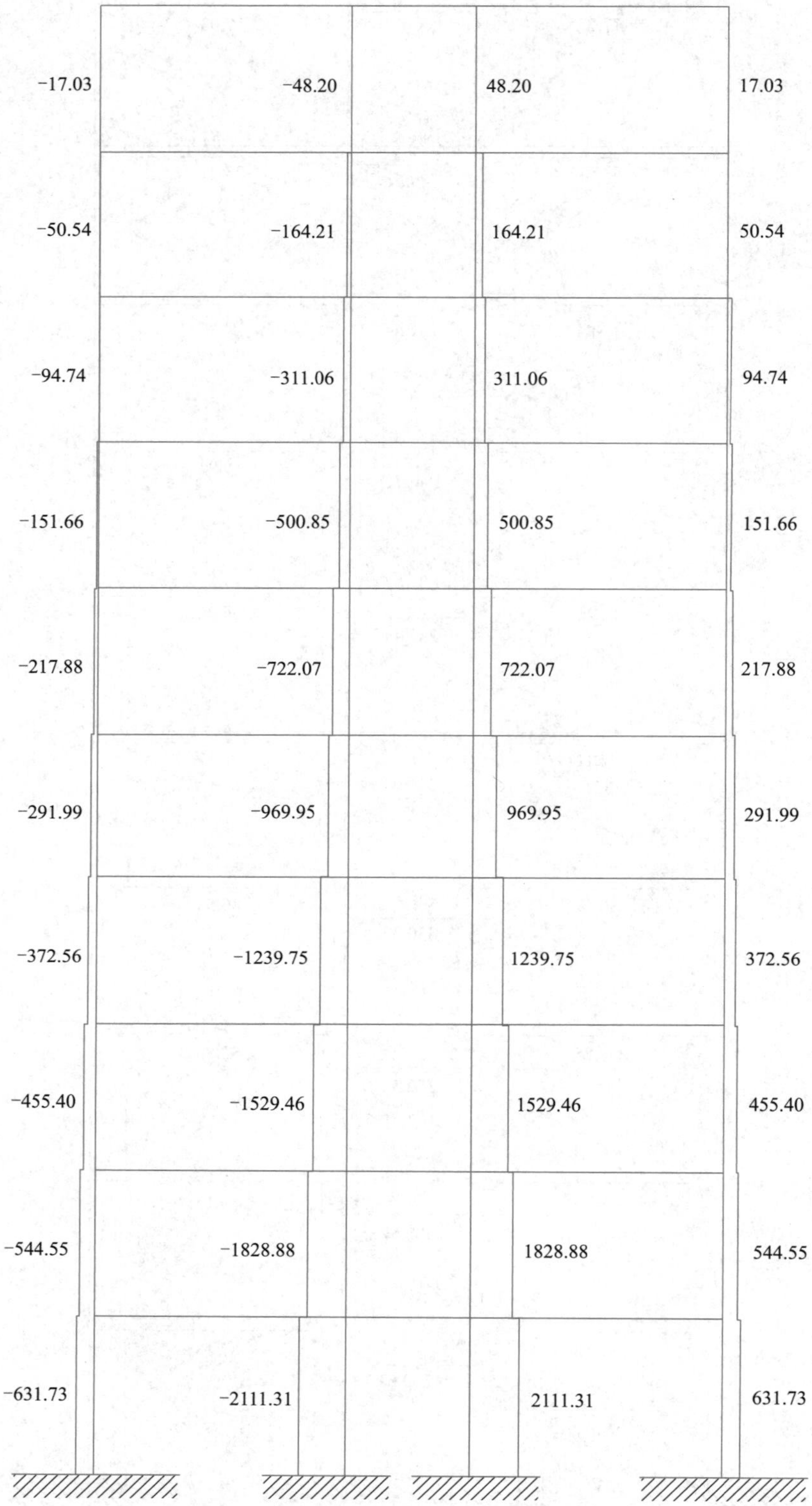

图 8-62　左震作用下轴力图（单位：kN）

层数	F_k(kN)	V_i(kN)	D_i(D、A) (kN/m)	D_i(C、B) (kN/m)	$\sum D_i$ (kN/m)	Δu_i(m)	u_T(m)	h_i(m)	$\theta_c=\Delta u_i/h_i$
10	11.05	11.05	34900	69500	208800	0.000053	0.002478	3.3	1/62357
9	11.70	22.75	34900	69500	208800	0.000109	0.002425	3.3	1/30287
8	10.67	33.42	34900	69500	208800	0.000160	0.002316	3.3	1/20618
7	9.92	43.34	34900	69500	208800	0.000208	0.002156	3.3	1/15898
6	8.43	51.77	34900	69500	208800	0.000248	0.001948	3.3	1/13310
5	7.54	59.31	34900	69500	208800	0.000284	0.001700	3.3	1/11618
4	6.60	65.91	34900	69500	208800	0.000316	0.001416	3.3	1/10454
3	6.09	72.00	34900	69500	208800	0.000345	0.001101	3.3	1/9570
2	5.58	77.58	34900	69500	208800	0.000372	0.000756	3.3	1/8882
1	5.42	83.00	44000	64000	216000	0.000384	0.000384	3.6	1/9369

风荷载作用下②轴框架各层边柱柱端弯矩及剪力计算表   表 8-79

	边柱								
层数	h_i(m)	V_i(kN)	$\sum D_i$ (kN/m)	D_{ij} (kN/m)	V_{ij} (kN)	$\bar{i}$	ν	M_{ij}^b (kN·m)	M_{ij}^u (kN·m)
10	3.3	11.05	208800	34900	1.85	0.85	0.33	2.01	4.08
9	3.3	22.75	208800	34900	3.80	0.85	0.4	5.02	7.53
8	3.3	33.42	208800	34900	5.59	0.85	0.45	8.30	10.14
7	3.3	43.34	208800	34900	7.24	0.85	0.45	10.76	13.15
6	3.3	51.77	208800	34900	8.65	0.85	0.45	12.85	15.71
5	3.3	59.31	208800	34900	9.91	0.85	0.45	14.72	17.99
4	3.3	65.91	208800	34900	11.02	0.85	0.45	16.36	20.00
3	3.3	72.00	208800	34900	12.03	0.85	0.5	19.86	19.86
2	3.3	77.58	208800	34900	12.97	0.85	0.5	21.40	21.40
1	3.6	83.00	216000	44000	16.91	0.92	0.64	38.95	21.91

风荷载作用下②轴框架各层中柱柱端弯矩及剪力计算表   表 8-80

	中柱								
层数	h_i(m)	V_i(kN)	$\sum D_i$ (kN/m)	D_{ij} (kN/m)	V_{ij} (kN)	$\bar{i}$	ν	M_{ij}^b (kN·m)	M_{ij}^u (kN·m)
10	3.3	11.05	208800	69500	3.68	2.91	0.45	5.46	6.68
9	3.3	22.75	208800	69500	7.57	2.91	0.45	11.25	13.74
8	3.3	33.42	208800	69500	11.12	2.91	0.5	18.35	18.35
7	3.3	43.34	208800	69500	14.43	2.91	0.5	23.80	23.80
6	3.3	51.77	208800	69500	17.23	2.91	0.5	28.43	28.43

层数	h_i(m)	V_i(kN)	$\sum D_i$ (kN/m)	D_{ij} (kN/m)	V_{ij} (kN)	$\bar{i}$	ν	M_{ij}^b (kN·m)	M_{ij}^u (kN·m)
				中柱					
5	3.3	59.31	208800	69500	19.74	2.91	0.5	32.57	32.57
4	3.3	65.91	208800	69500	21.94	2.91	0.5	36.20	36.20
3	3.3	72.00	208800	69500	23.97	2.91	0.5	39.54	39.54
2	3.3	77.58	208800	69500	25.82	2.91	0.5	42.61	42.61
1	3.6	83.00	216000	64000	24.59	3.16	0.55	48.69	39.84

风荷载作用下②轴框架各层梁端弯矩、剪力计算表   表 8-81

层数	柱端待分配弯矩之和 (kN·m)	M^l (kN·m)	M^r (kN·m)	V_b (kN)	$\dfrac{i_r}{i_l+i_r}$	$\dfrac{i_r}{i_l+i_r}$	M^l (kN·m)	M^r (kN·m)	V_b (kN)
		CD跨(AB跨与CD跨对称)				BC跨			
10	6.68	4.08	1.95	0.91	0.292	0.708	4.73	4.73	3.50
9	19.21	9.54	5.61	2.30	0.292	0.708	13.60	13.60	10.07
8	29.60	15.16	8.65	3.61	0.292	0.708	20.95	20.95	15.52
7	42.16	21.44	12.31	5.11	0.292	0.708	29.84	29.84	22.11
6	52.24	26.46	15.26	6.32	0.292	0.708	36.98	36.98	27.39
5	61.01	30.84	17.82	7.37	0.292	0.708	43.19	43.19	31.99
4	68.77	34.72	20.09	8.30	0.292	0.708	48.68	48.68	36.06
3	75.74	36.22	22.12	8.84	0.292	0.708	53.62	53.62	39.72
2	82.15	41.25	24.00	9.89	0.292	0.708	58.15	58.15	43.08
1	82.45	43.31	24.08	10.21	0.292	0.708	58.37	58.37	43.23

风荷载作用下②轴框架各层柱轴力计算表   表 8-82

层数	CD、AB跨梁端剪力 V_b(kN)	BC跨梁端剪力 V_b(kN)	边柱轴力 N(kN)	中柱轴力 N(kN)
10	0.91	3.50	−0.91	−2.59
9	2.30	10.07	−3.21	−10.36
8	3.61	15.52	−6.82	−22.28
7	5.11	22.11	−11.93	−39.27
6	6.32	27.39	−18.25	−60.34
5	7.37	31.99	−25.63	−84.95
4	8.30	36.06	−33.93	−112.71
3	8.84	39.72	−42.77	−143.59
2	9.89	43.08	−52.65	−176.78
1	10.21	43.23	−62.87	−209.80

注：表中柱轴力的负号表示拉力，当为左震作用时，D柱和C柱受到拉力，B柱和A柱受到压力。

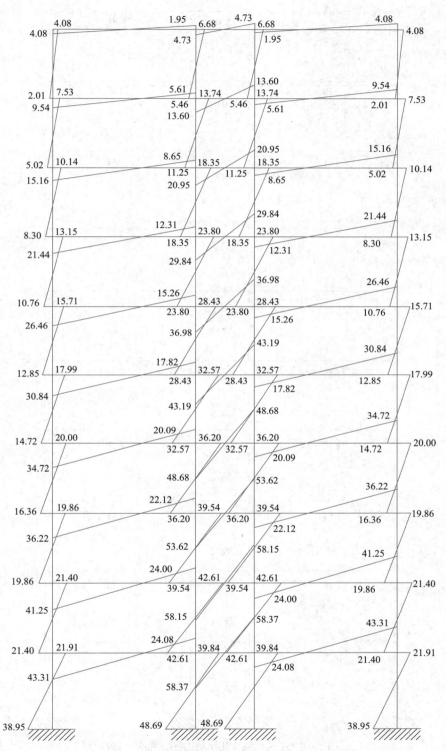

图 8-63 左风荷载作用下弯矩图（单位：kN•m）

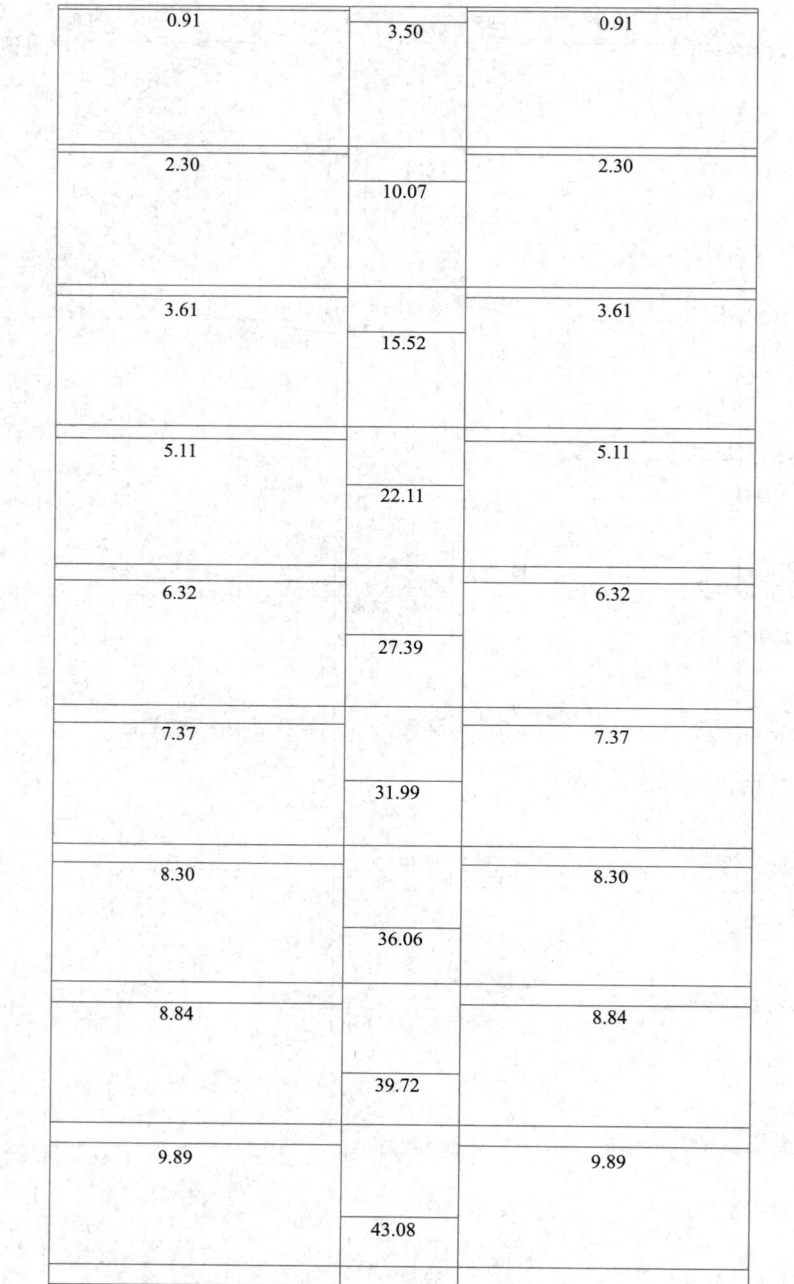

图 8-64　左风荷载作用下剪力图（单位：kN）

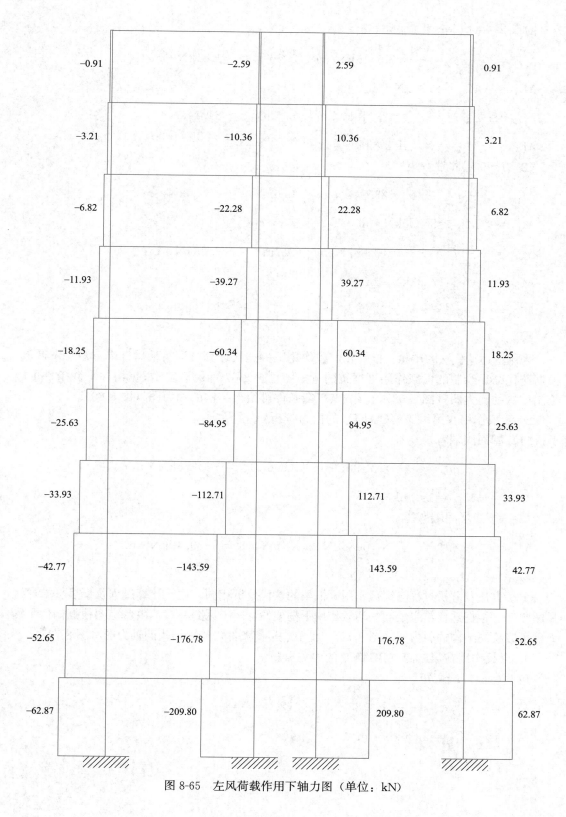

图 8-65　左风荷载作用下轴力图（单位：kN）

$\overline{M}_{CD} = -\overline{M}_{DC} = 84.14 \text{kN} \cdot \text{m}$

$\overline{M}_{CB} = -\dfrac{1}{12}ql^2 = -\dfrac{1}{12} \times 16.15 \text{kN/m} \times (2.7\text{m})^2 = -9.81 \text{kN} \cdot \text{m}$

$\overline{M}_{BC} = -\overline{M}_{CB} = 9.81 \text{kN} \cdot \text{m}$

$\overline{M}_{BA} = -\dfrac{1}{12}ql^2 = -\dfrac{1}{12} \times 23.18 \text{kN/m} \times (6.6\text{m})^2 = -84.14 \text{kN} \cdot \text{m}$

$\overline{M}_{AB} = -\overline{M}_{BA} = 84.14 \text{kN} \cdot \text{m}$

（2）1～9 层固端弯矩

$\overline{M}_{DC} = -\dfrac{1}{12}ql^2 = -\dfrac{1}{12} \times 23.94 \text{kN/m} \times (6.6\text{m})^2 = -86.90 \text{kN} \cdot \text{m}$

$\overline{M}_{CD} = -\overline{M}_{DC} = 86.90 \text{kN} \cdot \text{m}$

$\overline{M}_{CB} = -\dfrac{1}{12}ql^2 = -\dfrac{1}{12} \times 12.06 \text{kN/m} \times (2.7\text{m})^2 = -7.33 \text{kN} \cdot \text{m}$

$\overline{M}_{BC} = -\overline{M}_{CB} = 7.33 \text{kN} \cdot \text{m}$

$\overline{M}_{BA} = -\dfrac{1}{12}ql^2 = -\dfrac{1}{12} \times 23.94 \text{kN/m} \times (6.6\text{m})^2 = -86.90 \text{kN} \cdot \text{m}$

$\overline{M}_{AB} = -\overline{M}_{BA} = 86.90 \text{kN} \cdot \text{m}$

采用上述迭代法的步骤，框架在恒载作用下的迭代计算过程及最后杆端弯矩见图 8-66。根据迭代结果绘制的恒载作用下框架的弯矩图见图 8-67，由弯矩图根据构件平衡条件可以绘制结构的剪力图（图 8-68），由节点平衡条件可绘出结构的轴力图（图 8-69）。

2. 活载作用在第一跨（CD 跨）的内力分析

（1）屋面固端弯矩

$\overline{M}_{DC} = -\dfrac{1}{12}ql^2 = -\dfrac{1}{12} \times 5.44 \text{kN/m} \times (6.6\text{m})^2 = -19.75 \text{kN} \cdot \text{m}$

$\overline{M}_{CD} = -\overline{M}_{DC} = 19.75 \text{kN} \cdot \text{m}$

（2）1～9 层固端弯矩

$\overline{M}_{DC} = -\dfrac{1}{12}ql^2 = -\dfrac{1}{12} \times 10.88 \text{kN/m} \times (6.6\text{m})^2 = -39.49 \text{kN} \cdot \text{m}$

$\overline{M}_{CD} = -\overline{M}_{DC} = 39.49 \text{kN} \cdot \text{m}$

分析方法及分析过程与恒载作用下框架的迭代分析相同。迭代计算过程及最后杆端弯矩见图 8-70。根据迭代结果绘制的活载作用下框架的弯矩图见图 8-71，由弯矩图根据构件平衡条件可以绘制结构的剪力图（图 8-72），由节点平衡条件可绘出结构的轴力图（图 8-73）。

3. 活载作用在第二跨（BC 跨）的内力分析

（1）屋面固端弯矩

$\overline{M}_{CB} = -\dfrac{1}{12}ql^2 = -\dfrac{1}{12} \times 3.88 \text{kN/m} \times (2.7\text{m})^2 = -2.36 \text{kN} \cdot \text{m}$

$\overline{M}_{BC} = -\overline{M}_{CB} = 2.36 \text{kN} \cdot \text{m}$

图 8-66　恒载作用下的迭代计算及最后的杆端弯矩

259

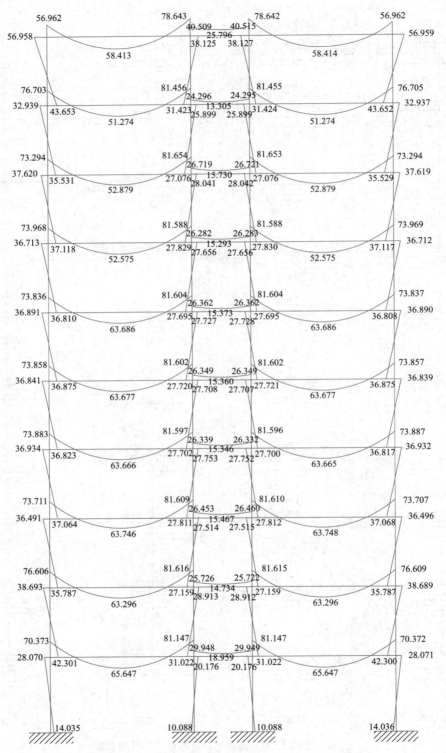

图 8-67　恒载作用下的弯矩图（单位：kN·m）

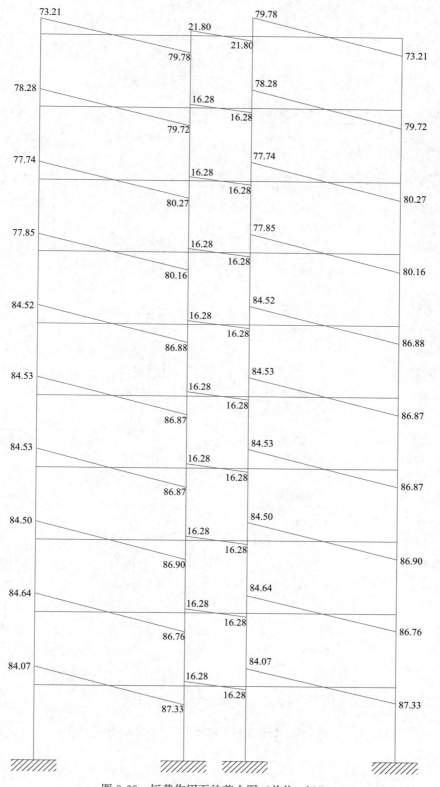

图 8-68　恒载作用下的剪力图（单位：kN）

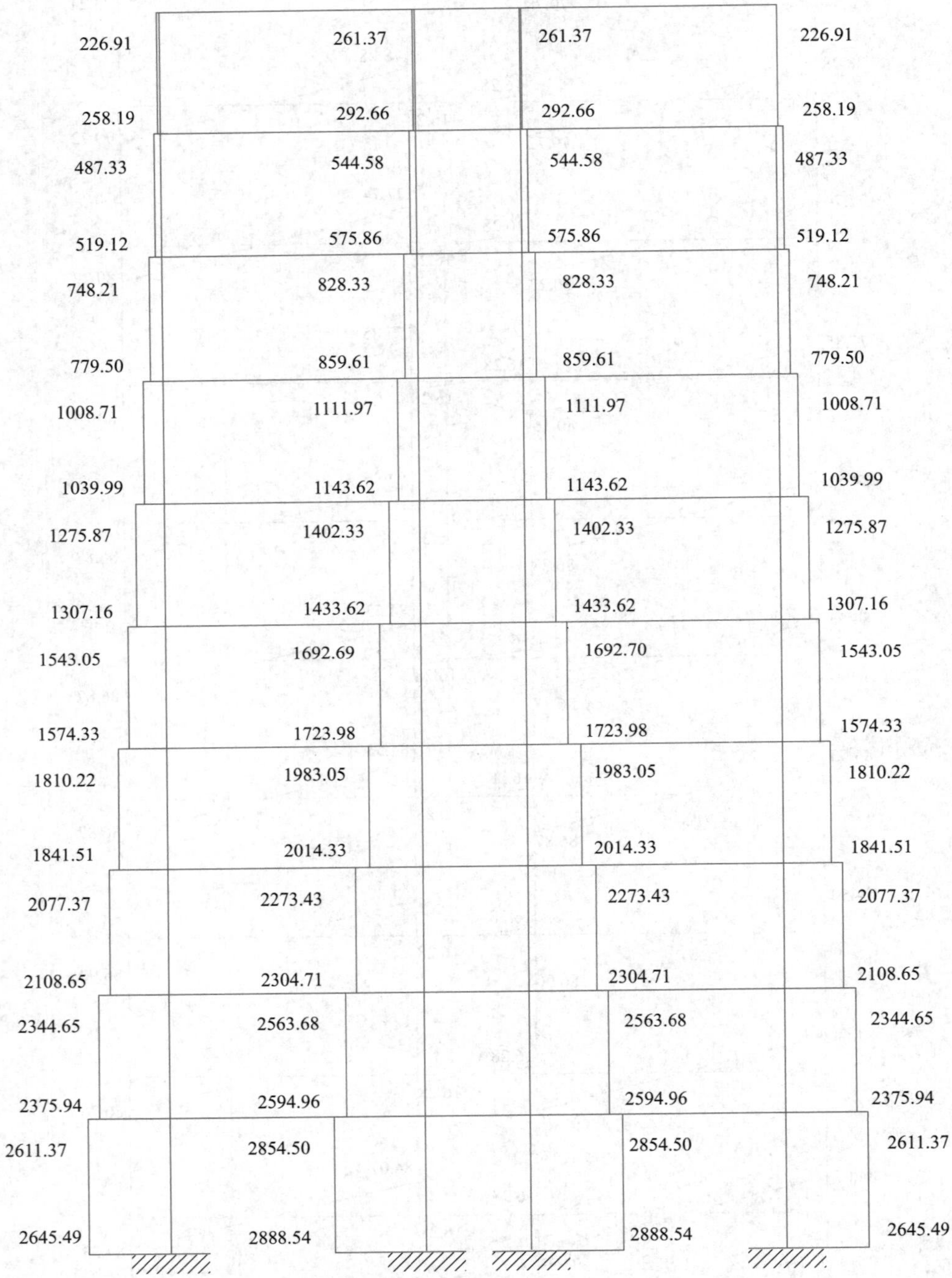

226.91	261.37	261.37	226.91
258.19	292.66	292.66	258.19
487.33	544.58	544.58	487.33
519.12	575.86	575.86	519.12
748.21	828.33	828.33	748.21
779.50	859.61	859.61	779.50
1008.71	1111.97	1111.97	1008.71
1039.99	1143.62	1143.62	1039.99
1275.87	1402.33	1402.33	1275.87
1307.16	1433.62	1433.62	1307.16
1543.05	1692.69	1692.70	1543.05
1574.33	1723.98	1723.98	1574.33
1810.22	1983.05	1983.05	1810.22
1841.51	2014.33	2014.33	1841.51
2077.37	2273.43	2273.43	2077.37
2108.65	2304.71	2304.71	2108.65
2344.65	2563.68	2563.68	2344.65
2375.94	2594.96	2594.96	2375.94
2611.37	2854.50	2854.50	2611.37
2645.49	2888.54	2888.54	2645.49

图 8-69　恒载作用下的轴力图（单位：kN）

图 8-70　活载作用在 CD 跨的迭代计算及最后的杆端弯矩

263

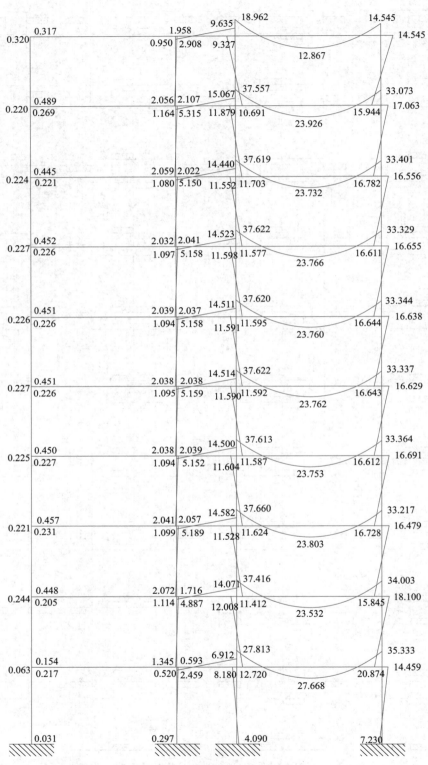

图 8-71　活载作用在 CD 跨下的弯矩图（单位：kN·m）

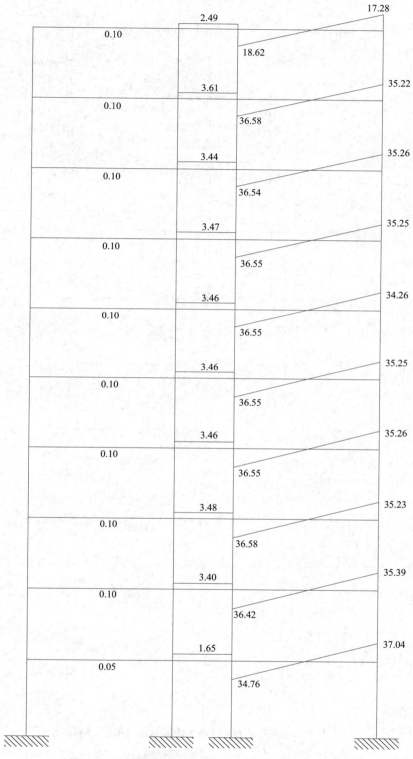

图 8-72 活载作用在 CD 跨下的剪力图（单位：kN）

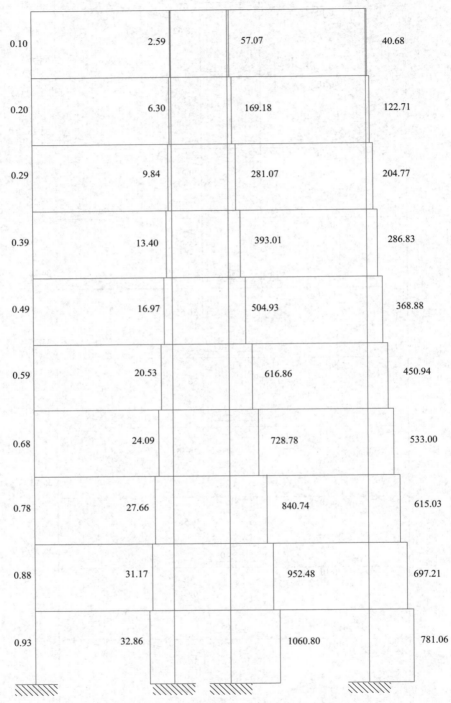

0.10	2.59	57.07	40.68
0.20	6.30	169.18	122.71
0.29	9.84	281.07	204.77
0.39	13.40	393.01	286.83
0.49	16.97	504.93	368.88
0.59	20.53	616.86	450.94
0.68	24.09	728.78	533.00
0.78	27.66	840.74	615.03
0.88	31.17	952.48	697.21
0.93	32.86	1060.80	781.06

图 8-73　活载作用在 CD 跨下的轴力图（单位：kN）

（2）1～9层固端弯矩

$$\overline{M}_{CB} = -\frac{1}{12}ql^2 = -\frac{1}{12} \times 6.76 \text{kN/m} \times (2.7\text{m})^2 = -4.11\text{kN} \cdot \text{m}$$

$$\overline{M}_{BC} = -\overline{M}_{CB} = 4.11\text{kN} \cdot \text{m}$$

分析方法及分析过程与恒载作用下框架的迭代分析相同。迭代计算过程及最后杆端弯矩见图8-74。根据迭代结果绘制的活载作用下框架的弯矩图见图8-75，由弯矩图根据构件平衡条件可以绘制结构的剪力图（图8-76），由节点平衡条件可绘出结构的轴力图（图8-77）。

4. 活载作用在第三跨（AB跨）的内力分析

（1）屋面固端弯矩

$$\overline{M}_{BA} = -\frac{1}{12}ql^2 = -\frac{1}{12} \times 5.44 \text{kN/m} \times (6.6\text{m})^2 = -19.75\text{kN} \cdot \text{m}$$

$$\overline{M}_{AB} = -\overline{M}_{BA} = 19.75\text{kN} \cdot \text{m}$$

（2）1～9层固端弯矩

$$\overline{M}_{BA} = -\frac{1}{12}ql^2 = -\frac{1}{12} \times 10.88 \text{kN/m} \times (6.6\text{m})^2 = -39.49\text{kN} \cdot \text{m}$$

$$\overline{M}_{AB} = -\overline{M}_{BA} = 39.49\text{kN} \cdot \text{m}$$

分析方法及分析过程与恒载作用下框架的迭代分析相同。迭代计算过程及最后杆端弯矩见图8-78。根据迭代结果绘制的活载作用下框架的弯矩图见图8-79，由弯矩图根据构件平衡条件可以绘制结构的剪力图（图8-80），由节点平衡条件可绘出结构的轴力图（图8-81）。

5. 重力荷载代表值作用下的内力分析

此时重力荷载代表值作用的位置与受载总图一致，其数值要经计算。重力荷载代表值的取值为：

标准层：$G_{Ei} =$ 恒载 $+0.5$ 楼面活载

屋面层：$G_{Ei} =$ 恒载 $+0.5$ 屋面雪载

重力荷载代表值作用下的框架结构的受载总图与恒载或活载下的受载总图类似。以下分别计算各荷载大小。

（1）屋面：

AB跨：$g_k = 23.18 \text{kN/m} + 0.5 \times \frac{5.44}{2} \text{kN/m} \times 0.45 = 23.79 \text{kN/m}$

BC跨：$g_k = 16.15 \text{kN/m} + 0.5 \times \frac{3.88}{2} \text{kN/m} \times 0.45 = 16.59 \text{kN/m}$

CD跨：$g_k = 23.18 \text{kN/m} + 0.5 \times \frac{5.44}{2} \text{kN/m} \times 0.45 = 23.79 \text{kN/m}$

（2）楼面：

AB跨：$g_k = 23.94 \text{kN/m} + 0.5 \times 10.88 \text{kN/m} = 29.38 \text{kN/m}$

BC跨：$g_k = 12.06 \text{kN/m} + 0.5 \times 6.76 \text{kN/m} = 15.44 \text{kN/m}$

CD跨：$g_k = 23.94 \text{kN/m} + 0.5 \times 10.88 \text{kN/m} = 29.38 \text{kN/m}$

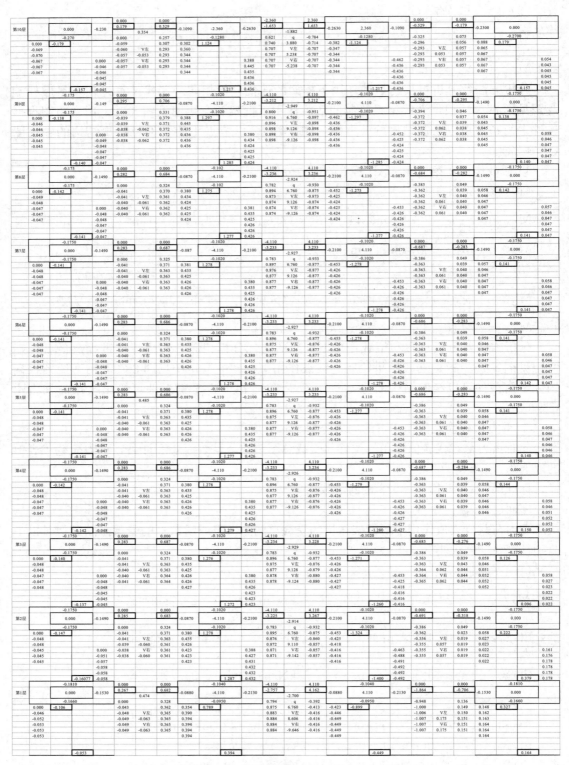

图 8-74　活载作用在 BC 跨的迭代计算及最后的杆端弯矩

268

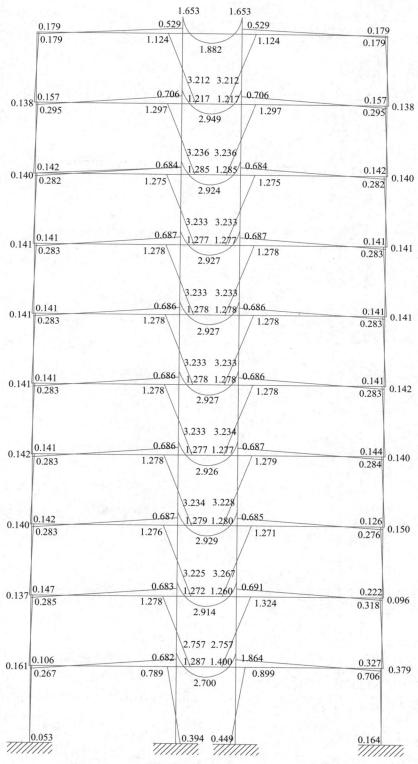

图 8-75 活载作用在 BC 跨的弯矩图（单位：kN·m）

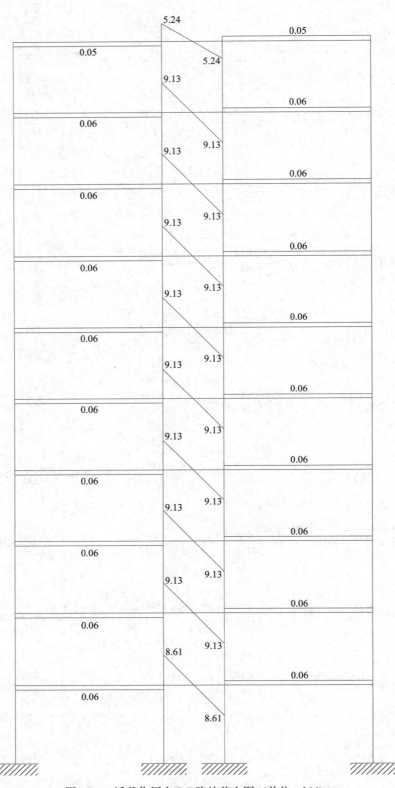

图 8-76　活载作用在 BC 跨的剪力图（单位：kN）

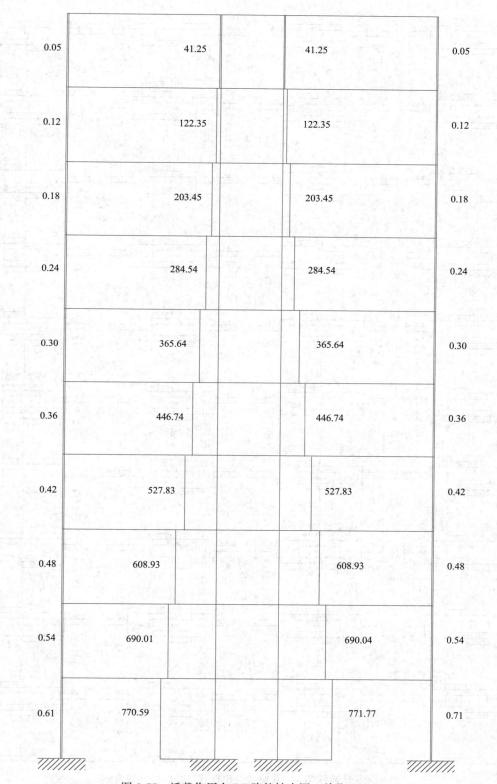

图 8-77　活载作用在 BC 跨的轴力图（单位：kN）

图 8-78　活载作用在 AB 跨的迭代计算及最后的杆端弯矩

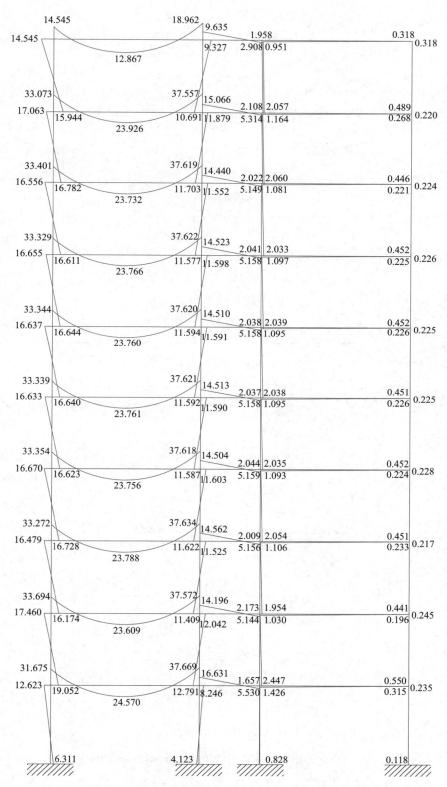

图 8-79 活载作用在 AB 跨的弯矩图（单位：kN·m）

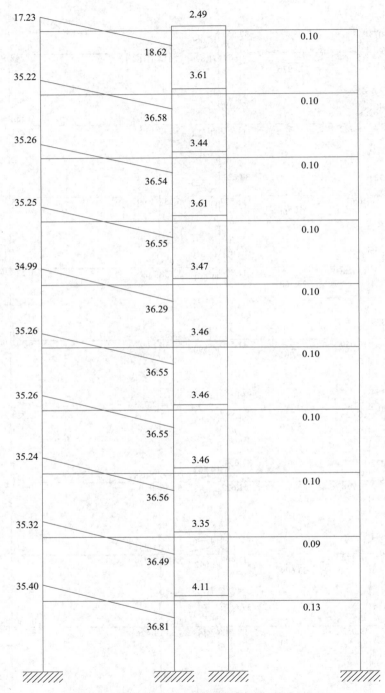

17.23

2.49

0.10

18.62

35.22

3.61

0.10

36.58

35.26

3.44

0.10

36.54

35.25

3.61

0.10

36.55

34.99

3.47

0.10

36.29

35.26

3.46

0.10

36.55

35.26

3.46

0.10

36.55

35.24

3.46

0.10

36.56

35.32

3.35

0.09

36.49

35.40

4.11

0.13

36.81

图 8-80　活载作用在 AB 跨的剪力图（单位：kN）

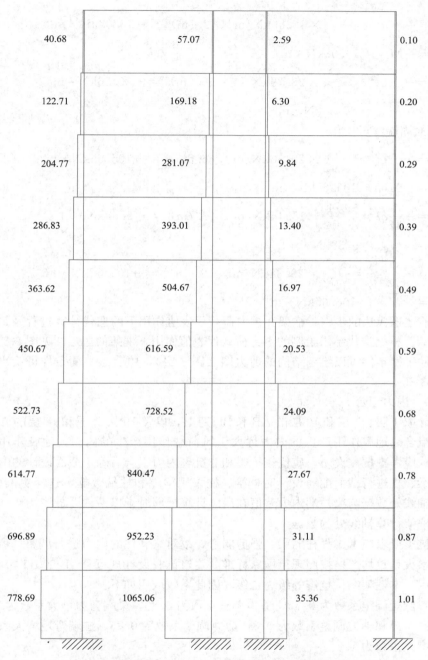

40.68	57.07	2.59	0.10
122.71	169.18	6.30	0.20
204.77	281.07	9.84	0.29
286.83	393.01	13.40	0.39
363.62	504.67	16.97	0.49
450.67	616.59	20.53	0.59
522.73	728.52	24.09	0.68
614.77	840.47	27.67	0.78
696.89	952.23	31.11	0.87
778.69	1065.06	35.36	1.01

图 8-81 活载作用在 AB 跨的轴力图（单位：kN）

（3）固端弯矩：

① 屋面固端弯矩

$$\overline{M}_{DC} = -\frac{1}{12}ql^2 = -\frac{1}{12} \times 23.79\text{kN/m} \times (6.6\text{m})^2 = -86.36\text{kN} \cdot \text{m}$$

$$\overline{M}_{CD} = -\overline{M}_{DC} = 86.36\text{kN} \cdot \text{m}$$

$$\overline{M}_{CB} = -\frac{1}{12}ql^2 = -\frac{1}{12} \times 16.59 \text{kN/m} \times (2.7\text{m})^2 = -10.08 \text{kN} \cdot \text{m}$$

$$\overline{M}_{BC} = -\overline{M}_{CB} = 10.08 \text{kN} \cdot \text{m}$$

$$\overline{M}_{BA} = -\frac{1}{12}ql^2 = -\frac{1}{12} \times 23.79 \text{kN/m} \times (6.6\text{m})^2 = -86.36 \text{kN} \cdot \text{m}$$

$$\overline{M}_{AB} = -\overline{M}_{BA} = 86.36 \text{kN} \cdot \text{m}$$

② 楼面固端弯矩

$$\overline{M}_{DC} = -\frac{1}{12}ql^2 = -\frac{1}{12} \times 29.38 \text{kN/m} \times (6.6\text{m})^2 = -106.65 \text{kN} \cdot \text{m}$$

$$\overline{M}_{CD} = -\overline{M}_{DC} = 106.65 \text{kN} \cdot \text{m}$$

$$\overline{M}_{CB} = -\frac{1}{12}ql^2 = -\frac{1}{12} \times 15.44 \text{kN/m} \times (2.7\text{m})^2 = -9.38 \text{kN} \cdot \text{m}$$

$$\overline{M}_{BC} = -\overline{M}_{CB} = 9.38 \text{kN} \cdot \text{m}$$

$$\overline{M}_{BA} = -\frac{1}{12}ql^2 = -\frac{1}{12} \times 29.38 \text{kN/m} \times (6.6\text{m})^2 = -106.65 \text{kN} \cdot \text{m}$$

$$\overline{M}_{AB} = -\overline{M}_{BA} = 106.65 \text{kN} \cdot \text{m}$$

采用前述迭代法的步骤,框架在重力荷载代表值作用下的迭代计算过程及最后杆端弯矩见图 8-82。根据迭代结果绘制的重力荷载代表值作用下框架的弯矩图见图 8-83,由弯矩图根据构件平衡条件可以绘制结构的剪力图(图 8-84),由节点平衡条件可绘出结构的轴力图(图 8-85)。

8.2.9 内力组合

本设计取 1 层、5 层和 10 层的 AB 和 BD 跨梁,以及 1 层、5 层和 10 层的 A 柱和 B 柱进行内力组合。地震作用产生的内力远大于风荷载作用产生的内力,地震作用起控制作用。本结构应考虑抗震设防,应比较抗震和非抗震内力组合后确定截面设计的内力依据。

在对梁、柱进行截面配筋设计时,梁、柱采用梁端和柱端数据,这样更准确和经济;框架计算轴线处数据与梁柱端内力差值在后续计算配筋时予以考虑,故内力组合的基础数据均采用框架计算轴线处的数据。

由于抗震要求应考虑强柱弱梁、强剪弱弯,故对梁和柱的内力进行调整,所有抗震调整系数及增大系数均严格按照现行国家标准《建筑抗震设计规范》GB 50011 5.4 节和 6.2 节要求取用。本框架结构抗震等级为二级,因此系数取用如下:

对梁:弯矩调整系数为 0.75,剪力调整系数为 0.85,梁端剪力增大系数为 1.2;

对柱:弯矩和轴力调整系数为 0.8,剪力调整系数为 0.85,柱端弯矩增大系数为 1.5,柱端剪力增大系数为 1.2。

用于承载力计算的框架梁考虑地震作用效应与其他荷载效应的基本组合表见表 8-83。由于抗震要求应考虑强剪弱弯,故梁的剪力应考虑框架抗震等级进行调整。用于承载力计算的框架柱考虑地震作用效应与其他荷载效应的基本组合表分别见表 8-84、表 8-85。由于有抗震设计的要求,柱端弯矩除考虑一般组合外,还要考虑强柱弱梁的作用,对柱端弯矩组合之和的计算应考虑在相应梁端弯矩组合之和的基础上作相应的调整(二级抗震,增大系数为 1.5),然后再按柱端线刚度的比例分配给各柱端,得到柱端弯矩的组合值,组合值计算见表 8-86。

图 8-82　重力荷载代表值作用下的迭代计算及最后的杆端弯矩

277

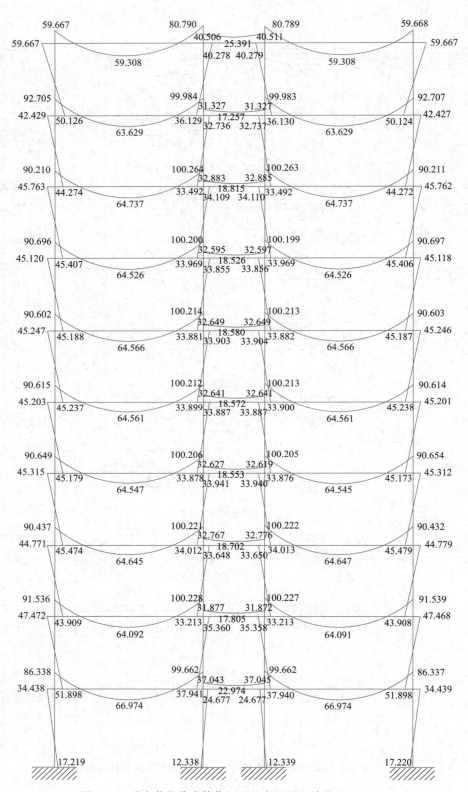

图 8-83　重力荷载代表值作用下的弯矩图（单位：kN·m）

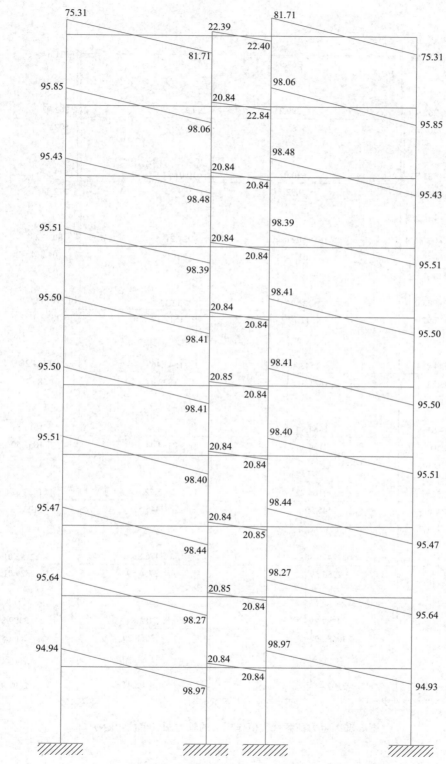

图 8-84　重力荷载代表值作用下的剪力图（单位：kN）

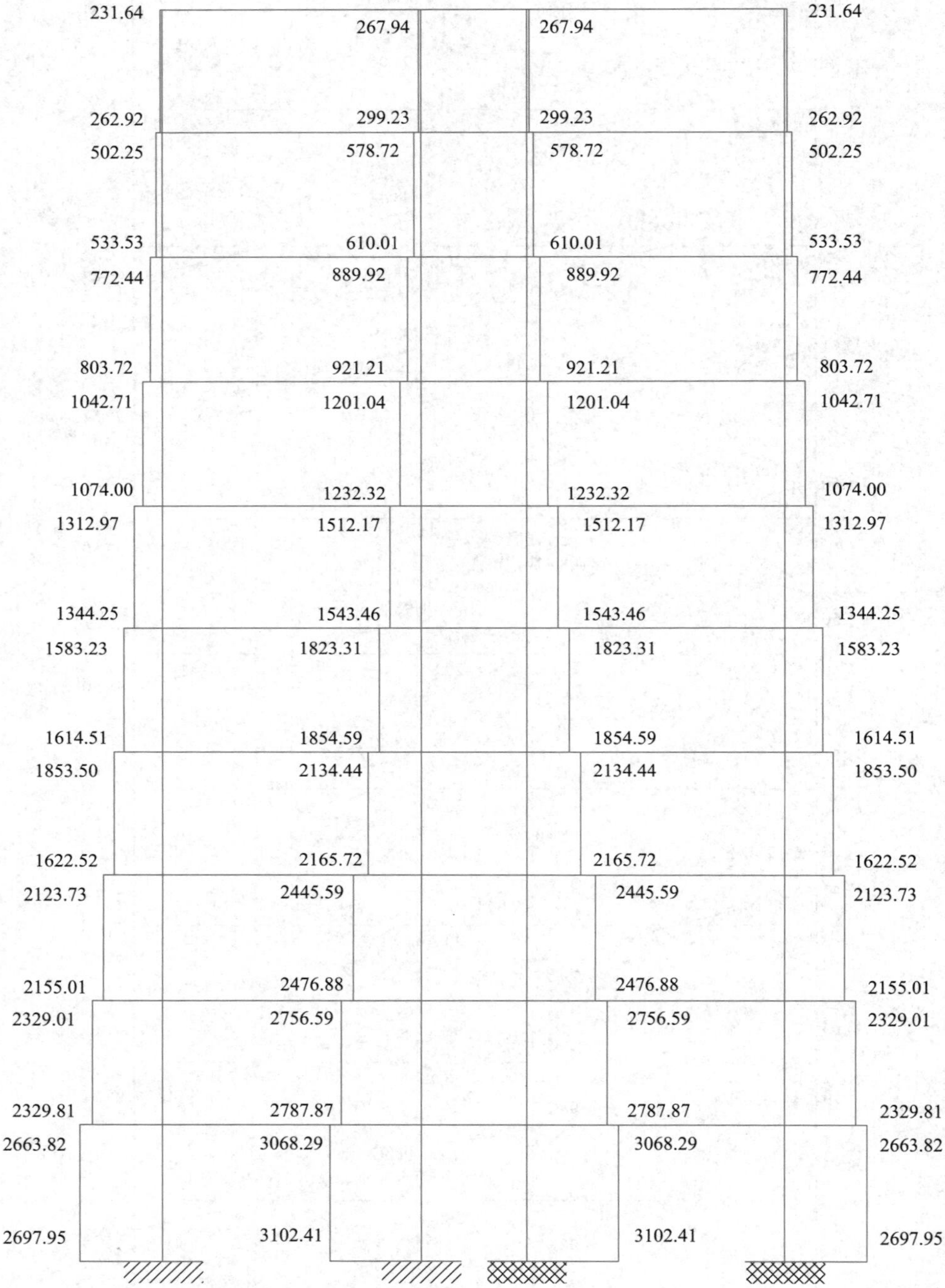

231.64		267.94		267.94		231.64
262.92		299.23		299.23		262.92
502.25		578.72		578.72		502.25
533.53		610.01		610.01		533.53
772.44		889.92		889.92		772.44
803.72		921.21		921.21		803.72
1042.71		1201.04		1201.04		1042.71
1074.00		1232.32		1232.32		1074.00
1312.97		1512.17		1512.17		1312.97
1344.25		1543.46		1543.46		1344.25
1583.23		1823.31		1823.31		1583.23
1614.51		1854.59		1854.59		1614.51
1853.50		2134.44		2134.44		1853.50
1622.52		2165.72		2165.72		1622.52
2123.73		2445.59		2445.59		2123.73
2155.01		2476.88		2476.88		2155.01
2329.01		2756.59		2756.59		2329.01
2329.81		2787.87		2787.87		2329.81
2663.82		3068.29		3068.29		2663.82
2697.95		3102.41		3102.41		2697.95

图 8-85　重力荷载代表值作用下的轴力图（单位：kN）

用于承载力计算的框架梁 AB 和 BC 考虑地震效应的基本组合表

表 8-83

梁号	截面	内力	① 重力荷载代表值	水平地震作用 ② 左震	③ 右震	M_{max} 及相应的 V 组合项目	组合值	左 M_{min} 及相应的 V 组合项目	$\eta_{vb}\dfrac{M^l+M^r}{L_n}$	组合值	右 M_{min} 及相应的 V 组合项目	$\eta_{vb}\dfrac{M^l+M^r}{L_n}$	组合值
10-AB	左	M	-59.67	76.09	-76.09	γ_{RE} (1.0①+1.3②)	29.44	γ_{RE} (1.2①+1.3③)		-127.89	γ_{RE} (1.0①+1.3②)		29.44
		V	75.31	—	—	(1.0①+1.3②)	36.90	(1.2①+1.3③)	23.82	97.06			
	中	M	59.31	19.89	-19.89	γ_{RE} (1.2①+1.3②)	72.77						
		V		—	—	(1.2①+1.3②)	—						
	右	M	-80.79	-36.32	36.32	γ_{RE} (1.0①+1.3②)	-25.18	γ_{RE} (1.0①+1.3③)		-25.18	γ_{RE} (1.2①+1.3②)		-108.12
		V	-81.71	—	—	(1.0①+1.3②)	-49.21				(1.2①+1.3②)	-31.90	-110.46
10-BC	左	M	-40.51	88.07	-88.07	γ_{RE} (1.2①+1.3③)	55.49	γ_{RE} (1.2①+1.3③)		-122.33	γ_{RE} (1.0①+1.3②)		55.49
		V	22.39	—	—	(1.2①+1.3③)	-25.75	(1.2①+1.3③)	52.69	67.62			
	中	M	25.39	0.00	0.00	γ_{RE} (1.2①+1.3③)	22.85						
		V		—	—								
	右	M	-40.51	-88.07	88.07	γ_{RE} (1.0①+1.3③)	55.49	γ_{RE} (1.0①+1.3③)		55.49	γ_{RE} (1.2①+1.3②)		-122.33
		V	-22.40	—	—	(1.0①+1.3③)	25.74				(1.2①+1.3②)	-52.69	-67.63
5-AB	左	M	-90.62	309.82	-309.82	γ_{RE} (1.2①+1.3②)	234.11	γ_{RE} (1.2①+1.3③)		-383.63	γ_{RE} (1.0①+1.3②)		234.11
		V	95.50	—	—	(1.2①+1.3②)	-17.20	(1.2①+1.3③)	112.06	192.66			
	中	M	64.56	65.27	-65.27	γ_{RE} (1.0①+1.3②)	121.74						
		V		—	—								
	右	M	-100.21	-179.28	179.28	γ_{RE} (1.0①+1.3②)	99.64	γ_{RE} (1.0①+1.3③)		99.64	γ_{RE} (1.2①+1.3②)		-264.99
		V	-98.41	—	—	(1.0①+1.3②)	11.61				(1.2①+1.3②)	-115.73	-198.75
5-BC	左	M	-32.46	434.69	-434.69	γ_{RE} (1.2①+1.3②)	399.48	γ_{RE} (1.0①+1.3③)		-453.04	γ_{RE} (1.0①+1.3②)		399.48
		V	-20.84	—	—	(1.2①+1.3②)	-232.46	(1.0①+1.3③)	252.56	193.42			
	中	M	18.57	0.00	0.00	γ_{RE} (1.0①+1.3③)	16.71						
		V		—	—								
	右	M	-32.64	-434.69	434.69	γ_{RE} (1.2①+1.3②)	399.34	γ_{RE} (1.0①+1.3③)		399.34	γ_{RE} (1.2①+1.3②)		-453.20
		V	-20.84	—	—	(1.2①+1.3②)	196.96				(1.2①+1.3②)	-252.64	-236.00

梁号	截面	内力	① 重力荷载代表值	水平地震作用 ② 左震	水平地震作用 ③ 右震	M_{max} 及相应的 V 组合项目	M_{max} 及相应的 V 组合值	左 M_{min} 及相应的 V 组合项目	左 M_{min} 及相应的 V 组合值	$\eta_{vb}\dfrac{(M^l+M^r)}{L_n}$	组合值	右 M_{max} 及相应的 V 组合项目	右 M_{max} 及相应的 V 组合值	$\eta_{vb}\dfrac{(M^l+M^r)}{L_n}$	组合值
1-AB	左	M	-86.34	369.60	-369.60	γ_{RE} (1.0①+1.3②)	295.61	γ_{RE} (1.2①+1.3③)	-438.07			γ_{RE} (1.0①+1.3②)	295.61		
		V	94.94	—	—	(1.2①+1.3②)	-34.79			130.77	208.00				
	中	M	66.97	81.91	-81.91	γ_{RE} (1.2①+1.3③)	140.13								
		V	—	—	—		—								
	右	M	-99.66	-205.79	205.79	γ_{RE} (1.0①+1.3③)	125.90	γ_{RE} (1.0①+1.3③)	125.90			γ_{RE} (1.0①+1.3②)	-290.34		
		V	-98.97	—	—	γ_{RE} (1.0①+1.3②)	27.03							-135.87	-216.44
1-BC	左	M	-37.40	498.97	-498.97	γ_{RE} (1.2①+1.3③)	458.45	γ_{RE} (1.2①+1.3③)	-520.16			γ_{RE} (1.0①+1.3②)	458.45		
		V	20.84	0.00	0.00	γ_{RE} (1.0①+1.3③)	-228.67			290.03	267.79				
	中	M	22.97	—	—		20.67								
		V	—	—	—		—								
	右	M	-37.05	-498.97	498.97	γ_{RE} (1.2①+1.3③)	458.71	γ_{RE} (1.0①+1.3③)	458.71			γ_{RE} (1.2①+1.3②)	-519.84		
		V	-20.84	—	—	γ_{RE} (1.0①+1.3③)	228.81							-289.86	-267.64

梁号	截面	内力	重力荷载代表值 ①	水平地震作用 ② 左	水平地震作用 ③ 右	左 $|V|_{max}$ 及相应的 M 组合项目	组合值	$\eta_{vb}\dfrac{(M^l+M^r)}{L_n}$	右 $|V|_{max}$ 及相应的 M 组合项目	组合值	$\eta_{vb}\dfrac{(M^l+M^r)}{L_n}$
10-AB	左	M	-59.67	76.09	-76.09	γ_{RE} (1.2①+1.3③)	-127.89		γ_{RE} (1.0①+1.3②)	29.44	
		V	75.31	—	—		97.06	23.82			
	中	M	59.31	19.89	-19.89						
		V	—	—	—						
	右	M	-80.79	-36.32	36.32	γ_{RE} (1.0①+1.3③)	-25.18		γ_{RE} (1.0①+1.3②)	-108.12	-31.90
		V	-81.71	—	—			-31.90	γ_{RE} (1.2①+1.3②)	-110.46	

梁号	截面	内力	重力荷载代表值①	水平地震作用 ②左	水平地震作用 ③右	左 $\lvert V\rvert_{max}$ 及相应的M 组合项目	左 $\eta_{vb}\dfrac{(M^l+M^r)}{L_n}$	左 组合值	右 $\lvert V\rvert_{max}$ 及相应的M 组合项目	右 $\eta_{vb}\dfrac{(M^l+M^r)}{L_n}$	右 组合值
10-BC	左	M	-40.51	88.07	-88.07	$\gamma_{RE}(1.2①+1.3③)$		-122.33	$\gamma_{RE}(1.0①+1.3②)$		55.49
	左	V	22.39	—	—		52.69	67.62			
	中	M	25.39	0.00	0.00			55.49			
	中	V	—	—	—						
	右	M	-40.51	-88.07	88.07	$\gamma_{RE}(1.0①+1.3③)$			$\gamma_{RE}(1.2①+1.3②)$		-122.33
	右	V	-22.40	—	—					-52.69	-67.63
5-AB	左	M	-90.62	309.82	-309.82	$\gamma_{RE}(1.2①+1.3③)$		-383.63	$\gamma_{RE}(1.0①+1.3②)$		234.11
	左	V	95.50	—	—		112.06	192.66			
	中	M	64.56	65.27	-65.27						
	中	V	—	—	—						
	右	M	-100.21	-179.28	179.28	$\gamma_{RE}(1.0①+1.3③)$		99.64	$\gamma_{RE}(1.2①+1.3②)$		-264.99
	右	V	-98.41	—	—					-115.73	-198.75
5-BC	左	M	-32.46	434.69	-434.69	$\gamma_{RE}(1.2①+1.3③)$		-453.04	$\gamma_{RE}(1.0①+1.3②)$		399.48
	左	V	-20.84	—	—		252.56	193.42			
	中	M	18.57	0.00	0.00						
	中	V	—	—	—						
	右	M	-32.64	-434.69	434.69	$\gamma_{RE}(1.0①+1.3③)$		399.34	$\gamma_{RE}(1.2①+1.3②)$		-453.20
	右	V	-20.84	—	—					-252.64	-236.00

续表

梁号	截面	内力	重力荷载代表值①	水平地震作用 ②左	③右	左$|V|_{max}$ 反相应的M 组合项目	$\eta_{vb}\dfrac{M^l+M^r}{L_n}$	组合值	右$|V|_{max}$ 反相应的M 组合项目	$\eta_{vb}\dfrac{M^l+M^r}{L_n}$	组合值
1-AB	左	M	-86.34	369.60	-369.60	$\gamma_{RE}(1.2①+1.3③)$		-438.07	$\gamma_{RE}(1.0①+1.3②)$		295.61
		V	94.94	—	—		130.77	208.00			
	中	M	66.97	81.91	-81.91						—
		V	—	—	—						
	右	M	-99.66	-205.79	205.79	$\gamma_{RE}(1.0①+1.3③)$		125.90	$\gamma_{RE}(1.2①+1.3②)$		-290.34
		V	-98.97	—	—					-135.87	-216.44
1-BC	左	M	-37.40	498.97	-498.97	$\gamma_{RE}(1.2①+1.3③)$		-520.16	$\gamma_{RE}(1.0①+1.3②)$		458.45
		V	20.84	—	—		290.03	267.79			
	中	M	22.97	0.00	0.00						
		V	—	—	—						
	右	M	-37.05	-498.97	498.97	$\gamma_{RE}(1.0①+1.3③)$		458.71	$\gamma_{RE}(1.2①+1.3②)$		-519.84
		V	-20.84	—	—					-289.86	-267.64

注：
1. 重力荷载代表值和水平地震作用的分项系数分别为1.2、1.0、1.3；内力组合值调整系数 $\gamma_{RE}=0.75$（弯矩、轴力）和 $\gamma_{RE}=0.85$（剪力、轴力）；梁端剪力增大系数二级抗震取1.2；
2. 内力组合所用公式：$S_d=1.2S_{GE}+1.3S_{Ehk}$，在重力荷载对结构有利时 $S_d=1.0S_{GE}+1.3S_{Ehk}$；
3. 弯矩单位为"kN·m"，剪力、轴力单位为"kN"；
4. 弯矩正负号规定：梁上侧受拉为负，下侧受拉为正，柱左侧受拉为正，右侧受拉为负；剪力正负号规定：使杆件顺时针旋转为正，反之为负；轴力正负号规定：受压为正，反之为负。

用于承载力计算的框架 A 柱考虑地震效应的基本组合表

表 8-84

柱号	截面	内力	重力荷载代表值 ①	水平地震作用 ②左	水平地震作用 ③右	$\gamma_{RE}\eta_c\sum M_b \dfrac{k_c^{(i)}}{k_c^{(i)}+k_c^{(i+1)}}$ ④①+②	⑤①+③	N_{max}及相应的 M 组合项目	组合值	N_{min}及相应的 M 组合项目	组合值	$|M|_{max}$及相应的 N 组合项目	组合值
10-A	上	M	−59.67	76.09	−76.09	31.40	−136.42	γ_{RE}	−136.42	γ_{RE}	31.40	γ_{RE}	−136.42
		N	231.64	−17.03	17.03			(1.2①+1.3③)	240.09	(1.0①+1.3②)	167.60	(1.2①+1.3③)	240.09
	下	M	50.13	−37.48	37.48	58.65	156.66	γ_{RE}	87.10	γ_{RE}	1.12	γ_{RE}	87.10
		N	262.92	−17.03	17.03			(1.2①+1.3③)	270.11	(1.0①+1.3②)	192.62	(1.2①+1.3③)	270.11
		V	—	—	—	−7.99	−85.90						
5-A	上	M	−45.20	177.86	−177.86	−39.42	−175.07	γ_{RE}	−228.37	γ_{RE}	148.81	γ_{RE}	−228.37
		N	1739.65	−291.99	291.99			(1.2①+1.3③)	1973.73	(1.0①+1.3②)	1088.05	(1.2①+1.3③)	1973.73
	下	M	45.18	−145.52	145.52	21.28	234.91	γ_{RE}	194.71	γ_{RE}	−115.20	γ_{RE}	194.71
		N	1770.93	−291.99	291.99	−17.79	−120.17	(1.2①+1.3③)	2003.76	(1.0①+1.3②)	1113.07	(1.2①+1.3③)	2003.76
		V	—	—	—	−14.64	−161.54						
1-A	上	M	−34.44	180.48	−180.48			γ_{RE}	−220.76	γ_{RE}	160.15	γ_{RE}	−220.76
		N	2945.38	−631.73	631.73			(1.2①+1.3③)	3484.56	(1.0①+1.3②)	1699.30	(1.2①+1.3③)	3484.56
	下	M	17.22	−320.85	320.85	−383.89	420.26	γ_{RE}	350.22	γ_{RE}	−319.91	γ_{RE}	350.22
		N	2979.50	−631.73	631.73			(1.2①+1.3③)	3517.32	(1.0①+1.3②)	1726.60	(1.2①+1.3③)	3517.32
		V	—	—	—	81.88	−129.01						

注:1. 重力荷载代表值和水平地震作用的分项系数分别为 1.2、1.0、1.3;内力组合值调整系数 $\gamma_{RE}=0.8$（弯矩）和 $\gamma_{RE}=0.85$（剪力）;柱端弯矩、剪力增大系数二级抗震取 1.5、1.2;

2. 弯矩单位为"kN·m",剪力、轴力单位为"kN";

3. 弯矩正负号规定:梁上侧受拉为负、下侧受拉为正;柱左侧受拉为正、右侧受拉为负;剪力正负号规定:使杆件顺时针旋转为正,反之为负;轴力正负号规定:受压为正,反之为负。

用于承载力计算的框架 B 柱考虑地震效应的基本组合表

表 8-85

柱号	截面	内力	重力荷载代表值 ①	水平地震作用 ②左	水平地震作用 ③右	$\eta_c \sum M_b \dfrac{k_c(i)}{k_c(i)+k_c(j+1)}$ ④:①+②	⑤:①+③	N_{max} 及相应的 M 组合项目	组合值	N_{min} 及相应的 M 组合项目	组合值	$\lvert M\rvert_{max}$ 及相应的 N 组合项目	组合值
10-B	上	M	40.28	124.39	−124.39	168.03	−90.70	γ_{RE}	−90.70	γ_{RE}	161.59	γ_{RE}	168.03
		N	267.94	−48.20	48.20			(1.2①+1.3③)	307.35	(1.0①+1.3②)	164.22	(1.2①+1.3②)	207.09
	下	M	−36.13	−101.77	101.77	−275.55	184.93	γ_{RE}	71.16	γ_{RE}	−134.74	γ_{RE}	−140.53
		N	299.23	−48.20	48.20			(1.2①+1.3③)	337.39	(1.0①+1.3②)	189.26	(1.2①+1.3②)	237.13
		V	—	—	—	130.02	−80.79						
5-B	上	M	33.89	321.98	−321.98	531.46	−442.27	γ_{RE}	−302.32	γ_{RE}	361.97	γ_{RE}	367.39
		N	1979.73	−969.95	969.95			(1.2①+1.3③)	2909.29	(1.0①+1.3②)	575.04	(1.2①+1.3②)	891.79
	下	M	−33.88	−321.98	321.98	−673.55	580.64	γ_{RE}	302.33	γ_{RE}	−361.96	γ_{RE}	−367.38
		N	2011.01	−969.95	969.95			(1.2①+1.3③)	2939.32	(1.0①+1.3②)	600.06	(1.2①+1.3②)	921.82
		V	—	—	—	353.19	−299.82						
1-B	上	M	24.68	328.14	−328.14	524.94	−452.53	γ_{RE}	−317.57	γ_{RE}	361.01	γ_{RE}	364.96
		N	3349.84	−2111.31	2111.31			(1.2①+1.3③)	5411.61	(1.0①+1.3②)	484.11	(1.2①+1.3②)	1020.08
	下	M	−12.34	−328.14	328.14	−423.73	395.30	γ_{RE}	329.42	γ_{RE}	−351.14	γ_{RE}	−353.11
		N	3383.97	−2111.31	2111.31			(1.2①+1.3③)	5444.37	(1.0①+1.3②)	511.41	(1.2①+1.3②)	1052.85
		V	—	—	—	210.36	−188.00						

注:1. 重力荷载代表值和水平地震作用的分项系数分别为 1.2、1.0、1.3;内力组合值调整系数 $\gamma_{RE}=0.8$(弯矩)和 $\gamma_{RE}=0.85$(剪力),柱端弯矩、剪力增大系数二级抗震取 1.5、1.2;

2. 弯矩单位为 "kN·m",剪力、轴力单位为 "kN";

3. 弯矩正负号规定:梁上侧受拉为负,下侧受拉为正;柱左侧受拉为正,右侧受拉为负;使杆件顺时针旋转为正,反之为负;轴力正负号规定:受压为正,反之为负。

与柱端弯矩调整有关的框架梁考虑地震作用效应组合表

表 8-86

梁号	截面	内力	重力荷载代表值 ①	水平地震作用 ②-左	水平地震作用 ③-右	M 组合项目	M 组合值	节点梁端弯矩之和 ∑M_b	M 组合项目	M 组合值	节点梁端弯矩之和 ∑M_b
9-AB	左	M	-92.71	137.90	-137.90	1.0①+1.3②	86.56	86.56	1.2①+1.3③	-290.52	290.52
9-AB	右	M	-99.98	-83.24	83.24	1.2①+1.3②	-228.19	459.25	1.0①+1.3③	8.23	-308.22
9-BC	左	M	-31.33	201.84	-201.84	1.0①+1.3②	231.06		1.2①+1.3③	-299.99	
5-AB	左	M	-90.62	309.82	-309.82	1.0①+1.3②	312.15	312.15	1.2①+1.3③	-511.51	511.51
5-AB	右	M	-100.21	-179.28	179.28	1.2①+1.3②	-353.32	885.77	1.0①+1.3③	132.85	-737.12
5-BC	左	M	-32.64	434.69	-434.69	1.0①+1.3②	532.46		1.2①+1.3③	-604.27	
4-AB	左	M	-90.65	336.69	-336.69	1.0①+1.3②	347.05	347.05	1.2①+1.3③	-546.48	546.48
4-AB	右	M	-100.21	-195.08	195.08	1.2①+1.3②	-373.86	956.11	1.0①+1.3③	153.39	-807.44
4-BC	左	M	-32.63	472.99	-472.99	1.0①+1.3②	582.26		1.2①+1.3③	-654.04	
1-AB	左	M	-86.34	369.60	-369.60	1.0①+1.3②	394.14	394.14	1.2①+1.3③	-584.09	584.09
1-AB	右	M	-99.66	-205.79	205.79	1.2①+1.3②	-387.12	998.74	1.0①+1.3③	167.87	-860.98
1-BC	左	M	-37.04	498.97	-498.97	1.0①+1.3②	611.62		1.2①+1.3③	-693.11	

注：1. 重力荷载代表值①和水平地震作用的分项系数分别为 1.2、1.0、1.3；弯矩 $M=1.2S_{GE}+1.3S_{Ehk}$；在重力荷载对结构有利时 $M=1.0S_{GE}+1.3S_{Ehk}$；

2. 节点梁端弯矩之和 $\sum M_b$ 以绕节点顺时针旋转为正；梁上侧受拉为负，下侧受拉为正，柱左侧受拉为负，右侧受拉为正；

3. 弯矩单位为"kN·m"。

8.2.10 构件截面设计

1. 框架梁截面设计

选取 1 层 AB 跨梁计算。

（1）选取最不利内力组合

① 非抗震情况

左端：$M=-190.29$kN·m，$V=156.29$kN；

跨中：$M=131.31$kN·m；

右端：$M=-184.38$kN·m，$V=-178.00$kN

②抗震情况（以下值均为考虑抗震调整系数后的设计值）

左端：$M=-438.07$kN·m，$V=208.00$kN；

跨中：$M=140.13$kN·m；

右端：$M=-290.34$kN·m，$V=-216.44$kN

设计时将非抗震情况与抗震情况进行比较，然后取大者进行配筋计算。对于楼面现浇的框架结构，梁支座负弯矩按矩形截面计算纵筋数量；跨中弯矩按 T 形截面计算纵筋数量；跨中截面的计算弯矩应取该跨的跨间最大正弯矩或支座正弯矩与 0.5 倍简支梁弯矩中的较大者。

③ 实际所用计算内力

左端：$M=-438.07$kN·m，$V=208.00$kN；

跨中：$M=140.13$kN·m；

右端：$M=-290.34$kN·m，$V=-216.44$kN

（2）正截面受弯承载力计算

C40：$f_t=1.71$N/mm²；$f_c=19.1$N/mm²；由附表 1 查得 $f_{tk}=2.39$N/mm²；

HRB400 级：由附表 5 查得 $f_y=f'_y=360$N/mm²；

HPB300 级：由附表 5 查得 $f_y=f'_y=270$N/mm²

① 支座

由于构件控制截面为支座边缘处即梁端处，将轴线处弯矩值转化为梁端弯矩，剪力近似取梁端剪力等于轴线处剪力：

左端（A 支座）：$M=-438.07$kN·m $+217.26$kN$\times0.3$m $=-372.89$kN·m

右端（B 支座）：$M=-290.34$kN·m $+226.06$kN$\times0.3$m $=-222.52$kN·m

梁截面尺寸：$b\times h=300$mm$\times700$mm，按矩形截面计算。

取 $a_s=45$mm，则：

$$h_0=700\text{mm}-45\text{mm}=655\text{mm}$$

$$\alpha_s=\frac{M}{\alpha_1 f_c b h_0^2}=372.89\times10^6\text{N·mm}/[1.0\times19.1\text{N/mm}^2\times300\text{mm}\times(655\text{mm})^2]=0.152$$

$$\xi=1-\sqrt{1-2\alpha_s}=1-\sqrt{1-2\times0.152}=0.166<0.25，满足要求。$$

$$A_s=\alpha_1 f_c b h_0\xi/f_y=1.0\times19.1\text{N/mm}^2\times300\text{mm}\times655\text{mm}\times0.166/360\text{N/mm}^2=1730.62\text{mm}^2$$

非抗震时：$\rho_{min}=\max\{0.2\%,(45f_t/f_y)\%\}=0.2\%$

二级抗震时（支座）：$\rho_{min}=\max\{0.3\%,(65f_t/f_y)\%\}=0.31\%$

$A_{\mathrm{s,min}}=0.31\%\times300\mathrm{mm}\times700\mathrm{mm}=651\mathrm{mm}^2$，实配钢筋 $5\,\Phi\,22\,(A_\mathrm{s}=1901\mathrm{mm}^2)$。

② 跨中截面（T 形截面计算）

a. 翼缘计算宽度的确定

由现行国家标准《混凝土结构设计规范》GB 50010 5.2.4 条规定：

按计算跨度 l_0 考虑：$l_0=6.6\mathrm{m}$，$b'_\mathrm{f}=l_0/3=6600\mathrm{mm}/3=2200\mathrm{mm}$

按梁肋净距考虑：$b'_\mathrm{f}=b+s_\mathrm{n}=300\mathrm{mm}+2700\mathrm{mm}=3000\mathrm{mm}$

按翼缘高度考虑：$h'_\mathrm{f}/h_0=120\mathrm{mm}/635\mathrm{mm}=0.19\geqslant0.1$，不考虑此情况。

由以上三种情况选取最小值：$b'_\mathrm{f}=2200\mathrm{mm}$

b. T 形截面类型判断

$$\alpha_1 f_\mathrm{c} b'_\mathrm{f} h'_\mathrm{f} (h_0-h'_\mathrm{f}/2)=1.0\times19.1\mathrm{N/mm}^2\times2200\mathrm{mm}\times120\mathrm{mm}\times(635\mathrm{mm}-120\mathrm{mm}/2)$$
$$=3000.23\mathrm{kN}\cdot\mathrm{m}>140.13\mathrm{kN}\cdot\mathrm{m}$$

属于第一类 T 形截面。

c. 钢筋面积计算

$$\alpha_\mathrm{s}=\frac{M}{\alpha_1 f_\mathrm{c} b'_\mathrm{f} h_0^2}=140.13\times10^6\mathrm{N}\cdot\mathrm{mm}/[1.0\times19.1\mathrm{N/mm}^2\times2200\mathrm{mm}\times(655\mathrm{mm})^2]=0.008$$

$\xi=1-\sqrt{1-2\alpha_\mathrm{s}}=1-\sqrt{1-2\times0.008}=0.008<0.25$，满足要求。

$A_\mathrm{s}=\alpha_1 f_\mathrm{c} b'_\mathrm{f} h_0 \xi/f_\mathrm{y}=1.0\times19.1\mathrm{N/mm}^2\times2200\mathrm{mm}\times655\mathrm{mm}\times0.008/360\mathrm{N/mm}^2=$
$611.62\mathrm{mm}^2$

非抗震时：$\rho_{\min}=\max\{0.2\%,\ (45f_\mathrm{t}/f_\mathrm{y})\%\}=0.2\%$

二级抗震时（跨中）：$\rho_{\min}=\max\{0.25\%,\ (50f_\mathrm{t}/f_\mathrm{y})\%\}=0.25\%$

$A_\mathrm{s,min}=0.25\%\times300\mathrm{mm}\times700\mathrm{mm}=525\ \mathrm{mm}^2$，实配钢筋 $4\,\Phi\,20$，（由附表 7 查得 $A_\mathrm{s}=1256\mathrm{mm}^2$）。

（3）斜截面计算

① 复核截面尺寸

$h_\mathrm{w}=h_0=655\mathrm{mm}$，$h_\mathrm{w}/b=655\mathrm{mm}/300\mathrm{mm}=2.18<4$，

$0.25\beta_\mathrm{c} f_\mathrm{c} b h_0=0.25\times1.0\times19.1\mathrm{N/mm}^2\times300\mathrm{mm}\times655\mathrm{mm}=938.29\mathrm{kN}>V=216.44\mathrm{kN}$

故截面尺寸满足要求。

② 可否按构造配筋

$0.7f_\mathrm{t} b h_0=0.7\times1.71\mathrm{N/mm}^2\times300\mathrm{mm}\times655\mathrm{mm}=235.21\mathrm{kN}>216.44\mathrm{kN}$

故需要按构造确定箍筋数量。非加密区取双肢箍 $\Phi\,10@200$，加密区取双肢箍 $\Phi\,10@100$。

（4）裂缝宽度验算

裂缝宽度和挠度的验算，采用正常使用极限状态理论进行设计，取标准组合或者准永久组合进行相应计算，组合项采用与承载能力极限状态设计时相应的最不利组合项，把相应的分项系数变成标准组合的分项系数即可得标准组合值。

① 跨中

考虑标准组合和准永久组合两种情况，取较大的值计算，最终确定 $M_\mathrm{k}=96.30\mathrm{kN}\cdot\mathrm{m}$。

裂缝截面钢筋应力：$\sigma_\mathrm{sk}=\dfrac{M_\mathrm{k}}{0.87h_0 A_\mathrm{s}}=\dfrac{96.30\times10^6\mathrm{N}\cdot\mathrm{mm}}{0.87\times655\mathrm{mm}\times1256\mathrm{mm}^2}=134.55\mathrm{N/mm}^2$

有效受拉混凝土截面面积：$A_\mathrm{te}=0.5bh=0.5\times300\mathrm{mm}\times700\mathrm{mm}=105000\mathrm{mm}^2$

有效配筋率：$\rho_{te} = \dfrac{A_s}{A_{te}} = \dfrac{1256\text{mm}^2}{105000\text{mm}^2} = 0.012 > 0.01$

钢筋应变不均匀系数：$\psi = 1.1 - 0.65\dfrac{f_{tk}}{\rho_{te} \cdot \sigma_{sk}} = 1.1 - 0.65 \times \dfrac{2.39\text{N/mm}^2}{0.012 \times 134.55\text{N/mm}^2} =$

0.138，取 $\psi = 0.20$

受拉区纵向钢筋等效直径：$d_{eq} = \dfrac{\sum n_i d_i^2}{\sum n_i \upsilon_i d_i} = 4 \times (20\text{mm})^2 / (4 \times 1.0 \times 20\text{mm}) = 20\text{mm}$

构件受力特征系数：$\alpha_{cr} = 1.9$

正截面最大裂缝宽度：

$$w_{max} = \alpha_{cr}\psi\frac{\sigma_{sk}}{E_s}\left(1.9c_s + 0.08\frac{d_{eq}}{\rho_{te}}\right)$$

$$= 1.9 \times 0.20 \times \frac{134.55\text{N/mm}^2}{2.00 \times 10^5\text{N/mm}^2} \times \left(1.9 \times 30\text{mm} + 0.08 \times \frac{20\text{mm}}{0.012}\right)$$

$$= 0.05\text{mm} < 0.3\text{mm}$$

满足要求。

② 支座

取 $M_k = -136.24\text{kN} \cdot \text{m}$，将轴线处弯矩转化为梁端截面处弯矩。

$M_k = -136.24\text{kN} \cdot \text{m} + 114.87\text{kN} \times 0.3\text{m} = -101.78\text{kN} \cdot \text{m}$

裂缝截面钢筋应力：$\sigma_{sk} = \dfrac{M_k}{0.87h_0 A_s} = \dfrac{101.78 \times 10^6\text{N} \cdot \text{mm}}{0.87 \times 635\text{mm} \times 2513\text{mm}^2} = 73.31\text{N/mm}^2$

有效受拉混凝土截面面积：$A_{te} = 0.5bh = 0.5 \times 300\text{mm} \times 700\text{mm} = 105000\text{mm}^2$

有效配筋率：$\rho_{te} = \dfrac{A_s}{A_{te}} = \dfrac{2513\text{mm}^2}{105000\text{mm}^2} = 0.024 > 0.01$

钢筋应变不均匀系数：$\psi = 1.1 - 0.65\dfrac{f_{tk}}{\rho_{te} \cdot \sigma_{sk}} = 1.1 - 0.65 \times \dfrac{2.39\text{N/mm}^2}{0.024 \times 73.31\text{N/mm}^2} = 0.217$

受拉区纵向钢筋等效直径：$d_{eq} = \dfrac{\sum n_i d_i^2}{\sum n_i \upsilon_i d_i} = 4 \times (20\text{mm})^2 / (4 \times 1.0 \times 20\text{mm}) = 20\text{mm}$

构件受力特征系数：$\alpha_{cr} = 1.9$

正截面最大裂缝宽度：

$$w_{max} = \alpha_{cr}\psi\frac{\sigma_{sk}}{E_s}\left(1.9c_s + 0.08\frac{d_{eq}}{\rho_{te}}\right)$$

$$= 1.9 \times 0.217 \times \frac{73.31\text{N/mm}^2}{2.00 \times 10^5\text{N/mm}^2} \times \left(1.9 \times 30\text{mm} + 0.08 \times \frac{20\text{mm}}{0.024}\right)$$

$$= 0.02\text{mm} < 0.3\text{mm}$$

满足要求。

（5）挠度计算

$M_k = 96.30\text{kN} \cdot \text{m}$，$A_s = 1256\text{mm}^2$，$\rho = \dfrac{A_s}{bh_0} = \dfrac{1256\text{mm}^2}{300\text{mm} \times 655\text{mm}} = 0.639\%$

$$A_{te}=0.5bh=0.5\times300\text{mm}\times700\text{mm}=105000\text{mm}^2,\quad \rho_{te}=\dfrac{A_s}{A_{te}}=\dfrac{1256\text{mm}^2}{105000\text{mm}^2}=0.012$$
$$>0.01$$

$$\gamma'_f=\dfrac{(b'_f-b)b'_f}{bh_0}=\dfrac{(2200\text{mm}-300\text{mm})\times120\text{mm}}{300\text{mm}\times655\text{mm}}=1.16$$

$$\psi=1.1-0.65\dfrac{f_{tk}}{\rho_{te}\cdot\sigma_{sk}}=1.1-0.65\times\dfrac{2.39\text{N/mm}^2}{0.012\times134.55\text{N/mm}^2}=0.138,\ \text{取}\ \psi=0.20$$

$$B_s=\dfrac{E_sA_sh_0^2}{1.15\psi+0.2+\dfrac{6\alpha_E\rho}{1+3.5\gamma'_f}}=\dfrac{2\times10^5\text{N/mm}^2\times1256\text{mm}^2\times(655\text{mm})^2}{1.15\times0.20+0.2+\dfrac{6\times6.15\times0.00639}{1+3.5\times1.16}}$$
$$=2.26\times10^{14}\text{N}\cdot\text{mm}^2$$

$$B=\dfrac{B_s}{\theta}=\dfrac{2.26\times10^{14}\text{N}\cdot\text{mm}^2}{2.0}=1.13\times10^{14}\text{N}\cdot\text{mm}^2$$

$$\alpha_{f,max}=\dfrac{5M_kl_0^2}{48B}=\dfrac{5\times96.30\times10^6\text{N}\cdot\text{mm}\times(6600\text{mm})^2}{48\times1.13\times10^{14}\text{N}\cdot\text{mm}^2}=3.87\text{mm}<\dfrac{l_0}{200}=33\text{mm},\ \text{满足要求。}$$

（6）腰筋

按照构造要求，实配钢筋为每侧 $2\phi12$（由附表 7 查得 $A_s=226\text{mm}^2$）。

2. 框架柱截面设计

取 1 层框架柱 A 柱进行设计。

混凝土强度等级：C40，$f_t=1.71\text{N/mm}^2$；$f_c=19.1\text{N/mm}^2$；$f_{tk}=2.39\text{N/mm}^2$

（1）非抗震设计

① 轴压比验算

$$N_{max}=4664.28\text{kN},\quad \text{轴压比}\ \mu_N=\dfrac{4664.28\times10^3\text{N}}{(600\text{mm}\times600\text{mm}\times19.1\text{N/mm}^2)}=67.83\%>65\%$$

不满足要求，可通过一定构造措施提高轴压比限值。

② 截面尺寸复核

取 $a_s=a'_s=50\text{mm}$，$h_0=h-a_s=600\text{mm}-50\text{mm}=550\text{mm}$

由于：$h_w/b=550\text{mm}/600\text{mm}=0.92<4$

$0.25\beta_cf_cbh_0=0.25\times1.0\times19.1\text{N/mm}^2\times600\text{mm}\times550\text{mm}=1575.75\text{kN}>V_{max}=57.34\text{kN}$

满足要求。

③ 正截面受弯承载力计算

柱同一截面分别承受正反方向的弯矩，故采用对称配筋。

1 层 A 柱的最不利内力分别为：

第一组：$M_1=-82.86\text{kN}\cdot\text{m}$，$M_2=83.42\text{kN}\cdot\text{m}$，$N=4351.48\text{kN}$，$V=-57.34\text{kN}$；

第二组：$M_1=-3.49\text{kN}\cdot\text{m}$，$M_2=-40.25\text{kN}\cdot\text{m}$，$N=3344.19\text{kN}$，$V=12.67\text{kN}$；

第三组：$M_1=82.86\text{kN}\cdot\text{m}$，$M_2=-83.42\text{kN}\cdot\text{m}$，$N=4351.48\text{kN}$，$V=-57.34\text{kN}$

$$\xi=\dfrac{N}{\alpha_1f_cbh_0}=4351.48\times1000\text{N}/(1.0\times19.1\text{N/mm}^2\times600\text{mm}\times550\text{mm})=0.690>$$

$\xi_b = 0.518$，故第一组内力状况下属于小偏压。

$M_2/M_1 = 83.42 \text{kN} \cdot \text{m}/-82.86\text{kN} \cdot \text{m} = -1.01$，$l_c/i = 3600\text{mm}/173.21\text{mm} = 20.78$
$< 34 - 12 \times (-1.01) = 46.12$，故不需要考虑附加弯矩的影响。

$$C_m = 0.7 + 0.3 \frac{M_1}{M_2} \geqslant 0.7，\text{取} C_m = 0.7。$$

$$\xi_e = \frac{0.5 f_c A}{N} = \frac{0.5 \times 19.1\text{N/mm}^2 \times 600\text{mm} \times 600\text{mm}}{4351.48 \times 10^3 \text{kN}} = 0.790$$

$$\eta_{ns} = 1 + \frac{1}{1300 (M_2/N + e_a)/h_0} \left(\frac{l_0}{h}\right) \xi_e$$

$$= 1 + \frac{1}{1300 \times (83.42 \times 10^3 \text{kN} \cdot \text{mm}/4351.48\text{kN} + 20\text{mm})/550\text{mm}} \left(\frac{3600\text{mm}}{600\text{mm}}\right) \times 0.790$$

$$= 1.051$$

$C_m \eta_{ns} < 1.0$，取 $C_m \eta_{ns} = 1.0$，$M = C_m \eta_{ns} M_2 = 83.42\text{kN} \cdot \text{m}$

$e_0 = M_2/N = 83.42 \times 10^3 \text{kN} \cdot \text{mm}/4351.48\text{kN} = 19\text{mm}$，$e_i = e_a + e_0 = 20\text{mm} + 19\text{mm} = 39\text{mm}$

$$\xi = \frac{N - \xi_b \alpha_1 f_c b h_0}{\dfrac{Ne - 0.43 \alpha_1 f_c b h_0^2}{(\beta_1 - \xi_b)(h_0 - a_s')} + \alpha_1 f_c b h_0} + \xi_b$$

$$= \frac{4351.48 \times 10^3 \text{kN} - 0.518 \times 1.0 \times 19.1\text{N/mm}^2 \times 600\text{mm} \times 550\text{mm}}{\dfrac{4351.48 \times 10^3 \text{kN} \times 289\text{mm} - 0.43 \times 1.0 \times 19.1\text{N/mm}^2 \times 600\text{mm} \times (550\text{mm})^2}{(0.80 - 0.518)(550\text{mm} - 50\text{mm})} + 1.0 \times 19.1\text{N/mm}^2 \times 600\text{mm} \times 550\text{mm}} + 0.518$$

$$= 0.785$$

$$A_s = A_s' = \frac{Ne - \xi(1 - 0.5\xi) \alpha_1 f_c b h_0^2}{f_y'(h_0 - a_s')}$$

$$= \frac{4351.48 \times 10^3 \text{kN} \times 289\text{mm} - 0.785 \times (1 - 0.5 \times 0.785) \times 1.0 \times 19.1\text{N/mm}^2 \times 600\text{mm} \times (550\text{mm})^2}{360\text{N/mm}^2 \times (550\text{mm} - 50\text{mm})}$$

$$= -2197.91\text{mm}^2$$

弯矩作用方向每边各配 5 ⏀ 22；垂直于弯矩作用方向每边各配 3 ⏀ 22（$A_s = 3040\text{mm}^2$），总配筋率 $\rho = 6080/360000 = 1.69\%$。

④ 斜截面受剪承载力计算

1 层 A 柱的三组最不利内力分别为：

第一组：$M_1 = -82.86\text{kN} \cdot \text{m}$，$M_2 = 83.42\text{kN} \cdot \text{m}$，$N = 4351.48\text{kN}$，$V = -57.34\text{kN}$；

第二组：$M_1 = -3.49\text{kN} \cdot \text{m}$，$M_2 = -40.25\text{kN} \cdot \text{m}$，$N = 3344.19\text{kN}$，$V = 12.67\text{kN}$；

第三组：$M_1 = 82.86\text{kN} \cdot \text{m}$，$M_2 = -83.42\text{kN} \cdot \text{m}$，$N = 4351.48\text{kN}$，$V = -57.34\text{kN}$

取第二组内力进行设计，剪跨比 $\lambda = H_n/(2h_0) = 2900\text{mm}/(2 \times 550\text{mm}) = 2.64$。

$\dfrac{h_w}{b} = \dfrac{550\text{mm}}{600\text{mm}} = 0.917 < 4$，$0.25 \beta_c f_c b h_0 = 0.25 \times 1.0 \times 19.1\text{N/mm}^2 \times 600\text{mm} \times$
$550\text{mm} = 1575.75\text{kN} > V_{max} = 12.67\text{kN}$，截面尺寸满足要求。

$N = 3344.19\text{kN} > 0.3 f_c A = 0.3 \times 19.1\text{N/mm}^2 \times 600\text{mm} \times 600\text{mm} = 2062.80\text{kN}$，取
$N = 2062.80\text{kN}$。

$$V = 12.67\text{kN} < \frac{1.75}{\lambda + 1.0} f_t b h_0 + 0.07N$$

$$= \frac{1.75}{2.64 + 1.0} \times 1.71\text{N/mm}^2 \times 600\text{mm} \times 550\text{mm} + 0.07 \times 2062800\text{N} = 415.69\text{kN}$$

可不进行斜截面受剪承载力计算，按构造要求配筋。取井字复合箍 $4\phi10$，$A_{sv} = 314\text{mm}^2$，非加密区取 $4\phi10@200$，配箍率 $\rho_{sv} = A_{sv}/(bs) = 314\text{mm}^2/(600\text{mm} \times 200\text{mm}) = 0.262\%$，加密区取 $4\phi10@150$，配箍率 $\rho_{sv} = A_{sv}/(bs) = 314\text{mm}^2/(600\text{mm} \times 150\text{mm}) = 0.349\%$，最小配箍率 $\rho_{sv,\ min} = 0.24\dfrac{f_t}{f_{yv}} = 0.152\%$，满足要求。

⑤ 垂直于弯矩作用平面的受压承载力计算

$N_{max} = 4351.48\text{kN}$，$l_0/b = 3.6\text{mm}/0.6\text{mm} = 6 < 8$

查表得 $\varphi = 1.0$。

$0.9\varphi(f_y' A_s' + f_c A) = 0.9 \times 1.0 \times (360\text{N/mm}^2 \times 5027\text{mm}^2 + 19.1\text{N/mm}^2 \times 600\text{mm} \times 600\text{mm}) = 7817.15\text{kN}$，满足要求。

⑥ 裂缝宽度验算

考虑第三组内力：

$M_2 = 83.42\text{kN} \cdot \text{m}$，$N = 4351.48\text{kN}$，

$e_0 = M_2/N = 83.42 \times 10^3\text{kN} \cdot \text{mm}/4351.48\text{kN} = 19.17\text{mm}$，$e_0/h_0 = 19.17\text{mm}/550\text{mm} = 0.035 < 0.55$，

可不验算裂缝宽度。

（2）抗震设计

① 轴压比验算

$N_{max} = 3517.32\text{kN}$，轴压比 $\mu_N = \dfrac{3517.32 \times 10^3\text{N}}{(600\text{mm} \times 600\text{mm} \times 19.1\text{N/mm}^2)} = 51.15\% < 65\%$，满足要求。

② 截面尺寸复核

取 $a_s = a_s' = 50\text{mm}$，$h_0 = h - a_s = 600\text{mm} - 50\text{mm} = 550\text{mm}$，

$h_w/b = 550\text{mm}/600\text{mm} = 0.92 < 4$

$0.25\beta_c f_c b h_0 = 0.25 \times 1.0 \times 19.1\text{N/mm}^2 \times 600\text{mm} \times 550\text{mm} = 1575.75\text{kN} > V_{max} = 129.01\text{kN}$

满足要求。

③ 正截面受弯承载力计算

柱同一截面分别承受正反方向的弯矩，故采用对称配筋。

1层A柱的三组最不利内力分别为：

第一组：$M_1 = -220.76\text{kN} \cdot \text{m}$，$M_2 = 350.22\text{kN} \cdot \text{m}$，$N = 3517.32\text{kN}$；

第二组：$M_1 = 160.15\text{kN} \cdot \text{m}$，$M_2 = -319.91\text{kN} \cdot \text{m}$，$N = 1726.60\text{kN}$；

第三组：$M_1 = -220.76\text{kN} \cdot \text{m}$，$M_2 = 350.22\text{kN} \cdot \text{m}$，$N = 3517.32\text{kN}$

$N_b = \alpha_1 f_c \xi_b b h_0 = 1.0 \times 19.1\text{N/mm}^2 \times 0.518 \times 600\text{mm} \times 550\text{mm} = 3264.95\text{kN}$

第二组内力状况下结构最危险：

$M_2/M_1 = -319.91\text{kN} \cdot \text{m}/160.15\text{kN} \cdot \text{m} = -2.00$

$l_c/i = 3600\text{mm}/173.21\text{mm} = 20.78 < 34 - 12 \times (-2.00) = 58$

故不需要考虑附加弯矩的影响。

$$C_m = 0.7 + 0.3\frac{M_1}{M_2} \leqslant 0.7, \quad 取 \ C_m = 0.7。$$

$$\xi_e = \frac{0.5f_cA}{N} = \frac{0.5 \times 19.1\text{N/mm}^2 \times 600\text{mm} \times 600\text{mm}}{1726.60 \times 10^3\text{N}} = 1.991, \quad 取 \ \xi_e = 1.0。$$

$$\eta_{ns} = 1 + \frac{1}{1300(M_2/N + e_a)/h_0}\left(\frac{l_0}{h}\right)\xi_e$$

$$= 1 + \frac{1}{1300 \times (319.91 \times 10^3\text{kN} \cdot \text{mm}/1726.60\text{kN} + 20\text{mm})/550\text{mm}}\left(\frac{3600\text{mm}}{600\text{mm}}\right) \times 1.0 = 1.012$$

$C_m\eta_{ns} < 1.0$，取 $C_m\eta_{ns} = 1.0$，$M = C_m\eta_{ns}M_2 = 319.91\text{kN} \cdot \text{m}$

$e_0 = M_2/N = 319.91 \times 10^3\text{kN} \cdot \text{mm}/1726.60\text{kN} = 185\text{mm}$

$e_i = e_a + e_0 = 20\text{mm} + 185\text{mm} = 205\text{mm}$

$N > N_b$，$e_i > 0.3h_0$，属于大偏心受力构件。

$x = N/(\alpha_1f_cb) = 1726.60 \times 10^3\text{kN} \cdot \text{mm}/(1.0 \times 19.1\text{N/mm}^2 \times 600\text{mm}) = 151\text{mm}$

$\xi = x/h_0 = 151\text{mm}/550\text{mm} = 0.275$

$$A_s = A_s' = \frac{Ne - \alpha_1f_cbx(h_0 - 0.5x)}{f_y'(h_0 - a_s')}$$

$$= \frac{1726.60 \times 10^3\text{kN} \cdot \text{mm} \times 455\text{mm} - 1.0 \times 19.1\text{N/mm}^2 \times 600\text{mm} \times 151\text{mm} \times (550\text{mm} - 0.5 \times 151\text{mm})}{360\text{N/mm}^2 \times (550\text{mm} - 50\text{mm})}$$

$$= -197.22\text{mm}^2$$

四边各配 3 Φ 20（$A_s = A_s' = 942\text{mm}^2$，全截面 $A_s' = 2513\text{mm}^2$），

单侧配筋率 $\rho = 942\text{mm}^2/360000\text{mm}^2 = 0.262\% > 0.2\%$，

总配筋率 $\rho = 2513\text{mm}^2/360000\text{mm}^2 = 0.698\% > 0.55\%$。

④ 斜截面受剪承载力计算

1 层 A 柱的最不利内力分别为：$N = 3517.32\text{kN}$，$V = 129.01\text{kN}$；剪跨比 $\lambda = H_n/(2h_0) =$

$2900\text{mm}/(2 \times 550\text{mm}) = 2.67$，$\dfrac{h_w}{b} = \dfrac{550\text{mm}}{600\text{mm}} = 0.917 < 4$，$0.25\beta_cf_cbh_0 = 0.25 \times 1.0 \times$

$19.1\text{N/mm}^2 \times 600\text{mm} \times 550\text{mm} = 1575.75\text{kN} > V_{max} = 129.01\text{kN}$，截面尺寸满足要求。

$N = 3517.32\text{kN} > 0.3f_cA = 0.3 \times 19.1\text{N/mm}^2 \times 600\text{mm} \times 600\text{mm} = 2062.80\text{kN}$，取

$N = 2062.80\text{kN}$。

$$V = 129.01\text{kN} < \frac{1.05}{\lambda + 1.0}f_tbh_0 + 0.056N$$

$$= \frac{1.05}{2.67 + 1.0} \times 1.71\text{N/mm}^2 \times 600\text{mm} \times 550\text{mm} + 0.056 \times 2062.80 \times 10^3\text{N} = 276.97\text{kN}$$

可不进行斜截面受剪承载力计算，按构造要求配筋。取井字复合箍 4Φ10，$A_{sv} = 314 \text{mm}^2$，非加密区取 4 Φ 10@200，配箍率 $\rho_{sv} = A_{sv}/(bs) = 314\text{mm}^2/(600\text{mm} \times 200\text{mm}) = 0.262\%$，加密区取 4$\Phi$10@150，配箍率 $\rho_{sv} = A_{sv}/(bs) = 314\text{mm}^2/(600\text{mm} \times 150\text{mm}) =$

0.349%，最小配箍率 $\rho_{\text{sv, min}} = 0.24\dfrac{f_{\text{t}}}{f_{\text{yv}}} = 0.140\%$，满足要求。

⑤ 垂直于弯矩作用平面的受压承载力计算

$N_{\max} = 3517.32\text{kN}$，$l_0/b = 3.6\text{m}/0.6\text{m} = 6 < 8$，查表得 $\varphi = 1.0$。

$0.9\varphi(f_{\text{y}}'A_{\text{s}}' + f_{\text{c}}A) = 0.9 \times 1.0 \times (360\text{N/mm}^2 \times 6080\text{mm}^2 + 19.1\text{N/mm}^2 \times 600\text{mm} \times 600\text{mm}) = 8158.32\text{kN}$，满足要求。

⑥ 强节点弱构件设计

以 1 层 A 轴梁柱节点进行分析。依据现行国家标准《建筑抗震设计规范》GB 50011 中附录 D.1 的规定进行框架梁柱节点抗震验算。对于二级框架梁柱节点核心区组合的剪力设计值，应按下列公式计算：

$$V_{\text{j}} = \frac{\eta_{\text{jb}}\sum M_{\text{b}}}{h_{\text{b0}} - a_{\text{s}}'}\left(1 - \frac{h_{\text{b0}} - a'}{H_{\text{c}} - h_{\text{b}}}\right)$$

其中，η_{jb} 为强节点系数，对二级框架取 1.35；h_{b0} 为梁截面有效高度，取 550mm；a_{s}' 为梁受压钢筋合力点至受压边缘的距离，取 50 mm；H_{c} 为柱的计算高度，取 $0.37 \times 3.6 + 0.5 \times 3.3 = 2.98\text{m}$；$h_{\text{b}}$ 为梁截面高度，取 700 mm；$\sum M_{\text{b}}$ 为节点左右梁端组合弯矩设计值之和，取 394.14kN·m。

因此，对于 1 层 A 轴梁柱节点：

$$V_{\text{j}} = \frac{1.35 \times 394.14 \times 10^3\text{kN}\cdot\text{mm}}{550\text{mm} - 50\text{mm}} \times \left(1 - \frac{550\text{mm} - 50\text{mm}}{2980\text{mm} - 700\text{mm}}\right) = 830.81\text{kN}$$

为控制剪压比，框架梁柱节点核心区的受剪水平截面尺寸应符合下列要求：

$$V_{\text{j}} \leqslant \frac{1}{\gamma_{\text{RE}}}(0.30\eta_{\text{j}}f_{\text{c}}b_{\text{j}}h_{\text{j}})$$

其中，η_{j} 为正交梁的约束影响系数，取 1.0；b_{j} 为核心区截面有效宽度，取 600mm；h_{j} 为框架节点核心区的截面高度，可取验算方向的柱截面高度，取 600mm；γ_{RE} 为承载力抗震调整系数，取 0.85。

因此，对于 1 层 A 轴梁柱节点：

$\dfrac{1}{\gamma_{\text{RE}}}(0.30\eta_{\text{j}}f_{\text{c}}b_{\text{j}}h_{\text{j}}) = \dfrac{1}{0.85} \times (0.3 \times 1.0 \times 19.1\text{N/mm}^2 \times 600\text{mm} \times 600\text{mm}) = 2426.82\text{kN} > V_{\text{j}}$，故节点核心区剪力设计值满足要求。

⑦ 节点核心区受剪承载力验算

本建筑的抗震等级为二级，故按照加密区配箍即可满足构造要求。首先按照柱加密区的箍筋配节点箍筋，即节点箍筋选用 $4\phi12@100$，并进行验算。

对于框架梁柱节点的抗震受剪承载力，应采用下列公式验算：

$$V_{\text{j}} \leqslant \frac{1}{\gamma_{\text{RE}}}\left(1.1\eta_{\text{j}}f_{\text{t}}b_{\text{j}}h_{\text{j}} + 0.05\eta_{\text{j}}N\frac{b_{\text{j}}}{b_{\text{c}}} + f_{\text{yv}}A_{\text{svj}}\frac{h_{\text{b0}} - a_{\text{s}}'}{s}\right)$$

其中，N 为对应于考虑地震组合剪力设计值的节点上柱底部的轴向压力设计值；当 N 为压力时，取轴向压力设计值的较小值，其取值不应大于柱的截面面积和混凝土轴心抗压强度设计值的乘积的 50%，此处忽略轴力的贡献；A_{svj} 为核心区有效验算宽度范围内同一截面验算方向箍筋各肢的总截面面积，取 339mm^2。

$$\frac{1}{\gamma_{RE}}\left(1.1\eta_j f_t b_j h_j+0.05\eta_j N\frac{b_j}{b_c}+f_{yv}A_{svj}\frac{h_{b0}-a'_s}{s}\right)$$

$$=\frac{1}{0.85}\times\left(1.1\times1.0\times1.71\text{N/mm}^2\times700\text{mm}\times600\text{mm}+270\text{N/mm}^2\times339\text{mm}^2\times\frac{550\text{mm}-50\text{mm}}{100\text{mm}}\right)$$

$$=1467.85\text{kN}>V_j=830.81\text{kN}$$

节点核心区受剪承载力满足要求。

8.2.11 基础设计

该建筑桩基如图 8-86 所示，柱截面尺寸为 600mm×600mm，作用在基础顶面的荷载标准值为：$F_k=3464.98\text{kN}$，$M_k=44.72\text{kN}$，$V_k=33.73\text{kN}$，$M_d=48.36\text{kN·m}$，$N_d=4295.55\text{kN}$，$V_d=21.96\text{kN}$，承台埋深 3.6m，拟定承台高度 2.0m，拟采用直径为 500mm 的沉管灌注桩，桩长 8.0m。承台及桩身混凝土强度等级均为 C30，配置 HRB400 级钢筋。桩基设计过程如图 8-86 所示。

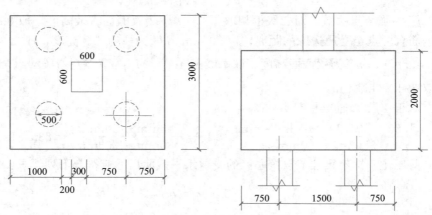

图 8-86 桩基设计图（单位：mm）

1. 确定单桩竖向承载力

单桩承载力可由土对应的桩的极限侧阻力标准值 q_{sik}（kPa）以及极限端阻力标准值 q_{pk}（kPa）估算，故单桩竖向极限承载力标准值 Q_{uk} 为：

$$Q_{uk}=Q_{sk}+Q_{pk}=u_p\sum q_{sik}l_i+q_{pk}A_p$$

$$=\pi\times0.5\text{m}\times(1.9\text{m}\times90\text{kPa}+6.1\text{m}\times120\text{kPa})+\pi\times(0.5\text{m})^2\times2500\text{kPa}=3380\text{kN}$$

单桩竖向承载力特征值 R_a 为：$R_a=\dfrac{Q_{uk}}{2}=\dfrac{3380\text{kN}}{2}=1690\text{kN}$

2. 确定桩数及布桩

初步估定桩数，该桩基主要承载力由桩端提供，故不考虑群桩效应。根据单桩竖向承载力特征值 R_a，当桩基为轴心受压时，桩数 n 为：

$$n=\frac{F_k+G_k}{R_a}=\frac{3464.98\text{kN}+20\text{kN/m}^3\times3.6\text{m}\times9\text{m}^2+25\text{kN/m}^3\times2\text{m}\times9\text{m}^2}{1690\text{kN}}=2.7\text{ 根}$$

出于安全考虑，暂取 4 根，取桩距 $s=3d=3\times0.5\text{m}=1.5\text{m}$，按矩形布置如图 8-86 所示。

3. 初选承台尺寸

暂选方形承台，边长为：$a\geqslant2\times0.5\text{m}+1.5\text{m}=2.5\text{m}$

取承台边长 $a=3\mathrm{m}$，承台高 2.0m，桩顶伸入承台 50mm，钢筋保护层厚度取 50mm，则承台有效高度为：$h_0 = 2.0\mathrm{m} - 0.05\mathrm{m} - 0.05\mathrm{m} = 1.9\mathrm{m}$。

4. 计算桩顶荷载

承台以上荷载取上覆土平均重度 $\gamma_{G,s} = 20\mathrm{kN/m^3}$，承台取混凝土重度 $\gamma_{G,c} = 25\mathrm{kN/m^3}$，则桩顶平均竖向荷载为：

$$N_k = \frac{F_k + G_k}{n} = \frac{3464.98\mathrm{kN} + 20\mathrm{kN/m^3} \times 3.6\mathrm{m} \times 9\mathrm{m^2} + 25\mathrm{kN/m^3} \times 2\mathrm{m} \times 9\mathrm{m^2}}{4} = 1140.75\mathrm{kN} < R_a$$

$$N_{k,max} = N_k + \frac{M_k + V_k h}{\sum x_i^2} = 1140.75\mathrm{kN} + \frac{44.72\mathrm{kN \cdot m} + 33.73\mathrm{kN} \times 2.0\mathrm{m}}{4 \times (0.75\mathrm{m})^2} = 1190.6\mathrm{kN} < 1.2R_a$$

符合现行行业标准《建筑桩基技术规范》JGJ 94 中 5.2.1 条对桩基竖向承载力要求。

桩基水平承载力标准值：$V_{1d} = V_d/n = 21.96\mathrm{kN}/4 = 5.49\mathrm{kN}$

根据现行行业标准《建筑桩基技术规范》JGJ 94 中 5.7.2 条，单桩水平承载力特征值：

$$R_{ha} = \frac{0.75\alpha\gamma_m f_t W_0}{\nu_M}(1.25 + 22\rho_g)\left(1 \pm \frac{\zeta_N \cdot N}{\gamma_m f_t A_n}\right)$$

式中

α —— 桩的水平变形系数，按现行行业标准《建筑桩基技术规范》JGJ 94 中 5.7.5 条确定，本桩取 0.36；

R_{ha} —— 单桩水平承载力特征值，± 号根据桩顶竖向力性质确定，压力取 "＋"，拉力取 "－"；

γ_m —— 桩截面模量塑性系数，圆形截面 $\gamma_m = 2$，矩形截面 $\gamma_m = 1.75$；

f_t —— 桩身混凝土抗拉强度设计值，本桩取 1430kPa；

W_0 —— 桩身换算截面受拉边缘的截面模量，圆形截面为：$W_0 = \frac{\pi d}{32}\left[d^2 + 2(\alpha_E - 1)\rho_g d_0^2\right]$；

方形截面为：$W_0 = \frac{b}{6}\left[b^2 + 2(\alpha_E - 1)\rho_g b_0^2\right]$，其中 d 为桩直径，d_0 为扣除保护层厚度的桩直径；b 为方形截面边长，b_0 为扣除保护层厚度的桩截面宽度；α_E 为钢筋弹性模量与混凝土弹性模量的比值，本桩 W_0 为 $0.4\mathrm{m^3}$；

ν_M —— 桩身最大弯距系数，按现行行业标准《建筑桩基技术规范》JGJ 94 表 5.7.2 取值，当单桩基础和单排桩基纵向轴线与水平力方向相垂直时，按桩顶铰接考虑，本桩取 0.75；

ρ_g —— 桩身配筋率，暂取 0.15%；

A_n —— 桩身换算截面面积，圆形截面为：$A_n = \frac{\pi d^2}{4}\left[1 + (\alpha_E - 1)\rho_g\right]$；方形截面为：$A_n = b^2\left[1 + (\alpha_E - 1)\rho_g\right]$，本桩取 $0.20\mathrm{m^2}$；

ζ_N —— 桩顶竖向力影响系数，竖向压力取 0.5；竖向拉力取 1.0；

N —— 在荷载效应标准组合下桩顶的竖向力（kN）。

故对于本桩：

$$R_{ha} = \frac{0.75\alpha\gamma_m f_t W_0}{\nu_M}(1.25 + 22\rho_g)\left(1 \pm \frac{\zeta_N \cdot N}{\gamma_m f_t A_n}\right)$$

$$=\frac{0.75\times0.36\times2\times1430\times10^3\text{Pa}\times0.4\text{m}^3}{0.75}(1.25+22\times0.15\%)\left(1+\frac{0.5\times1140\times10^3\text{N}}{2\times1430\times10^3\text{Pa}\times0.2\text{m}^2}\right)$$

$$=1055.3\text{kN}>V_{1\text{d}}=5.49\text{kN}，水平承载力满足设计要求。$$

5. 承台受冲切承载力验算

（1）柱边冲切

各桩基础均在冲切破坏锥体范围内，故柱边冲切承载力无需验算。

（2）角桩向上冲切计算

角桩边缘至承台边缘距离 $c_1=c_2=0.5\text{m}$，$a_{1\text{x}}=a_{0\text{x}}=a_{1\text{y}}=a_{0\text{y}}=0.2\text{m}$，$\lambda_{1\text{x}}=\lambda_{0\text{x}}=\lambda_{1\text{y}}$ $=\lambda_{0\text{y}}=0.25$。

$$\beta_{1\text{x}}=\beta_{1\text{y}}=\frac{0.56}{\lambda_{1\text{x}}+0.2}=\frac{0.56}{0.45}=1.244$$

$$[2\beta_{1\text{x}}(c_2+a_{1\text{x}}/2)]\beta_{\text{hp}}f_\text{t}h_0=[2\times1.244\times(0.5\text{m}+0.2\text{m}/2)]\times0.95\times1430\text{kPa}\times1.9\text{m}$$

$$=3853.1\text{kN}>\frac{N_\text{d}}{4}=1073.89\text{kN}$$

故角桩向上冲切承载力满足要求。

6. 承台受剪切承载力计算

根据现行行业标准《建筑桩基技术规范》JGJ 94 中 5.9.10 条，柱下独立桩基承台斜截面受剪承载力应按下列公式计算：$V\leqslant\beta_{\text{hs}}\alpha f_\text{t}b_0h_0$，剪跨比与以上冲跨比相同，对 I-I 截面：$\lambda_{0\text{x}}=\lambda_{0\text{y}}=\frac{a_{0\text{x}}}{h_0}=\frac{0.2\text{m}}{1.9\text{m}}=0.105$（取 0.25），剪切系数：$\alpha=\frac{1.75}{\lambda+1.0}=\frac{1.75}{1.25}=1.4$，

$\beta_{\text{hs}}\alpha f_\text{t}b_0h_0=0.95\times1.4\times1430\text{kPa}\times3.0\text{m}\times1.9\text{m}=10840.8\text{kN}>\frac{N_\text{d}}{2}=2147.78\text{kN}$，故承台受剪承载力满足要求。

7. 承台受弯承载力计算

根据现行行业标准《建筑桩基技术规范》JGJ 94 中 5.9.2 条，柱下独立桩基承台的正截面弯矩设计值计算如下：

$$M_\text{x}=\sum N_iy_i，\ M_\text{y}=\sum N_ix_i$$

该基础为方形基础，故仅计算一个方向即可。

$$M_\text{x}=\sum N_iy_i=2\times1074.89\text{kN}\times1.35\text{m}=2902.2\text{kN}\cdot\text{m}$$

$$A_\text{s}=\frac{M_\text{x}}{0.9f_\text{y}h_0}=\frac{2902.2\times10^6\text{N}\cdot\text{mm}}{0.9\times360\text{N/mm}^2\times1900\text{m}}=4714.4\text{mm}^2$$

为满足最小配筋率（0.15%）要求，选用 30 Φ 20，由附表 7 查得 $A_\text{s}=9420\text{mm}^2$，沿 x，y 向均匀布置。桩身及与承台连接处按构造配筋。

8.2.12 电算和手算的结果对比分析

本设计结构电算采用盈建科软件进行。对结构模型输入与手算相同的荷载，取一榀框架作为计算单元，然后对电算内力结果与手算结果进行对比分析。

1. 恒载作用下的内力电算和手算结果对比分析

手算结果：恒载作用下②轴线框架内力图如图 8-67～图 8-69 所示；

电算结果：恒载作用下②轴线框架内力图如图 8-87～图 8-89 所示（图中电算内力值符号由于正负号规定不同，故与手算的内力值符号不同，不影响正确性）。

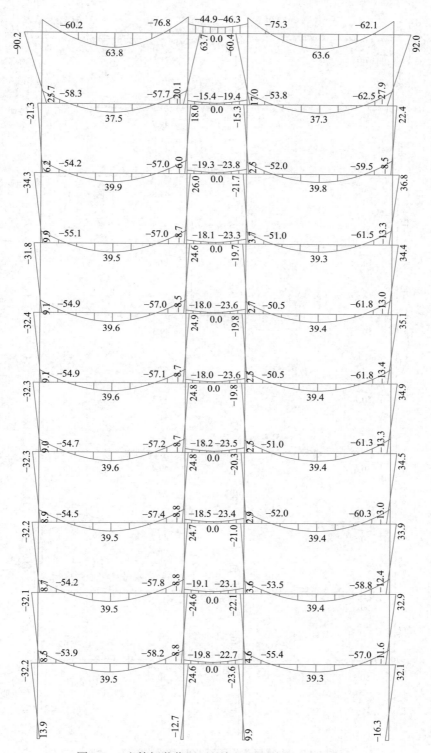

图 8-87　电算恒载作用下的弯矩图（单位：kN・m）

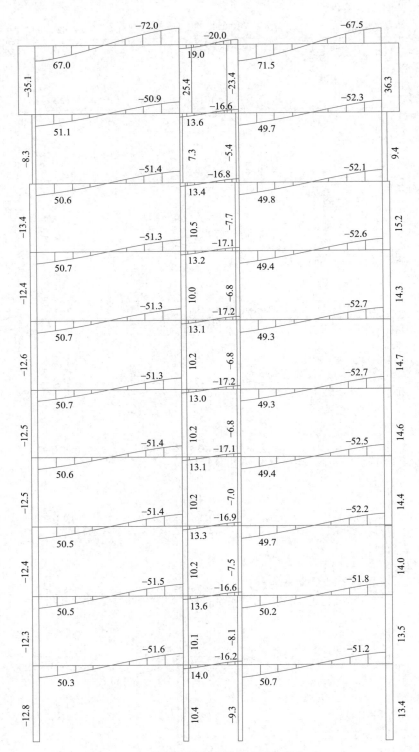

图 8-88　电算恒载作用下的剪力图（单位：kN）

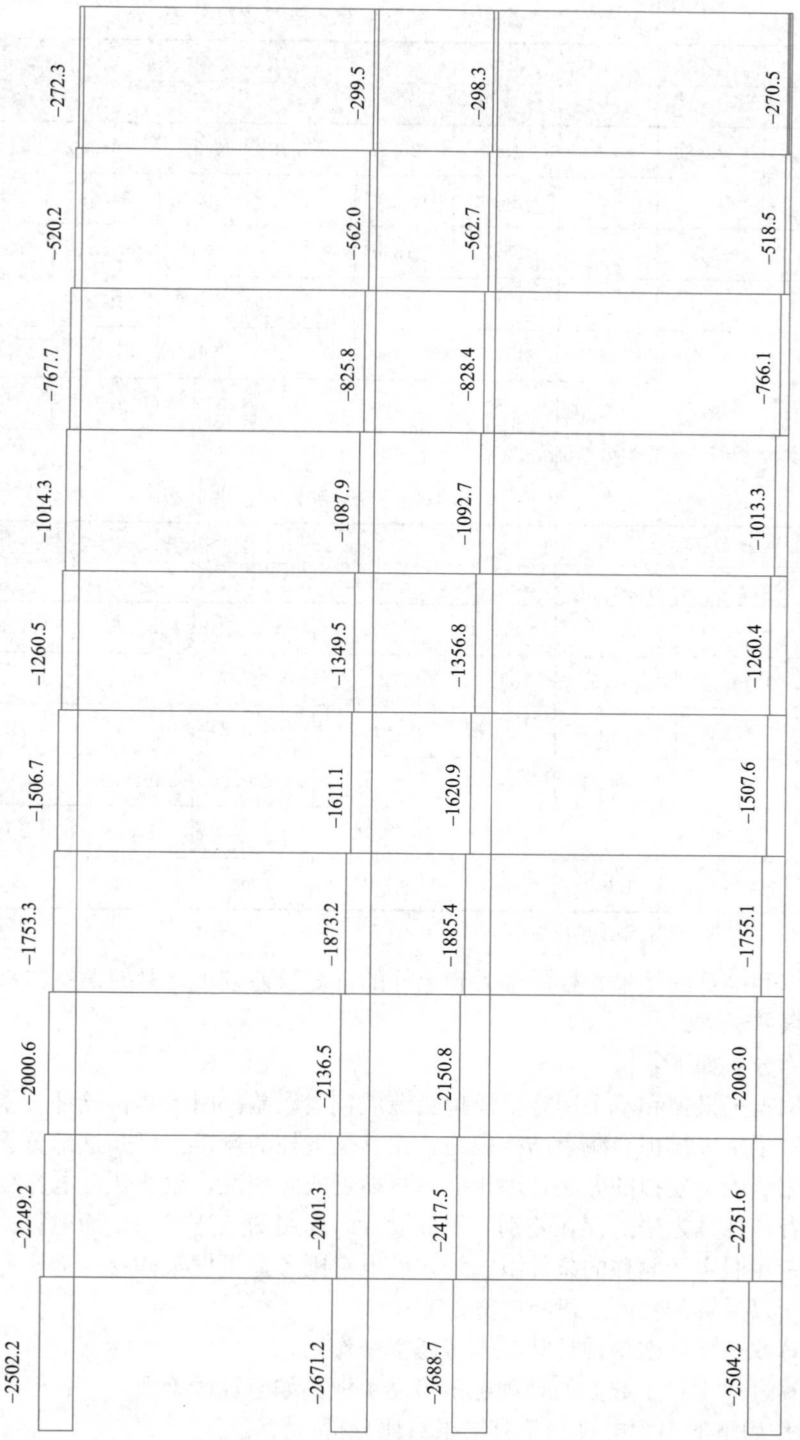

图 8-89　电算恒载作用下的轴力图（单位：kN）

取 5 层②轴线框架梁、柱进行内力误差分析，见表 8-87、表 8-88。

恒载作用下②轴线框架梁手算和电算误差分析　　　　　表 8-87

项目	层数	5层AB跨			5层BC跨			5层CD跨		
	内力	左	跨中	右	左	跨中	右	左	跨中	右
手算	M_1	−73.86	63.68	81.60	−26.35	−15.36	26.31	−81.60	63.68	73.86
	V_1	84.53		−86.87	16.28		−16.28	84.53		−86.87
电算	M_2	−54.9	39.6	57.1	−18.0		23.6	−50.5	39.4	61.8
	V_2	50.7		−51.3	13.0		−17.2	49.3		−52.7
误差	$\lvert M_1/M_2 \rvert$	1.35	1.61	1.43	1.46		1.11	1.62	1.62	1.20
	$\lvert V_1/V_2 \rvert$	1.67		1.69	1.25		0.95	1.71		1.65

注：弯矩单位为"kN·m"，剪力单位为"kN"。

恒载作用下②轴线框架柱手算和电算误差分析　　　　　表 8-88

项目	层数	5层A柱		5层B柱		5层C柱		5层D柱	
	内力	上	下	上	下	上	下	上	下
手算	M_1	−36.84	36.82	27.71	−27.71	−27.71	27.70	36.84	−36.82
	N_1	1543.05	1574.33	1692.69	1723.08	1692.70	1723.98	1543.05	1574.33
电算	M_2	−32.3	9.0	24.8	−8.7	−19.8	2.5	34.9	−13.3
	N_2	1506.7	1506.7	1611.1	1611.1	1620.9	1620.9	1507.6	1507.6
误差	$\lvert M_1/M_2 \rvert$	1.14	4.09	1.12	3.19	1.40	11.08	1.06	2.77
	$\lvert N_1/N_2 \rvert$	1.02	1.04	1.05	1.07	1.04	1.06	1.02	1.04

注：弯矩单位为"kN·m"，轴力单位为"kN"。

对比手算和电算的结果，柱的轴力和上柱的弯矩误差较小，梁的误差在60%左右，而下柱的弯矩误差最大。

误差原因分析如下：

(1) 采用施工模拟和不采用施工模拟会造成较大误差。用盈建科软件分别在这两种情况下求解，采用施工模拟会减小结构内力，尤其是下柱的弯矩。可知这部分误差主要是由于电算时采用了施工模拟的方法，由于电算更贴近实际情况，故而认可电算结果。

(2) 两者在计算方法上存在差别。手算设计时采用的是迭代法，而电算则是依据矩阵位移法；前者在假定无侧移的条件下求解，而电算则考虑了框架侧移。而实际上框架存在微小侧移，所以手算的精确度没有电算的高。

(3) 手算取一榀框架单独计算，未考虑空间作用；

(4) 手算过程中对于数据的处理也不可避免地不如电算精确。

2. 地震作用下的内力电算和手算结果对比分析

手算结果：地震作用下②轴线框架内力图如图 8-60～图 8-62 所示；

电算结果：地震作用下②轴线框架内力图如图 8-90～图 8-92 所示。

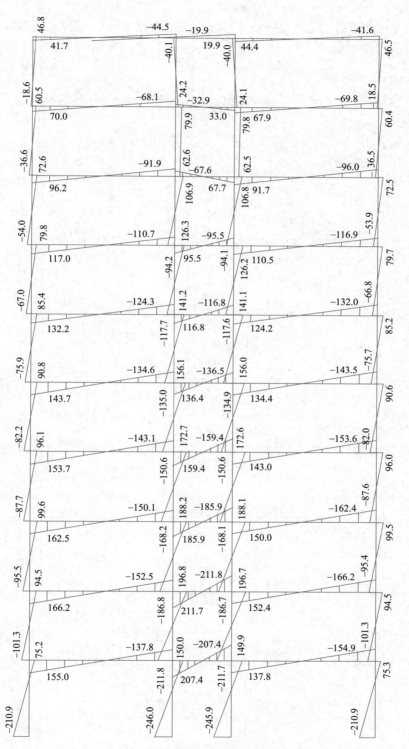

图 8-90　电算左震作用下的弯矩图（单位：kN·m）

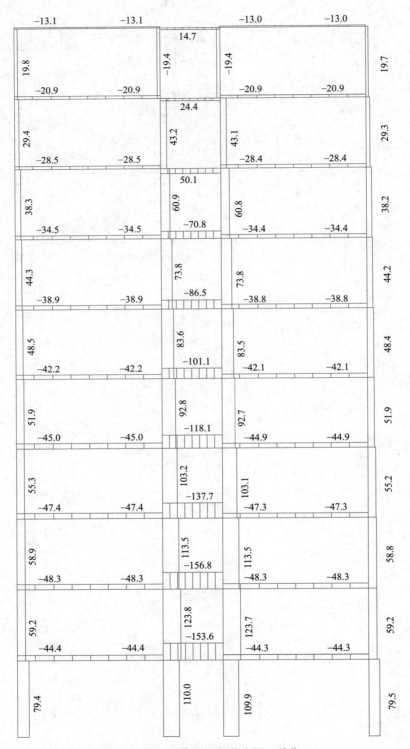

图 8-91　电算左震作用下的剪力图（单位：kN）

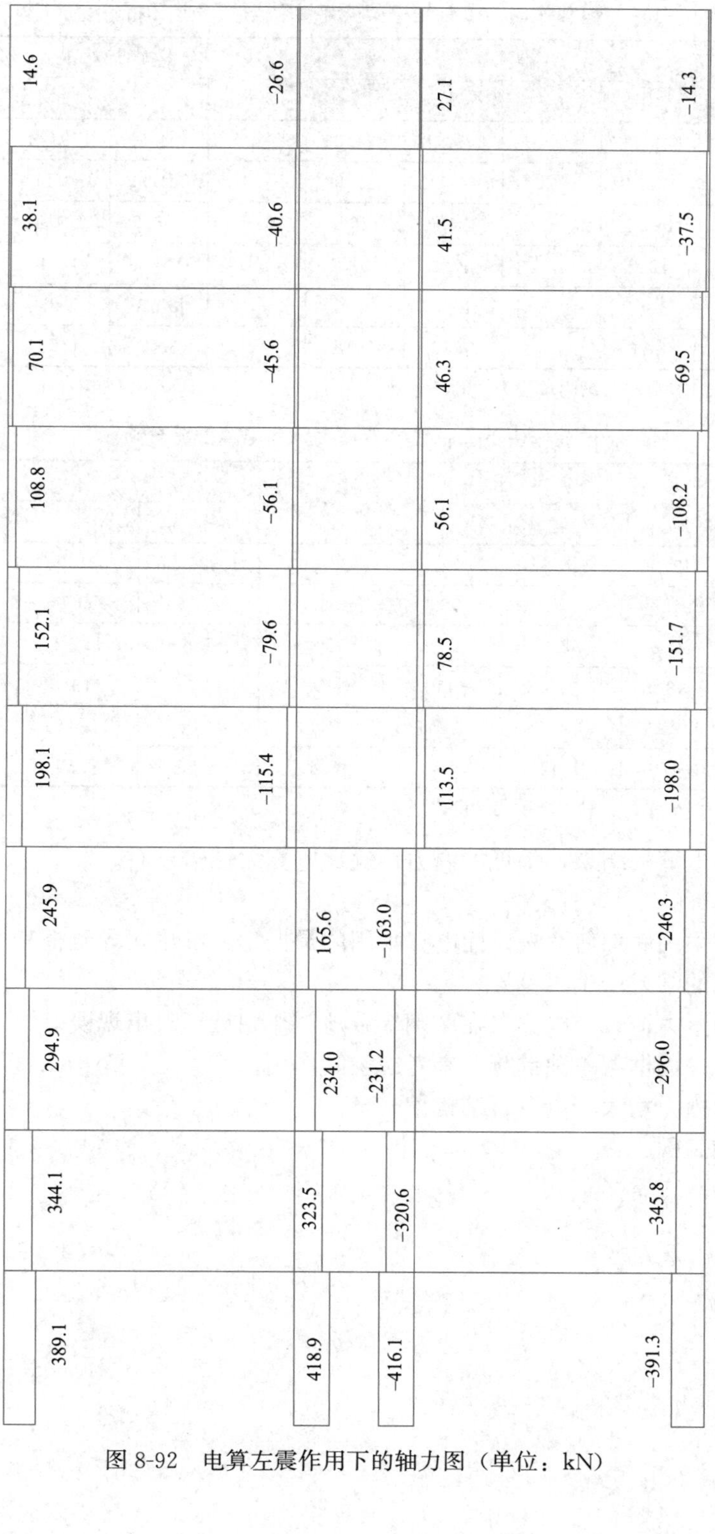

图 8-92　电算左震作用下的轴力图（单位：kN）

取 5 层②轴线框架梁、柱进行内力误差分析，见表 8-89、表 8-90。

恒载作用下②轴线框架梁手算和电算误差分析　　　　　　表 8-89

项目	层数	5 层 AB 跨			5 层 BC 跨			5 层 CD 跨		
	内力	左	跨中	右	左	跨中	右	左	跨中	右
手算	M_1	309.82		179.28	434.69		434.69	179.28		309.82
	V_1	74.11		74.11	321.99		321.99	74.11		74.11
电算	M_2	143.7		134.6	136.4		136.5	134.4		143.5
	V_2	42.2		42.2	101.1		101.1	42.1		42.1
误差	$|M_1/M_2|$	2.16		1.33	3.19		3.18	1.33		2.16
	$|V_1/V_2|$	1.76		1.76	3.18		3.18	1.76		1.76

注：弯矩单位为 "kN·m"，剪力单位为 "kN"。

恒载作用下②轴线框架柱手算和电算误差分析　　　　　　表 8-90

项目	层数	5 层 A 柱		5 层 B 柱		5 层 C 柱		5 层 D 柱	
	内力	上	下	上	下	上	下	上	下
手算	M_1	−177.86	145.52	−321.98	321.98	−321.98	321.98	−177.86	145.52
	N_1	−291.99	−291.99	−969.95	−969.95	969.95	969.95	291.99	291.99
电算	M_2	−90.8	82.2	−156.1	150.6	−156.0	150.6	−90.6	82.0
	N_2	−198.1	−198.1	−115.4	−115.4	113.5	113.5	198.0	198.0
误差	$|M_1/M_2|$	1.96	1.77	2.06	2.14	2.06	2.14	1.96	1.77
	$|N_1/N_2|$	1.47	1.47	8.41	8.41	8.55	8.55	1.47	1.47

注：弯矩单位为 "kN·m"，轴力单位为 "kN"。

对比手算和电算的结果，手算的内力普遍比电算大一倍左右。

误差分析如下：

（1）手算时采用底部剪力法，而电算采用的是振型分解法，导致框架受到的地震作用不同，故和电算的结果产生了差异。

（2）手算的重力荷载与电算存在区别导致地震作用计算时出现误差。

（3）手算取一榀框架单独计算，未考虑空间作用。

（4）手算的内力均大于电算，结构偏安全。

8.2.13　施工图

可扫描二维码查看。

8.2 施工图

附录：常用设计计算表格

混凝土抗压强度和抗拉强度标准值（N/mm²）　　　　　　　　附表1

强度	混凝土强度等级													
	C15	C20	C25	C30	C35	C40	C45	C50	C55	C60	C65	C70	C75	C80
f_{ck}	10.0	13.4	16.7	20.1	23.4	26.8	29.6	32.4	35.5	38.5	41.5	44.5	47.5	50.2
f_{tk}	1.27	1.54	1.78	2.01	2.20	2.39	2.51	2.64	2.74	2.85	2.93	2.99	3.05	3.11

混凝土抗压强度和抗拉强度设计值（N/mm²）　　　　　　　　附表2

强度	混凝土强度等级													
	C15	C20	C25	C30	C35	C40	C45	C50	C55	C60	C65	C70	C75	C80
f_c	7.2	9.6	11.9	14.3	16.7	19.1	21.1	23.1	25.3	27.5	29.7	31.8	33.8	35.9
f_t	0.91	1.10	1.27	1.43	1.57	1.71	1.80	1.89	1.96	2.04	2.09	2.14	2.18	2.22

混凝土弹性模量（×10⁴ N/mm²）　　　　　　　　附表3

混凝土强度等级	C15	C20	C25	C30	C35	C40	C45	C50	C55	C60	C65	C70	C75	C80
E_c	2.20	2.55	2.80	3.00	3.15	3.25	3.35	3.45	3.55	3.60	3.65	3.70	3.75	3.80

注：1. 当有可靠试验依据时，弹性模量值也可根据实测数据确定；

　　2. 当混凝土中掺有大量矿物掺合料时，弹性模量可按规定龄期根据实测值确定。

普通钢筋强度标准值（N/mm²）　　　　　　　　附表4

牌号		符号	公称直径 d（mm）	屈服强度标准值 f_{yk}	极限强度标准值 f_{stk}
热轧钢筋	HPB300	Φ	6～14	300	420
	HRB400 HRBF400 RRB400	Φ Φ^F Φ^R	6～50	400	540
	HRB500 HRBF500	Φ Φ^F	6～50	500	630
冷轧带肋钢筋	CRB550	Φ^R	4～12	500	—
	CRB600H	Φ^{RH}	5～12	520	—

注：直径4mm的冷轧带肋钢筋仅用于混凝土制品。

普通钢筋强度设计值（N/mm²）　　　　　　　　　　　附表5

牌号		抗拉强度设计值 f_y 与抗压强度设计值 f_y'
热轧钢筋	HPB300	270
	HRB400、HRBF400、RRB400	360
	HRB500、HRBF500	435
冷轧带肋钢筋	CRB550	400
	CRB600H	415

注：冷轧带肋钢筋不考虑其抗压强度设计值。

钢筋的弹性模量（×10⁵N/mm²）　　　　　　　　　　附表6

牌号或种类	弹性模量 E_s
HPB300	2.10
HRB400、HRB500 HRBF400、HRBF500 RRB400 CRB550、CRB600H	2.00

钢筋的公称直径、计算截面面积及理论质量　　　　　　　附表7

公称直径 (mm)	不同根数钢筋的计算截面面积(mm²)									单根钢筋理论 质量(kg/m)
	1	2	3	4	5	6	7	8	9	
6	28.3	57	85	113	142	170	198	226	255	0.222
8	50.3	101	151	201	252	302	352	402	453	0.395
10	78.5	157	236	314	393	471	550	628	707	0.617
12	113.1	226	339	452	565	678	791	904	1017	0.888
14	153.9	308	461	615	769	923	1077	1231	1385	1.21
16	201.1	402	603	804	1005	1206	1407	1608	1809	1.58
18	254.5	509	763	1017	1272	1527	1781	2036	2290	2.00(2.11)
20	314.2	628	942	1256	1570	1884	2199	2513	2827	2.47
22	380.1	760	1140	1520	1900	2281	2661	3041	3421	2.98
25	490.9	982	1473	1964	2454	2945	3436	3927	4418	3.85(4.10)
28	615.8	1232	1847	2463	3079	3695	4310	4926	5542	4.83
32	804.2	1609	2413	3217	4021	4826	5630	6434	7238	6.31(6.65)
36	1017.9	2036	3054	4072	5089	6107	7125	8143	9161	7.99
40	1256.6	2513	3770	5027	6283	7540	8796	10053	11310	9.87(10.34)
50	1963.5	3928	5892	7856	9820	11784	13748	15712	17676	15.42(16.28)

注：括号内为预应力螺纹钢筋的数值。

主要参考文献

[1] 中华人民共和国住房和城乡建设部. 工程结构通用规范：GB 55001—2021 [S]. 北京：中国建筑工业出版社，2021.

[2] 中华人民共和国住房和城乡建设部. 建筑与市政工程抗震通用规范：GB 55002—2021 [S]. 北京：中国建筑工业出版社，2021.

[3] 中华人民共和国住房和城乡建设部. 建筑与市政地基基础通用规范：GB 55003—2021 [S]. 北京：中国建筑工业出版社，2021.

[4] 中华人民共和国住房和城乡建设部. 混凝土结构通用规范：GB 55008—2021 [S]. 北京：中国建筑工业出版社，2021.

[5] 中华人民共和国住房和城乡建设部. 混凝土结构设计规范（2015 年版）：GB 50010—2010 [S]. 北京：中国建筑工业出版社，2012.

[6] 中华人民共和国住房和城乡建设部. 高层建筑混凝土结构技术规程：JGJ 3—2010 [S]. 北京：中国建筑工业出版社，2010.

[7] 中华人民共和国住房和城乡建设部. 建筑地基基础设计规范：GB 50007—2011 [S]. 北京：中国建筑工业出版社，2012.

[8] 中华人民共和国住房和城乡建设部. 建筑桩基技术规范：JGJ 94—2008 [S]. 北京：中国建筑工业出版社，2008.

[9] 沈蒲生. 混凝土结构设计原理 [M]. 5 版. 北京：高等教育出版社，2020.

[10] 沈蒲生. 混凝土结构设计 [M]. 5 版. 北京：高等教育出版社，2020.

[11] 沈蒲生. 高层建筑结构设计 [M]. 4 版. 北京：中国建筑工业出版社，2022.